计算多物理场及其应用

高 杰 叶天贵 何丰硕 编著

科学出版社
北 京

内 容 简 介

本书紧紧围绕多物理场耦合技术在近年来的发展和实际应用，详细介绍了多物理场耦合的基本理论知识，包括基本方程、网格生成、离散方法以及多物理场耦合分析方法与实践，讨论了热流耦合、流固耦合、热弹耦合、声振耦合、力电耦合、电磁耦合等不同学科间耦合的基本理论及其计算方法，书中内容难易适中，同时兼顾深度和广度，可满足不同层次和领域读者的需求。

本书涉及领域比较广泛，可作为热能工程、流体机械、力学、电气等领域工程技术人员的参考书。

图书在版编目（CIP）数据

计算多物理场及其应用 ／ 高杰，叶天贵，何丰硕编著． —— 北京：科学出版社，2025.3． —— ISBN 978-7-03-079111-5

Ⅰ．O411

中国国家版本馆 CIP 数据核字第 20246TP265 号

责任编辑：刘翠娜　纪四稳／责任校对：王萌萌
责任印制：师艳茹／封面设计：陈　敬

科 学 出 版 社　出版
北京东黄城根北街 16 号
邮政编码：100717
http://www.sciencep.com

北京中科印刷有限公司印刷
科学出版社发行　各地新华书店经销

*

2025 年 3 月第 一 版　开本：787×1092　1/16
2025 年 3 月第一次印刷　印张：21 3/4
字数：480 000

定价：148.00 元

（如有印装质量问题，我社负责调换）

前　言

　　计算多物理场及其应用是一门系统性、逻辑性强的课程，主要介绍建立多物理场耦合模型的基本理论和数值求解方法，重难点在于不同物理场的耦合计算。全书共 11 章，前 5 章为多物理场数值计算方法，包括多物理场问题概述、多物理场问题的基本方程、网格生成技术、离散方法基础和多物理场耦合分析方法与实践；后 6 章为耦合计算方法，包括热流耦合、流固耦合、热弹耦合、声振耦合、力电耦合和电磁耦合计算方法。

　　本书尽量避免复杂的数学理论推导，侧重数值计算实现的方式、方法；作为多物理场计算程序开发参考书，它可满足当前多场耦合计算技术教学的需要，内容尽量涵盖近年来多物理场方面研究的最新进展。

　　早期由于计算机资源的缺乏，多物理场模拟仅仅停留在理论阶段，仿真建模也局限于单个物理场，最常见的是力学、传热、流体以及电磁场模拟等。经过数十年的努力，计算科学的发展为研究人员提供了更灵巧、更简洁而又更快速的算法，强劲的硬件配置，使得对多物理场的模拟成为可能。计算多物理场是一门适应于制造业数字化时代到来、支撑工业软件开发的一门课程，而研究生的学习在一定程度上依赖于参考书，但由于计算多物理场涉及多个学科，计算方法发展速度较快，且为了满足新时代培养研究生的迫切需求，为我国相关领域研究生教育提供一本适用的参考书，是作者的心愿和本书的目的。

　　本书由高杰、叶天贵、何丰硕编著，全书由高杰统稿。在本书的编写过程中，得到了韩宗玉等多位硕博士研究生的协助，在此表示感谢；还参考了许多著作、论文的研究成果等，已在参考文献中详细列出，其中不乏优秀和经典之作，在此对这些著作、论文的作者表示诚挚的谢意。

　　由于作者水平有限，书中难免存在疏漏或不足之处，恳请各位同行、专家、读者批评指正。

作　者

2024 年 11 月

目　　录

前言
第1章　绪论 ··· 1
　1.1　多物理场问题概述 ··· 1
　　　1.1.1　计算多物理场应用 ··· 1
　　　1.1.2　热应力耦合 ·· 3
　　　1.1.3　结构声耦合 ·· 3
　　　1.1.4　流声耦合 ··· 4
　1.2　数值模拟技术及求解过程 ·· 6
　　　1.2.1　PDE 的数值计算 ··· 7
　　　1.2.2　PDE 系统的数学性质 ··· 8
　1.3　数值求解方法的性质 ··· 10
　　　1.3.1　一致性 ··· 10
　　　1.3.2　稳定性 ··· 10
　　　1.3.3　收敛性 ··· 10
　　　1.3.4　守恒性 ··· 11
　　　1.3.5　有界性 ··· 11
　　　1.3.6　可靠性 ··· 11
　　　1.3.7　精确性 ··· 11
　1.4　计算多物理场技术与应用 ··· 12
　思考题及习题 ··· 13
第2章　多物理场问题的基本方程 ·· 14
　2.1　流体力学基本方程 ··· 14
　　　2.1.1　流体力学的基本方程 ·· 14
　　　2.1.2　一般偏微分方程的分类 ··· 26
　　　2.1.3　模型方程及其性质 ··· 31
　2.2　固体动力学基本方程 ·· 37
　　　2.2.1　平衡方程 ··· 37
　　　2.2.2　几何方程 ··· 39
　　　2.2.3　本构方程 ··· 40
　2.3　声学基本方程 ··· 40
　　　2.3.1　声学波动方程 ··· 41
　　　2.3.2　速度势 ·· 43
　　　2.3.3　平面波 ·· 44

2.3.4 柱坐标系和球坐标系下的声波动方程 ⋯⋯⋯⋯⋯⋯⋯⋯⋯⋯⋯⋯ 45
2.4 电磁场基本方程 ⋯⋯⋯⋯⋯⋯⋯⋯⋯⋯⋯⋯⋯⋯⋯⋯⋯⋯⋯⋯⋯⋯⋯ 47
   2.4.1 麦克斯韦方程组 ⋯⋯⋯⋯⋯⋯⋯⋯⋯⋯⋯⋯⋯⋯⋯⋯⋯⋯⋯⋯⋯ 47
   2.4.2 电磁场的本构方程 ⋯⋯⋯⋯⋯⋯⋯⋯⋯⋯⋯⋯⋯⋯⋯⋯⋯⋯⋯⋯ 50
   2.4.3 时变电磁场的定解问题 ⋯⋯⋯⋯⋯⋯⋯⋯⋯⋯⋯⋯⋯⋯⋯⋯⋯⋯ 52
   2.4.4 静态电磁场的定解问题 ⋯⋯⋯⋯⋯⋯⋯⋯⋯⋯⋯⋯⋯⋯⋯⋯⋯⋯ 53
思考题及习题 ⋯⋯⋯⋯⋯⋯⋯⋯⋯⋯⋯⋯⋯⋯⋯⋯⋯⋯⋯⋯⋯⋯⋯⋯⋯⋯⋯ 54

第3章 网格生成技术 ⋯⋯⋯⋯⋯⋯⋯⋯⋯⋯⋯⋯⋯⋯⋯⋯⋯⋯⋯⋯⋯⋯⋯ 55
3.1 概述 ⋯⋯⋯⋯⋯⋯⋯⋯⋯⋯⋯⋯⋯⋯⋯⋯⋯⋯⋯⋯⋯⋯⋯⋯⋯⋯⋯⋯ 55
   3.1.1 网格划分技术 ⋯⋯⋯⋯⋯⋯⋯⋯⋯⋯⋯⋯⋯⋯⋯⋯⋯⋯⋯⋯⋯⋯ 55
   3.1.2 网格划分要求 ⋯⋯⋯⋯⋯⋯⋯⋯⋯⋯⋯⋯⋯⋯⋯⋯⋯⋯⋯⋯⋯⋯ 55
   3.1.3 网格分类 ⋯⋯⋯⋯⋯⋯⋯⋯⋯⋯⋯⋯⋯⋯⋯⋯⋯⋯⋯⋯⋯⋯⋯⋯ 56
   3.1.4 网格生成技术的发展历程 ⋯⋯⋯⋯⋯⋯⋯⋯⋯⋯⋯⋯⋯⋯⋯⋯⋯ 57
3.2 结构化网格生成方法 ⋯⋯⋯⋯⋯⋯⋯⋯⋯⋯⋯⋯⋯⋯⋯⋯⋯⋯⋯⋯⋯ 61
   3.2.1 代数网格生成方法 ⋯⋯⋯⋯⋯⋯⋯⋯⋯⋯⋯⋯⋯⋯⋯⋯⋯⋯⋯⋯ 61
   3.2.2 贴体网格生成方法 ⋯⋯⋯⋯⋯⋯⋯⋯⋯⋯⋯⋯⋯⋯⋯⋯⋯⋯⋯⋯ 63
   3.2.3 椭圆型方程的网格生成方法 ⋯⋯⋯⋯⋯⋯⋯⋯⋯⋯⋯⋯⋯⋯⋯⋯ 66
3.3 非结构化网格生成方法 ⋯⋯⋯⋯⋯⋯⋯⋯⋯⋯⋯⋯⋯⋯⋯⋯⋯⋯⋯⋯ 67
   3.3.1 阵面推进法 ⋯⋯⋯⋯⋯⋯⋯⋯⋯⋯⋯⋯⋯⋯⋯⋯⋯⋯⋯⋯⋯⋯⋯ 67
   3.3.2 Delaunay 三角化方法 ⋯⋯⋯⋯⋯⋯⋯⋯⋯⋯⋯⋯⋯⋯⋯⋯⋯⋯⋯ 72
   3.3.3 基于四叉树/八叉树的网格生成方法 ⋯⋯⋯⋯⋯⋯⋯⋯⋯⋯⋯⋯⋯ 73
3.4 混合网格生成方法 ⋯⋯⋯⋯⋯⋯⋯⋯⋯⋯⋯⋯⋯⋯⋯⋯⋯⋯⋯⋯⋯⋯ 74
   3.4.1 层推进方法 ⋯⋯⋯⋯⋯⋯⋯⋯⋯⋯⋯⋯⋯⋯⋯⋯⋯⋯⋯⋯⋯⋯⋯ 74
   3.4.2 求解双曲型方程方法 ⋯⋯⋯⋯⋯⋯⋯⋯⋯⋯⋯⋯⋯⋯⋯⋯⋯⋯⋯ 75
   3.4.3 基于各向异性四面体网格聚合的三棱柱网格生成方法 ⋯⋯⋯⋯⋯⋯ 78
   3.4.4 非结构化四边形/六面体网格生成方法 ⋯⋯⋯⋯⋯⋯⋯⋯⋯⋯⋯⋯ 80
3.5 网格优化技术 ⋯⋯⋯⋯⋯⋯⋯⋯⋯⋯⋯⋯⋯⋯⋯⋯⋯⋯⋯⋯⋯⋯⋯⋯ 81
   3.5.1 弹簧松弛法 ⋯⋯⋯⋯⋯⋯⋯⋯⋯⋯⋯⋯⋯⋯⋯⋯⋯⋯⋯⋯⋯⋯⋯ 81
   3.5.2 Delaunay 变换技术 ⋯⋯⋯⋯⋯⋯⋯⋯⋯⋯⋯⋯⋯⋯⋯⋯⋯⋯⋯⋯ 82
   3.5.3 多方向推进技术 ⋯⋯⋯⋯⋯⋯⋯⋯⋯⋯⋯⋯⋯⋯⋯⋯⋯⋯⋯⋯⋯ 82
   3.5.4 局部推进步长光滑 ⋯⋯⋯⋯⋯⋯⋯⋯⋯⋯⋯⋯⋯⋯⋯⋯⋯⋯⋯⋯ 84
3.6 小结 ⋯⋯⋯⋯⋯⋯⋯⋯⋯⋯⋯⋯⋯⋯⋯⋯⋯⋯⋯⋯⋯⋯⋯⋯⋯⋯⋯⋯ 85
   3.6.1 网格生成技术未来发展趋势 ⋯⋯⋯⋯⋯⋯⋯⋯⋯⋯⋯⋯⋯⋯⋯⋯ 85
   3.6.2 网格生成技术中的关键问题 ⋯⋯⋯⋯⋯⋯⋯⋯⋯⋯⋯⋯⋯⋯⋯⋯ 86
   3.6.3 网格生成技术未来展望 ⋯⋯⋯⋯⋯⋯⋯⋯⋯⋯⋯⋯⋯⋯⋯⋯⋯⋯ 88
思考题及习题 ⋯⋯⋯⋯⋯⋯⋯⋯⋯⋯⋯⋯⋯⋯⋯⋯⋯⋯⋯⋯⋯⋯⋯⋯⋯⋯⋯ 89

第4章 离散方法基础 ⋯⋯⋯⋯⋯⋯⋯⋯⋯⋯⋯⋯⋯⋯⋯⋯⋯⋯⋯⋯⋯⋯⋯ 90
4.1 有限差分法 ⋯⋯⋯⋯⋯⋯⋯⋯⋯⋯⋯⋯⋯⋯⋯⋯⋯⋯⋯⋯⋯⋯⋯⋯⋯ 90

	4.1.1 导数的差分近似	90
	4.1.2 一维弥散方程的差分格式	92
	4.1.3 二维弥散方程的差分格式	97
4.2	有限体积法	98
	4.2.1 导数的差分近似	99
	4.2.2 对流扩散方程的基本离散格式	101
4.3	有限元法	104
	4.3.1 定义	104
	4.3.2 计算有限元公式的推导	105
	4.3.3 离散化建立有限元方程	105
	4.3.4 有限元应用	108
	4.3.5 有限元法分析计算	110
思考题及习题		111

第5章 多物理场耦合分析方法与实践 … 112

5.1	强耦合方法	112
	5.1.1 强耦合方法的优劣	113
	5.1.2 通过材料属性体现的多物理场强耦合问题	113
	5.1.3 通过求解域的大变形体现的多物理场强耦合问题	114
	5.1.4 通过边界条件体现的多物理场强耦合问题	114
	5.1.5 具有相关接口自由度的直接接口耦合方法	114
	5.1.6 基于多点约束方程的强耦合方法	116
	5.1.7 基于拉格朗日乘子的强耦合方法	117
	5.1.8 基于惩罚函数法的强耦合方法	118
5.2	弱耦合方法	119
	5.2.1 弱耦合方法的特征和定义	119
	5.2.2 弱耦合方法的求解过程与控制	119
	5.2.3 实现弱耦合的方式	120
5.3	瞬态多物理场问题的时间积分方案	120
	5.3.1 自动时间步进和等分方案	120
	5.3.2 PMA方法(基于纽马克β法)	121
	5.3.3 α方法	122
5.4	多物理场问题的高性能计算	124
	5.4.1 弱耦合方法的关键技术	124
	5.4.2 Intersolver耦合技术	133
思考题及习题		135

第6章 热流耦合数值模拟 … 136

6.1	热流耦合过程控制方程	136
6.2	热流耦合求解方法	136

  6.2.1 流场的数值解法分类 …………………………………………………… 136
  6.2.2 基于压力的算法 ………………………………………………………… 138
 6.3 非结构化网格 SIMPLE 算法 ………………………………………………… 138
  6.3.1 非结构化网格上的方程离散 …………………………………………… 139
  6.3.2 对流项的高阶离散格式 ………………………………………………… 141
  6.3.3 代数方程组解法 ………………………………………………………… 142
  6.3.4 界面流速的动量插值法 ………………………………………………… 143
  6.3.5 全速度 SIMPLE 算法 …………………………………………………… 144
  6.3.6 计算流程 ………………………………………………………………… 146
  6.3.7 全速度算例考核 ………………………………………………………… 147
 思考题及习题 ………………………………………………………………………… 148

第 7 章 流固耦合计算 ……………………………………………………………… 149
 7.1 流固耦合控制方程 …………………………………………………………… 149
  7.1.1 流体控制方程 …………………………………………………………… 149
  7.1.2 固体控制方程 …………………………………………………………… 150
  7.1.3 流固耦合方程 …………………………………………………………… 150
 7.2 流固耦合分析方法 …………………………………………………………… 150
  7.2.1 求解方法 ………………………………………………………………… 150
  7.2.2 单向流固耦合分析 ……………………………………………………… 151
  7.2.3 双向流固耦合分析 ……………………………………………………… 152
  7.2.4 界面数据传递 …………………………………………………………… 153
  7.2.5 网格映射和数据交换类型 ……………………………………………… 154
 7.3 动网格技术 …………………………………………………………………… 155
 7.4 ANSYS 流固耦合模拟 ………………………………………………………… 158
  7.4.1 CFX+Mechanical APDL 单向流固耦合基本设置 …………………… 159
  7.4.2 FLUENT+ANSYS 单向流固耦合基本设置 …………………………… 160
  7.4.3 通过 ANSYS Mechanical APDL Product Launcher 设置 MFX 分析 …… 161
 7.5 流固耦合应用案例 …………………………………………………………… 162
  7.5.1 横向受迫振荡圆柱流固耦合 …………………………………………… 162
  7.5.2 管路流致振动 …………………………………………………………… 166
  7.5.3 平板流激振动 …………………………………………………………… 172
 思考题及习题 ………………………………………………………………………… 177

第 8 章 热弹耦合计算 ……………………………………………………………… 178
 8.1 热弹性力学主要问题 ………………………………………………………… 178
 8.2 热弹耦合控制方程 …………………………………………………………… 179
  8.2.1 热传导基本方程 ………………………………………………………… 179
  8.2.2 热传导边界条件 ………………………………………………………… 181
  8.2.3 弹性力学基本方程 ……………………………………………………… 182

		8.2.4 热弹耦合本构方程	185
8.3	热弹耦合问题的有限元求解		186
	8.3.1	有限元离散	186
	8.3.2	有限元求解	189
8.4	热弹耦合问题其他求解方法		191
	8.4.1	能量法	191
	8.4.2	微分求积法	194
8.5	功能梯度结构热弹耦合分析		197
	8.5.1	功能梯度材料属性	197
	8.5.2	热环境及热边界	199
	8.5.3	弹性板动力学方程	200
	8.5.4	数值算例	202
思考题及习题			203

第 9 章 声振耦合计算 … 204

9.1	声振耦合控制方程		204
	9.1.1	结构振动控制方程	204
	9.1.2	声场控制方程	209
	9.1.3	声固耦合方程	213
9.2	声振耦合计算方法		214
	9.2.1	声辐射计算方法	214
	9.2.2	LMS Virtual.Lab 声学计算	216
	9.2.3	声辐射计算的完美匹配层方法	218
9.3	声振耦合应用案例		219
	9.3.1	平板声辐射计算	219
	9.3.2	圆柱壳水下声辐射计算	220
	9.3.3	封闭声腔结构声耦合系统	222
思考题及习题			225

第 10 章 力电耦合计算 … 226

10.1	力电耦合理论及其材料		226
	10.1.1	力电耦合理论	226
	10.1.2	压电材料	229
10.2	压电效应及其计算		233
10.3	电致伸缩效应及其计算		241
	10.3.1	电致伸缩系数	241
	10.3.2	电致伸缩方程	244
10.4	力电耦合的分子动力学算法		247
	10.4.1	分子动力学方法简介	247
	10.4.2	分子动力学方法发展	249

10.4.3　压电材料分子动力学研究现状 …………………………………… 249
10.4.4　分子动力学方法原理 …………………………………………… 250
10.4.5　边界条件及初始条件 …………………………………………… 251
10.4.6　常用系综 ……………………………………………………… 251
10.4.7　系统控制和调节方法 …………………………………………… 252
10.4.8　分子动力学模拟相关细节 ……………………………………… 252
10.4.9　典型分子动力学模拟步骤 ……………………………………… 254
10.4.10　钛酸钡晶体压电常数的分子动力学模拟 …………………… 254
10.5　力电耦合算例 ………………………………………………………… 257
10.5.1　压电复合材料性能分析 ………………………………………… 257
10.5.2　孔洞对电致伸缩材料蠕变特性的影响 ………………………… 263
思考题及习题 ………………………………………………………………… 267

第 11 章　电磁耦合计算 …………………………………………………… 268
11.1　电磁感应现象 ………………………………………………………… 268
11.2　电磁感应定律 ………………………………………………………… 277
11.3　电磁耦合现象 ………………………………………………………… 285
11.4　互感与自感 …………………………………………………………… 295
11.4.1　互感 …………………………………………………………… 295
11.4.2　自感 …………………………………………………………… 299
11.5　似稳电路和暂态过程 ………………………………………………… 308
11.5.1　似稳电路 ……………………………………………………… 308
11.5.2　暂态过程 ……………………………………………………… 313
11.6　无刷双馈电机的电磁耦合现象 ……………………………………… 318
11.6.1　无刷双馈电机的基本结构 ……………………………………… 318
11.6.2　无刷双馈电机的数学模型 ……………………………………… 321
11.6.3　无刷双馈电机定子绕组间的直接耦合电感分析 ……………… 324
思考题及习题 ………………………………………………………………… 332

参考文献 …………………………………………………………………… 333

第1章 绪 论

1.1 多物理场问题概述

实际科研或者工程问题大多表现为多个物理场相互影响、共同作用，这些物理场之间的联系在有些情况下非常紧密，在有些情况下较为松散，将它们分别称为多物理场的强耦合问题和弱耦合问题。对于计算分析，这两类问题的求解难度显然是不同的。通常希望以尽可能低的计算代价获得满意的结果，因此针对以上两类问题往往更推荐采用不同的求解方法。

1.1.1 计算多物理场应用

当面临一个多物理场仿真分析的任务时，第一件事是好好思考，仔细分析：这个问题涉及哪些物理过程；每个物理过程如何用数学模型描述；各个物理过程是如何相互影响的，体现在数学上又是怎样的；这些过程中的哪些是可以用经验描述的，哪些是不能的；需要提供哪些数据参数给这个数学模型，以便这个数学模型能精确地描述预想的工况。这个思考的过程就是数学建模。算法或者软件只是帮助我们用数值的方法求解所建立的数学模型而已。

例如，我们常常用电热水壶烧水。如果现在电热水壶的厂家要对他们的产品做仿真分析以进行优化设计，接到任务的工程师应该如何开始呢？首先，也是最重要的，他要弄清楚电热水壶为什么能烧水，要建立整个过程的物理图像。"按下开关，电源接通，交流电压加载在加热装置上，生成一股连续的电流从加热装置上流过。加热装置在工频电压下可以等效为一个电阻，我们需要定义合适的阻值，这个阻值应该与电导率和电阻丝的结构有关。电流流过电阻做功，转化为热能。这个物理过程可以用一个描述电势分布的泊松方程来控制，电功率可以通过电场和电流计算获得。有些时候，或许电功率可以直接从经验获得，如对于某些可以买到的标准加热棒，也许不用考虑电热的过程，电功率作为重要的性能参数可以很容易查询获得。"工程师接着思考，"不管怎么样，假设电功率可以获得，现在还要考虑温度的分布。电功率可以作为一个热源，定义在整个发热装置上。这应该是一个体热源，有一定的空间分布，因为电热棒的电功率在几何结构上很可能是不均匀的。如果能够进一步提供加热装置材料的热导率、密度、热容等参数，就可以用一个传热方程来描述该装置通电后的温度升高和分布情况。具体的温度还与边界有关。加热装置浸泡在水里，局部的温升还会引起水的自然对流，水的对流可以用一个流体方程描述。如果还能提供水的热容、密度和热导率，那么一个对流传热方程也可以描述水中的温度分布情况。加热装置和水的温度在分界线上应该是相等的，也就是连续的。至于水的外边界，这是一个换热边界，水通过壶壁与外界空气不断地交换热量。因此，应该提供换热系数和环境温度，而且可能还存在辐射带来的热量损失，要把这一项考虑在内。"其实如果更仔细地考虑，水壶壁的传热过程也可以更仔细地描述，指定壶壁材料的热导率、密度和热容，用一个单独的传热方程来描述壶体的传热过程。这个过程就是建模，建模这项工作是整个仿真中最核心的部分，它体现了仿真工程师的知识和经验，然而它与软件或者算法无关。专业的工程师在完成建模工作之后，才去寻求是否要用什么算法或者软件求解这些问题。

各位亲爱的读者，我们在工作中也面临各种各样的应用和物理现象。如果仿真分析的任务交到我们手上，应该如何学会像这位专业的工程师这样思考？从这个目的出发，我们仍然回到电热水壶的例子中，看看在复杂的物理图像中，是否能找出规律。

当面临实际问题的时候，试着用以下方式对自己提问。

第一问：可以归结为哪些物理过程？

概括起来，电热水壶工作涉及三个物理过程：工频交流电的计算；电阻丝上的热传导和水中的对流传热计算，统称为传热问题；由于热分布不均匀引起的水的自然对流，这是一个流体问题，具体地说是非等温流动问题。

第二问：这些物理过程是如何相互作用的？

水是不导电的，所以电阻上的电势分布不会在水中产生漏电流现象。这样水的流动或者温度都不对水中的电流分布有任何影响，电流在水中都是零。同时，如果将电阻丝的电导率定义为常数，这意味着假设温度的分布也不会影响电阻丝上的电流计算。这么说来，工频交流电这个物理过程是独立的，它单向地影响传热问题和自然对流过程，而传热问题和自然对流过程并不会对电流计算产生任何反作用。

再来看传热问题。电阻丝上的传热是个固体热传导过程，利用交流电场分析所获得的热源分布，只需给定热导率、密度和热容就可以获得温度的分布。但是，水的影响还不能忽略，因为电阻丝与水之间存在热交换。水中的传热是一个对流传导过程，除了水的热导率、热容和密度，还必须考虑水的流动。而水的流动恰恰是由温度分布造成的密度差异引起的。温度分布会影响流体的运动，流体的运动反过来也会影响温度的分布。传热和流体场这个物理过程是相互双向作用的。

第三问：如何求解？

交流电场是独立的物理过程，可以先单独求解。传热和流体场相互联系紧密，必须同时考虑。

以上三问，对于任何多物理场问题都是适用的。这三个问题会引导我们将复杂的多物理场现象剖析成具体的模型，从而显示出问题的本质。在某些情况下，有些物理场与其他物理场的联系是非常松散，甚至是独立的，例如，电热水壶例子中假设材料没有热敏性的电场计算。而另外一些物理场，如本例中的传热过程和流体流动，它们的相互联系非常紧密。联系松散的多物理场问题，其线性度较高，求解比较容易；联系紧密的多物理场问题，其非线性度较高，求解的难度也会增加。

多物理场耦合问题应用广泛，随着研究的深入和计算能力的不断提高，多物理场耦合研究从简单到复杂，从解耦到弱耦合再发展到强耦合。下面仅对热应力耦合、结构声耦合和流声耦合进行介绍。

1.1.2 热应力耦合

热应力耦合研究是计算多物理场中的一类重要应用问题。1988 年 Demirdžić 等首次提出将有限体积法(finite volume method, FVM)应用于数值模拟焊接工件的热机械变形过程。1993 年 Demirdžić 和 Martinović 成功将该方法用于求解热弹塑性问题，并分析了该方法的准确性、稳定性及有效性。该方法在用于离散弹性方程时，多数项采用显格式计算，这样可能导致收敛速度缓慢。针对这个问题，Jasak 和 Weller 通过调整弹性方程的离散形式，将更多的项归入隐式求解部分，加快求解的收敛速度，并通过与有限元法(finite element method, FEM)比较，验证方法的有效性和准确性。Bijelonja 等通过引入压力变量结合质量守恒方程解决自锁问题，采用 SIMPLE 算法(压力耦合方程组的半隐式算法)解决耦合问题，从而扩展该方法用于求解不可压缩问题。经过一系列的发展和完善，Demirdžić 等提出的方法已被成功用于求解快速裂纹扩展问题等。

1991 年，Fryer 等提出基于格点型有限体积法求解二维非结构化稳态热应力问题，由于采用分离解法迭代求解位移，给定的初始场及松弛因子都会影响收敛速度。通过数值测试发现：与高斯-赛德尔法相比，共轭梯度法能明显加快收敛速度，控制容积非结构化网格(control volume unstructured mesh, CV-UM)法的计算时间是传统有限元法的 2~3 倍，但基于相同的网格 CV-UM 法的计算精度明显高于传统有限元法。随后 Fryer 将该方法用于求解二维轴对称问题、摩擦问题、金属浇铸问题。Slone 等提出一种新的纽马克(Newmark)预测-修正隐格式，将 CV-UM 法用于求解结构动力学问题，从而进一步将该方法用于求解动态流固耦合问题。

1.1.3 结构声耦合

结构声耦合的数值方法可分为能量方法和离散方法。能量方法主要包括统计能量法和能量有限元法，能量方法适用于中高频激励作用下模态密集结构振动与声的计算分析。离散方法主要包括有限元法、有限体积法和边界元法(boundary element method, BEM)，一般对结构采用有限元法和有限体积法离散，而对声学域可采用有限元法、有限体积法、边界元法、无限元法等离散，离散方法适用于中低频激励作用下的复杂结构振动与声的计算分析。

统计能量法是目前解决高频、高模态密度的复杂系统宽带振动噪声问题最有效的方法。它采用能量的思想，在一个系统中同时研究分析振动和声学问题。由于统计能量法假定激励和系统参数是概率分布的，即在一定频率带宽内的共振模态上是平均的，这就要求在这个频率带宽内必须具有足够多的共振模态，以便构成统计意义的模态总体，所以只适用于解决高频区的系统动力学问题。

能量有限元法是在统计能量法的基础上提出的，其思路是以波动理论为基础的能量流方法，视能量以波动形式在结构中传递，用有限元法离散不同的结构件。该法可模拟大型结构的振动，模型比统计能量法简单，不必划分子结构，但目前在实际中应用相对较少。

有限元法自 20 世纪 50 年代问世以来,一直受到广泛的关注,由于其对复杂结构适用性强,很快被广泛应用于解决工程问题。但对于三维空间声辐射问题,有限元法需要在整个声场进行单元离散、变量插值,自由度数目庞大;此外,对于无限域中的外部声辐射问题,有限元法难以确定远场剖分边界,并会因此带来数值计算误差。

从 20 世纪 60 年代开始,边界元法的出现弥补了有限元法在处理无限域问题时的不足。边界元法是求解边界积分方程弱解的一种数值方法,它在边界上放松了对未知量的连续性要求。但是边界元法在实际的应用过程中也有其缺陷,如存在奇异积分与几乎奇异积分问题、满阵矩阵计算量大的问题、非唯一性问题和亥姆霍兹(Helmholtz)边界积分方程的多频计算问题。

无限元法是近年来发展起来的计算无限域的结构声问题的另一种新型数值方法。无限元法的基本思想是希望在流体表面上获得近似的无反射声的边界条件,以便获得内部的声场和结构振动的足够精确的解,然后利用弹性结构外表面的边界解,由 Helmholtz 积分方程计算外层流体子域内的声场,而对于直接计算的无限元节点上的声场的精度并不关心。无限元法也存在一些缺陷,如为保证数值计算的收敛性,包围弹性结构的流体子域的外表面一般取为球面或椭球面,这样就会出现同有限元法类似的数值计算较为烦琐而且计算量大的问题,因此无限元法在工程上的成功应用比较少。

20 世纪 70 年代以来,为了弥补有限元法在处理无限域问题时的不足,许多专家、学者逐渐使用耦合有限元法和边界元法(或有限元法和无限元法)求解中低频激励作用下的结构声问题。这样,不仅能发挥有限元法对复杂结构的良好适应性的优势,而且能够充分利用边界元法或无限元法处理无限域问题时的优势。但正如前面所提到的,这种不采用统一方法处理多物理场问题的做法,会造成不同离散格式间数值信息的交换且会影响计算的收敛,甚至造成计算发散。

自 20 世纪 90 年代以来,国外的一些研究机构和人员开始研究有限体积法在结构及声场中的应用。有限体积法是近年来发展非常迅速的一种数值方法,其特点是计算效率高,目前在计算流体力学(computational fluid dynamics, CFD)领域得到了广泛应用且占据着绝对优势,大部分商用 CFD 软件都采用这种方法。针对工程实际中结构声耦合统一求解问题的迫切需求,有限体积法逐渐成为一种可供选择的数值方法。

1.1.4 流声耦合

流体动力噪声的产生和传播与物理问题的流动模式密切相关,流体动力噪声计算必须依托计算流体力学平台,不管是从物理问题还是数值计算的角度来看,计算流体声学(computational fluid acoustics, CFA)都有其自身的复杂性,通用的 CFA 程序的设计难度较大。CFA 与 CFD 有着本质的不同,与 CFD 相比,CFA 的复杂性主要体现在:

(1) 计算区域不同。CFA 涉及噪声源、声传播和声辐射计算三个方面,关注数个声波波长外的远场情况,CFA 的计算区域要比 CFD 大得多。

(2) 数学模型不同。CFD 仅涉及流场量,而 CFA 不仅求解流场量,还需求解声场量,同时噪声源计算需依托精确的 CFD 近场,对湍流模型的精度要求较高。CFA 由于计算资源的限制,噪声源、声传播和声辐射计算往往采用不同的数值方法。

(3) 涉及的计算尺度不同。CFD 和 CFA 尺度差异极大，主要表现在能量和频率这两个方面。大多数情况下，声能量相比于流场能量要小得多，要小 5~6 个数量级，同时声频率要比流动频率大。

(4) 数值格式不同。CFA 对数值格式的要求比 CFD 高，为了尽量减少或者避免对声波的色散和耗散，时间和空间离散精度要相应地提高；在提高精度的同时，要尽量满足原有的色散关系，相应的计算机的利用率要提高很多。

(5) 边界条件不同。由于计算资源的限制，CFA 计算区域肯定要比物理区域小得多，为了确保计算域内模拟结果的正确性，需增加难度较大的边界处理，如模拟声波多方向传播的边界条件以及无反射声波的边界条件。

目前，对流体动力噪声研究手段的多元化，包括理论、实验研究和数值模拟，使得流体动力噪声预测方法研究工作进入了全新的发展阶段。归纳起来，目前的流体动力噪声预测方法主要有以下三种：①纯理论分析；②半经验方法；③计算流体声学方法。纯理论分析主要针对简化的物理模拟进行流体力学和声学理论基础研究；半经验方法是在大量实验的基础上结合理论分析归纳总结出的经验性噪声预测方法；计算流体声学方法采用数值方法研究流体动力噪声的产生机理和传播过程，主要包括流场计算部分和声场计算部分，流场是声场计算的基础。图 1-1 是计算流体声学常用方法示意图，其中直接模拟法耗资巨大。莱特希尔系列方法广泛应用于各类流动噪声的计算中，典型的有莱特希尔声比拟法，以及 FW-H、Kirchhoff、Curle 等方法。而线性欧拉方程(linear Euler equation, LEE)和变量分解法是根据欧拉(Euler)方程和纳维-斯托克斯(Navier-Stokes, N-S)方程通过变量分解而得出的声计算方法。

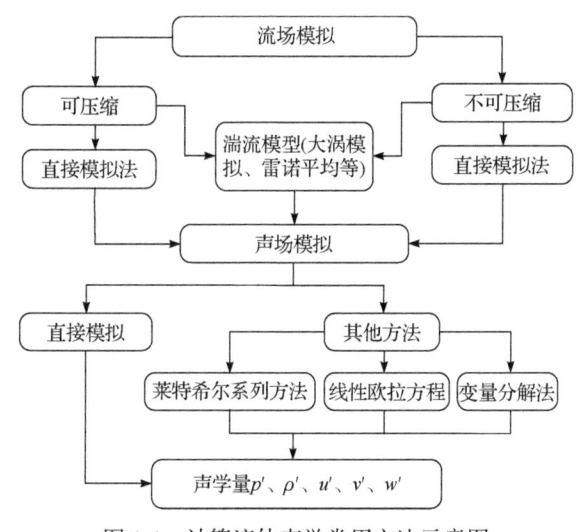

图 1-1 计算流体声学常用方法示意图

1. 直接模拟法

直接模拟法是应用细网格、小时间步长对物理问题进行数值模拟，计算出压强脉动，然后计算出声学特性，这种方法需要很大的计算机内存。因此，目前直接模拟仅限于简单的流体动力噪声计算，如低雷诺数下的圆柱绕流的气动噪声问题、混合层的气动噪声问题。流噪声问题的直接模拟还有双旋转极子、高速射流和空腔自激振荡等。

2. 莱特希尔系列方法

1952 年，莱特希尔(Lighthill)为计算超声速飞机喷嘴处的气动噪声，根据流体力学理论，建立了声学模拟理论，揭示了声与流动相互作用的本质，以此奠定了计算流体声学的基础。莱特希尔方程是从流体力学基本方程即 N-S 方程推导出来的，是一个典型的声学波动方程，可以用已成熟的古典声学方法来获得方程的解。莱特希尔提出，将方程右边的应力张量看成源项，通过实验或其他途径(如从流体力学基本方程直接进行数值计算)来获得，对其进行离散傅里叶变换(discrete Fourier transform, DFT)得到声源频率分布，再在频率上求解时间谐波的 Helmholtz 方程，得到声场分布；但时间谐波方程不能求解宽频声学问题且其假定流场处于平均流无旋状态。

3. 变量分解法

变量分解法是将流场、声场分开计算，大致分为线性欧拉方程法和流声分解法。线性欧拉方程法的基本思想是基于线性欧拉方程将流动变量分解为时间平均量和扰动量，再分别求解流动变量和扰动量；流声分解法的基本思想是基于可压缩 N-S 方程将可压缩流动变量分解成不可压缩流动变量和扰动量，求解的不可压缩流场变量作为声场的输入，通过求解无黏的含不可压缩流场变量的声扰动方程得到声场。线性欧拉方程法对流动噪声进行声学分析最先是由 Bogey 和 Bailly 提出的，这一方法基本解决了直接模拟法计算量过大的问题并克服了莱特希尔系列方法不能充分考虑所有声源的缺点。线性欧拉方程法被应用于大量的流体动力噪声计算中，并得到了很好的计算结果。为了利用不同的数值格式和网格分别求解流场和声场，Hardin 和 Pope 于 1994 年提出了流声分解法，认为低速流动可近似成不可压缩流，利用整个不可压缩流场的信息，用不可压缩流场的解定义密度扰动，将可压缩 N-S 方程分解成流体动力项和扰动声项。流声分解法与莱特希尔系列方法类似，因为它将直接模拟法分为不可压缩流问题和扰动问题，故该方法可以求解一维脉动球和二维空腔流的气动噪声问题。

1.2 数值模拟技术及求解过程

由于计算机硬件和软件技术的飞速发展，人们已经解决了工程技术领域的许多计算难题。但是，对于现代计算机技术和计算模式，组合优化模型和偏微分方程(partial differential equation, PDE)模型仍然是挑战性的两类计算难题。组合优化模型广泛应用于各类资源配置和调度等管理领域，如复杂空间路径规划、交通调度和制造调度等问题。这类数学模型的特点是函数形式比较简单，但是随着系统要素数量的增加，会产生组合爆炸(combinational explosion)，使得计算量剧增。

1.2.1 PDE 的数值计算

在科学技术领域中，系统数学模型往往采用 PDE 形式。这类 PDE 模型一般描述复杂的物理现象，其计算问题称为科学计算(scientific computing)问题。现代工程技术领域中，各类物理系统遵从牛顿经典物理的基本规律，如流场、温度场和固体力学场模型核心仍然是质量守恒定律、动量守恒定律和能量守恒定律等。然而，科学计算涉及的物理系统中研究对象结构复杂，不能简化为质点，而且承受着二维或三维几何空间分布的载荷(非集中载荷)。由于研究对象物质和载荷的分布性质，人们无法建立显式的初等函数模型，而只能采用 PDE 系统描述经典物理的守恒定律。

一般来说，PDE 系统无法采用分析数学方法求解其原函数，只能采用近似数值计算方法。科学计算问题的核心是 PDE 模型近似计算方法的收敛性、稳定性、计算精度(或者误差)。因此，高效和高精度地计算流场、温度场、电磁场、结构应变应力场的 PDE 模型，是航空航天、船舶、重型机械、车辆和能源设备等复杂产品研制的关键技术，也是应用力学、机械、航空宇航科学和计算机技术等交叉领域的前沿研究方向。

有学者对流体力学、传热、固体力学和电磁学等各种学科的 PDE 系统计算方法进行了广泛的研究，促进了科学计算技术的发展。而且，计算机技术的发展使工程师能够分析工程技术领域中复杂的物理系统(现象)。目前，工程技术领域中各类物理系统的数值分析计算方法主要包括以下步骤。

1. 建立物理系统的控制方程

首先，研究者将研究对象与环境分离，建立物理系统的基本概念，进一步确定其外延和内涵。然后，研究者需要确定系统变量，并且确定哪些系统变量为独立变量(自变量)，哪些系统变量为非独立变量(因变量)。独立变量的选择非常重要，对系统模型的形式和求解方式等都有影响。例如，固体力学中一般采用位移为独立变量，而流体力学中则采用速度(位移对时间的导数)为独立变量。最后，研究者采用系统变量建立物理系统中质量守恒、动量守恒和能量守恒的 PDE。因为物理系统必须遵守这些守恒规律，所以 PDE 模型"管理"和"控制"这些物理系统的行为。因此，这些 PDE 称为相关物理系统的控制方程(governing equation)。

2. 离散化物理系统的定义域

因为无法在物理系统的全局定义域中求解 PDE 系统，所以研究者只能在"微小"的局部定义域上进行近似计算。这种计算方法的核心思想是将连续系统定义域分解为若干子域(subdomain)，然后采用插值函数构造近似函数在子域上局部逼近连续的 PDE 系统的响应。将 PDE 系统的全局定义域分割为子域的过程称为域离散化(domain discretization)。域离散化将 PDE 模型的连续定义域(如二维或三维几何空间)分割为"有限数量"(finite number)的离散子域(也称为单元)。每个子域(或者单元)的几何拓扑结构一般采用几何空间的单纯形，即二维空间的三角形和三维空间的四面体，或者采用其他简单的形状(如四边形和六面体)。连续系统定义域离散化是科学计算的基础，在工程技术领域人们通常将离散化的几何定义域的一个子域单元称为网格(mesh)，并将域离散化过程称为网格划分或者网格生成(mesh generation)。本书以后将主要采用网格划分(或者网格生成)指代连续系统定义域的离散化过程。

3. 离散化连续 PDE 模型

定义域离散化(即网格生成)后，研究者在每个子域上定义一个近似模型(一般为多项式函数)，将连续的全局系统 PDE 的真实解转化为一组定义在离散单元上的局部函数模型。然后，研究者将各单元的局部函数模型代入原来的 PDE 系统，通过变分和积分余量等方式将全部离散单元的局部函数模型转化为单元节点变量的线性代数方程。系统 PDE 模型离散化的目标就是以线性代数方程组的解逼近连续的 PDE 系统在网格节点的响应。有限差分法(finite difference method, FDM)、有限体积法或者控制容积法(control volume method, CVM)、有限元法是广泛应用于工程技术领域的 PDE 系统模型离散化方法。有限元法在 PDE 弱解形式的基础上，采用单元节点的变量值构造初等插值函数在子域上逼近 PDE 的数值解；然后，通过变分或者加权余量等方法将连续空间的 PDE 计算问题转化为离散空间的线性代数方程组计算问题。其他有影响的 PDE 模型离散化方法包括有限分析方法(finite analytic method, FAM)和边界元法等。

4. 求解线性代数方程组

在工程技术领域，PDE 系统离散化后得到的线性代数方程组可能包含数十万甚至数百万的变量，它们的系数矩阵可能是对称或非对称的大型稀疏矩阵。求解线性代数方程组一般采用直接法或者间接迭代法。直接法就是以某种方式直接计算线性方程组系数矩阵的逆矩阵，一次性地计算线性代数方程组的数值解。直接法稳定可靠，很少出现数值方面的问题，可以预估运算量，并可得到问题的相对准确解。但是，实际计算过程中总存在舍入误差，因此直接法得到的结果并非绝对精确，存在计算过程的稳定性问题和计算机内存不足造成的时效问题。典型的直接法包括高斯消去法、直接分解法和波前法等。间接迭代法不是求解系数矩阵的逆矩阵，而是选定变量的初始值，通过循环迭代计算获得变量的最终解。间接迭代法的优点是简单、易于计算机编程，但是存在迭代是否收敛和收敛快慢的问题。典型的间接迭代法包括高斯-赛德尔法和牛顿-拉弗森法等。

5. 计算可视化

求解线性代数方程组会得到大量(或者海量)的数据，研究者只能借助计算机工具分析这些数据，判断 PDE 系统的物理响应。计算可视化技术首先对数据进行预处理，进一步将数据映射为几何元素，最后绘制为计算机图形和动画。在科学技术领域，计算可视化技术主要包括标量场、矢量场和张量场的绘制，还包括曲线(曲面)拟合及图形渲染等。

1.2.2 PDE 系统的数学性质

稳态的二阶 PDE 系统可以表示为

$$a_{ij}\frac{\partial}{\partial x_i}\left(\frac{\partial u}{\partial x_j}\right)+b_j\frac{\partial u}{\partial x_j}+cu+f=0, \quad i,j=1,2,\cdots,n \tag{1-1}$$

如图 1-2 所示，方程(1-1)的定义域为 Ω，边界为 $\partial\Omega$ 或者 Γ，边界的法线(切线)记为 $n(s)$。PDE 系统的三类边界条件在数学上统一称为狄利克雷(Dirichlet)条件、诺伊曼(Neumann)条件和罗宾(Robin)条件，具体描述方式如下。

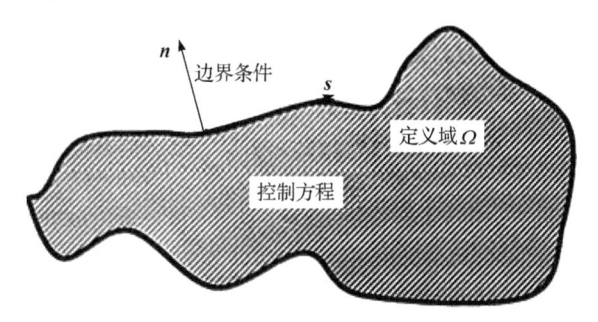

图 1-2　PDE 控制方程定义域及边界

Dirichlet 条件：

$$u=f(x,y), \quad x,y\in\partial\Omega$$

Neumann 条件：

$$\frac{\partial u}{\partial n}=f(x,y) \quad \text{或} \quad \frac{\partial u}{\partial s}=g(x,y), \quad x,y\in\partial\Omega$$

Robin 条件：

$$\frac{\partial u}{\partial n}+ku=f(x,y), \quad x,y\in\partial\Omega$$

二阶 PDE 系统相对于任意两个变量可以划分为三类：椭圆型、抛物线型和双曲型。任意两个变量的二阶偏导数项可以表示为

$$a\frac{\partial^2 u}{\partial x_i^2}+b\frac{\partial^2 u}{\partial x_i \partial x_j}+c\frac{\partial^2 u}{\partial x_j^2}=0 \tag{1-2}$$

则相对于这两个变量，PDE 控制方程(1-1)的分类依据为

$$\begin{cases} b^2-4ac<0, & \text{椭圆型} \\ b^2-4ac=0, & \text{抛物线型} \\ b^2-4ac>0, & \text{双曲型} \end{cases}$$

例如，二维 PDE 系统(1-3)是典型的椭圆型偏微分方程，称为泊松方程；当 $f(x,y)=0$ 时，称为拉普拉斯方程。该方程适合于描述稳态的势能场，如传热和电磁现象等。

$$\frac{\partial^2 u}{\partial x^2}+\frac{\partial^2 u}{\partial y^2}+f(x,y)=0 \tag{1-3}$$

1.3 数值求解方法的性质

求解方法的固有性质决定了在大多数情况下，很难去分析整个求解方法，而只能分析求解过程中的各个部分。如果各个部分都不能满足所期望的性质，则更别说分析整个计算方法了。下面将介绍一些重要的数值求解方法的性质。

1.3.1 一致性

随着网格间隔趋于零，离散过程应当趋于精确。离散方程与精确方程之间的差别称为离散误差。通常采用在一个节点上的泰勒级数展开来代替所有节点上的值。这将会得到一个常微分方程和一个剩余部分相加的方程，这个剩余部分便代表截断误差。对于一种求解方法，截断误差应该是一致的，当网格间距趋于零时，截断误差也必须趋于零。截断误差通常是与网格间距及时间步长成比例的。如果最高误差项与网格间距或时间步长的 N 次方成比例，则这个方法是 N 阶近似的，一致性就要求 N 必须大于零。理论上，所有项的离散都近似到相同的精度，然而有些项在特定的流动中占主导地位，如高雷诺数流动中的对流项或低雷诺数流动中的扩散项，因此最好更加精确地处理这些项。

即使近似是一致的，也不代表在有限小的时间步长内离散方程的结果是微分方程的精确解。正因如此，求解方法还必须满足稳定性的要求。

1.3.2 稳定性

若在求解过程中误差没有被放大，则数值求解方法就是稳定的。当精确方程的结果有界时，稳定性可以保证计算结果也是有界的。对于迭代方法，稳定性可以确保计算不发散。稳定性研究很困难，尤其是对边界条件和非线性问题。正是基于这个原因，比较普遍的研究是不含边界条件的常系数线性问题。经验表明，通过这种方法得到的结果经常可以应用到复杂问题上，当然也存在很多例外。

研究数值格式稳定性最常用的方法是冯·诺依曼稳定性分析方法。本书所讨论的大部分格式都已通过稳定性分析，当描述这些格式时，也会通过一些重要的结果来阐述。然而，当求解包含复杂边界的非线性耦合方程时，能够支撑稳定性的研究结果很少，所以不得不依赖经验和数值实验。许多求解格式需要采用比某一限制要小的时间步长或松弛因子来保证求解格式的稳定性。

1.3.3 收敛性

当网格间隔趋于零时离散方程的结果趋于微分方程的精确解，则这个数值方法是收敛的。对于线性初值问题，由 Lax 等价理论可知，给定适当初值的线性初值问题，采用有限差分法近似，只要它满足一致性及稳定性条件，便是收敛的。显然，一个计算格式即使一致性很好，但如果不收敛，则这种格式也是无法使用的。

非线性问题受边界条件的影响，一个方法的稳定性和收敛性很难证明。因此，收敛性通常采用数值实验进行检查,如采用连续加密的网格进行计算。如果计算方法稳定而且所有离散过程中的近似都具有一致性,则我们通常会发现结果将会收敛到一个与网格无关的结果。对于足够小的网格尺度,收敛率由首要的截断误差分量的阶数控制。利用这一点,可以进行计算误差估计。

1.3.4 守恒性

由于被求解的方程是守恒的,故数值格式也需要在局部及全局上基本反映这些守恒规律。这意味着当在稳态下及无源项时,进入一个封闭控制体的守恒量的量等于流出的量。如果方程是强守恒形式的并应用有限体积法,则可以保证每一个独立控制体中的守恒性,从而保证全局的守恒。其他离散方法只要恰当选择近似方法,也可以保证是守恒的。为了保证区域中的总源项等于通过边界的守恒量通量,源项的处理必须是始终如一的。由于其对求解误差具有约束作用,因此这是求解方法的一个重要性质。若质量、动量、能量不能确保守恒,则误差将会错误分布在区域中这些量覆盖的地方。非守恒的格式会产生人工源项,并改变局部及全局的平衡。然而,非守恒的格式可能是一致和稳定的,因此会在网格非常精细时得到正确的结果。由非守恒性产生的误差在大多数情况下只是出现在粗网格上。主要的问题在于,不清楚在何种网格尺度上这些误差会足够小,因此守恒格式依旧是首选。

1.3.5 有界性

数值结果应当在适当的界限内,物理上非负的量如密度和湍动能必须总是正的,其他量如浓度必须在 0～100%。没有源项的方程如没有热源的热传导方程,就要求变量的最大值和最小值必须在区域的边界上。数值近似应满足这些条件。

因有界性很难保证,故所有的高阶格式都会产生无界的结果。然而,这种情况通常只发生在太粗的网格上,所以结果过大或过小就意味着结果的误差太大,网格需要加密。关键问题在于当格式趋于产生无界结果时,可能还存在稳定和收敛问题,应当尽量避免使用这样的方法。

1.3.6 可靠性

有些现象过于复杂,如湍流燃烧和多相流等,若直接进行模拟,则很难确保得到物理上真实的结果。这不是数值问题,但是模型不可靠可能会导致非物理解或引起数值算法发散。

1.3.7 精确性

流体流动及传热问题的数值解只是近似解。除在求解算法、编程或边界条件设置的过程中产生误差,数值求解通常还包括以下三种误差。

(1) 模型误差:指实际物理问题与数学模型的精确解之间的差别。

(2) 离散误差:指守恒方程的精确解与离散这些方程得到的代数方程的精确解之间的差别。

(3) 迭代误差：指代数方程组的精确解与迭代解之间的差别。

迭代误差也常称为收敛误差。然而收敛不单单指迭代求解过程中误差不断降低，也指求解结果趋于网格无关性，它还与离散误差有关。为了避免混乱，并坚持以上误差的定义形式，当讨论收敛时通常是指所讨论的收敛类型。

了解这些误差的存在是十分重要的，而且还可以对它们加以区分。不同的误差可能相互抵消，有时在粗网格上的结果可能比细网格上的结果更加接近实验值。

模型误差依赖于不同变量输运方程推导过程中的假设。由于N-S方程对于流动已经是足够精确的模型，故当研究层流时，这个误差可能被认为是微不足道的。然而，对于湍流两相流燃烧，模型误差可能非常大，模型方程的精确解可能从本质上就是错的。模型误差也来自求解区域的简化及边界条件的简化，这些误差一般不能预先了解到，只能通过与实验精确解或更加精确模型结果的对比来评估离散及收敛误差。在反映物理现象的模型被接受之前，必须控制和评估收敛误差及离散误差。

随着网格的加密，离散近似产生的误差会减小，因此近似的阶数也是对精度的一种估量。然而，对于一个给定的网格，采用同样阶数的求解方法，产生的求解误差也可能达到一个量级。这是因为阶数只能说明随着网格尺度减少误差降低的速率，却无法确定对于同一个网格误差的信息。

目前有很多求解格式和 CFD 代码，因此可能很难决定采用哪一个。最终的结果就是：利用最少的付出，得到所期望的精确结果或现有资源的最大精度。每当描述一个特定格式时，都需要指出它的优点与缺点。

1.4 计算多物理场技术与应用

本节以涡轮气动设计为例，介绍计算多物理场技术在工程技术中的应用。

涡轮部件气动设计是一个从低维到高维逐步设计和优化的过程，低维空间的设计结果是高维空间工作的基础。图 1-3 给出了典型的涡轮气动设计流程，一般来说，涡轮气动设计的第一步是根据总体设计要求开展一维气动分析，主要工作为合理选取涡轮各级的无量纲设计参数以确定各级叶中截面的速度三角形等参数，进而生成涡轮子午流道形式，在此过程中可根据需要在低维设计空间上对基本气动和几何参数进行合理选择甚至充分优化；第二步是从二维层面出发，选取合理的扭向规律以得到涡轮级不同叶高截面的速度三角形，并通过反问题计算以得到涡轮各叶片排关键气动参数，进而按照叶片排进出口气流角等参数进行不同叶高截面的叶栅造型，并利用 S_1 数值模拟手段检验叶型设计的合理性；第三步是在此基础上开展叶片三维的积叠，充分利用弯、掠和扭等积叠方式合理组织通道内流动，并利用 S_2 或准三维数值模拟手段计算获得涡轮部件的总体性能和参数分布，进行初步的流动分析和诊断；第四步是在设计结果满足设计要求的情况下采用全三维数值模拟对涡轮内部流场进行更为细致的诊断，综合评估涡轮的总体性能；第五步是通过精细化设计手段对局部不理想的流动进行重新优化组织，充分挖掘涡轮性能的潜力。当然，涡轮部件气动设计是一个反复优化迭代的过程，低维的参数选取直接影响高维的设计结果，而高维的设计结果也能反馈并指导低维的优化设计。需要指出的是，低维分析的准确性与其采用的涡轮气动损失模型的预测精度密切相关，长期研究积累建立起的完善的气动损失模型和数据库是成功进行涡轮设计的重要保障，而三维数值模拟手段的精度也受到众多因素的影响，不能盲目信任。

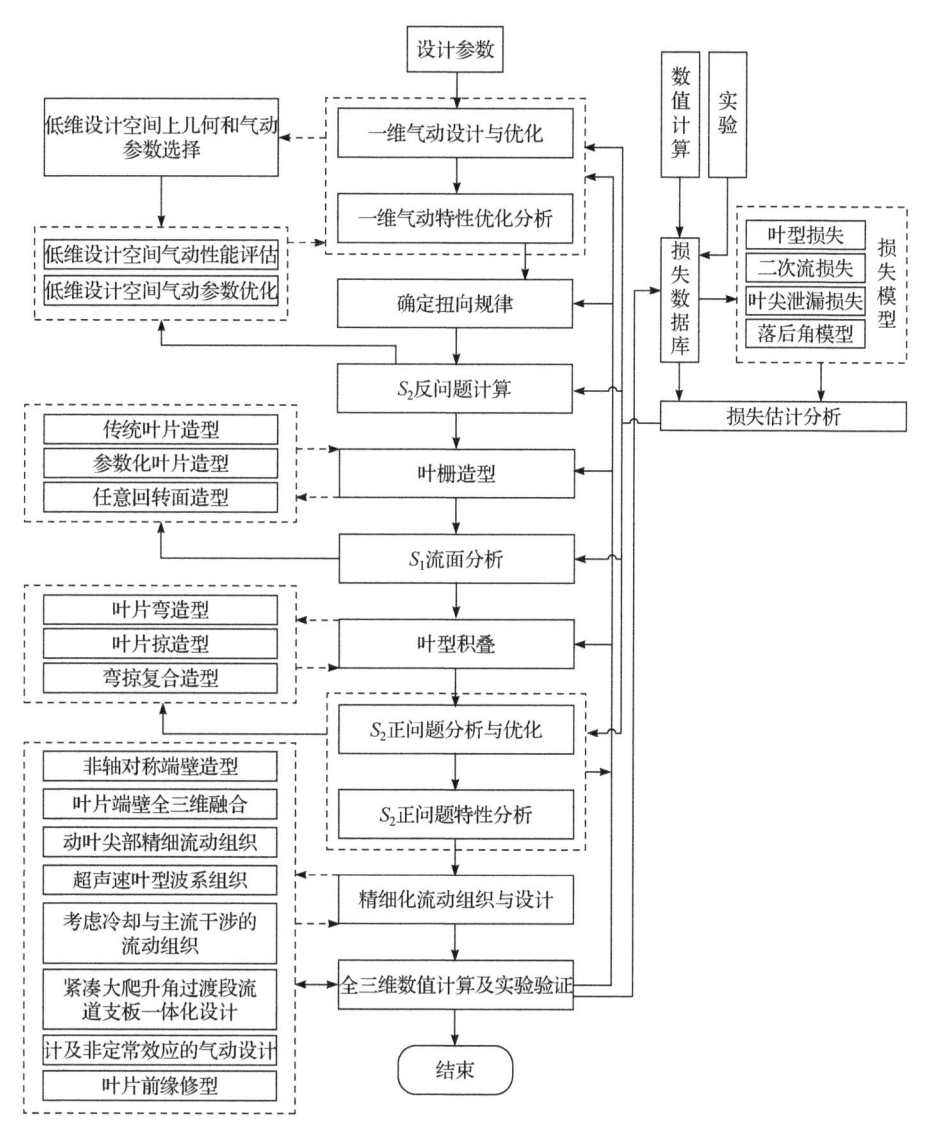

图 1-3 涡轮气动设计流程

思考题及习题

1. 计算流体声学的复杂性主要体现在哪几个方面？
2. 计算流体声学有哪几种常用方法？
3. 数值求解方法有哪些性质？
4. 涡轮的气动设计流程是什么？

第 2 章　多物理场问题的基本方程

2.1　流体力学基本方程

流体力学中的数值计算方法就是依据流体力学的基本方程、初始条件以及边界条件，用最有效的数值计算方法进行求解，获得整个流场的信息。流体力学的基本方程依据描述流体运动规律的质量守恒定律、动量守恒定律和能量守恒定律，来获得连续性方程、动量方程以及能量方程。

2.1.1　流体力学的基本方程

依据质量守恒定律、动量守恒定律、能量守恒定律和黏性规律，建立了连续性方程、运动方程、能量方程，并推导出应力张量和变形速度张量之间的关系，这些方程以及关系式再加上状态方程，便组成了流体力学的基本方程。

下面给出具体微分形式的矢量表达的流体力学基本方程。

(1) 连续性方程的矢量表达式：

$$\frac{\partial \rho}{\partial t} + \mathrm{div}(\rho \boldsymbol{V}) = 0 \tag{2-1}$$

(2) 运动方程的矢量表达式：

$$\rho \frac{\mathrm{d}\boldsymbol{V}}{\mathrm{d}t} = \rho \boldsymbol{F} + \mathrm{div}\boldsymbol{P} \tag{2-2}$$

(3) 能量方程的表达式：

$$\rho \frac{\mathrm{d}U}{\mathrm{d}t} = \boldsymbol{P} \cdot \boldsymbol{S} + \mathrm{div}(\lambda \mathrm{grad}T) + \rho q \tag{2-3}$$

(4) 应力张量和变形速度张量之间的关系。斯托克斯(Stokes)依据弹性力学中的胡克定律，假设流体中的应变率与应力之间存在着线性关系，并做出如下三个假设：①应力与应变率存在线性关系；②流体是各向同性的，也就是说流体的性质与方向无关；③当流体静止时，即应变率张量为零时，流体中的应力就是流体的静压力。

根据 Stokes 的三个假设，可导出应力张量和变形速度张量之间的关系：

$$\boldsymbol{P} = -\left(p + \frac{2}{3}\mu \mathrm{div}\boldsymbol{V}\right)\boldsymbol{I} + 2\mu \boldsymbol{S} \tag{2-4}$$

(5) 状态方程：

$$p = f(\rho, T) \tag{2-5}$$

在上述方程中，V 为速度场，且 $V = \begin{cases} u \\ v \\ w \end{cases}$；$p$ 为压力；ρ 为密度；F 为单位质量力；μ 为流体的动力黏性系数；λ 为热传导系数；T 为温度；q 为单位质量热流入量；U 为单位质量内能总量；div 为散度算子；grad 为梯度算子；P 为应力张量；S 为变形速度张量；I 为单位张量。

1. 笛卡儿坐标系下流体运动的微分方程

不可压缩流体运动的无量纲连续性方程为

$$\frac{\partial u}{\partial x} + \frac{\partial v}{\partial y} + \frac{\partial w}{\partial z} = 0 \tag{2-6}$$

或矢量式的无量纲连续性方程为

$$\nabla \cdot V = 0 \tag{2-7}$$

在不考虑外力的作用下，给出不可压缩流体的无量纲-运动微分方程(也可称为 N-S 方程)：

$$\frac{\partial u}{\partial t} + u\frac{\partial u}{\partial x} + v\frac{\partial u}{\partial y} + w\frac{\partial u}{\partial z} = -\frac{\partial p}{\partial x} + \frac{1}{Re}\left(\frac{\partial^2 u}{\partial x^2} + \frac{\partial^2 u}{\partial y^2} + \frac{\partial^2 u}{\partial z^2}\right) \tag{2-8}$$

$$\frac{\partial v}{\partial t} + u\frac{\partial v}{\partial x} + v\frac{\partial v}{\partial y} + w\frac{\partial v}{\partial z} = -\frac{\partial p}{\partial y} + \frac{1}{Re}\left(\frac{\partial^2 v}{\partial x^2} + \frac{\partial^2 v}{\partial y^2} + \frac{\partial^2 v}{\partial z^2}\right) \tag{2-9}$$

$$\frac{\partial w}{\partial t} + u\frac{\partial w}{\partial x} + v\frac{\partial w}{\partial y} + w\frac{\partial w}{\partial z} = -\frac{\partial p}{\partial z} + \frac{1}{Re}\left(\frac{\partial^2 w}{\partial x^2} + \frac{\partial^2 w}{\partial y^2} + \frac{\partial^2 w}{\partial z^2}\right) \tag{2-10}$$

或矢量式的无量纲运动微分方程：

$$\frac{\mathrm{d}V}{\mathrm{d}t} = -\nabla p + \frac{1}{Re}\nabla^2 V \tag{2-11}$$

在上述方程中，V 为速度场，且 $V = \begin{cases} u \\ v \\ w \end{cases}$；$p$ 为压力；$\nabla = \left\{\frac{\partial}{\partial x}, \frac{\partial}{\partial y}, \frac{\partial}{\partial z}\right\}$，$\nabla^2 = \frac{\partial^2}{\partial x^2} + \frac{\partial^2}{\partial y^2} + \frac{\partial^2}{\partial z^2}$；$Re$ 为雷诺数，即 $Re = \frac{U_\infty l}{\nu}$，$U_\infty$ 为无穷远来流速度，l 为特征尺度，ν 为流体的运动黏性系数。对上述基本方程进行求解，可获得不可压缩流体运动的速度场和压力场，即获得整个流体运动的全部流场信息。

在推导上述基本方程时，做出以下六个假设：

(1) 流体是连续介质，流动的特征物理参数是空间变量和时间变量的连续函数，因而某物理问题可用高等数学中的方法进行求解和分析。

(2) 流体是各向同性的牛顿流体，也就是说流体的性质与方向无关。因此，无论坐标系如何选取，流体运动中的应力与应变率的关系都是相同的。

(3) 流体保持热力平衡，并且任何流体微元包含足够多的流体分子，根据分子运动论得到的统计平衡规律可以应用。

(4) 流体在运动过程中，没有考虑外力的作用。若考虑质量力作用，只需在流体运动微分方程中添加相应的单位质量力，即 $\boldsymbol{F} = \begin{cases} F_x \\ F_y \\ F_z \end{cases}$。

(5) 上述流体运动的微分方程仅适用于不可压缩流体。

(6) 方程(2-6)~(2-11)只适用于惯性坐标系，而连续性方程(2-6)和(2-7)则与所选取的坐标系无关。若选取的坐标系是非惯性坐标系，则方程(2-8)~(2-11)中还必须包括相应的惯性力。

当上述假设不成立时(如非牛顿流体)，本节所建立的基本方程将不再适用。

2. 曲线坐标系下流体运动的微分方程

1) 曲线坐标系下的拉梅系数

空间一点的位置，可以用它的三个直角坐标(x,y,z)或矢径$\boldsymbol{r} = x\boldsymbol{i} + y\boldsymbol{j} + z\boldsymbol{k}$来表示。同样，该点的位置也可用另外三个数$(\xi,\eta,\zeta)$来表示，$(\xi,\eta,\zeta)$与直角坐标$(x,y,z)$之间存在一一对应的关系：

$$\begin{cases} x = x(\xi,\eta,\zeta) \\ y = y(\xi,\eta,\zeta) \\ z = z(\xi,\eta,\zeta) \end{cases} \tag{2-12}$$

或

$$\begin{cases} \xi = \xi(x,y,z) \\ \eta = \eta(x,y,z) \\ \zeta = \zeta(x,y,z) \end{cases} \tag{2-13}$$

因此，给定一个空间点$P(x,y,z)$，就有一组完全确定的(ξ,η,ζ)值与之对应；反之，给定一组(ξ,η,ζ)值，也必然对应空间一点$P(x,y,z)$。(ξ,η,ζ)就称为空间点$P(x,y,z)$的曲线坐标。

在曲线坐标系中，任一空间点的矢径可表示为

$$\boldsymbol{r} = \boldsymbol{r}(\xi,\eta,\zeta) \tag{2-14}$$

如果仅改变一个曲线坐标$L_i(i=1,2,3)$，而保持其他两个曲线坐标不变，就得到空间的一条曲线，称它为坐标线(L_i)(L_1、L_2、L_3分别对应于曲线坐标系的三个轴ξ、η、ζ)。因此，经过空间一点P，可画出三条曲线坐标线分别为ξ、η和ζ。经过P点沿各坐标值增加的方向作坐标线的切线，就得到了P点的坐标轴。

沿坐标线(L_i)取微元弧长：

$$\mathrm{d}\boldsymbol{r} = \frac{\partial \boldsymbol{r}}{\partial L_i}\mathrm{d}L_i \tag{2-15}$$

因此可求得单位坐标矢量为

$$e_i = \frac{\partial L_i}{\left|\dfrac{\partial r}{\partial L_i}\right|}, \quad i=1,2,3 \tag{2-16}$$

引入拉梅系数：

$$H_i = \left|\frac{\partial r}{\partial L_i}\right| = \sqrt{\left(\frac{\partial x}{\partial L_i}\right)^2 + \left(\frac{\partial y}{\partial L_i}\right)^2 + \left(\frac{\partial z}{\partial L_i}\right)^2}, \quad i=1,2,3 \tag{2-17}$$

则有

$$\begin{aligned}H_1 &= \sqrt{\left(\frac{\partial x}{\partial \xi}\right)^2 + \left(\frac{\partial y}{\partial \xi}\right)^2 + \left(\frac{\partial z}{\partial \xi}\right)^2} \\ H_2 &= \sqrt{\left(\frac{\partial x}{\partial \eta}\right)^2 + \left(\frac{\partial y}{\partial \eta}\right)^2 + \left(\frac{\partial z}{\partial \eta}\right)^2} \\ H_3 &= \sqrt{\left(\frac{\partial x}{\partial \zeta}\right)^2 + \left(\frac{\partial y}{\partial \zeta}\right)^2 + \left(\frac{\partial z}{\partial \zeta}\right)^2}\end{aligned} \tag{2-18}$$

另外，单位坐标矢量也可改写为

$$e_i = \frac{1}{H_i}\frac{\partial r}{\partial L_i}, \quad i=1,2,3 \tag{2-19}$$

同样，单位坐标矢量的分量式也可改写为

$$\begin{aligned}e_1 &= \frac{1}{H_1}\frac{\partial r}{\partial \xi} \\ e_2 &= \frac{1}{H_2}\frac{\partial r}{\partial \eta} \\ e_3 &= \frac{1}{H_3}\frac{\partial r}{\partial \zeta}\end{aligned} \tag{2-20}$$

2) 曲线坐标系下的流体力学基本方程

(1) 连续性方程。

连续性方程的表达式为

$$\frac{\partial \rho}{\partial t} + \frac{1}{H_1 H_2 H_3}\left[\frac{\partial}{\partial \xi}(\rho H_2 H_3 u) + \frac{\partial}{\partial \eta}(\rho H_3 H_1 v) + \frac{\partial}{\partial \zeta}(\rho H_1 H_2 w)\right] = 0 \tag{2-21}$$

(2) 运动微分方程。

运动微分方程的矢量表达式为

$$\rho\frac{\mathrm{d}V}{\mathrm{d}t} = \rho F + \mathrm{div}P \tag{2-22}$$

现在首先讨论单位质量的惯性力 $\dfrac{\mathrm{d}V}{\mathrm{d}t}$ 在曲线坐标系中的数学表达式，可将速度矢量

V 写为

$$V = ue_1 + ve_2 + we_3 \tag{2-23}$$

$$\frac{\mathrm{d}V}{\mathrm{d}t} = \frac{\mathrm{d}u}{\mathrm{d}t}e_1 + \frac{\mathrm{d}v}{\mathrm{d}t}e_2 + \frac{\mathrm{d}w}{\mathrm{d}t}e_3 + u\frac{\mathrm{d}e_1}{\mathrm{d}t} + v\frac{\mathrm{d}e_2}{\mathrm{d}t} + w\frac{\mathrm{d}e_3}{\mathrm{d}t} \tag{2-24}$$

而

$$\frac{\mathrm{d}V_i}{\mathrm{d}t} = \frac{\partial V_i}{\partial t} + \frac{u}{H}\frac{\partial V_i}{\partial \xi} + \frac{v}{H}\frac{\partial V_i}{\partial \eta} + \frac{w}{H}\frac{\partial V_i}{\partial \zeta} \tag{2-25}$$

$$\frac{\mathrm{d}e_i}{\mathrm{d}t} = \frac{u}{H_1}\frac{\partial e_i}{\partial \xi} + \frac{v}{H_2}\frac{\partial e_i}{\partial \eta} + \frac{w}{H_3}\frac{\partial e_i}{\partial \zeta} \tag{2-26}$$

其中，$V_i(i=1,2,3)$ 分别为 u、v、w；$e_i(i=1,2,3)$ 分别为 e_1、e_2、e_3。另外，再考虑场论的基础知识，可得

$$\begin{cases} \dfrac{\partial e_1}{\partial \xi} = -\dfrac{1}{H_2}\dfrac{\partial H_1}{\partial \eta}e_2 - \dfrac{1}{H_3}\dfrac{\partial H_1}{\partial \zeta}e_3 \\ \dfrac{\partial e_2}{\partial \xi} = \dfrac{1}{H_2}\dfrac{\partial H_1}{\partial \eta}e_1 \\ \dfrac{\partial e_3}{\partial \xi} = \dfrac{1}{H_3}\dfrac{\partial H_1}{\partial \zeta}e_1 \end{cases}$$

$$\begin{cases} \dfrac{\partial e_1}{\partial \eta} = \dfrac{1}{H_1}\dfrac{\partial H_2}{\partial \xi}e_2 \\ \dfrac{\partial e_2}{\partial \eta} = -\dfrac{1}{H_3}\dfrac{\partial H_2}{\partial \zeta}e_2 - \dfrac{1}{H_1}\dfrac{\partial H_2}{\partial \xi}e_1 \\ \dfrac{\partial e_3}{\partial \eta} = \dfrac{1}{H_3}\dfrac{\partial H_2}{\partial \zeta}e_2 \end{cases} \tag{2-27}$$

$$\begin{cases} \dfrac{\partial e_1}{\partial \zeta} = \dfrac{1}{H_1}\dfrac{\partial H_3}{\partial \xi}e_3 \\ \dfrac{\partial e_2}{\partial \zeta} = \dfrac{1}{H_2}\dfrac{\partial H_3}{\partial \eta}e_3 \\ \dfrac{\partial e_3}{\partial \zeta} = -\dfrac{1}{H_1}\dfrac{\partial H_3}{\partial \xi}e_1 - \dfrac{1}{H_2}\dfrac{\partial H_3}{\partial \eta}e_2 \end{cases}$$

式(2-2)中 $\dfrac{\mathrm{d}V}{\mathrm{d}t}$ 在曲线坐标系 ξ、η、ζ 轴上的三个分量的表达式为

$$\left(\frac{\mathrm{d}V}{\mathrm{d}t}\right)_\xi = \frac{\partial u}{\partial t} + \frac{u}{H_1}\frac{\partial u}{\partial \xi} + \frac{v}{H_2}\frac{\partial u}{\partial \eta} + \frac{w}{H_3}\frac{\partial u}{\partial \zeta} + \frac{uv}{H_1 H_2}\frac{\partial H_1}{\partial \eta} + \frac{uw}{H_1 H_3}\frac{\partial H_1}{\partial \zeta} - \frac{v^2}{H_1 H_2}\frac{\partial H_2}{\partial \xi} - \frac{w^2}{H_3 H_1}\frac{\partial H_3}{\partial \xi}$$

$$\left(\frac{\mathrm{d}V}{\mathrm{d}t}\right)_\eta = \frac{\partial v}{\partial t} + \frac{u}{H_1}\frac{\partial v}{\partial \xi} + \frac{v}{H_2}\frac{\partial v}{\partial \eta} + \frac{w}{H_3}\frac{\partial v}{\partial \zeta} + \frac{uv}{H_1 H_2}\frac{\partial H_2}{\partial \xi} + \frac{vw}{H_2 H_3}\frac{\partial H_2}{\partial \zeta} - \frac{w^2}{H_2 H_3}\frac{\partial H_3}{\partial \eta} - \frac{u^2}{H_1 H_2}\frac{\partial H_1}{\partial \eta}$$

$$\left(\frac{\mathrm{d}V}{\mathrm{d}t}\right)_\zeta = \frac{\partial w}{\partial t} + \frac{u}{H_1}\frac{\partial w}{\partial \xi} + \frac{v}{H_2}\frac{\partial w}{\partial \eta} + \frac{w}{H_3}\frac{\partial w}{\partial \zeta} + \frac{wu}{H_3 H_1}\frac{\partial H_3}{\partial \xi} + \frac{vw}{H_2 H_3}\frac{\partial H_3}{\partial \eta} - \frac{u^2}{H_3 H_1}\frac{\partial H_1}{\partial \zeta} - \frac{v^2}{H_3 H_2}\frac{\partial H_2}{\partial \zeta}$$

$$\tag{2-28}$$

式(2-2)中的 div**P** 在曲线坐标系下的表达式为

$$\text{div}\boldsymbol{P} = \frac{1}{H_1H_2H_3}\left[\frac{\partial}{\partial \xi}(H_2H_3\boldsymbol{\tau}_1) + \frac{\partial}{\partial \eta}(H_3H_1\boldsymbol{\tau}_2) + \frac{\partial}{\partial \zeta}(H_1H_2\boldsymbol{\tau}_3)\right] \tag{2-29}$$

其中，$\boldsymbol{\tau}_1$、$\boldsymbol{\tau}_2$、$\boldsymbol{\tau}_3$ 分别为坐标面 $\xi = 0$、$\eta = 0$、$\zeta = 0$ 上的应力矢量。又因为

$$\frac{1}{H_1H_2H_3}\frac{\partial}{\partial \xi}(H_2H_3\boldsymbol{\tau}_1) = \frac{1}{H_1H_2H_3}\frac{\partial}{\partial \xi}\left[H_2H_3(\tau_{11}\boldsymbol{e}_1 + \tau_{12}\boldsymbol{e}_2 + \tau_{13}\boldsymbol{e}_3)\right]$$

$$= \frac{1}{H_1H_2H_3}\frac{\partial}{\partial \xi}(H_2H_3\tau_{11})\boldsymbol{e}_1 + \frac{1}{H_1H_2H_3}\frac{\partial}{\partial \xi}(H_2H_3\tau_{12})\boldsymbol{e}_2$$

$$+ \frac{1}{H_1H_2H_3}\frac{\partial}{\partial \xi}(H_2H_3\tau_{13})\boldsymbol{e}_3 + \frac{\tau_{11}}{H_1}\frac{\partial \boldsymbol{e}_1}{\partial \xi} + \frac{\tau_{12}}{H_1}\frac{\partial \boldsymbol{e}_2}{\partial \xi} + \frac{\tau_{13}}{H_1}\frac{\partial \boldsymbol{e}_3}{\partial \xi}$$

$$\frac{1}{H_1H_2H_3}\frac{\partial}{\partial \xi}(H_3H_1\boldsymbol{\tau}_2) = \frac{1}{H_1H_2H_3}\frac{\partial}{\partial \eta}\left[H_3H_1(\tau_{21}\boldsymbol{e}_1 + \tau_{22}\boldsymbol{e}_2 + \tau_{23}\boldsymbol{e}_3)\right]$$

$$= \frac{1}{H_1H_2H_3}\frac{\partial}{\partial \eta}(H_3H_1\tau_{21})\boldsymbol{e}_1 + \frac{1}{H_1H_2H_3}\frac{\partial}{\partial \eta}(H_3H_1\tau_{22})\boldsymbol{e}_2$$

$$+ \frac{1}{H_1H_2H_3}\frac{\partial}{\partial \eta}(H_3H_1\tau_{23})\boldsymbol{e}_3 + \frac{\tau_{21}}{H_2}\frac{\partial \boldsymbol{e}_1}{\partial \eta} + \frac{\tau_{22}}{H_2}\frac{\partial \boldsymbol{e}_2}{\partial \eta} + \frac{\tau_{23}}{H_2}\frac{\partial \boldsymbol{e}_3}{\partial \eta}$$

$$\frac{1}{H_1H_2H_3}\frac{\partial}{\partial \zeta}(H_1H_2\boldsymbol{\tau}_3) = \frac{1}{H_1H_2H_3}\frac{\partial}{\partial \zeta}\left[H_1H_2(\tau_{31}\boldsymbol{e}_1 + \tau_{32}\boldsymbol{e}_2 + \tau_{33}\boldsymbol{e}_3)\right]$$

$$= \frac{1}{H_1H_2H_3}\frac{\partial}{\partial \zeta}(H_1H_2\tau_{31})\boldsymbol{e}_1 + \frac{1}{H_1H_2H_3}\frac{\partial}{\partial \zeta}(H_1H_2\tau_{32})\boldsymbol{e}_2$$

$$+ \frac{1}{H_1H_2H_3}\frac{\partial}{\partial \zeta}(H_1H_2\tau_{33})\boldsymbol{e}_3 + \frac{\tau_{31}}{H_3}\frac{\partial \boldsymbol{e}_1}{\partial \zeta} + \frac{\tau_{32}}{H_3}\frac{\partial \boldsymbol{e}_2}{\partial \zeta} + \frac{\tau_{33}}{H_3}\frac{\partial \boldsymbol{e}_3}{\partial \zeta}$$

再结合式(2-27)，经过一系列运算及整理，式(2-29)中 div**P** 在曲线坐标系 ξ、η、ζ 轴上投影的分量式为

$$\begin{aligned}
(\text{div}\boldsymbol{P})_\xi &= \frac{1}{H_1H_2H_3}\left[\frac{\partial}{\partial \xi}(H_2H_3\tau_{11}) + \frac{\partial}{\partial \eta}(H_3H_1\tau_{21}) + \frac{\partial}{\partial \zeta}(H_1H_2\tau_{31})\right] \\
&\quad + \frac{\tau_{12}}{H_1H_2}\frac{\partial H_1}{\partial \eta} + \frac{\tau_{13}}{H_1H_3}\frac{\partial H_1}{\partial \zeta} - \frac{\tau_{22}}{H_1H_2}\frac{\partial H_2}{\partial \xi} - \frac{\tau_{11}}{H_3H_1}\frac{\partial H_3}{\partial \xi} \\
(\text{div}\boldsymbol{P})_\eta &= \frac{1}{H_1H_2H_3}\left[\frac{\partial}{\partial \xi}(H_2H_3\tau_{12}) + \frac{\partial}{\partial \eta}(H_3H_1\tau_{22}) + \frac{\partial}{\partial \zeta}(H_1H_2\tau_{32})\right] \\
&\quad + \frac{\tau_{21}}{H_1H_2}\frac{\partial H_2}{\partial \xi} + \frac{\tau_{23}}{H_2H_3}\frac{\partial H_2}{\partial \zeta} - \frac{\tau_{33}}{H_2H_3}\frac{\partial H_3}{\partial \eta} - \frac{\tau_{11}}{H_1H_2}\frac{\partial H_1}{\partial \eta} \\
(\text{div}\boldsymbol{P})_\zeta &= \frac{1}{H_1H_2H_3}\left[\frac{\partial}{\partial \xi}(H_2H_3\tau_{13}) + \frac{\partial}{\partial \eta}(H_3H_1\tau_{23}) + \frac{\partial}{\partial \zeta}(H_1H_2\tau_{33})\right] \\
&\quad + \frac{\tau_{31}}{H_3H_1}\frac{\partial H_3}{\partial \xi} + \frac{\tau_{23}}{H_2H_3}\frac{\partial H_3}{\partial \eta} - \frac{\tau_{11}}{H_3H_1}\frac{\partial H_1}{\partial \zeta} - \frac{\tau_{22}}{H_3H_2}\frac{\partial H_2}{\partial \zeta}
\end{aligned} \tag{2-30}$$

利用式(2-28)和式(2-30)，获得运动微分方程在曲线坐标系 ξ、η、ζ 轴上的三个分

量的表达式为

$$\frac{\partial u}{\partial t}+\frac{u}{H_1}\frac{\partial u}{\partial \xi}+\frac{v}{H_2}\frac{\partial u}{\partial \eta}+\frac{w}{H_3}\frac{\partial u}{\partial \zeta}+\frac{uv}{H_1H_2}\frac{\partial H_1}{\partial \eta}+\frac{uw}{H_1H_2}\frac{\partial H_1}{\partial \zeta}-\frac{v^2}{H_1H_2}\frac{\partial H_2}{\partial \xi}-\frac{w^2}{H_3H_1}\frac{\partial H_3}{\partial \xi}$$

$$=F_\xi+\frac{1}{\rho}\left\{\frac{1}{H_1H_2H_3}\left[\frac{\partial}{\partial \xi}(H_2H_3\tau_{11})+\frac{\partial}{\partial \eta}(H_3H_1\tau_{21})+\frac{\partial}{\partial \zeta}(H_1H_2\tau_{31})\right]\right.$$

$$\left.+\frac{\tau_{12}}{H_1H_2}\frac{\partial H_1}{\partial \eta}+\frac{\tau_{13}}{H_1H_3}\frac{\partial H_1}{\partial \zeta}-\frac{\tau_{22}}{H_1H_2}\frac{\partial H_2}{\partial \xi}-\frac{\tau_{33}}{H_3H_1}\frac{\partial H_3}{\partial \xi}\right\}$$

$$\frac{\partial v}{\partial t}+\frac{u}{H_1}\frac{\partial v}{\partial \xi}+\frac{v}{H_2}\frac{\partial v}{\partial \eta}+\frac{w}{H_3}\frac{\partial v}{\partial \zeta}+\frac{uv}{H_1H_2}\frac{\partial H_2}{\partial \eta}+\frac{vw}{H_1H_2}\frac{\partial H_2}{\partial \zeta}-\frac{w^2}{H_1H_2}\frac{\partial H_3}{\partial \xi}-\frac{u^2}{H_3H_1}\frac{\partial H_1}{\partial \xi}$$

$$=F_\eta+\frac{1}{\rho}\left\{\frac{1}{H_1H_2H_3}\left[\frac{\partial}{\partial \xi}(H_2H_3\tau_{12})+\frac{\partial}{\partial \eta}(H_3H_1\tau_{22})+\frac{\partial}{\partial \zeta}(H_1H_2\tau_{32})\right]\right.$$

$$\left.+\frac{\tau_{21}}{H_2H_1}\frac{\partial H_2}{\partial \zeta}+\frac{\tau_{23}}{H_2H_3}\frac{\partial H_2}{\partial \xi}-\frac{\tau_{33}}{H_2H_3}\frac{\partial H_3}{\partial \eta}-\frac{\tau_{11}}{H_1H_3}\frac{\partial H_1}{\partial \eta}\right\}$$

$$\frac{\partial w}{\partial t}+\frac{u}{H_1}\frac{\partial w}{\partial \xi}+\frac{v}{H_2}\frac{\partial w}{\partial \eta}+\frac{w}{H_3}\frac{\partial w}{\partial \zeta}+\frac{wu}{H_3H_1}\frac{\partial H_3}{\partial \xi}+\frac{vw}{H_2H_3}\frac{\partial H_3}{\partial \eta}-\frac{u^2}{H_3H_1}\frac{\partial H_1}{\partial \zeta}-\frac{v^2}{H_3H_2}\frac{\partial H_2}{\partial \zeta}$$

$$=F_\zeta+\frac{1}{\rho}\left\{\frac{1}{H_1H_2H_3}\left[\frac{\partial}{\partial \xi}(H_2H_3\tau_{13})+\frac{\partial}{\partial \eta}(H_3H_1\tau_{23})+\frac{\partial}{\partial \zeta}(H_1H_2\tau_{33})\right]\right.$$

$$\left.+\frac{\tau_{31}}{H_3H_1}\frac{\partial H_3}{\partial \xi}+\frac{\tau_{23}}{H_2H_3}\frac{\partial H_3}{\partial \eta}-\frac{\tau_{11}}{H_3H_1}\frac{\partial H_1}{\partial \zeta}-\frac{\tau_{22}}{H_3H_2}\frac{\partial H_2}{\partial \zeta}\right\}$$

(2-31)

其中，应力存在着如下关系：$\tau_{12}=\tau_{21}$，$\tau_{13}=\tau_{31}$，$\tau_{23}=\tau_{32}$。

3) 应力张量和变形速度张量之间的关系

矢量形式的应力张量和变形速度张量的关系为

$$\boldsymbol{P}=-\left(p+\frac{2}{3}\mu\mathrm{div}\boldsymbol{V}\right)\boldsymbol{I}+2\mu\boldsymbol{S} \tag{2-32}$$

在曲线坐标系中，应力分量与相对应变形率分量的关系式为

$$\tau_{11}=-\left(p+\frac{2}{3}\mu\mathrm{div}\boldsymbol{V}\right)I+2\mu S_{11}$$

$$\tau_{22}=-\left(p+\frac{2}{3}\mu\mathrm{div}\boldsymbol{V}\right)I+2\mu S_{22}$$

$$\tau_{33}=-\left(p+\frac{2}{3}\mu\mathrm{div}\boldsymbol{V}\right)I+2\mu S_{33}$$

$$\tau_{12}=\tau_{21}=2\mu S_{12}=2\mu S_{21}$$

$$\tau_{23}=\tau_{32}=2\mu S_{23}=2\mu S_{32}$$

$$\tau_{31}=\tau_{13}=2\mu S_{31}=2\mu S_{13}$$

其中，S_{11}、S_{22}、S_{33}、S_{12}、S_{23}、S_{31}为变形速度张量在曲线坐标系中的六个分量。下面求解它们在曲线坐标系下的数学表达式。

作与变形速度张量 S 对应的二次曲面：

$$\delta \boldsymbol{r} \cdot (\boldsymbol{S}\delta \boldsymbol{r}) = S_{11}\delta\xi^2 + S_{22}\delta\eta^2 + S_{33}\delta\zeta^2 + 2S_{12}\delta\xi\delta\eta + 2S_{23}\delta\eta\delta\zeta + 2S_{31}\delta\zeta\delta\xi = 1 \quad (2\text{-}33)$$

因

$$\delta \boldsymbol{r} \cdot (\boldsymbol{S}\delta \boldsymbol{r}) = \delta \boldsymbol{r} \cdot \frac{\mathrm{d}\delta \boldsymbol{r}}{\mathrm{d}t}$$

$$\boldsymbol{S}\delta \boldsymbol{r} = V_3$$

其中，V_3 为变形速度，故

$$\delta \boldsymbol{r} \cdot (\boldsymbol{S}\delta \boldsymbol{r}) = V_3 \cdot \delta \boldsymbol{r} \quad (2\text{-}34)$$

其次

$$\frac{\mathrm{d}\delta \boldsymbol{r}}{\mathrm{d}t} = V_2 + V_3$$

其中，V_2 为旋转速度。于是

$$\delta \boldsymbol{r} \cdot \frac{\mathrm{d}\delta \boldsymbol{r}}{\mathrm{d}t} = (V_2 + V_3) \cdot \delta \boldsymbol{r} = V_2 \cdot \delta \boldsymbol{r} + V_3 \cdot \delta \boldsymbol{r}$$

考虑到旋转速度 V_2 与 $\delta \boldsymbol{r}$ 垂直，即 $V_2 \cdot \delta \boldsymbol{r} = 0$，得

$$\delta \boldsymbol{r} \cdot \frac{\mathrm{d}\delta \boldsymbol{r}}{\mathrm{d}t} = V_3 \cdot \delta \boldsymbol{r} \quad (2\text{-}35)$$

这样式(2-33)可改写成下列式子：

$$\delta S = \frac{\mathrm{d}\delta S}{\mathrm{d}t} = S_{11}\delta\xi^2 + S_{22}\delta\eta^2 + S_{33}\delta\zeta^2 + 2S_{12}\delta\xi\delta\eta + 2S_{23}\delta\eta\delta\zeta + 2S_{31}\delta\zeta\delta\xi = 1 \quad (2\text{-}36)$$

弧长 δS 在曲线坐标系下的数学表达式为

$$\delta S^2 = H_i^2 \delta q_i^2 \quad (2\text{-}37)$$

其中，$H_i(i=1,2,3)$ 分别为 H_1、H_2、H_3；$q_i(i=1,2,3)$ 分别为 ξ、η、ζ。

而

$$V_i = \frac{\mathrm{d}x_i}{\mathrm{d}t} = H_i \frac{\mathrm{d}q_i}{\mathrm{d}t}$$

其中，$V_i(i=1,2,3)$ 分别为 u、v、w。由此得

$$\frac{\mathrm{d}q_i}{\mathrm{d}t} = \frac{V_i}{H_i} \quad (2\text{-}38)$$

然而，对式(2-37)求随体偏导数，则得

$$\delta S \frac{\mathrm{d}\delta S}{\mathrm{d}t} = H_i \frac{\mathrm{d}H_i}{\mathrm{d}t} \delta q_i^2 + H_i^2 \delta q_i \frac{\mathrm{d}\delta q_i}{\mathrm{d}t} \tag{2-39}$$

由于

$$\frac{\mathrm{d}H_i}{\mathrm{d}t} = \frac{\partial H_i}{\partial q_i} \frac{\mathrm{d}q_k}{\mathrm{d}t}$$

再利用式(2-38)，可求得

$$\frac{\mathrm{d}H_i}{\mathrm{d}t} = \frac{\partial H_i}{\partial q_k} \frac{V_k}{H_k} \tag{2-40}$$

此外，对式(2-38)两边求 δ 增量，则式(2-38)左端等于

$$\delta \frac{\mathrm{d}q_i}{\mathrm{d}t} = \frac{\mathrm{d}\delta q_i}{\mathrm{d}t}$$

方程(2-38)右端等于

$$\delta \left(\frac{V_i}{H_i} \right) = \frac{\partial \left(\dfrac{V_i}{H_i} \right)}{\partial q_k} \delta q_k$$

这样方程(2-38)可转变成如下形式：

$$\frac{\mathrm{d}\delta q_i}{\mathrm{d}t} = \frac{\partial \left(\dfrac{V_i}{H_i} \right)}{\partial q_k} \delta q_k \tag{2-41}$$

将式(2-40)和式(2-41)代入式(2-39)，得

$$\delta S = \frac{\mathrm{d}\delta S}{\mathrm{d}t} = \frac{V_k}{H_i H_k} \frac{\partial H_i}{\partial q_k} \delta q_i^2 + \frac{H_i}{H_k} \frac{\partial \left(\dfrac{V_i}{H_i} \right)}{\partial q_k} H_i^2 \delta q_i \delta q_k$$

再考虑到 $\delta x = H_i \delta q_i$，上式可改写为

$$\delta S = \frac{\mathrm{d}\delta S}{\mathrm{d}t} = \frac{V_k}{H_i H_k} \frac{\partial H_i}{\partial q_k} \delta x_i^2 + \frac{H_i}{H_k} \frac{\partial \left(\dfrac{V_i}{H_i} \right)}{\partial q_k} H_i^2 \delta x_i \delta x_k$$

将上述表达式代入式(2-36)，可得

$$\frac{V_k}{H_i H_k} \frac{\partial H_i}{\partial q_k} \delta x_i^2 + \frac{H_i}{H_k} \frac{\partial \left(\dfrac{V_i}{H_i} \right)}{\partial q_k} H_i^2 \delta x_i \delta x_k$$
$$= S_{11} \delta \xi^2 + S_{22} \delta \eta^2 + S_{33} \delta \zeta^2 + 2 S_{12} \delta \xi \delta \eta + 2 S_{23} \delta \eta \delta \zeta + 2 S_{31} \delta \zeta \delta \xi$$

令上述等式两边 δx_i 的同次项的系数相等，可得下列变形速度张量各分量在曲线坐标系下的数学表达式：

$$S_{11} = \frac{1}{H_1}\frac{\partial u}{\partial \xi} + \frac{v}{H_1 H_2}\frac{\partial H_1}{\partial \eta} + \frac{w}{H_1 H_3}\frac{\partial H_1}{\partial \zeta}$$

$$S_{12} = \frac{1}{2}\left(\frac{1}{H_2}\frac{\partial u}{\partial \eta} + \frac{1}{H_1}\frac{\partial v}{\partial \xi} - \frac{u}{H_1 H_2}\frac{\partial H_1}{\partial \eta} - \frac{v}{H_1 H_2}\frac{\partial H_2}{\partial \xi}\right)$$

$$S_{22} = \frac{1}{H_2}\frac{\partial v}{\partial \eta} + \frac{w}{H_2 H_3}\frac{\partial H_2}{\partial \zeta} + \frac{u}{H_1 H_2}\frac{\partial H_2}{\partial \xi}$$

$$S_{23} = \frac{1}{2}\left(\frac{1}{H_3}\frac{\partial v}{\partial \zeta} + \frac{1}{H_2}\frac{\partial w}{\partial \eta} - \frac{v}{H_2 H_3}\frac{\partial H_2}{\partial \zeta} - \frac{w}{H_2 H_3}\frac{\partial H_3}{\partial \eta}\right) \quad (2\text{-}42)$$

$$S_{33} = \frac{1}{H_3}\frac{\partial w}{\partial \zeta} + \frac{u}{H_3 H_1}\frac{\partial H_3}{\partial \xi} + \frac{v}{H_2 H_3}\frac{\partial H_3}{\partial \eta}$$

$$S_{31} = \frac{1}{2}\left(\frac{1}{H_1}\frac{\partial w}{\partial \xi} + \frac{1}{H_3}\frac{\partial u}{\partial \zeta} - \frac{w}{H_1 H_3}\frac{\partial H_3}{\partial \xi} - \frac{u}{H_1 H_3}\frac{\partial H_1}{\partial \zeta}\right)$$

将式(2-42)代入式(2-32)，得应力张量在曲线坐标系下的表达式为

$$\tau_{11} = -p - \frac{2}{3}\mu \mathrm{div}V + 2\mu\left(\frac{1}{H_1}\frac{\partial u}{\partial \xi} + \frac{v}{H_1 H_2}\frac{\partial H_1}{\partial \eta} + \frac{w}{H_1 H_3}\frac{\partial H_1}{\partial \zeta}\right)$$

$$\tau_{22} = -p - \frac{2}{3}\mu \mathrm{div}V + 2\mu\left(\frac{1}{H_2}\frac{\partial v}{\partial \eta} + \frac{w}{H_2 H_3}\frac{\partial H_2}{\partial \zeta} + \frac{u}{H_1 H_2}\frac{\partial H_2}{\partial \xi}\right)$$

$$\tau_{33} = -p - \frac{2}{3}\mu \mathrm{div}V + 2\mu\left(\frac{1}{H_3}\frac{\partial w}{\partial \zeta} + \frac{u}{H_3 H_1}\frac{\partial H_3}{\partial \xi} + \frac{v}{H_2 H_3}\frac{\partial H_3}{\partial \eta}\right) \quad (2\text{-}43)$$

$$\tau_{12} = \mu\left(\frac{1}{H_2}\frac{\partial u}{\partial \eta} + \frac{1}{H_1}\frac{\partial v}{\partial \xi} - \frac{u}{H_1 H_2}\frac{\partial H_1}{\partial \eta} - \frac{v}{H_1 H_2}\frac{\partial H_2}{\partial \xi}\right)$$

$$\tau_{23} = \mu\left(\frac{1}{H_3}\frac{\partial v}{\partial \zeta} + \frac{1}{H_2}\frac{\partial w}{\partial \eta} - \frac{v}{H_2 H_3}\frac{\partial H_2}{\partial \zeta} - \frac{w}{H_2 H_3}\frac{\partial H_3}{\partial \eta}\right)$$

$$\tau_{31} = \mu\left(\frac{1}{H_1}\frac{\partial w}{\partial \xi} + \frac{1}{H_3}\frac{\partial u}{\partial \zeta} - \frac{w}{H_1 H_3}\frac{\partial H_3}{\partial \xi} - \frac{u}{H_1 H_3}\frac{\partial H_1}{\partial \zeta}\right)$$

4) 曲线坐标系下不可压缩流体运动的无量纲基本方程

下面介绍在不考虑外力作用下的不可压缩流体、在曲线坐标系下无量纲的连续性方程和无量纲的运动微分方程。

(1) 无量纲的连续性方程：

$$\frac{\partial u H_2 H_3}{\partial \xi} + \frac{\partial v H_1 H_3}{\partial \eta} + \frac{\partial w H_1 H_2}{\partial \zeta} = 0 \quad (2\text{-}44)$$

(2) 无量纲的运动微分方程：

$$\frac{\partial u}{\partial t} + \frac{u}{H_1}\frac{\partial u}{\partial \xi} + \frac{v}{H_2}\frac{\partial u}{\partial \eta} + \frac{w}{H_3}\frac{\partial u}{\partial \zeta} + \frac{v}{H_1 H_2}\left(u\frac{\partial H_1}{\partial \eta} - v\frac{\partial H_2}{\partial \xi}\right) + \frac{w}{H_1 H_3}\left(u\frac{\partial H_1}{\partial \zeta} - w\frac{\partial H_3}{\partial \xi}\right)$$

$$= -\frac{1}{H_1}\frac{\partial p}{\partial \xi} + \frac{1}{Re}\left[\frac{1}{H_1 H_2 H_3}\left(\frac{\partial \tau_{11} H_2 H_3}{\partial \xi} + \frac{\partial \tau_{12} H_3 H_1}{\partial \eta} + \frac{\partial \tau_{13} H_1 H_2}{\partial \zeta}\right) + \frac{1}{H_1 H_2}\left(\tau_{12}\frac{\partial H_1}{\partial \eta} - \tau_{22}\frac{\partial H_2}{\partial \xi}\right)\right.$$

$$\left. + \frac{1}{H_1 H_3}\left(\tau_{13}\frac{\partial H_1}{\partial \zeta} - \tau_{33}\frac{\partial H_3}{\partial \xi}\right)\right]$$

$$\frac{\partial v}{\partial t}+\frac{u}{H_1}\frac{\partial v}{\partial \xi}+\frac{v}{H_2}\frac{\partial v}{\partial \eta}+\frac{w}{H_3}\frac{\partial v}{\partial \zeta}+\frac{w}{H_2H_3}\left(v\frac{\partial H_2}{\partial \zeta}-w\frac{\partial H_3}{\partial \eta}\right)+\frac{u}{H_1H_2}\left(v\frac{\partial H_2}{\partial \xi}-u\frac{\partial H_1}{\partial \eta}\right)$$

$$=-\frac{1}{H_2}\frac{\partial p}{\partial \eta}+\frac{1}{Re}\left[\frac{1}{H_1H_2H_3}\left(\frac{\partial \tau_{12}H_2H_3}{\partial \xi}+\frac{\partial \tau_{22}H_3H_1}{\partial \eta}+\frac{\partial \tau_{23}H_1H_2}{\partial \zeta}\right)+\frac{1}{H_1H_2}\left(\tau_{12}\frac{\partial H_2}{\partial \xi}-\tau_{11}\frac{\partial H_1}{\partial \eta}\right)\right.$$

$$\left.+\frac{1}{H_2H_3}\left(\tau_{23}\frac{\partial H_2}{\partial \zeta}-\tau_{33}\frac{\partial H_3}{\partial \eta}\right)\right]$$

$$\frac{\partial w}{\partial t}+\frac{u}{H_1}\frac{\partial w}{\partial \xi}+\frac{v}{H_2}\frac{\partial w}{\partial \eta}+\frac{w}{H_3}\frac{\partial w}{\partial \zeta}+\frac{u}{H_1H_3}\left(w\frac{\partial H_3}{\partial \xi}-u\frac{\partial H_1}{\partial \zeta}\right)+\frac{v}{H_2H_3}\left(w\frac{\partial H_1}{\partial \eta}-v\frac{\partial H_3}{\partial \zeta}\right)$$

$$=-\frac{1}{H_3}\frac{\partial p}{\partial \zeta}+\frac{1}{Re}\left[\frac{1}{H_1H_2H_3}\left(\frac{\partial \tau_{13}H_2H_3}{\partial \xi}+\frac{\partial \tau_{23}H_3H_1}{\partial \eta}+\frac{\partial \tau_{33}H_1H_2}{\partial \zeta}\right)+\frac{1}{H_1H_3}\left(\tau_{13}\frac{\partial H_3}{\partial \xi}-\tau_{11}\frac{\partial H_1}{\partial \zeta}\right)\right.$$

$$\left.+\frac{1}{H_2H_3}\left(\tau_{23}\frac{\partial H_3}{\partial \eta}-\tau_{22}\frac{\partial H_2}{\partial \zeta}\right)\right]$$

(2-45)

其中，Re 为雷诺数，其含义与方程(2-11)相同，且 $\tau_{ij}=(i=1,2,3;j=1,2,3)$ 为应力，其表达式为

$$\tau_{11}=\frac{2}{H_1}\left(\frac{\partial u}{\partial \xi}+\frac{v}{H_2}\frac{\partial H_1}{\partial \eta}+\frac{w}{H_3}\frac{\partial H_1}{\partial \zeta}\right)$$

$$\tau_{22}=\frac{2}{H_2}\left(\frac{\partial v}{\partial \eta}+\frac{w}{H_3}\frac{\partial H_2}{\partial \zeta}+\frac{u}{H_1}\frac{\partial H_2}{\partial \xi}\right)$$

$$\tau_{33}=\frac{2}{H_3}\left(\frac{\partial w}{\partial \zeta}+\frac{u}{H_1}\frac{\partial H_3}{\partial \xi}+\frac{v}{H_2}\frac{\partial H_3}{\partial \eta}\right)$$

$$\tau_{12}=\frac{1}{H_2}\frac{\partial u}{\partial \eta}+\frac{1}{H_1}\frac{\partial v}{\partial \xi}-\frac{1}{H_1H_2}\left(u\frac{\partial H_1}{\partial \eta}+v\frac{\partial H_2}{\partial \xi}\right)$$

$$\tau_{23}=\frac{1}{H_3}\frac{\partial v}{\partial \zeta}+\frac{1}{H_2}\frac{\partial w}{\partial \eta}-\frac{1}{H_2H_3}\left(v\frac{\partial H_2}{\partial \zeta}+w\frac{\partial H_3}{\partial \eta}\right)$$

$$\tau_{13}=\frac{1}{H_1}\frac{\partial w}{\partial \xi}+\frac{1}{H_3}\frac{\partial u}{\partial \zeta}-\frac{1}{H_1H_3}\left(w\frac{\partial H_3}{\partial \xi}+u\frac{\partial H_1}{\partial \zeta}\right)$$

(2-46)

3. 真实流体运动的初始条件和边界条件

为了获取真实流体运动的流场，不仅要建立一组封闭的基本方程组，而且还必须给出适定的初始条件和边界条件。

1) 初始条件

对于非定常流动的流体问题，给出初始时刻 $t=t_0$ 流场中各相关参数的分布，称为初始条件问题，数学表达式如下。

当 $t=t_0$ 时，有

$$V(x,y,z,t_0)=V_0(x,y,z)$$

或

$$\begin{cases} u(x,y,z,t_0) \\ v(x,y,z,t_0) \\ w(x,y,z,t_0) \end{cases} = \begin{cases} u_0(x,y,z) \\ v_0(x,y,z) \\ w_0(x,y,z) \end{cases}$$

$$p(x,y,z,t_0) = p_0(x,y,z)$$

其中，V_0 和 p_0 为已知函数。

2) 边界条件

物理问题的理论解在流体运动的边界上，应该满足一定的条件，称为边界条件。边界条件的形式多种多样，通常情况下需要根据具体流体运动状态的不同边界问题加以决定，下面对常用的几种边界条件分别加以讨论。

(1) 静止固体壁面。

假设固体壁面是光滑、不可渗透的。则在一般情况下，流体在固体壁面上没有相对滑动，即无滑移运动，所以在固体壁面上的法向和切向速度均等于零，数学表达式为

$$V_n = 0, \quad V_\tau = 0$$

或改写为合成速度的表达式：

$$V = 0$$

(2) 运动固体壁面。

同样，假设固体壁面是光滑、不可渗透的。则在一般情况下，流体在固体壁面上没有相对滑动，则固体壁面上流体质点的速度和固体壁点上的速度相等，数学表达式为

$$V_F = V_S$$

其中，下标 F 为流体的物理量；下标 S 为固体壁面上的物理量。

(3) 两种流体(如液体)分界面上。

由分子运动论和实验结果验证可知，两种流体(如液体)分界面的两侧速度、压力和摩擦力均相等，数学表达式为

$$V_1 = V_2$$
$$p_1 = p_2$$
$$\tau_1 = \tau_2$$

或

$$\mu_1 \left(\frac{\partial V}{\partial n}\right)_1 = \mu_2 \left(\frac{\partial V}{\partial n}\right)_2$$

其中，下标 1 和 2 分别为两种流体分界面两侧的一种流体(如液体)和另一种流体(如液体)；n 为分界面垂直方向的坐标。

(4) 液体与气体分界面上。

一般来说，液体与气体分界面上的边界条件和两种流体(如液体)分界面上的边界条件相同。最常见的是液体与气体的分界面，如水和空气的分界面，通常称为自由表面。在水的自由表面上，由运动学的边界条件可知，水在平均自由面垂直方向上的速度必须等于自由表面的垂直波动速度。若忽略水的表面张力，则在自由表面上，水的压力等于当地大气压。

(5) 入流和出流的边界条件。

在有些情况下,需要给出入流、出流断面上的速度大小 V 和压力 p 的分布,这就是入流、出流的边界条件。

2.1.2 一般偏微分方程的分类

偏微分方程的求解方法取决于偏微分方程的类型。因此,不同类型的偏微分方程对应着不同的数值解法,求解时所需要的初值条件和边值条件也不尽相同。

下面以一个二阶线性偏微分方程为例,简单说明偏微分方程是如何分类的。

$$a_{11}\frac{\partial^2 \Phi}{\partial x^2} + 2a_{12}\frac{\partial^2 \Phi}{\partial x \partial y} + a_{22}\frac{\partial^2 \Phi}{\partial y^2} + a_1\frac{\partial \Phi}{\partial x} + b_1\frac{\partial \Phi}{\partial x} + c\Phi + f = 0 \qquad (2\text{-}47)$$

其中,a_{11}、a_{12}、a_{22}、a_1、b_1、c、f 为与 Φ 无关的函数,它们都是 (x,y) 的已知函数,且 a_{11}、a_{12}、a_{22} 不全为零。

我们设想能否通过自变量的换元法将方程(2-47)变得更简单一些,主要是指二阶偏导数形式上的简化,即通过自变量的非奇异变换化简二阶偏导数项。同时,用方程在这种变换下保持不变的性质对方程进行数学上的分类。这种想法也是比较自然的,就像二次曲线的化简与分类一样,事实上,这二者确有很多相似的地方,后面椭圆型、抛物线型、双曲型方程的名称也由此而来。

做自变量非奇异变换:

$$\begin{cases} \xi = \xi(x,y) \\ \eta = \eta(x,y) \end{cases}$$

这样,可得到关于自变量 $(\xi,\eta)^\mathrm{T}$ 的新方程,我们的目的是选取适当的 ξ、η,使新方程的二阶偏导数项具有最简单的表达形式。首先,求出函数 Φ 对自变量的偏导数(简单起见,将未知函数 Φ 作为新的自变量 ξ、η 的函数,这里仍记为 $\Phi(\xi,\eta)$),有

$$\frac{\partial \Phi}{\partial x} = \frac{\partial \Phi}{\partial \xi}\frac{\partial \xi}{\partial x} + \frac{\partial \Phi}{\partial \eta}\frac{\partial \eta}{\partial x}$$

$$\frac{\partial \Phi}{\partial y} = \frac{\partial \Phi}{\partial \xi}\frac{\partial \xi}{\partial y} + \frac{\partial \Phi}{\partial \eta}\frac{\partial \eta}{\partial y}$$

$$\frac{\partial^2 \Phi}{\partial x^2} = \frac{\partial^2 \Phi}{\partial \xi^2}\left(\frac{\partial \xi}{\partial x}\right)^2 + 2\frac{\partial^2 \Phi}{\partial \xi \partial \eta}\frac{\partial \xi}{\partial x}\frac{\partial \eta}{\partial x} + \frac{\partial^2 \Phi}{\partial \eta^2}\left(\frac{\partial \eta}{\partial x}\right)^2 + \frac{\partial \Phi}{\partial \xi}\frac{\partial^2 \xi}{\partial x^2} + \frac{\partial \Phi}{\partial \eta}\frac{\partial^2 \eta}{\partial x^2}$$

$$\frac{\partial^2 \Phi}{\partial x \partial y} = \frac{\partial^2 \Phi}{\partial \xi^2}\frac{\partial \xi}{\partial x}\frac{\partial \xi}{\partial y} + \frac{\partial^2 \Phi}{\partial \xi \partial \eta}\left(\frac{\partial \xi}{\partial x}\frac{\partial \eta}{\partial y} + \frac{\partial \eta}{\partial x}\frac{\partial \xi}{\partial y}\right) + \frac{\partial^2 \Phi}{\partial \eta^2}\frac{\partial \eta}{\partial x}\frac{\partial \eta}{\partial y} + \frac{\partial \Phi}{\partial \xi}\frac{\partial^2 \xi}{\partial x \partial y} + \frac{\partial \Phi}{\partial \eta}\frac{\partial^2 \eta}{\partial x \partial y}$$

$$\frac{\partial^2 \Phi}{\partial y^2} = \frac{\partial^2 \Phi}{\partial \xi^2}\left(\frac{\partial \xi}{\partial y}\right)^2 + 2\frac{\partial^2 \Phi}{\partial \xi \partial \eta}\frac{\partial \xi}{\partial y}\frac{\partial \eta}{\partial y} + \frac{\partial^2 \Phi}{\partial \eta^2}\left(\frac{\partial \eta}{\partial y}\right)^2 + \frac{\partial \Phi}{\partial \xi}\frac{\partial^2 \xi}{\partial y^2} + \frac{\partial \Phi}{\partial \eta}\frac{\partial^2 \eta}{\partial y^2}$$

将上述表达式代入式(2-47)中,有

$$A_{11}\frac{\partial^2 \Phi}{\partial \xi^2} + 2A_{12}\frac{\partial^2 \Phi}{\partial \xi \partial \eta} + A_{22}\frac{\partial^2 \Phi}{\partial \eta^2} + A_1\frac{\partial \Phi}{\partial \xi} + B_1\frac{\partial \Phi}{\partial \eta} + C\Phi + F = 0$$

其中

$$\begin{cases} A_{11} = a_{11}\left(\dfrac{\partial \xi}{\partial x}\right)^2 + 2a_{12}\dfrac{\partial \xi}{\partial x}\dfrac{\partial \xi}{\partial y} + a_{22}\left(\dfrac{\partial \xi}{\partial y}\right)^2 \\ A_{12} = a_{11}\dfrac{\partial \xi}{\partial x}\dfrac{\partial \eta}{\partial x} + 2a_{12}\left(\dfrac{\partial \xi}{\partial x}\dfrac{\partial \eta}{\partial y} + \dfrac{\partial \xi}{\partial y}\dfrac{\partial \eta}{\partial x}\right) + a_{22}\dfrac{\partial \xi}{\partial y}\dfrac{\partial \eta}{\partial y} \\ A_{22} = a_{11}\left(\dfrac{\partial \eta}{\partial x}\right)^2 + 2a_{12}\dfrac{\partial \eta}{\partial x}\dfrac{\partial \eta}{\partial y} + a_{22}\left(\dfrac{\partial \eta}{\partial y}\right)^2 \end{cases} \quad (2\text{-}48)$$

$$A_1 = a_{11}\left(\dfrac{\partial \xi}{\partial x}\right)^2 + 2a_{12}\dfrac{\partial \xi}{\partial x}\dfrac{\partial \xi}{\partial y} + a_{22}\left(\dfrac{\partial \xi}{\partial y}\right)^2$$

$$B_1 = a_{11}\dfrac{\partial^2 \eta}{\partial x^2} + 2a_{12}\dfrac{\partial^2 \eta}{\partial x \partial y} + a_{22}\dfrac{\partial^2 \eta}{\partial y^2} + a_1\dfrac{\partial \eta}{\partial x} + b_1\dfrac{\partial \eta}{\partial y}$$

$$C = c$$

$$F = f$$

式(2-48)可表示为矩阵表达式：

$$\begin{bmatrix} A_{11} & A_{12} \\ A_{21} & A_{22} \end{bmatrix} = \begin{bmatrix} \dfrac{\partial \xi}{\partial x} & \dfrac{\partial \xi}{\partial y} \\ \dfrac{\partial \eta}{\partial x} & \dfrac{\partial \eta}{\partial y} \end{bmatrix} \begin{bmatrix} a_{11} & a_{12} \\ a_{21} & a_{22} \end{bmatrix} \begin{bmatrix} \dfrac{\partial \xi}{\partial x} & \dfrac{\partial \xi}{\partial y} \\ \dfrac{\partial \eta}{\partial x} & \dfrac{\partial \eta}{\partial y} \end{bmatrix}^{\mathrm{T}} \quad (2\text{-}49)$$

其中，$A_{12} = A_{21}$，$a_{12} = a_{21}$。

由此可知，在自变量变换下的原方程和新方程中，分别由二阶偏导数项系数组成的对称矩阵是合同的，其变换矩阵是自变量变换的雅可比矩阵：

$$\dfrac{\partial(\xi,\eta)}{\partial(x,y)} = \begin{bmatrix} \dfrac{\partial \xi}{\partial x} & \dfrac{\partial \xi}{\partial y} \\ \dfrac{\partial \eta}{\partial x} & \dfrac{\partial \eta}{\partial y} \end{bmatrix}$$

因为变换是非奇异的，即雅可比矩阵的行列式不为零，所以可以根据方程的二阶偏导数项系数组成的对称矩阵$(a_{ij})_{2\times 2}$在非奇异合同变换下不变的性质对方程进行完全的分类，等价地，就是根据二次型$Q(\lambda) = \sum\limits_{i=1}^{2}\sum\limits_{j=1}^{2} a_{ij}\lambda_i\lambda_j$在非奇异线性变换下不变的性质来进行分类。在只有两个自变量的情况下，只要根据$(a_{ij})_{2\times 2}$的行列式的符号就可以分类。同时，方程得到某种简化或化为某种标准形式，不过是使$(A_{ij})_{2\times 2}$简单一些或化为某种标准形式。

引入记号：

$$\Delta = -\begin{vmatrix} a_{11} & a_{12} \\ a_{21} & a_{22} \end{vmatrix} = a_{12}^2 - a_{11}a_{22}$$

(1) 若在点 (x,y) 处，$\Delta > 0$，则称方程(2-47)在点 (x,y) 为双曲型。
(2) 若在点 (x,y) 处，$\Delta = 0$，则称方程(2-47)在点 (x,y) 为抛物线型。
(3) 若在点 (x,y) 处，$\Delta < 0$，则称方程(2-47)在点 (x,y) 为椭圆型。

由式(2-49)知，方程的类型在自变量的非奇异变换下是保持不变的。

显然，当 $a_{11} = a_{22} = 0$、$a_{12} \neq 0$ 或 $a_{12} = 0$、$a_{11}a_{22} < 0$ 时，方程(2-49)是属于双曲型的；当 $a_{11} = 0$，$a_{12} = 0$，$a_{22} \neq 0$ 或 $a_{11} \neq 0$，$a_{12} = 0$，$a_{22} = 0$ 时，方程(2-49)是属于抛物线型的；当 $a_{12} = 0$、$a_{11}a_{22} > 0$ 时，方程(2-49)是属于椭圆型的。

现在的问题是能否将一般情况下的二阶线性方程根据不同类型的区域，找到适当的自变量变换使方程变为这些特殊的或更简单的标准形式。

根据关系式(2-48)，若能选取 $\xi(x,y)$、$\eta(x,y)$ 为一阶偏微分方程

$$a_{11}\left(\frac{\partial \Psi}{\partial x}\right)^2 + 2a_{12}\frac{\partial \Psi}{\partial x}\frac{\partial \Psi}{\partial y} + a_{22}\left(\frac{\partial \Psi}{\partial y}\right)^2 = 0 \qquad (2\text{-}50)$$

的解，则必有

$$a_{11} = a_{22} = 0, \quad a_{12} \neq 0$$

这是可以做到的，我们可以引入一个基本定理。

定理 2-1 设函数 $\Psi(x,y)$ 满足隐函数存在定理中的条件，则 $\Psi(x,y)$ 是方程(2-50)的解的充分必要条件是 $a(x,y) = c$ 是一阶常微分方程

$$a_{11}(\mathrm{d}x)^2 - 2a_{12}\mathrm{d}x\mathrm{d}y + a_{22}(\mathrm{d}y)^2 = 0 \qquad (2\text{-}51)$$

的通积分。

证明 设 $\Psi(x,y)$ 是方程(2-50)的解，即

$$a_{11}\Psi_x^2 - 2a_{12}\Psi_x\Psi_y + a_{22}\Psi_y^2 = 0$$

或

$$a_{11}\left(-\frac{\Psi_x}{\Psi_y}\right)^2 - 2a_{12}\left(-\frac{\Psi_x}{\Psi_y}\right) + a_{22} = 0$$

将上式两边同乘以 $(\mathrm{d}x)^2$，即可获得式(2-51)，这证明了必要性。其充分性也可类似证明。证毕。

通常将常微分方程(2-51)分解成两个方程：

$$\frac{\mathrm{d}y}{\mathrm{d}x} = \begin{cases} \dfrac{a_{12} + \sqrt{a_{12}^2 - a_{11}a_{22}}}{a_{11}} \\ \dfrac{a_{12} - \sqrt{a_{12}^2 - a_{11}a_{22}}}{a_{11}} \end{cases} \qquad (2\text{-}52)$$

将常微分方程(2-51)或式(2-52)称为二阶线性偏微分方程(2-47)的特征微分方程，特征微分方程的积分曲线称为方程(2-47)的特征曲线。

下面就式(2-47)中，依据

$$\Delta = a_{12}^2 - a_{11}a_{22}$$

讨论它的三种类型的标准形式及其对应的自变量变换情况。

(1) 若在区域 G 内，$\Delta = 0$，即在 G 内式(2-47)是抛物线型的，则特征微分方程(2-52)只有一个(相同的两个)一阶常微分方程，由此可求得一组特征曲线，设为 $\Psi(x,y) = c_1$，做代换

$$\begin{cases} \xi = \psi(x,y) \\ \eta = \varphi(x,y) \end{cases}$$

其中，$\varphi(x,y)$ 为任一函数，使得 $\left|\dfrac{\partial(\xi,\eta)}{\partial(x,y)}\right| \neq 0$，则必有 $A_{11} = A_{12} = 0$，且 $A_{22} \neq 0$。式(2-47)变为

$$A_{22}\frac{\partial^2 \Phi}{\partial \eta^2} + A_1 \frac{\partial \Phi}{\partial \xi} + B_1 \frac{\partial \Phi}{\partial \eta} + C\Phi + F = 0$$

除以 A_{22} 可得

$$\frac{\partial^2 \Phi}{\partial \eta^2} + A_2 \frac{\partial \Phi}{\partial \xi} + B_2 \frac{\partial \Phi}{\partial \eta} + C_2 \Phi + F_2 = 0$$

称上式为抛物线型方程的标准形式。

(2) 若在区域 G 内，$\Delta < 0$，即在 G 内方程(2-47)是椭圆型的，则特征微分方程(2-52)没有实轴的特征曲线，但有一对复的特征曲线族，设为

$$\Psi(x,y) = c_1, \quad \Psi^*(x,y) = c_2$$

其中，$\Psi^*(x,y)$ 为 $\Psi(x,y)$ 的共轭，若做代换：

$$\begin{cases} \xi = \Psi(x,y) \\ \eta = \Psi^*(x,y) \end{cases}$$

可得与下面第二种双曲型标准形式一样的表达式，但要注意此时 ξ、η 是复变数。下面做变换：

$$\begin{cases} \xi = \alpha + \mathrm{j}\beta \\ \eta = \alpha - \mathrm{j}\beta \end{cases}$$

上式也可转变为下列表达式：

$$\begin{cases} \alpha = \dfrac{1}{2}(\xi + \eta) = \mathrm{Re}\,\xi \\ \beta = \dfrac{1}{2}(\xi - \eta) = \mathrm{Im}\,\xi \end{cases}$$

若记 $\Psi(x,y) = \Psi_1(x,y) + \Psi_2(x,y)$，则有

$$\begin{cases} \alpha = \Psi_1(x,y) \\ \beta = \Psi_2(x,y) \end{cases}$$

在此变换下(这里的 α、β 均为实变数)，可推得下列式子成立：

$$A_{11}(\alpha,\beta) = A_{22}(\alpha,\beta) \neq 0$$

$$A_{12}(\alpha,\beta) = 0$$

这样，方程(2-47)可变为

$$A_{11}\frac{\partial^2 \Phi}{\partial \alpha^2} + A_{22}\frac{\partial^2 \Phi}{\partial \beta^2} + A_1\frac{\partial \Phi}{\partial \alpha} + B_1\frac{\partial \Phi}{\partial \beta} + C\Phi + F = 0$$

除以 A_{11} 可得

$$\frac{\partial^2 \Phi}{\partial \alpha^2} + \frac{\partial^2 \Phi}{\partial \beta^2} + A_2\frac{\partial \Phi}{\partial \alpha} + B_2\frac{\partial \Phi}{\partial \beta} + C_2\Phi + F_2 = 0$$

称上式为椭圆型方程的标准形式。

(3) 若在区域 G 内，$\Delta > 0$，即在 G 内方程(2-47)是双曲型的，则特征微分方程(2-52)为两个不相同的一阶常微分方程，由此可求得两组不同的特征曲线，设为

$$\Psi_1(x,y) = c_1, \quad \Psi_2(x,y) = c_2$$

$$\begin{cases} \xi = \Psi_1(x,y) \\ \eta = \Psi_2(x,y) \end{cases}$$

则必有 $A_{11} = A_{22} = 0$，且 $A_{12} \neq 0$，方程(2-47)变为

$$2A_{12}\frac{\partial^2 \Phi}{\partial \xi \partial \eta} + A_1\frac{\partial \Phi}{\partial \xi} + B_1\frac{\partial \Phi}{\partial \eta} + C\Phi + F = 0$$

除以 $2A_{12}$ 可得

$$\frac{\partial^2 \Phi}{\partial \xi \partial \eta} + A_2\frac{\partial \Phi}{\partial \xi} + B_2\frac{\partial \Phi}{\partial \eta} + C_2\Phi + F_2 = 0$$

称上式为双曲型方程的第二种标准形式。

如果再做变换：

$$\begin{cases} \xi = \frac{1}{2}(s+t) \\ \eta = \frac{1}{2}(s-t) \end{cases}$$

即

$$\begin{cases} s = \xi + \eta \\ t = \xi - \eta \end{cases}$$

则得

$$\frac{\partial^2 \Phi}{\partial s^2} - \frac{\partial^2 \Phi}{\partial t^2} + A_3 \frac{\partial \Phi}{\partial s} + B_3 \frac{\partial \Phi}{\partial t} + C_3 \Phi + F_3 = 0$$

并称上式为双曲型方程的第一种标准形式，或简称为标准形式。

2.1.3 模型方程及其性质

1. 扩散型

一般扩散型方程为

$$\frac{\partial u}{\partial t} + f \frac{\partial u}{\partial x} = \mu \frac{\partial^2 u}{\partial x_2}, \quad f = f(t,x,u), \quad \mu = \text{const} > 0 \tag{2-53}$$

(1) 当 $f = c$ 时，得到线性的对流扩散方程，它既具有双曲型方程的性质，又具有抛物线型方程的特征，即兼有波动性和扩散性的特征，描述了物理问题中对流和扩散的综合过程。

$$\frac{\partial u}{\partial t} + c \frac{\partial u}{\partial x} = \mu \frac{\partial^2 u}{\partial x^2}, \quad c = \text{const}, \quad \mu = \text{const} > 0 \tag{2-54}$$

定义域为

$$-\infty \leqslant x \leqslant \infty, \quad t \geqslant 0$$

初始条件为

$$u(x,t) = \varphi(x)$$

在这里用 $U(\alpha,t)$ 和 $\Phi(\alpha)$ 分别表示函数 $u(x,t)$ 和 $\varphi(x)$ 关于 x 的傅里叶变换，在上述方程和初始条件两边关于 x 做傅里叶变换，得到一个以 α 为参数的常微分方程的初值问题：

$$\begin{cases} \dfrac{\mathrm{d}U}{\mathrm{d}t} + (\mu\alpha^2 - \mathrm{j}c\alpha)U = 0, \quad t > 0 \\ U(\alpha,0) = \Phi(\alpha) \end{cases}$$

其解为

$$U(\alpha,t) = \Phi(\alpha)\mathrm{e}^{-(\mu\alpha^2 - \mathrm{j}c\alpha)t}$$

由卷积定理可得，原方程的精确解为

$$u(x,t) = \frac{1}{\sqrt{4\pi\mu t}} \int_{-\infty}^{\infty} \exp\left(-\frac{(x-\eta-ct)^2}{4\mu t}\right) \varphi(\eta) \mathrm{d}\eta \tag{2-55}$$

(2) 当 $f = 0$ 时，得到抛物线型的扩散方程，反映了浓度、温度的扩散性质，其方程为

$$\frac{\partial u}{\partial t} - \mu \frac{\partial^2 u}{\partial x^2} = 0, \quad \mu = \text{const} > 0 \tag{2-56}$$

定义域为

$$-\infty \leqslant x \leqslant \infty, \quad t \geqslant 0$$

初始条件为

$$u(x,t) = \varphi(x)$$

在这里同样采用 $U(\alpha,t)$ 和 $\Phi(\alpha)$ 分别表示函数 $u(x,t)$ 和 $\varphi(x)$ 关于 x 的傅里叶变换，在上述方程和初始条件两边关于 x 做傅里叶变换，得到一个以 α 为参数的常微分方程的初值问题：

$$\begin{cases} \dfrac{\mathrm{d}U}{\mathrm{d}t} + \mu\alpha^2 U = 0, & t > 0 \\ U(\alpha,0) = \Phi(\alpha) \end{cases}$$

其解析式为

$$U(\alpha,t) = \Phi(\alpha)\mathrm{e}^{-\mu\alpha^2 t}$$

由卷积定理可得，原方程的精确解为

$$u(x,t) = \frac{1}{\sqrt{4\pi\mu t}} \int_{-\infty}^{\infty} \exp\left(-\frac{(x-\eta)^2}{4\mu t}\right) \varphi(\eta)\mathrm{d}\eta \tag{2-57}$$

该理论解使得比较集中的扰动渐渐平滑稀释，反映了扩散和均匀化的物理过程。

(3) 当 $f = c$、$\mu = 0$ 时，得到双曲型的单波方程，反映了波的传播特征，其方程为

$$\frac{\partial u}{\partial t} + \mu\frac{\partial u}{\partial x} = 0, \quad \mu = \mathrm{const} \tag{2-58}$$

定义域为

$$-\infty \leqslant x \leqslant \infty, \quad t \geqslant 0$$

初始条件为

$$u(x,t) = \varphi(x)$$

令 $\xi = ct,\ \eta = x$，则

$$\frac{\partial u}{\partial t} = c\frac{\partial u}{\partial \xi}$$

$$\frac{\partial u}{\partial x} = \frac{\partial u}{\partial \eta}$$

故

$$\frac{\partial u}{\partial \xi} + \frac{\partial u}{\partial \eta} = 0$$

再令 $p = \xi + \eta,\ q = \xi - \eta$，则有

$$\frac{\partial u}{\partial \xi} = \frac{\partial u}{\partial p} + \frac{\partial u}{\partial q}$$

$$\frac{\partial u}{\partial \eta} = \frac{\partial u}{\partial p} - \frac{\partial u}{\partial q}$$

故得

$$\frac{\partial u}{\partial p} = 0$$

又因为

$$\varphi(x) = u(x,0) = f(-x)$$

所以 $u(x,t) = f(ct-x) = \varphi(x-ct)$，则该问题的精确解为

$$u(x,t) = \varphi(x-ct) \tag{2-59}$$

该理论解可以理解为单波方程描述的在 $t=0$ 时刻的某个空间扰动 $\varphi(x)$，将保持形状不变，以速度 c 在空间运动，即在 (x,t) 平面内沿 $x-ct$ 等于常数的每一条直线上，$u = \text{const}$。

对于有限空间区域，如 $0 \leqslant x \leqslant X_l$ 要在适当的边界上给定边界条件。对于 $c>0$，要给定 $x=0$ 处的边界条件 $u(0,t) = u_0(t)$；对于 $c<0$，要给定 $x=X_l$ 处的边界条件 $u(X_l,t) = u_l(t)$。

(4) 当 $f=u$ 时，得到最基本的非线性对流扩散方程，即 Burgers 方程，Burgers 方程是 N-S 方程的模型方程，它保留了 N-S 方程的非线性，又具有混合型的特征。

$$\frac{\partial u}{\partial t} + u\frac{\partial u}{\partial x} = \mu\frac{\partial^2 u}{\partial x^2}, \quad \mu = \text{const} > 0 \tag{2-60}$$

定义域为

$$0 \leqslant x \leqslant X_l, \quad t \geqslant 0$$

初始条件为

$$u(0,t) = u_0(t), \quad u(X_l,t) = 0, \quad u = \text{const}$$

该方程的精确解为

$$u = u_0\bar{u}\frac{1-\exp(\bar{u}Re(x/X_l-1))}{1+\exp(\bar{u}Re(x/X_l-1))} \tag{2-61}$$

其中，$Re = \dfrac{u_0 L}{\mu}$；$\dfrac{\bar{u}-1}{\bar{u}+1} = \exp(-\bar{u}Re)$。精确解式(2-61)有助于检验数值结果的正确性以及校验数值方法的可靠性和精度的高低。这里限于篇幅，精确解的求解步骤略去。

2. 椭圆型

一般变系数方程为

$$\frac{\partial}{\partial x}\left(\alpha\frac{\partial u}{\partial x}\right) + \frac{\partial}{\partial y}\left(\beta\frac{\partial u}{\partial y}\right) + \frac{\partial}{\partial z}\left(\gamma\frac{\partial u}{\partial z}\right) = f \tag{2-62}$$

其中，$\alpha\beta\gamma = \alpha(x,y,z)\beta(x,y,z)\gamma(x,y,z) > 0$；$f=f(x,y,z)$ 为给定的函数。

当 $\alpha = \beta = \gamma = 1$，$f = f(x,y,z) = 0$ 时，方程(2-62)转变成三维拉普拉斯方程，即得

$$\frac{\partial^2 u}{\partial x^2} + \frac{\partial^2 u}{\partial y^2} + \frac{\partial^2 u}{\partial z^2} = 0 \tag{2-63}$$

若考虑的问题是平面的，则一般变系数方程可简化为

$$\frac{\partial}{\partial x}\left(\alpha \frac{\partial u}{\partial x}\right) + \frac{\partial}{\partial y}\left(\beta \frac{\partial u}{\partial y}\right) = f \tag{2-64}$$

其中，$\alpha\beta = \alpha(x,y)\beta(x,y) > 0$；$f = f(x,y)$ 为给定的函数。

若平面问题，此时，$\alpha = \beta = 1$，$f = f(x,y) = 0$，则拉普拉斯方程为

$$\frac{\partial^2 u}{\partial x^2} + \frac{\partial^2 u}{\partial y^2} = 0 \tag{2-65}$$

在上述方程中，无论是二维的还是三维的定解问题，都属于椭圆型的定解问题。它们的求解方法主要依赖于边值问题，即要求解 u 在某一封闭区域 D 内满足拉普拉斯方程，在边界 Γ 上满足给定的边界条件，其边界条件可分为三大类。

1) 第一类边界条件(Dirichlet 问题)

第一类边界条件即在边界 Γ 上给定函数值：

$$u|_{\Gamma} = g \tag{2-66}$$

2) 第二类边界条件(Neumann 问题)

第二类边界条件即在边界 Γ 上给定函数的方向偏导数值：

$$\left.\alpha \frac{\partial u}{\partial n}\right|_{\Gamma} = g \tag{2-67}$$

3) 第三类边界条件(Robin 问题)

第三类边界条件(Robin 问题)又称混合边值问题，在边界 Γ 上给定函数值及其方向偏导数值的组合，形式如下：

$$\left.\left(\alpha \frac{\partial u}{\partial n} + \beta u\right)\right|_{\Gamma} = g \tag{2-68}$$

一般来说，边界条件可以是分段的，即在边界的不同部位可以有不同类型的边界条件。

3. 双曲型

计算流体力学中，边界条件的选取是求解流体力学问题的先决条件，本节针对一维方程组，以特征线理论为基础，详细描述双曲型方程组的边值问题的处理方法。

1) 特征值和特征矢量

考虑一维方程组：

$$\frac{\partial V}{\partial t} + \boldsymbol{B} \frac{\partial V}{\partial x} = 0 \tag{2-69}$$

其中，$V = [u_1, u_2, \cdots, u_n]^{\mathrm{T}}$；$\boldsymbol{B}$ 为 $n \times n$ 的系数矩阵。

对于 B，若非零的矢量 x 存在，有式(2-70)成立：

$$Bx = \lambda x \tag{2-70}$$

则称 λ 为 B 的特征值，对应的 x 为特征矢量。

特征值 λ 满足如下特征方程：

$$|B - \lambda I| = 0 \tag{2-71}$$

由矩阵论可知，在一般情况下，特征方程存在 n 个特征值 λ_n，存在矩阵 A 使得 $B = A^{-1} \Lambda A$。其中，矩阵 A 为由左乘特征矢量组成的矩阵，Λ 为特征值 λ_n 组成的对角矩阵，即

$$\Lambda = \begin{bmatrix} \lambda_1 & 0 & \cdots & 0 & 0 \\ 0 & \lambda_2 & \cdots & 0 & 0 \\ \vdots & \vdots & & \vdots & \vdots \\ 0 & 0 & \cdots & \lambda_{n-1} & 0 \\ 0 & 0 & \cdots & 0 & \lambda_n \end{bmatrix} \tag{2-72}$$

若 λ_n 均为实数，则方程(2-69)为双曲型方程；若 λ_n 均为复数，则方程(2-69)为椭圆型方程；若 λ_n 有实数也有复数，则方程(2-69)为混合型方程。

2) 双曲型方程的边界条件

考虑到边界条件的提法，用 A 左乘方程(2-69)，可得特征型方程：

$$\frac{\partial W}{\partial t} + \Lambda \frac{\partial W}{\partial x} = 0 \tag{2-73}$$

其中，$W = AV$，A 为常数矩阵。这样原来的方程就被组合成 n 个独立的方程，每一个方程为单波方程，其边界条件根据 λ_n 的正负来决定。设有 n^+ 个正特征值，有 n^- 个负特征值，则可将 Λ 写成：

$$\Lambda = \begin{bmatrix} \Lambda^+ & \\ & \Lambda^- \end{bmatrix} \tag{2-74}$$

其中，Λ^+ 为由正特征值组成的 $n^+ \times n^+$ 阶对角矩阵；Λ^- 为由负特征值组成的 $n^- \times n^-$ 阶对角矩阵。

将 W 相对应地分解为 W^+ 和 W^-，则方程可转化为

$$\begin{cases} \dfrac{\partial W^+}{\partial t} + \Lambda^+ \dfrac{\partial W^+}{\partial x} = 0 \\ \dfrac{\partial W^-}{\partial t} + \Lambda^- \dfrac{\partial W^-}{\partial x} = 0 \end{cases} \tag{2-75}$$

其中，W^+ 为沿 x 的正方向传播的波；W^- 为沿 x 的负方向传播的波。因此，如果计算区域为 $0 \leqslant x \leqslant X_l$，则在 $x = 0$ 的边界上，要给定 n^+ 个边界条件，表示 n^+ 个波 W^+ 沿 x 的正方向传入计算区域内。如果边界条件可以写在 $x = X_l$ 的边界上，要给定 n^- 个边界条

件，表示 n^- 个波 W^- 沿 x 的负方向传入计算区域内。

分析两边的边界条件，其数学表达式为

$$\begin{cases} A_0^+ W_0^+ + A_0^- W_0^- = g_0(t), & x = 0 \\ A_l^+ W_l^+ + A_l^- W_l^- = g_l(t), & x = X_l \end{cases} \tag{2-76}$$

其中，A_0^+ 与 A_0^- 和 A_l^+ 与 A_l^- 都为 $n^+ \times n^+$ 与 $n^- \times n^-$ 的满秩矩阵；根据波的传播方向，W_l^+、W_l^- 为传出计算区域的波，其值由计算区域内部给出；W_0^+、W_0^- 为传入计算区域的波，其值由上述边界条件给出。

3) Riemann 不变量

当 A 不为常数矩阵时，可得

$$A \frac{\partial V}{\partial t} + \Lambda A \frac{\partial V}{\partial x} = 0 \tag{2-77}$$

若 $n=2$，则有

$$\begin{cases} A_1 \left(\dfrac{\partial V}{\partial t} + \lambda_1 \dfrac{\partial V}{\partial x} \right) = 0 \\ A_2 \left(\dfrac{\partial V}{\partial t} + \lambda_2 \dfrac{\partial V}{\partial x} \right) = 0 \end{cases} \tag{2-78}$$

以

$$\begin{cases} \dfrac{\mathrm{d}y}{\mathrm{d}x} = \lambda_1 \\ \dfrac{\mathrm{d}x}{\mathrm{d}t} = \lambda_2 \end{cases}$$

为斜率的特征线组 (α, β) 坐标系中，特征关系可写为

$$\begin{cases} A_1 \dfrac{\partial V}{\partial \alpha} = 0 \\ A_2 \dfrac{\partial V}{\partial \beta} = 0 \end{cases} \tag{2-79}$$

$$\begin{cases} A_{11} \partial \dfrac{\partial V_1}{\partial \alpha} + A_{12} \dfrac{\partial V_2}{\partial \alpha} = 0 \\ A_{21} \partial \dfrac{\partial V_2}{\partial \beta} + A_{22} \dfrac{\partial V_1}{\partial \beta} = 0 \end{cases} \tag{2-80}$$

这样可以找到积分因子，使得

$$\begin{cases} \mu_1 A_{11} \mathrm{d} V_1 + \mu_1 A_{12} \mathrm{d} V_2 = \mathrm{d} R \\ \mu_2 A_{21} \mathrm{d} V_2 + \mu_2 A_{22} \mathrm{d} V_1 = \mathrm{d} L \end{cases} \tag{2-81}$$

则有

$$\frac{\partial R}{\partial \alpha} = 0, \quad R = R(\beta)$$
$$\frac{\partial L}{\partial \beta} = 0, \quad L = L(\alpha)$$
(2-82)

其中，R、L 为沿特征线的不变量，称为黎曼(Riemann)不变量。

2.2 固体动力学基本方程

固体动力学是研究物质内部力学行为和物体运动的学科，它涉及物体的变形、振动和剪切等运动方式。通过运用平衡方程、几何方程和本构方程，可以分析和解决与固体物体相关的问题。例如，可以用来研究物体的变形行为、模拟固体物体的振动响应和分析材料的破坏行为等。

2.2.1 平衡方程

固体动力学主要指弹性体动力学，在等温过程中，如果 Cauchy 应力 σ 只是当前时刻变形梯度 F 的函数，而与当前时刻以前的变形梯度历史无关，则通常称这样的物体为弹性体或 Cauchy 弹性体。本节主要讨论胡克弹性动力学计算方法。胡克弹性体是指服从胡克定律的弹性体。胡克定律表述为：应力张量和应变张量呈正比关系，即

$$\sigma_{ij} = C_{ijkl}\varepsilon_{kl} \tag{2-83}$$

其中，σ_{ij} 为应力张量；ε_{kl} 为应变张量；C_{ijkl} 为弹性常数张量或者模量，它是物性参数，与应力张量、应变张量无关。对于四阶张量，有 81 个元素，由于材料的对称性，通常最多具有 36 个独立弹性常数。对于大多数弹性体，独立弹性常数的数目远小于 36，主要原因是材料内部的对称性，尤其是当材料各向同性，即当其弹性性质在所有方向上都相同时，弹性常数得到最大简化。可以利用两个独立弹性常数描述材料的属性，胡克定律表示为

$$\sigma_{ij} = \lambda\varepsilon_{ij}\delta_{ij} + 2\mu\varepsilon_{ij} \tag{2-84}$$

其中，常数 λ 和 μ 为拉梅(Lamé)常数，拉梅常数 μ 也可以写为 G，称为剪切模量。

剪切模量和拉梅常数可由杨氏模量 E 和泊松比 ν 表示。对比弹性体与流体的本构关系，本构方程可以写为

$$\sigma = 2\mu\varepsilon - p\boldsymbol{I} \tag{2-85}$$

在弹性力学中定义压力变量：

$$p = -\frac{\nu}{1+\nu}(\sigma_{11} + \sigma_{22} + \sigma_{33}) \tag{2-86}$$

此方程中的所有变量均为有限值，由体积模量的定义可推导出压力与位移之间满足式(2-87)：

$$p = -K\nabla \cdot \boldsymbol{D} \tag{2-87}$$

即

$$\frac{p}{K} + \nabla \cdot \boldsymbol{D} = 0 \tag{2-88}$$

体积模量 K 可由杨氏模量和泊松比表示。

当 $\nu \to 0.5$ 时，$K \to \infty$，而压力为有限值，所以方程中左边第一项为无穷小量，位移满足式(2-89)：

$$\nabla \cdot \boldsymbol{D} = 0 \tag{2-89}$$

固体力学中迁移速度很小，因此可以忽略对流项，控制方程可简写为

$$\begin{aligned}
\rho \ddot{u} + \frac{\partial \sigma_x}{\partial x} + \frac{\partial \sigma_{xy}}{\partial y} + \frac{\partial \sigma_{xz}}{\partial x} + f_x &= 0 \\
\rho \ddot{v} + \frac{\partial \sigma_{yx}}{\partial x} + \frac{\partial \sigma_y}{\partial y} + \frac{\partial \sigma_{yz}}{\partial x} + f_y &= 0 \\
\rho \ddot{w} + \frac{\partial \sigma_{zx}}{\partial x} + \frac{\partial \sigma_{zy}}{\partial y} + \frac{\partial \sigma_z}{\partial x} + f_z &= 0
\end{aligned} \tag{2-90}$$

其中，$\ddot{u}$、$\ddot{v}$、$\ddot{w}$ 为体内任意一点的加速度在 x、y、z 方向上的分量；$\boldsymbol{f} = (f_x, f_y, f_z)$ 为体积力向量。

以上讨论都是在直角坐标系下进行的，工程实践中常常要分析圆柱、圆筒、实心或空心圆球等物体的受力及变形问题，在这些情况下采用柱坐标系或球坐标系是方便的。下面将分别给出这两种坐标系下平衡方程的相应形式。

1. 柱坐标系下的平衡方程

在空间问题中，如果弹性体的几何形状、约束情况及所受的外来因素，都对称于某一轴，则所有的应力、应变和位移也对称于这一轴。这种问题称为空间轴对称问题。

在描述轴对称问题中的应力、应变、位移时，用圆柱坐标 ρ、φ、z 比用直角坐标 x、y、z 方便得多。这是因为，如果弹性体的对称轴为 z 轴，则所有的应力分量、应变分量和位移分量都将只是 ρ 和 z 的函数，不随 φ 而变。

空间轴对称问题的平衡微分方程为

$$\begin{aligned}
\rho \ddot{u}_r + \frac{\partial \sigma_r}{\partial r} + \frac{\partial \sigma_{zr}}{\partial z} + \frac{\sigma_r - \sigma_\theta}{r} + f_r &= 0 \\
\rho \ddot{u}_z + \frac{\partial \sigma_{rz}}{\partial r} + \frac{\sigma_{rz}}{r} + f_z &= 0
\end{aligned} \tag{2-91}$$

2. 球坐标系下的平衡方程

在空间问题中，如果弹性体的几何形状、约束情况及所受的外来因素，都对称于某一点，则所有的应力、应变和位移也对称于这一点。这种问题称为点对称问题，又称球对称问题。显然，球对称问题只可能发生于空心或实心的球体中。

在描述球对称问题中的应力、应变、位移时，用球坐标就非常简单。这是因为，如

果以弹性体的对称点为坐标原点 o，则所有的应力分量、应变分量、位移分量都将只是径向坐标 r 的函数。

球对称问题的平衡微分方程为

$$\rho \ddot{u}_r + \frac{\partial \sigma_r}{\partial r} + \frac{2\sigma_r - \sigma_\varphi}{r} + f_r = 0 \tag{2-92}$$

2.2.2 几何方程

物体在外力作用下将发生变形，以变形前物体的形状为参考状态，确定物体相对参考形态的变形是固体动力学的重要内容之一。物体的变形可用应变张量来描述，本节主要给出应变张量与变形场的关系。由于这里只考虑变形的几何学方面，而没有涉及物体的物理性质及引起变形的原因，因此所得结果适用于任何固体在外力作用或温度变化时发生变形的情况。

1. 直角坐标系下的几何方程

在空间问题中，应变分量与位移分量应当满足下列六个几何方程：

$$\begin{aligned} \varepsilon_{xx} &= \frac{\partial u}{\partial x}, \quad \varepsilon_{yy} = \frac{\partial v}{\partial y}, \quad \varepsilon_{zz} = \frac{\partial w}{\partial z} \\ \varepsilon_{yz} &= \frac{\partial w}{\partial y} + \frac{\partial v}{\partial z}, \quad \varepsilon_{zx} = \frac{\partial u}{\partial z} + \frac{\partial w}{\partial x}, \quad \varepsilon_{xy} = \frac{\partial v}{\partial x} + \frac{\partial u}{\partial y} \end{aligned} \tag{2-93}$$

其中，u、v、w 为体内任意一点的位移在 x、y、z 方向上的分量。

2. 柱坐标系下的几何方程

ε_r 为沿着 r 方向的正应变，称为径向正应变；ε_φ 为沿着 φ 方向的正应变，称为环向正应变；ε_z 为沿 z 方向的正应变，称为轴向正应变；ε_{zr} 为 r 方向与 z 方向之间的切应变；由于对称，切应变 $\varepsilon_{r\varphi}$ 及 $\varepsilon_{\varphi z}$ 等于零；沿着 r 方向的位移分量称为径向位移，用 u_r 表示；沿着 z 方向的位移分量称为轴向位移，用 w 表示。由于对称，环向位移 $u_\varphi = 0$。在空间轴对称问题中，应变分量与位移分量应当满足下列四个几何方程：

$$\varepsilon_r = \frac{\partial u_r}{\partial r}, \quad \varepsilon_\varphi = \frac{u_r}{r}, \quad \varepsilon_z = \frac{\partial w}{\partial r}, \quad \varepsilon_{zr} = \frac{\partial u_r}{\partial z} + \frac{\partial w}{\partial r} \tag{2-94}$$

3. 球坐标系下的几何方程

由于对称，只可能发生径向位移 u_r，不可能发生切向位移。同时，只可能发生径向正应变 ε_r 及切向正应变 ε_φ，不可能发生坐标方向的切应变。因此，球对称问题的几何方程为

$$\varepsilon_r = \frac{\mathrm{d}u_r}{\mathrm{d}r}, \quad \varepsilon_\varphi = \frac{u_r}{r} \tag{2-95}$$

2.2.3 本构方程

2.2.1 节和 2.2.2 节讨论的应力和应变理论并未涉及变形体的物理性质，它们适用于任何连续介质，但是仅有应力和应变分析还无法确定变形体内的应力和应变。为了定量描述变形体的力学行为，还必须弄清楚物体材料的运动学参数与力学参数之间的关系，即本构方程。本节主要讨论均匀、各向同性线性弹性体的本构方程。在这种情况下，描述物体受力变形时运动学参数和力学参数仅用应力与应变就足够了。这时的本构方程就称为应力-应变关系。

1. 直角坐标系下的本构方程

根据胡克定律，各向同性体中的应变分量与应力分量之间的关系为

$$\sigma_x = \frac{E}{1+\mu}\left(\frac{\mu}{1-2\mu}\theta + \varepsilon_x\right), \quad \sigma_y = \frac{E}{1+\mu}\left(\frac{\mu}{1-2\mu}\theta + \varepsilon_y\right), \quad \sigma_z = \frac{E}{1+\mu}\left(\frac{\mu}{1-2\mu}\theta + \varepsilon_z\right)$$
$$\sigma_{yz} = \frac{E}{2(1+\mu)}\varepsilon_{yz}, \quad \sigma_{zx} = \frac{E}{2(1+\mu)}\varepsilon_{zx}, \quad \sigma_{xy} = \frac{E}{2(1+\mu)}\varepsilon_{xy} \tag{2-96}$$

2. 柱坐标系下的本构方程

由于圆柱坐标也是和直角坐标一样的正交坐标，所以物理方程可以直接根据胡克定律得出。在轴对称问题中，物理方程为

$$\sigma_r = \frac{E}{1+\mu}\left(\frac{\mu}{1-2\mu}\theta + \varepsilon_r\right), \quad \sigma_\varphi = \frac{E}{1+\mu}\left(\frac{\mu}{1-2\mu}\theta + \varepsilon_\varphi\right)$$
$$\sigma_z = \frac{E}{1+\mu}\left(\frac{\mu}{1-2\mu}\theta + \varepsilon_z\right), \quad \sigma_{zr} = \frac{E}{2(1+\mu)}\varepsilon_{zr} \tag{2-97}$$

3. 球坐标系下的本构方程

球对称问题的本构方程也可以由胡克定律得到，即

$$\sigma_r = \frac{E}{(1+\mu)(1-2\mu)}[(1-\mu)\varepsilon_r + 2\mu\varepsilon_\varphi]$$
$$\sigma_\varphi = \frac{E}{(1+\mu)(1-2\mu)}(\varepsilon_\varphi + \mu\varepsilon_r) \tag{2-98}$$

2.3 声学基本方程

声波是物质波，是在弹性介质(气体、液体和固体)中传播的压力、应力、质点运动等的一种或多种变化的综合。本节主要讨论空气中的声波，可适用于任何气体、理论、实验。液体中稍微不同，但传播的都是纵波，质点运动方向与传播方向相同。固体中除了纵波传播，还有横波，质点运动方向与传播方向垂直，性质与纵波不同。质点运动或

流体运动受物质守恒定律和牛顿运动定律的制约，这也是声波的基础。

2.3.1 声学波动方程

可压缩流 N-S 控制方程：

$$\begin{cases} \dfrac{\partial \rho}{\partial t} + \nabla \cdot (\rho \boldsymbol{U}) = \rho q \\ \dfrac{\partial \rho \boldsymbol{U}}{\partial t} + \nabla \cdot (\rho \boldsymbol{U}\boldsymbol{U}) = -\nabla p + f \\ \dfrac{\partial s}{\partial t} + \boldsymbol{U} \cdot \nabla s = 0 \end{cases} \quad (2\text{-}99)$$

其中，ρ、$\boldsymbol{U}$、p、s 分别为流体的密度、质点振动速度、压力及熵；q、f 为质量源和外部作用于流体的力。

若流体满足正压条件，则状态方程为

$$p = \rho(p,s) \quad (2\text{-}100)$$

$$\mathrm{d}\rho = \frac{1}{c^2}\mathrm{d}p + \left(\frac{\partial \rho}{\partial s}\right)_p \mathrm{d}s \quad (2\text{-}101)$$

状态方程的微分形式可以写为

$$\frac{\partial \rho}{\partial t} + \boldsymbol{U} \cdot \nabla \rho = \frac{1}{c^2}\left(\frac{\partial \rho}{\partial t} + \boldsymbol{U} \cdot \nabla p\right) \quad (2\text{-}102)$$

忽略高阶小项，状态方程为

$$\frac{\partial \rho}{\partial t} = \frac{1}{c^2}\left(\frac{\partial \rho}{\partial t}\right) \quad (2\text{-}103)$$

在静止流场中，流体的密度可视为定值，而 f、q 可以忽略，所以静止流场中声波动 Euler 方程可以写为

$$\begin{cases} \dfrac{\partial \rho}{\partial t} + \boldsymbol{U} \cdot \nabla \rho + \rho_0 \nabla \cdot \boldsymbol{U} = 0 \\ \rho_0\left(\dfrac{\partial \boldsymbol{U}}{\partial t} + \boldsymbol{U} \cdot \nabla \boldsymbol{U}\right) = -\nabla p \\ \dfrac{\partial s}{\partial t} + \boldsymbol{U} \cdot \nabla s = 0 \end{cases} \quad (2\text{-}104)$$

声波的传播可以考虑成等熵流动，所以方程(2-104)可进一步简化为

$$\frac{\partial \rho}{\partial t} + \rho_0 \nabla \cdot \boldsymbol{U} = 0 \quad (2\text{-}105\text{a})$$

$$\rho_0\left(\frac{\partial \boldsymbol{U}}{\partial t} + \boldsymbol{U} \cdot \nabla \boldsymbol{U}\right) = -\nabla p \quad (2\text{-}105\text{b})$$

将状态方程(2-103)代入方程(2-105b)中，再将其在直角坐标系下展开，就可以得到

静止流体中声波动的 Euler 方程。一维、二维和三维 Euler 方程为

$$\frac{\partial}{\partial t}\begin{bmatrix} u \\ p \end{bmatrix} = \frac{\partial}{\partial x}\begin{bmatrix} -\left(\dfrac{p}{\rho_0} + u^2\right) \\ -\rho_0 c_0^2 u \end{bmatrix} \quad (2\text{-}106)$$

$$\frac{\partial}{\partial t}\begin{bmatrix} u \\ v \\ p \end{bmatrix} = \frac{\partial}{\partial x}\begin{bmatrix} -\left(\dfrac{p}{\rho_0} + u^2\right) \\ -uv \\ -\rho_0 c_0^2 u \end{bmatrix} + \frac{\partial}{\partial y}\begin{bmatrix} -uv \\ -\left(\dfrac{p}{\rho_0} + v^2\right) \\ -\rho_0 c_0^2 v \end{bmatrix} \quad (2\text{-}107)$$

$$\frac{\partial}{\partial t}\begin{bmatrix} u \\ v \\ w \\ p \end{bmatrix} = \frac{\partial}{\partial x}\begin{bmatrix} -\left(\dfrac{p}{\rho_0} + u^2\right) \\ -uv \\ -uw \\ -\rho_0 c_0^2 u \end{bmatrix} + \frac{\partial}{\partial y}\begin{bmatrix} -uv \\ -\left(\dfrac{p}{\rho_0} + v^2\right) \\ -vw \\ -\rho_0 c_0^2 v \end{bmatrix} + \frac{\partial}{\partial z}\begin{bmatrix} -uw \\ -vw \\ -\left(\dfrac{p}{\rho_0} + w^2\right) \\ -\rho_0 c_0^2 w \end{bmatrix} \quad (2\text{-}108)$$

在静止流场中，对流项对声传播的影响非常小，$\boldsymbol{U} \cdot \nabla \boldsymbol{U}$ 相对于 $\dfrac{\partial \boldsymbol{U}}{\partial t}$ 量级很小，在高频高声压声波中，$(u \cdot \nabla u)/(\partial u/\partial t)$ 的数值还不到千分之一；在低频声波中，上述值会很小。所以在计算中可以忽略对流项，于是可以得到更加简化的声波动 Euler 方程。简化的三维声波动 Euler 方程为

$$\begin{cases} \dfrac{\partial u}{\partial t} = -\dfrac{1}{\rho_0} \dfrac{\partial p}{\partial x} \\ \dfrac{\partial v}{\partial t} = -\dfrac{1}{\rho_0} \dfrac{\partial p}{\partial y} \\ \dfrac{\partial w}{\partial t} = -\dfrac{1}{\rho_0} \dfrac{\partial p}{\partial z} \\ \dfrac{\partial p}{\partial t} = -\rho_0 c_0^2 \dfrac{\partial u}{\partial x} - \rho_0 c_0^2 \dfrac{\partial v}{\partial y} - \rho_0 c_0^2 \dfrac{\partial w}{\partial z} \end{cases} \quad (2\text{-}109)$$

以式(2-109)三维 Euler 方程为例，推导静止流场中的声波方程，将 x、y、z 三个方向上的动量方程依次在 x、y、z 三个方向上求一次空间偏导数，将连续方程求一次时间偏导数，再将三个动量方程代入连续性方程中，就会得到波动方程。张量形式的波动方程为

$$\nabla \cdot \nabla p = \nabla^2 p = \frac{1}{c_0^2} \frac{\partial^2 p}{\partial t^2} \quad (2\text{-}110)$$

将其展开就可以得到直角坐标系下一维、二维和三维的波动方程。

2.3.2 速度势

前面已经求得了关于声压 p 的声波方程，至于质点速度 v，它通常可以在求得声压以后，再应用运动方程而得到，即

$$\begin{cases} v_x = -\dfrac{1}{\rho_0} \int \dfrac{\partial p}{\partial x} \mathrm{d}t \\ v_y = -\dfrac{1}{\rho_0} \int \dfrac{\partial p}{\partial y} \mathrm{d}t \\ v_z = -\dfrac{1}{\rho_0} \int \dfrac{\partial p}{\partial z} \mathrm{d}t \end{cases} \tag{2-111}$$

由式(2-111)不难发现恒有

$$\begin{cases} \dfrac{\partial v_x}{\partial y} - \dfrac{\partial v_y}{\partial x} = 0 \\ \dfrac{\partial v_x}{\partial z} - \dfrac{\partial v_z}{\partial x} = 0 \\ \dfrac{\partial v_y}{\partial z} - \dfrac{\partial v_z}{\partial y} = 0 \end{cases} \tag{2-112}$$

也就是

$$\text{rot } v = 0 \tag{2-113}$$

这里 rot 为旋度算符，它作用于速度 v 就得到

$$\text{rot } v = \left(\dfrac{\partial v_z}{\partial y} - \dfrac{\partial v_y}{\partial z} \right) \boldsymbol{i} + \left(\dfrac{\partial v_x}{\partial z} - \dfrac{\partial v_z}{\partial x} \right) \boldsymbol{j} + \left(\dfrac{\partial v_y}{\partial x} - \dfrac{\partial v_x}{\partial y} \right) \boldsymbol{k} \tag{2-114}$$

式(2-114)说明了理想流体介质中小增幅声场是无旋场。

另外，由矢量分析可以知道，如果一个矢量的旋度等于零，那么这一矢量必为某一标量函数的梯度，而该矢量的分量则是该标量函数对相应坐标的偏导数。现在既然 rot $v=0$，因此速度 v 必为某一标量函数 $\varPhi$ 的梯度，这一点只要适当改变式(2-111)的形式后将立即可以得到证明。

$$\begin{cases} v_x = -\dfrac{1}{\rho_0} \int \dfrac{\partial p}{\partial x} \mathrm{d}t = -\dfrac{\partial}{\partial x} \int \dfrac{p}{\rho_0} \mathrm{d}t \\ v_y = -\dfrac{1}{\rho_0} \int \dfrac{\partial p}{\partial y} \mathrm{d}t = -\dfrac{\partial}{\partial y} \int \dfrac{p}{\rho_0} \mathrm{d}t \\ v_z = -\dfrac{1}{\rho_0} \int \dfrac{\partial p}{\partial z} \mathrm{d}t = -\dfrac{\partial}{\partial z} \int \dfrac{p}{\rho_0} \mathrm{d}t \end{cases} \tag{2-115}$$

如果定义一个新的标量函数 $\varPhi$，它等于：

$$\varPhi = \int \dfrac{p}{\rho_0} \mathrm{d}t \tag{2-116}$$

则式(2-115)可以写为

$$\begin{cases} v_x = -\dfrac{\partial \Phi}{\partial x} \\ v_y = -\dfrac{\partial \Phi}{\partial y} \\ v_z = -\dfrac{\partial \Phi}{\partial z} \end{cases} \qquad (2\text{-}117)$$

或者合并成：

$$v = -\text{grad}\,\Phi \qquad (2\text{-}118)$$

可见质点速度 v 可以表示为一个标量函数的梯度，这个标量函数 Φ 就成为速度势，速度势在物理上反映了由于声扰动使介质单位质量具有的冲量。

可以证明，速度势 Φ 具有与式(2-110)形式相类似的波动方程。由式(2-116)解得

$$p = \rho_0 \frac{\partial \Phi}{\partial t} \qquad (2\text{-}119)$$

将连续方程(2-105a)代入状态方程(2-103)中，可得

$$\frac{\partial p}{\partial t} = -c_0^2 \nabla(\rho_0 v) \qquad (2\text{-}120)$$

再将式(2-119)两边对 t 求导，代入式(2-120)便得

$$\rho_0 \frac{\partial^2 \Phi}{\partial t^2} = -c_0^2 \nabla(\rho_0 v) \qquad (2\text{-}121)$$

将式(2-118)代入式(2-121)可得

$$\nabla^2 \Phi = \frac{1}{c_0^2} \frac{\partial^2 \Phi}{\partial t^2} \qquad (2\text{-}122)$$

由于速度势像声压一样也是一个标量，所以用它来描述声场也很方便，只要从式(2-122)出发解得 Φ，那么很容易由式(2-118)和式(2-119)经过简单的微分运算求得质点速度 v 及声压 p。

2.3.3 平面波

声波方程只是给出了声传播必须遵循的一般规律。至于具体场合的声传播特性还必须结合声源和边界条件才能确定。最简单的一个例子是在一个无限大介质中单一方向行进，单一频率 ω 的声压为

$$p = P(z)e^{j\omega t} \qquad (2\text{-}123)$$

将式(2-123)代入声波动方程得

$$\frac{\partial^2 P(z)}{\partial z^2} + \frac{\omega^2}{c_0^2} P(z) = 0 \qquad (2\text{-}124)$$

其解为

$$P(z) = Ae^{-jkz} + Be^{jkz} \tag{2-125}$$

将式(2-123)代入式(2-125)得

$$p = Ae^{j(\omega t - kz)} + Be^{j(\omega t + kz)} \tag{2-126}$$

右式第一项是沿+z方向行进的平面波，第二项是沿−z方向行进的平面波。

有关平面波的其他几个表达形式如下。

(1) 设x-z平面上行进的平面波与z轴夹角为θ。在讨论平面波倾斜入射到中心轴与z轴平行的圆柱形物体的声散射问题时需要这样描述入射平面波。引入声波行进的波矢量：

$$\boldsymbol{k} = k\hat{z}\cos\theta + k\hat{x}\sin\theta \tag{2-127}$$

该平面波可以写为

$$p = Ae^{j(\omega t - \boldsymbol{k}\boldsymbol{r})} = Ae^{j[\omega t - k(\hat{z}\cos\theta + \hat{x}\sin\theta)]} \tag{2-128}$$

(2) 设一平面波行进在空气中时有一阵风(风速 U，与+z方向成一角度 α)吹过，或是在海洋中有一股洋流(流速 U，与+z方向成一角度 α)流过。原来声的传播速度在各个方向上都等于c_0，但风或洋流破坏了空间的各向同性。类似情况也可能出现在研究单向异性分布材料的声特性和多普勒现象中。声传播速度在+z方向上变为

$$c_z = c_0 + U\cos\alpha \tag{2-129}$$

在+x方向上变为

$$c_x = c_0 + U\sin\alpha \tag{2-130}$$

此种情形下的平面波在引入向量

$$\boldsymbol{k} = k_z\hat{z}\cos\theta + k_x\hat{x}\sin\theta \tag{2-131}$$

后可以写为

$$p = Ae^{j(\omega t - \boldsymbol{k}\boldsymbol{r})} = Ae^{j(\omega t - k_z\hat{z}\cos\theta - k_x\hat{x}\sin\theta)} \tag{2-132}$$

其中

$$k_z = \frac{\omega}{c_0 + U\cos\alpha}, \quad k_x = \frac{\omega}{c_0 + U\sin\alpha} \tag{2-133}$$

2.3.4 柱坐标系和球坐标系下的声波动方程

讨论圆对称源产生的声场和圆对称物体的声散射常用柱坐标系。拉普拉斯算子在柱坐标系下为

$$\nabla^2 = \frac{1}{r}\frac{\partial}{\partial r}\left(r\frac{\partial}{\partial r}\right) + \frac{1}{r^2}\frac{\partial^2}{\partial \theta^2} + \frac{\partial^2}{\partial z^2} \tag{2-134}$$

于是声波波动方程写为

$$\frac{1}{r}\frac{\partial}{\partial r}\left(r\frac{\partial p}{\partial r}\right)+\frac{1}{r^2}\frac{\partial^2 p}{\partial \theta^2}+\frac{\partial^2 p}{\partial z^2}-\frac{1}{c^2}\frac{\partial^2 p}{\partial t^2}=0 \tag{2-135}$$

当声场在 θ 方向上没有变化时简化为

$$\frac{1}{r}\frac{\partial}{\partial r}\left(r\frac{\partial p}{\partial r}\right)+\frac{\partial^2 p}{\partial z^2}-\frac{1}{c^2}\frac{\partial^2 p}{\partial t^2}=0 \tag{2-136}$$

对单一频率的声波可简化为

$$\frac{1}{r}\frac{\partial}{\partial r}\left(r\frac{\partial p}{\partial r}\right)+\frac{\partial^2 p}{\partial z^2}+k^2 p=0 \tag{2-137}$$

$+z$ 方向行进的波的解写为

$$p(r,z)=c_0 H_0^{(2)}\left(\sqrt{k^2-k_z^2}\,r\right)\mathrm{e}^{\mathrm{j}(\omega t-k_z z)} \tag{2-138}$$

拉普拉斯算子在球坐标系下为

$$\nabla^2 = \frac{1}{r^2}\frac{\partial}{\partial r}\left(r^2\frac{\partial}{\partial r}\right)+\frac{1}{r^2 \sin\theta}\frac{\partial}{\partial \theta}\left(\sin\theta\frac{\partial}{\partial \theta}\right)+\frac{1}{r^2\sin^2\theta}\frac{\partial^2}{\partial \phi^2} \tag{2-139}$$

于是声波动方程可以写为

$$\frac{1}{r^2}\frac{\partial}{\partial r}\left(r^2\frac{\partial p}{\partial r}\right)+\frac{1}{r^2 \sin\theta}\frac{\partial}{\partial \theta}\left(\sin\theta\frac{\partial p}{\partial \theta}\right)+\frac{1}{r^2\sin^2\theta}\frac{\partial^2 p}{\partial \phi^2}-\frac{1}{c^2}\frac{\partial^2 p}{\partial t^2}=0 \tag{2-140}$$

如为各向同性空间中点声源的声场，在 θ、ϕ 方向上没有变化，式(2-140)简化为

$$\frac{1}{r^2}\frac{\partial}{\partial r}\left(r^2\frac{\partial p}{\partial r}\right)-\frac{1}{c^2}\frac{\partial^2 p}{\partial t^2}=0 \tag{2-141}$$

即

$$\frac{1}{c^2}\frac{\partial^2 p}{\partial t^2}-\frac{\partial(rp)}{\partial r^2}=0 \tag{2-142}$$

式(2-142)的解之一是由原点向外的波：

$$p(r)=\frac{A}{r}\mathrm{e}^{\mathrm{j}(\omega t-kr)} \tag{2-143}$$

球面波声场中的质点速度为

$$v(r)=-\frac{1}{\mathrm{j}\omega\rho_0}\frac{\partial p}{\partial r}=\frac{A}{\mathrm{j}\omega\rho_0}\left(\frac{1}{r}+\mathrm{j}k\right)\frac{\mathrm{e}^{\mathrm{j}(\omega t-kr)}}{r} \tag{2-144}$$

于是声阻抗为

$$Z=\frac{p}{v}=\frac{\mathrm{j}\omega\rho r_0}{1+\mathrm{j}kr} \tag{2-145}$$

当 $r\to\infty$ 时与平面波的形式一致。

2.4 电磁场基本方程

电磁场是有内在联系、相互依存的电场和磁场的统一体的总称。随时间变化的电场产生磁场，随时间变化的磁场产生电场，两者互为因果，形成电磁场。电磁场可由变速运动的带电粒子引起，也可由强弱变化的电流引起，不论原因如何，电磁场总是以光速向四周传播，形成电磁波。电磁场是电磁作用的介质，具有能量和动量，是物质的一种存在形式。电磁场的性质、特征及其运动变化规律由麦克斯韦方程组确定。

2.4.1 麦克斯韦方程组

静电场：

$$\begin{cases} \oint_S \boldsymbol{D} \cdot \boldsymbol{S} = \int_V \rho \cdot V \\ \nabla \cdot \boldsymbol{D} = \rho \end{cases} \tag{2-146}$$

$$\begin{cases} \oint_L \boldsymbol{E} \cdot \boldsymbol{l} = 0 \\ \nabla \cdot \boldsymbol{E} = 0 \end{cases} \tag{2-147}$$

$$\oint_L \boldsymbol{E} \cdot \boldsymbol{l} = -\int_S \frac{\partial \boldsymbol{B}}{\partial t} \cdot \boldsymbol{S} \tag{2-148}$$

稳恒磁场：

$$\begin{cases} \oint_S \boldsymbol{B} \cdot \boldsymbol{S} = 0 \\ \nabla \cdot \boldsymbol{B} = 0 \end{cases} \tag{2-149}$$

$$\begin{cases} \oint_L \boldsymbol{H} \cdot \boldsymbol{l} = \int_S \boldsymbol{J} \cdot \boldsymbol{S} \\ \nabla \cdot \boldsymbol{H} = \boldsymbol{J} \end{cases} \tag{2-150}$$

$$\oint_L \boldsymbol{H} \cdot \boldsymbol{l} = \int_S \left(\boldsymbol{J} + \frac{\partial \boldsymbol{D}}{\partial t} \right) \cdot \boldsymbol{S} \tag{2-151}$$

物理量 f 随时间的变化关系为时间域问题，即 $f(t)$；物理量 f 随频率的变化关系为频率域问题，即 $f(\omega)$。二者的关系可以通过傅里叶变换联系：

$$\begin{aligned} f(\omega) &= \int_{-\infty}^{\infty} f(t) \mathrm{e}^{-\mathrm{j}\omega t} \mathrm{d}t \\ f(t) &= \frac{1}{2\pi} \int_{-\infty}^{\infty} f(\omega) \mathrm{e}^{\mathrm{j}\omega t} \mathrm{d}\omega \end{aligned} \tag{2-152}$$

可以利用四个参数来描述任何一个电磁场：E 为电场强度(场强)，V/m；H 为磁场强度，A/m；D 为电位移矢量(电通密度)，C/m²；B 为磁感应强度(磁通密度)，T 或 Wb/m²。这四个物理量都是空间位置和时间的函数，并且都是矢量：

$$\nabla \times \boldsymbol{H} = \boldsymbol{J} + \frac{\partial \boldsymbol{D}}{\partial t} \text{ (安培环路定律)}$$

$$\nabla \times \boldsymbol{E} = -\frac{\partial \boldsymbol{B}}{\partial t} \text{ (法拉第电磁感应定律)}$$

$$\nabla \cdot \boldsymbol{B} = 0 \text{ (磁通连续性原理)}$$

$$\nabla \cdot \boldsymbol{D} = \rho \text{ (库仑定律、高斯电场定律)}$$

四个方程所反映的物理意义如下。

安培环路定律：麦克斯韦第一方程，表明传导电流和变化的电场都能产生磁场。

法拉第电磁感应定律：麦克斯韦第二方程，表明电荷和变化的磁场都能产生电场。

磁通连续性原理：表明磁场是无源场，磁力线总是闭合曲线。

库仑定律、高斯电场定律：表明电荷以发散的方式产生电场(变化的磁场以涡旋的形式产生电场)。

特别注意：每个物理量都是空间位置和时间的函数。某一点的电位移矢量的散度与该点的电荷密度相等。

麦克斯韦方程组的物理意义：麦克斯韦方程组揭示了各个场矢量与场源的关系，只要知道了这些关系就可以由场源求出电磁场分布，同时麦克斯韦方程组也体现了电场和磁场的性质，从方程中可以得出下列结论。

(1) 电场的散度等于电荷密度，电荷是电场的散度源；由电荷产生的电场是有旋场，电力线起始于正电荷，终止于负电荷。

(2) 磁场的散度恒为零，磁场没有散度源，至今没有证实"磁荷"的存在(无磁单极子存在)；磁场是无旋场，磁力线是无头无尾的闭合曲线。

(3) 涡旋电场的旋度等于磁场的负时变率，时变磁场的负时变率是涡旋电场的旋涡源；由时变磁场的负时变率产生的涡旋电场与电荷产生的无旋电场不同，它是有旋场，其电力线是闭合曲线，与磁力线相交链。感应电场是非保守场，电力线是闭合曲线。

(4) 磁场的旋度等于传导电流密度与位移电流密度之和，即全电流密度。全电流密度是磁场的旋涡源；磁场是有旋场，磁力线是闭合曲线，与全电流线相交链。

(5) 时变电场、时变磁场可以不断地互相激励，说明时变电磁场是由时变电场和时变磁场组成的不可分割的统一体。

(6) 场源一旦激励起了时变电场或者时变磁场，即使去掉场源，时变电场、时变磁场也会互相激励，且闭合的电力线与闭合的磁力线相互交链，电磁场分布的空间逐渐增大，电磁场以波动的形式向远处传播。

(7) 方程中的所有场量既是空间坐标的函数，又是时间的函数。如果方程中的所有场量都不随时间变化，方程中的时间偏导项均等于零，则方程退化为静态场的方程。

(8) 在线性介质中，麦克斯韦方程组是线性方程组，满足叠加原理，即多个场源各自产生的场可以在空间同时存在，空间任意一点的场均等于所有场源在该点产生的场的叠加。

洛伦兹力：静止电荷和运动电荷(即电流)是电磁场的场源，电磁场又会对电荷产生作用力。当空间存在电磁场时，速度为 v、电量为 q 的电荷既受到电场力的作用，又受到磁场力的作用。电场力和磁场力的合力称为洛伦兹力，表示为

$$F = q(E + v \times B) \tag{2-153}$$

物理实验证实了洛伦兹力公式适用于任何运动的带电粒子。

麦克斯韦方程组、结构方程和洛伦兹力公式一起，完全、正确地反映了宏观电磁场的基本规律及其与其他物质相互作用的规律，构成了宏观电磁理论的基础。它的建立对近代电磁学的发展起到了巨大的推动作用，它的正确性在大量的科学实践中得到了证实，它的伟大之处在于它不仅可以完美地解释过去已发现的电磁物理现象，而且还预言了电磁波的存在。

麦克斯韦的重要贡献是在安培环路定律中引入了位移电流，从而解决了时变电磁场中的电流连续性问题(如电容器)，揭示了交变电场可以产生磁场的本质。

安培环路定律：

$$\nabla \times H = J + \frac{\partial D}{\partial t} \tag{2-154}$$

若在空间中同时存在感应电场 E_{in} 和静电场 E_s，则总电场 $E = E_{in} + E_s$。

对于静电场有 $\nabla \times E_s = 0$，故对总电场仍有 $\nabla \times E = -\frac{\partial B}{\partial t}$。

若 B 不随时间变化，即退化为静电场中的环路定律。所以上面两式既适用于静电场，又适用于时变场，分别称为法拉第电磁感应定律的微分形式和积分形式，这是电磁理论中的普适方程。

麦克斯韦方程微分形式如下。

(1) 安培环路定律：

$$\nabla \times H = J + \frac{\partial D}{\partial t}$$

(2) 法拉第电磁感应定律：

$$\nabla \times E = -\frac{\partial B}{\partial t}$$

(3) 磁通连续性原理：

$$\nabla \cdot B = 0$$

(4) 库仑定律、高斯电场定律：

$$\nabla \cdot D = \rho$$

(5) 电流连续性方程：

$$\nabla \cdot \boldsymbol{J} + \frac{\partial \rho}{\partial t}$$

麦克斯韦方程组(1)~(4)并不是完全独立的。第一、二个方程是独立方程，后面两个方程可以从中推得，即由(1)、(2)和(5)可以导出(3)和(4)，也可以由(1)和(4)导出(5)。

麦克斯韦方程组的标量形式：

$$\begin{cases} \dfrac{\partial E_z}{\partial y} - \dfrac{\partial E_y}{\partial z} = -\dfrac{\partial B_x}{\partial t} \\ \nabla \times \boldsymbol{E} = -\dfrac{\partial \boldsymbol{B}}{\partial t} \\ \dfrac{\partial E_x}{\partial z} - \dfrac{\partial E_z}{\partial x} = -\dfrac{\partial B_y}{\partial t} \\ \dfrac{\partial E_y}{\partial x} - \dfrac{\partial E_x}{\partial y} = -\dfrac{\partial B_z}{\partial t} \end{cases} \tag{2-155}$$

$$\begin{cases} \dfrac{\partial H_z}{\partial y} - \dfrac{\partial H_y}{\partial z} = J_x + \dfrac{\partial D_x}{\partial t} \\ \nabla \times \boldsymbol{H} = \boldsymbol{J} + \dfrac{\partial \boldsymbol{D}}{\partial t} \\ \dfrac{\partial H_x}{\partial z} - \dfrac{\partial H_z}{\partial x} = J_y + \dfrac{\partial D_y}{\partial t} \\ \dfrac{\partial H_y}{\partial x} - \dfrac{\partial H_x}{\partial y} = J_z + \dfrac{\partial D_z}{\partial t} \end{cases} \tag{2-156}$$

$$\begin{cases} \nabla \cdot \boldsymbol{D} = \rho \\ \dfrac{\partial D_x}{\partial x} + \dfrac{\partial D_y}{\partial y} + \dfrac{\partial D_z}{\partial z} = \rho \\ \nabla \cdot \boldsymbol{B} = 0 \\ \dfrac{\partial B_x}{\partial x} + \dfrac{\partial B_y}{\partial y} + \dfrac{\partial B_z}{\partial z} = 0 \end{cases} \tag{2-157}$$

2.4.2 电磁场的本构方程

麦克斯韦方程组、结构方程和洛伦兹力公式一起，完全、正确地反映了宏观电磁场的基本规律及其与其他物质相互作用的规律，构成了宏观电磁理论的基础。

$$\begin{aligned} \boldsymbol{D} &= \varepsilon(\omega, \boldsymbol{E}, \boldsymbol{r}, t, P, T)\boldsymbol{E} \\ \boldsymbol{B} &= \mu(\omega, \boldsymbol{E}, \boldsymbol{r}, t, P, T)\boldsymbol{H} \\ \boldsymbol{J} &= \sigma(\omega, \boldsymbol{E}, \boldsymbol{r}, t, P, T)\boldsymbol{E} \end{aligned} \tag{2-158}$$

其中，介电常数 ε 为物质固有的一种电学性质，不同物质的介电常数不同；磁导率 μ 为物质固有的一种磁学性质，不同物质的磁导率不同；电导率 σ 为物质固有的一种电学性质，不同物质的电导率不同。

麦克斯韦的一个重要贡献就是在安培环路定律中引入了位移电流一项，揭示了变化的电磁场具有波动性质。这种波动形式传播的电磁场，称为电磁波。变化的电磁场可以相互激励，即使场源消失，电磁场仍然存在，并以波动的形式向远处传播。存在变化的电场空间就存在位移电流，它并不表示有带电粒子的定向运动，位移电流的正确性被以后的所有实验所证实。全电流定律说明，位移电流与传导电流一样，是磁场的旋涡源。这意味着，即使不存在传导电流，变化的电场也能激励出磁场，这就解释了"动电生磁"的现象。

全电流密度：将矢量 $\boldsymbol{J}+\frac{\partial \boldsymbol{D}}{\partial t}$ 称为全电流密度，由于其散度恒为零，所以全电流线为闭合电流线，在传导电流中断处必有位移电流接续下去。修正后的安培环路定律又称全电流定律。

电磁波是从场源(如天线、接地长导线、接地偶极子等)向远离场源的无源空间(如场源周围的空气)中传播的。因此，可以利用有源波动方程来研究场源是如何辐射电磁波的，也可以利用无源波动方程来研究电磁波在离开场源后是如何在无源空间中传播的。

位移电流一般分为三类：传导电流(在导体中，有自由电子移动)、徙动电流(真空中的等离子体)、位移电流(在电介质等绝缘体中也包括真空，无自由电子移动)。一般三者不同时存在。传导电流仅在导体中出现，徙动电流出现之处(如真空)无传导电流；传导电流显著之处(如导体中)，位移电流则小得可以忽略；电介质中则以位移电流为主，不但无徙动电流，传导电流也小得可以忽略。

传导电流与位移电流在产生磁场的效应上完全等效，但物理意义完全不同：

(1) 传导电流是由自由电荷定向移动造成的，而位移电流是电位移矢量对时间的变化产生的，没有物质迁移。如空气中电场的变化也会产生磁场，它就具有位移电流的作用。$\boldsymbol{J}=\sigma \boldsymbol{E}$ 的 $\boldsymbol{J}$ 称为传导电流密度；$\boldsymbol{J}_D=\frac{\partial \boldsymbol{D}}{\partial t}$ 的 $\boldsymbol{J}_D$ 称为位移电流密度。

(2) 传导电流取决于自由电子与晶格之间的碰撞，故可以产热损耗，并且符合焦耳-楞次定律；而位移电流(介质吸收)不遵守焦耳-楞次定律，在真空中也没有热损耗。

麦克斯韦方程组是电磁场的基本方程，描述了宏观电磁现象的普遍规律。但是，对于具体的电磁问题，基本方程还需要结合定解条件才能给出问题的解。如果对定解条件的要求不当，有可能因为条件太苛刻而无解，也有可能因为条件太宽松出现多个不确定的解。给出恰当的定解条件以便麦克斯韦方程组有解且唯一，这对麦克斯韦方程组的成功应用是至关重要的。

如图 2-1 所示的亥姆霍兹定理，给出了确定任一矢量场的唯一性条件：在闭合面 S 限定的区域 V 内，任一矢量场由在区域 V 内矢量场的散度和旋度以及闭合面 S 上矢量场的分布唯一确定。而且，任一矢量场可表示为

$$\boldsymbol{F}(\boldsymbol{r})=-\nabla \mu(\boldsymbol{r})+\nabla \times \boldsymbol{A}(\boldsymbol{r}) \tag{2-159}$$

其中

$$\mu(\boldsymbol{r})=\frac{1}{4\pi}\int_V \frac{\nabla'\cdot \boldsymbol{F}(\boldsymbol{r}')}{|\boldsymbol{r}-\boldsymbol{r}'|}\mathrm{d}V' - \frac{1}{4\pi}\oint_S \frac{\boldsymbol{F}(\boldsymbol{r}')\cdot \boldsymbol{e}_n}{|\boldsymbol{r}-\boldsymbol{r}'|}\mathrm{d}S' \tag{2-160}$$

$$A(r) = \frac{1}{4\pi}\int_V \frac{\nabla' \times F(r')}{|r-r'|}dV' + \frac{1}{4\pi}\oint_S \frac{F(r') \times e_n}{|r-r'|}dS' \quad (2\text{-}161)$$

式(2-160)和式(2-161)中，r 为场点位置矢量；r'为源点位置矢量；e_n 为闭合面 S 上的外法向单位矢量。

式(2-159)中的第一项为无旋度的矢量场，第二项为无散度的矢量场。即任一矢量场可表示为一无旋矢量场和一无散矢量场的叠加。

矢量场的散度和旋度各对应矢量场的一种源，式(2-160)和式(2-161)中的体积分项由 V 内的两种体分布的场源(散度源和旋度源)确定。而式(2-160)和式(2-161)中的面积分项由 S 上的两种面分布的场源(标量源和矢量源)或者由 V 外的场源对 V 内矢量场的作用的等效面分布场源确定。

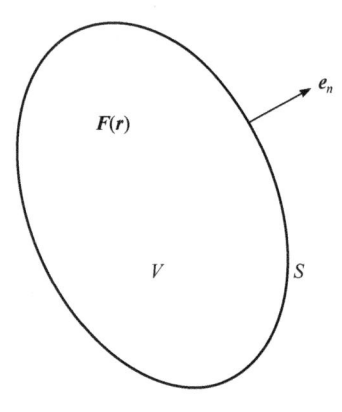

图 2-1 亥姆霍兹定理示意图

对于无界空间，式(2-160)和式(2-161)中两面积分项为零。无旋度的矢量场是由标量源产生的，而无散度的矢量场是由矢量源产生的。无旋度且无散度的矢量场只能存在于局部的无源区域之中，完全由边界 S 上的场分布确定。由亥姆霍兹定理可知，在有界空间内任一矢量场 $F(r)$ 的定解可表示为边值问题：

$$\begin{aligned}&\nabla \cdot F(r) = g(r)\\&\nabla \times F(r) = K(F)\\&e_n \cdot F(r)|_S = g_S(r)\\&e_n \times F(r)|_S = K_S(r)\end{aligned} \quad (2\text{-}162)$$

其中，g 和 K 为 V 内分布的散度源和旋度源；g_S 和 K_S 为 S 上分布的标量源和矢量源。式(2-162)中前两方程为矢量场的基本方程(泛定方程)，后两方程为基本方程的定解条件。

在无界空间，当场源分布在有限空间，不存在边界源时，矢量场 $F(r)$ 的定解问题表示为

$$\begin{aligned}&\nabla \cdot F(r) = g(r)\\&\nabla \times F(r) = K(F)\end{aligned} \quad (2\text{-}163)$$

可见，矢量场的散度方程和旋度方程组成了确定矢量场分布的基本方程(微分形式)，是分析矢量场性质的出发点。利用场论中的高斯定理和斯托克斯定理，由微分形式的基本方程可以导出积分形式的基本方程。

2.4.3 时变电磁场的定解问题

对于时变电磁场，电场与磁场这两种矢量场相互耦合，构成统一的电磁场。由亥姆霍兹定理可知，电磁场的基本方程由电场量 $E(r,t)$ 的散度方程和旋度方程、磁场量 $H(r,t)$ 的散度方程和旋度方程构成。微分形式的麦克斯韦方程组正是给出了这四个方程。在均匀、线性和各向同性介质空间，限定形式的麦克斯韦方程组为

$$\nabla \times \boldsymbol{H}(\boldsymbol{r},t) = \boldsymbol{J}(\boldsymbol{r},t) + \frac{\varepsilon \partial \boldsymbol{E}(\boldsymbol{r},t)}{\partial t}$$

$$\nabla \times \boldsymbol{E}(\boldsymbol{r},t) = -\frac{\mu \partial \boldsymbol{H}(\boldsymbol{r},t)}{\partial t}$$

$$\nabla \cdot \boldsymbol{H}(\boldsymbol{r},t) = 0$$

$$\nabla \cdot \boldsymbol{E}(\boldsymbol{r},t) = \frac{\rho(\boldsymbol{r},t)}{\varepsilon}$$

(2-164)

其中，ε 和 μ 为介质的介电常数和磁导率；$\rho(\boldsymbol{r},t)$ 和 $\boldsymbol{J}(\boldsymbol{r},t)$ 为自由电荷密度和传导电流密度。

式(2-164)是确定电磁场时空分布的基本方程。然而，由于时变电场与时变磁场的相互耦合，式中四个方程并非完全独立。由式(2-164)中两旋度方程结合电流连续方程，可导出式中的两散度方程。

在有界空间，式(2-164)的定解条件包括初始条件和边界条件。

初始条件为

$$\boldsymbol{E}(\boldsymbol{r},0) = \boldsymbol{E}_0(\boldsymbol{r})$$
$$\boldsymbol{H}(\boldsymbol{r},0) = \boldsymbol{H}_0(\boldsymbol{r})$$

(2-165)

按亥姆霍兹定理，两矢量场的边界条件应该为

$$\boldsymbol{e}_n \cdot \boldsymbol{E}(\boldsymbol{r},t)|_S = E_n(\boldsymbol{r},t)$$
$$\boldsymbol{e}_n \times \boldsymbol{E}(\boldsymbol{r},t)|_S = \boldsymbol{E}_t(\boldsymbol{r},t)$$
$$\boldsymbol{e}_n \cdot \boldsymbol{H}(\boldsymbol{r},t)|_S = H_n(\boldsymbol{r},t)$$
$$\boldsymbol{e}_n \times \boldsymbol{H}(\boldsymbol{r},t)|_S = \boldsymbol{H}_t(\boldsymbol{r},t)$$

(2-166)

同样，由于电场与磁场的相互耦合，这四个边界条件不独立。分析式(2-164)中两旋度方程可知，在电场的三个正交分量和磁场的三个正交分量中，只有两个分量是独立的。只需任意给定其中两个分量的分布，其他四个分量完全由这两个分量确定，波导系统中采用的纵向场分析法正是基于这一特性。因此，只需给定边界 S 上含有两个分量的电场切向分量 $\boldsymbol{E}_t(\boldsymbol{r},t)$ 或者磁场切向分量 $\boldsymbol{H}_t(\boldsymbol{r},t)$ 即可定解。这样，边界条件可减弱为

$$\boldsymbol{e}_n \times \boldsymbol{E}(\boldsymbol{r},t)|_S = \boldsymbol{E}_t(\boldsymbol{r},t)$$

(2-167)

满足式(2-166)的解会自然满足边界上电场和磁场的法向分量的边界条件。

综上所述，当给定 V 内 $\rho(\boldsymbol{r},t)$、$\boldsymbol{J}(\boldsymbol{r},t)$、$\boldsymbol{E}_0(\boldsymbol{r})$、$\boldsymbol{H}_0(\boldsymbol{r})$ 和 S 上的 $\boldsymbol{E}_t(\boldsymbol{r},t)$ 或 $\boldsymbol{H}_t(\boldsymbol{r},t)$，$V$ 内的解 $\boldsymbol{E}(\boldsymbol{r},t)$ 和 $\boldsymbol{H}(\boldsymbol{r},t)$ 是唯一的。这一结论正是时变电磁场唯一性定理所述的内容。式(2-164)、式(2-165)和式(2-167)构成了时变电磁场的定解问题。

2.4.4 静态电磁场的定解问题

静态电磁场可视为时变电磁场的特例。对于静态电场和恒定磁场，由于式(2-164)中场量(电场量和磁场量)以及源量(自由电荷密度和传导电流密度)都不随时间变化，定解问题中自然不存在初始条件，而且式(2-164)可分离为电场与磁场独立的基本方程组。同样，根据亥姆霍兹定理，可得静电场与恒定磁场的边值问题为

$$\begin{cases} \nabla \times \boldsymbol{E}(\boldsymbol{r}) = 0 \\ \nabla \cdot \boldsymbol{E}(\boldsymbol{r}) = \dfrac{\rho(\boldsymbol{r})}{\varepsilon} \\ \boldsymbol{e}_n \cdot \boldsymbol{E}(\boldsymbol{r})|_S = E_n(\boldsymbol{r}) \\ \boldsymbol{e}_n \times \boldsymbol{E}(\boldsymbol{r})|_S = \boldsymbol{E}_t(\boldsymbol{r}) \end{cases} \quad (2\text{-}168)$$

$$\begin{cases} \nabla \times \boldsymbol{H}(\boldsymbol{r}) = \boldsymbol{J}(\boldsymbol{r}) \\ \nabla \cdot \boldsymbol{H}(\boldsymbol{r}) = 0 \\ \boldsymbol{e}_n \cdot \boldsymbol{H}(\boldsymbol{r})|_S = H_n(\boldsymbol{r}) \\ \boldsymbol{e}_n \times \boldsymbol{H}(\boldsymbol{r})|_S = \boldsymbol{H}_t(\boldsymbol{r}) \end{cases} \quad (2\text{-}169)$$

由静电场的无旋性可知，由任意给定电场的一个分量的分布可确定其他两个分量，式(2-167)中的边界条件只需给定电场的法向分量即可，因此静电场的定解问题可表示为

$$\begin{aligned} &\nabla \times \boldsymbol{E}(\boldsymbol{r}) = 0 \\ &\nabla \cdot \boldsymbol{E}(\boldsymbol{r}) = \dfrac{\rho(\boldsymbol{r})}{\varepsilon} \\ &\boldsymbol{e}_n \cdot \boldsymbol{E}(\boldsymbol{r})|_S = E_n(\boldsymbol{r}) \end{aligned} \quad (2\text{-}170)$$

另外，直接由亥姆霍兹定理的式(2-160)也可得知无旋度的静电场的定解问题为式(2-170)。由恒定磁场的无散性可知，由任意给定磁场的两个分量的分布可确定其他一个分量，式(2-168)边界条件中，只需给定磁场的切向分量即可。因此，恒定磁场的定解问题可表示为

$$\begin{aligned} &\nabla \times \boldsymbol{H}(\boldsymbol{r}) = \boldsymbol{J}(\boldsymbol{r}) \\ &\nabla \cdot \boldsymbol{H}(\boldsymbol{r}) = 0 \\ &\boldsymbol{e}_n \cdot \boldsymbol{H}(\boldsymbol{r})|_S = \boldsymbol{H}_t(\boldsymbol{r}) \end{aligned} \quad (2\text{-}171)$$

直接由亥姆霍兹定理中的式(2-161)也可得知无散度的恒定磁场的定解问题为式(2-171)。

亥姆霍兹定理是分析矢量场的基础，由亥姆霍兹定理可得知矢量场的散度方程和旋度方程是分析矢量场的基本方程。对于电磁场这一特殊的矢量场，其基本方程仍然是按亥姆霍兹定理要求组成的。但是，由于时变电磁场和静态电磁场的特性，其边界条件较亥姆霍兹定理所要求的边界条件有所减弱。对于时变电磁场，由于电场与磁场的相互耦合，边界条件只需给定电场的切向分量或者磁场的切向分量。对于静电场，由于其无旋性，边界条件只需给定电场的法向分量。对于恒定磁场，由于其无散性，边界条件只需给定磁场的切向分量。本节所得这些结论，对求解电磁场的各种边值问题具有重要的指导意义。

思考题及习题

1. 流体力学有哪几个基本方程？
2. 推导固体动力学基本方程。
3. 推导声学基本方程。
4. 请列举出麦克斯韦方程的微分形式。

第3章 网格生成技术

3.1 概 述

在工程技术应用领域，人们为了分析复杂系统(如航空航天装备)的运行性能、可靠性、经济性和维护性等，需要采用大量的专业设计分析软件计算多种学科系统对外界激励的响应。目前，科学技术领域的许多系统模型采用偏微分方程(PDE)形式，而数值计算技术是这类数学模型的主要计算分析途径。

3.1.1 网格划分技术

PDE 数值解法的核心是将全局定义域中连续未知函数转化为在一定数量的子域上成立的简单函数，进一步建立仅仅在定义域内一定数量的离散节点上成立的代数方程组。网格划分就是将 PDE 全局定义域划分成离散单元(element)或者控制体积(control volume)集合，这些单元集合构成了系统的子域，单元顶点则构成了离散节点集合。由于单元采用简单几何形状，因此人们可以十分方便地在这些子域上构造简单初等函数逼近连续的 PDE 系统响应。而且人们可以通过调节网络类型、单元形状、尺寸和数量等因素来提高PDE 系统的数值计算精度。

3.1.2 网格划分要求

在工程技术领域，PDE 系统定义域是包括几何维和时间维的混合空间，对于瞬态系统的时间维只能采用固定或者变步长单独切割，不影响几何维的分割。因此，网格划分技术主要处理 PDE 系统的几何定义域(几何空间)的分割问题。一维几何空间中网格划分就是线段切割，十分简单。所以网格划分技术主要讨论二维或者三维几何空间分割方法。

在网格划分之前，首先需要描述网格划分的操作对象，即以计算机图形方式表现各类物理系统(PDE 系统)的几何定义域。在装备研制领域，传热、固体力学和结构动力学系统的定义域就是零部件(甚至整机)的机械结构。流体力学(空气动力学)系统的定义域则是机械结构包围的空间或者是包围机械结构的空间，前者称为内流系统，后者称为外流系统。所以网格划分软件必须具备完善的计算机图形绘制能力，并且能够同其他商业化计算机辅助设计(computer aided design, CAD)软件等进行图形数据交换。从技术可行性的角度出发，网格划分软件应该建立在某种计算机几何图形标准(如 UG 三维造型软件中文件格式 ".PARASOLID"、".ACIS" 或者 ".STEP" 等)的基础上。

在某种意义上，计算机图形化的 PDE 定义域构成了网格划分的画布。为了尽量逼近连续物理系统的真实解，生成的单元网格应该完全覆盖系统定义域，并且网格之间不能重叠。另外规则的单元形状(如近似等边三角形或者正方形)可以提高 PDE 模型的数值解计算精度。

一般来说，网格形状和尺寸等需要适应 PDE 系统(问题)的定义域形状和系统响应。如果系统定义域规则而且系统响应平滑变化，那么可以采用比较均匀的单元网格；如果定义域不规则或者系统响应变化剧烈，那么需要改变网格形状和密度等。

3.1.3 网格分类

为了满足各种科学计算要求，人们提出了多种形式的单元网格。总体上，科学计算中的网格具有两种类型：结构化网格和非结构化网格。结构化网格具有统一的拓扑结构，将定义域划分成规则的单元，节点之间具有规律性的索引，单元之间具有映射关系。结构化网格具有诸多优点，包括生成容易、数据存储量小、模型计算简单等。但是结构化网格单元只适合于求解模型简单、几何定义域规则以及模型解变化平滑的问题。

因此，多数 PDE 的数值计算方法(如有限元法)采用非结构化网格。典型的非结构化网格是几何空间单纯型，即二维空间的三角形和三维空间的四面体。非结构化网格中节点和单元之间不存在规律性映射关系。恰恰与结构化网格相反，非结构化网格的生成、存储、矩阵装配和计算都比较复杂。但是，非结构化网格可以很好地适应复杂的几何定义域、复杂的系统模型和解变化剧烈的问题。

学者进行了大量的研究工作，提出了许多网格生成技术。著名的网格生成方法包括德洛内(Delaunay)三角形算法、推进波前法(advancing front technique)、映射方法、分治方法和四叉树/八叉树(quadtree/octree)方法等。法国学者 Frey 和 George 将网格生成方法划分为五类：

(1) 手工或半自动方法。在几何域形状简单和尺寸较小时，完全由工程师或者研究者根据几何域的特点手工计算并进行剖分，即网格划分。

(2) 参数化映射方法。首先将物理空间的非规则几何域映射到参数空间的规则几何域(如正方形)，对规则的参数几何域进行网格划分；然后将参数空间的网格划分反向映射到物理空间，得到最终的网格划分结果。

(3) 域分解方法。采用某种方法自顶向下将一个几何域分解为多个子域，然后网格划分。域分解方法具体包括两类，即块分解(block decomposition)方法和空间分解(spatial decomposition)方法。块分解方法将一个复杂的几何域分解为若干形状简单的子域，然后分别对子域进行网格划分，如采用映射方法形成结构化网格。空间分解方法将一个几何域分解为子域，再循环反复对子域进行分解，直到底层的子域形成网格划分。典型的空间分解方法就是四叉树/八叉树方法。

(4) 插点方法。这类方法首先对几何域的边界进行离散化，插入一定数量的节点，然后通过在几何域内不断插入新的节点实现网格划分。一般的 Delaunay 三角形算法和推进波前法等属于此类方法。

(5) 构造方法。这类网格划分方法的执行逻辑是首先利用上述其他网格划分方法产生初始网格划分，然后通过拓扑或者几何变换的方式将初始网格进行合并得到最终的网格。

一个 PDE 定义域可以划分为多种网格形式和多种单元密度等，网格过于稀疏时计算精度较差，网格过于密集时数值计算量增大。网格质量(即单元形状和尺度)也影响计算效率和效果，因此网格划分技术必须能够调节或者控制网格质量。

系统定义域的网格划分不仅支持偏微分形式的控制方程离散化和离散化线性代数方程组的数值求解，也是科学计算可视化的基础。各类科学计算可视化算法通过对单元或者节点数据操作来实现物理场数据的图形化表示，例如，等值线、等值面和纹理等图形的绘制直接与网格单元的形状和节点数量相关。因此，系统定义域网格划分也直接影响数值计算结果的图形表现形式。

3.1.4 网格生成技术的发展历程

数值计算的第一步是生成合适的计算网格，即将连续的计算域离散为网格单元，如二维时的三角形、四边形、多边形，三维情况下的四面体、三棱柱、六面体、金字塔、多面体等。网格生成技术在 CFD 中扮演着极为重要的角色，张涵信院士将其列为 CFD 研究的五个"M"之一，而在 NASA 的"CFD vision 2030 study a path to revolutionary computational aerosciences"研究报告中，"网格生成与自适应技术"被列为未来六大重要研究领域之一，由此可见网格生成技术的重要性。在现代 CFD 中，网格生成往往要占据整个计算周期人力时间的 60%左右，而且网格质量的好坏直接关系到计算结果的精度，尤其是随着高精度、高分辨率格式的提出，计算格式对网格质量的要求越来越高。例如，在复杂外形湍流数值模拟中，需要在流动参数梯度大的区域加密网格，尤其在边界层内、激波附近、大范围分离区需要高质量的网格。随着 CFD 应用复杂度的增加，人们逐步意识到网格生成的局限性严重制约了复杂外形的数值模拟能力，开始投入很大精力开展网格生成技术研究，从此网格生成技术成为 CFD 的一个重要分支学科。

在 CFD 发展初期，所求解的问题和几何外形均比较简单，因此 CFD 工作者多采用如图 3-1 所示的拓扑结构简单的结构化网格(structured grid)。结构化网格的"结构"意指网格节点之间的连接关系存在隐含的顺序，其可以在几何空间进行维度分解，并可以通过各方向的指标(i,j,k)增减直接得到对应的连接关系。其网格节点的存储(即数据结构)可以直接采用常用的多维数组，如$x(i,j,k)$、$y(i,j,k)$、$z(i,j,k)$。

最简单的结构化网格是规则的等距或非等距矩形网格(图 3-1(a))。对于曲线/曲面边界，一般采用贴体的结构化网格(boundary-fitted structured grid)，如图 3-1(b)所示，并通过坐标变换$(x,y,z) \leftrightarrow (\xi,\eta,\zeta)$，将物理空间的贴体网格转换为计算空间的等距网格。其变换关系一般可以用式(3-1)表示：

$$\begin{matrix} \xi = \xi(x,y,z) \\ \eta = \eta(x,y,z) \\ \zeta = \zeta(x,y,z) \end{matrix} \quad \text{或} \quad \begin{matrix} x = x(\xi,\eta,\zeta) \\ y = y(\xi,\eta,\zeta) \\ z = z(\xi,\eta,\zeta) \end{matrix} \tag{3-1}$$

(a) 规则矩形网格

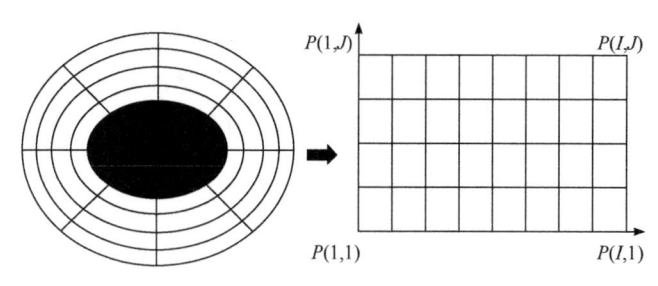

(b) 贴体结构化网格及其坐标变换

图 3-1 结构化网格示意图

关于贴体结构化网格的生成，CFD 工作者相继发展了各种方法，如代数网格生成方法，求解椭圆型、双曲型或抛物线型方程的网格生成方法。但是，随着人们所面对的外形越来越复杂，传统的统一(unified)贴体结构化网格技术已无法满足实际需求，为此 CFD 工作者发展了多块对接结构化网格(multiblock structured grid)、多块拼接结构化网格(patched structured grid)和重叠结构化网格(overlapping/chimera structured grid)等。

随着计算问题的几何外形越来越复杂，传统的结构化网格逐渐显示出它的不足，而非结构化网格(unstructured grid)能很好地处理复杂外形(图 3-2)。这里的"非结构"意指网格节点间的关联不再存在直接的顺序关系，其节点和单元编号在空间随机分布。节点和单元信息必须通过特定的数据结构存储。传统意义上的非结构化网格单元特指三角形(二维)和四面体(三维)；一般意义上的非结构化网格单元还包括四边形、多边形(二维)和三棱柱、六面体和金字塔(三维)，甚至还包括多面体。这类网格的混合进一步称为"混合网格"(hybrid grid 或 mixed grid)。事实上，结构化网格是一种特殊形式的非结构化网格，其也可以转换为非结构化网格形式进行计算。

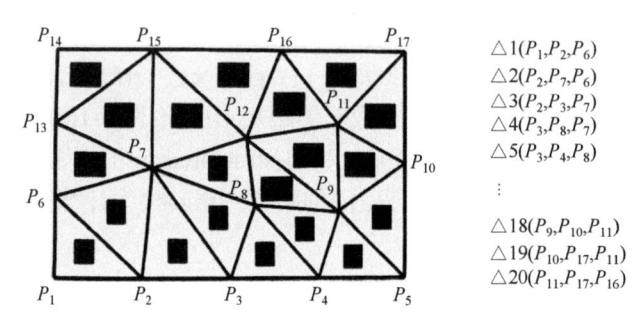

图 3-2 非结构化网格示意图

相比于结构化网格，一方面，非结构化网格舍去了网格节点间的结构性限制，可以任意布置网格节点和单元，很容易控制网格的大小，所以理论上它可以适用于任意形状的计算域。另一方面，非结构化网格随机的数据结构有利于网格自适应技术(adaptive mesh refinement，AMR)的实现，而且在进行分区并行计算时易于保证分区间的负载平衡。当前，比较成熟的非结构化网格生成方法有 Delaunay 方法、阵面推进法(advancing front method)、四叉树/八叉树方法等。

非结构化网格没有结构化网格的规则性限制，数据的存储和调用不能预见，使得非结构化网格的数据结构非常复杂。非结构化网格的无序性也带来了隐式求解时的稀疏矩阵带宽大和本身的非线性等问题，由此导致需要大量的计算机内存，隐式计算的效率也有待持续改进。

对于上述各种网格技术，都有其优缺点。结构化网格计算高效准确，但是网格自适应能力差，复杂外形的结构化网格生成比较困难；非结构化网格自适应能力强，可以处理复杂外形，但是计算精度稍差，而且鲁棒性较弱。图 3-3 从易用性和黏性精确度的角度分析了各种网格生成技术的优缺点，可以看到，混合网格较好地综合了结构化网格和非结构化网格的优势，因此其代表了未来网格技术的发展趋势。

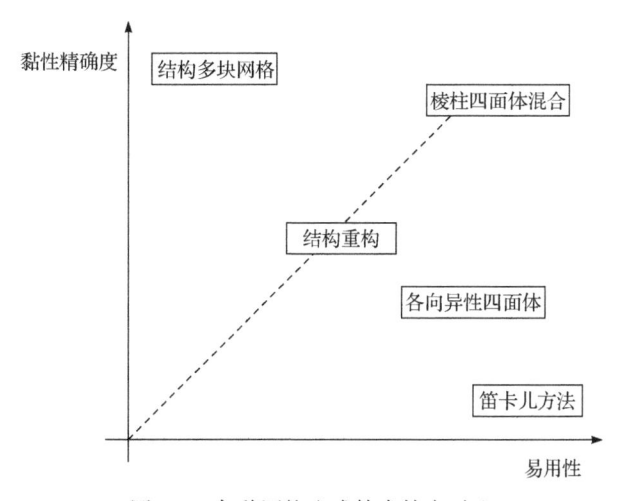

图 3-3 各种网格生成技术特点对比

近年来，综合结构化网格和非结构化网格优势的混合网格技术得到蓬勃发展，CFD 工作者相继发展了各种混合网格生成技术，如三棱柱/四面体混合网格、四面体/三棱柱/金字塔/六面体混合网格、自适应笛卡儿(Cartesian)网格以及 Cartesian/四面体混合网格和 Cartesian/四面体/三棱柱混合网格等各种混合网格生成方法。

对于三维复杂外形的黏性绕流计算问题，目前主要采用先以三角形覆盖整个物面然后向外推出若干层三棱柱或压缩比较大的四面体网格，在外场生成四面体或 Cartesian 网格。与结构化网格相比，混合网格对几何外形的适应性相对较强，并且混合网格的离散效率也较结构化网格要高得多。然而，对于实际工程中的复杂外形，生成混合网格也绝非易事，尤其是在高雷诺数(Re)计算时需要生成高质量的边界层内网格，并且要求其和外场网格过渡光滑，这一点对于某些曲率变化剧烈的复杂外形来说也很难实现。因此，如果能发展一种自动化程度高、网格质量好的混合网格生成方法，将极大地减少网格生成过程中的人工工作量，有效地缩短数值模拟周期，大大提高工作效率。

图 3-4 和图 3-5 分别列出了结构化网格、非结构化网格和混合网格的发展历程。由图可以看出，随着网格生成技术的持续发展，于 20 世纪 90 年代中期开始，相继出现了关于网格生成的商业软件，如 Gridgen、ICEM-CFD、Gambit、IGG 等。这些软件引入交互式的图形操作界面，同时开发了强大的 CAD 数模处理功能，使得网格生成的易用性大幅提高，复杂外形的网格生成周期大幅缩减，从而有力地推动了 CFD 在实际工程

中的应用。21 世纪以来，网格生成技术主要围绕提高网格生成的质量、鲁棒性、易用性等开展研究，并逐步向动态网格生成技术和与流场解算器的一体化耦合方向发展。

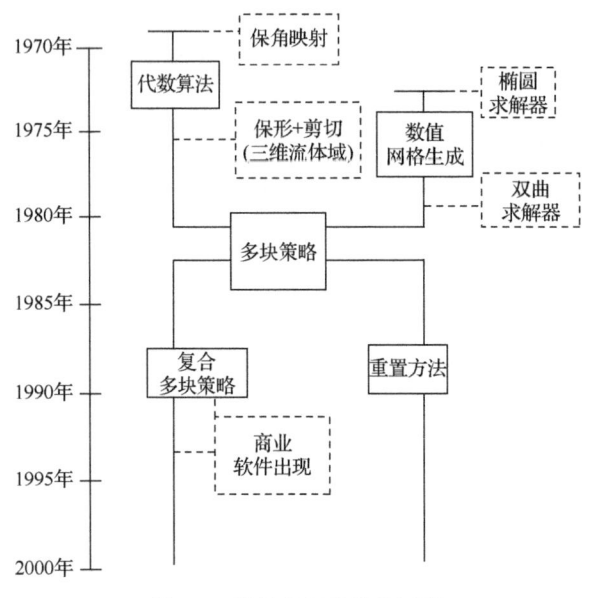

图 3-4 结构化网格发展历程

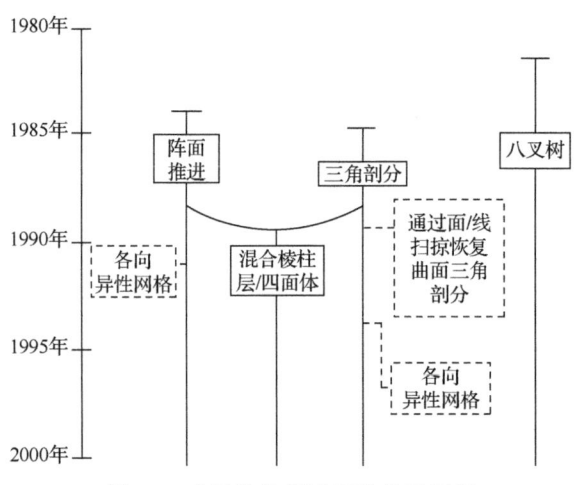

图 3-5 非结构化/混合网格发展历程

CFD 在实际工程应用中的另一个关键问题是计算效率。随着 CFD 在实际工程中的应用越来越广泛，网格规模也越来越大，计算效率问题也越来越突出，迫切需要发展加速收敛技术以提高计算效率。为此，CFD 工作者提出并发展了多种加速收敛技术，如隐式计算方法、局部时间步长法、多重网格(multigrid)方法、分区并行计算方法等。其中隐式计算方法涉及网格节点和单元的优化排序问题；多重网格方法涉及多级粗网格的生成问题，尤其是对于非结构化网格和混合网格，如何生成合适的稀疏粗网格至关重要；而分区并行计算方法涉及整体网格的自动分区问题，分区间的负载平衡和极小化通信是需要重点研究的问题。这些问题均与网格生成技术相关。与此同时,对于复杂外形的网格生成,网格总数有可能达到数千万甚至数千亿。对于如此大规模的网格生成问题,单机串行网格生成的效率显然不能满足要求,因此发展并行网格生成技术也是当前研究的热点问题之一。

随着计算机运算能力的几何级数增长,CFD 求解的流动问题逐步由定常问题过渡到非定常问题。从飞行器的运动方式和流动特征来看,非定常流动问题可以分为以下三类:①物体静止而流动本身为非定常的流动问题,如大攻角飞行的细长体背风区的分离流动等;②单个物体做刚性运动的非定常流动问题,如飞行器的俯仰、摇滚及其耦合运动等;③多体做相对运动或变形运动的非定常流动问题,如子母弹分离、飞机外挂物投放、机翼的气动弹性振动、鱼类的摆动、昆虫和鸟类的扑动等。

对于第一类非定常问题,可以直接采用静态的计算网格;对于第二类非定常问题,仍然可以采用刚性的运动网格;但是对于第三类非定常问题,则必须采用动态网格生成技术,即在运动过程中,计算网格随着物体的运动或变形实时调整,以适应新状态的计算。因此,动态网格生成技术成为当前非定常数值模拟的研究重点。

根据网格拓扑结构(结构化网格、非结构化网格和混合网格)的不同,对应的动态网格生成技术主要包括动态结构化网格生成技术和动态非结构化/混合网格生成技术。对于动态结构化网格生成技术,目前常用的方法包括超限插值(trans-finite interpolation,TFI)动态网格生成技术、重叠结构动态网格生成技术、滑移结构动态网格生成技术等。与动态结构化网格生成类似,将非结构化网格和混合网格推广应用于运动物体非定常运动的方法主要有重叠非结构化动态网格生成技术、重构非结构化动态网格生成技术、变形非结构化动态网格生成技术以及变形/重构耦合混合网格生成技术等。

总之,网格生成技术涉及计算几何学、计算机图形学、计算力学(包括计算流体力学、计算固体力学等)及其他相关学科,是"科学"与"艺术"的集中体现。发展具有良好适应性的高质量网格生成技术,是 CFD 工作者长期努力的目标。

3.2 结构化网格生成方法

3.2.1 代数网格生成方法

某些物理问题,如边界层流动在固体壁面附近的流动迅速变化,为模拟真实物理现象,需在 $y=0$ 附近将网格加密,以便获得真实的数值解。

在 $y=0$ 附近将网格加密,其表达式为

$$y = H \frac{(\beta+1)-(\beta-1)\left(\dfrac{\beta+1}{\beta-1}\right)^{1-\eta}}{\left(\dfrac{\beta+1}{\beta-1}\right)^{1-\eta}+1} \tag{3-2}$$

其中,β 为压缩系数,其取值范围为 $\beta>1$,当 $\beta=1$ 时,网格几乎集中在 $y=0$ 处;H 为 y 向的总长度,具体网格分布如图 3-6 所示,且网格数为 20×20,$H=1$。

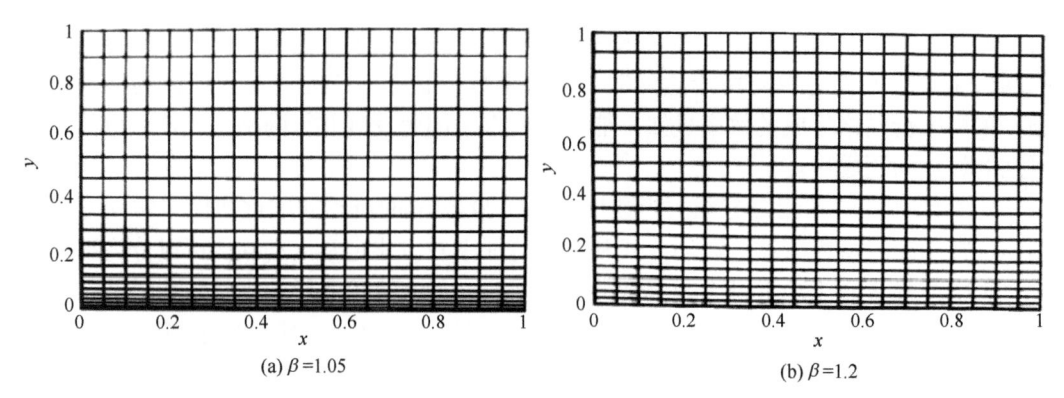

(a) $\beta=1.05$ (b) $\beta=1.2$

图 3-6　式(3-2)生成的网格

某些物理问题，如泊肃叶(Poiseuille)流动问题，在上、下固体壁面附近的速度迅速变化。为模拟真实物理现象，需在 $y=0$ 和 $y=H$ 附近将网格加密，以便获得真实的数值解。其表达式为

$$y = H\frac{(1+\beta)\left(\dfrac{\beta+1}{\beta-1}\right)^{2\eta-1}+1-\beta}{2\left[1+\left(\dfrac{\beta+1}{\beta-1}\right)^{2\eta-1}\right]} \tag{3-3}$$

其中，压缩系数 β 的取值范围为 $\beta>1$，网格向 $y=0$、$y=H$ 处压缩；H 为 y 向的总长度，其具体网格分布如图 3-7 所示，网格数为 20×20，$H=1$。

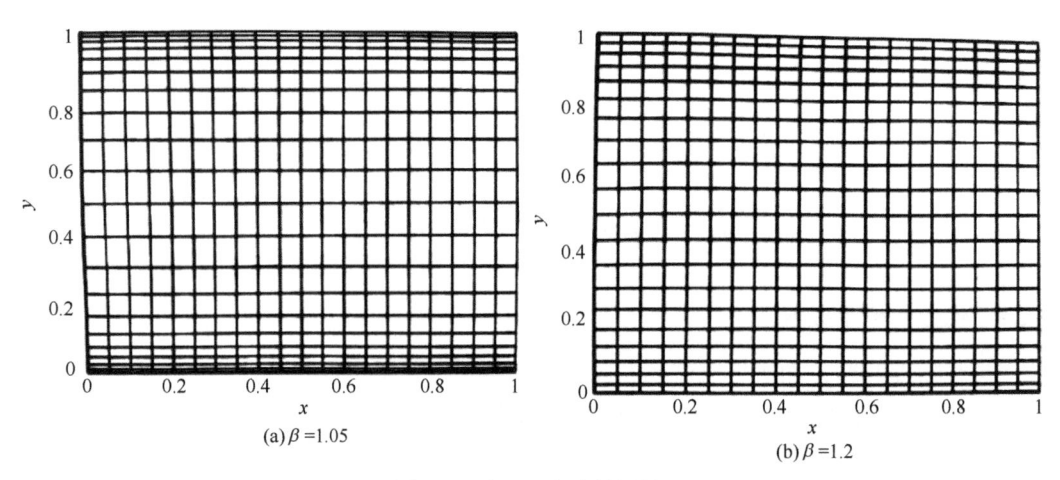

(a) $\beta=1.05$ (b) $\beta=1.2$

图 3-7　式(3-3)生成的网格

某些物理问题，如平面剪切流问题，在上、下两股均匀平面剪切处附近的速度迅速变化，为模拟真实物理现象，需在 $y=h$ 附近将网格加密，以便获得真实的数值解。其表达式为

$$y = h\left(1+\frac{\sinh(\beta(\eta-\alpha))}{\sinh(\beta\alpha)}\right) \tag{3-4}$$

$$\alpha = \frac{1}{2\beta} \ln \frac{1+(e^{\beta}-1)\dfrac{h}{H}}{1+(e^{-\beta}-1)\dfrac{h}{H}} \tag{3-5}$$

其中，压缩系数 β 取值范围为 $\beta>0$，β 取值越大网格越密集，网格在 $y=h$ 处压缩；H 为 y 向网格的总长度，具体网格分布如图 3-8 和图 3-9 所示，且网格数为 20×20，$H=1$，$h=0.5$。

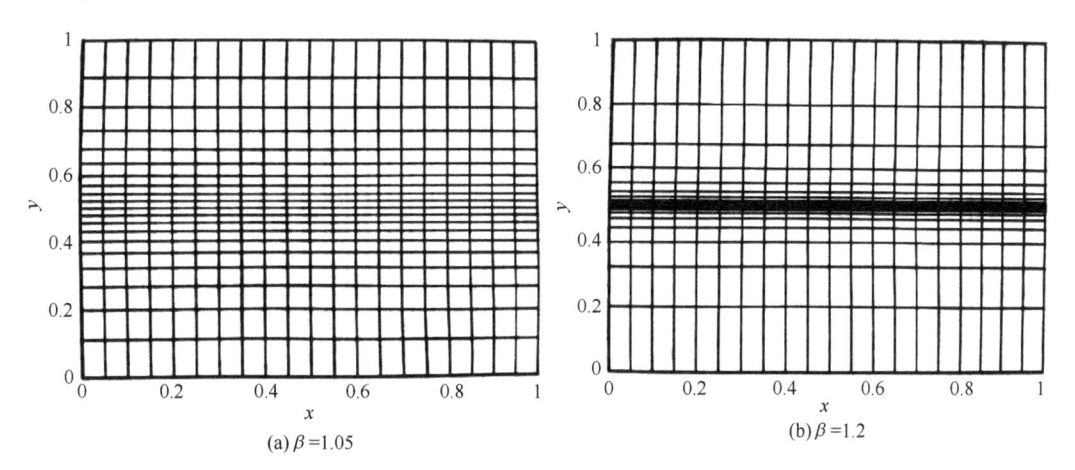

(a) $\beta=1.05$ (b) $\beta=1.2$

图 3-8 由式(3-2)和式(3-3)生成的网格

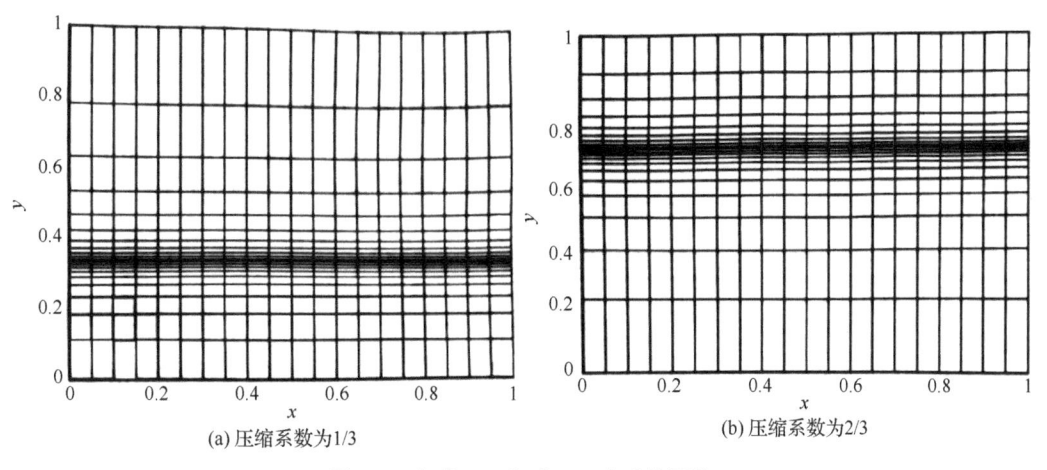

(a) 压缩系数为 1/3   (b) 压缩系数为 2/3

图 3-9 由式(3-4)和式(3-5)生成的网格

3.2.2 贴体网格生成方法

贴体网格的数学表达式为

$$\begin{aligned} x &= (x_{j=0} + \delta\eta)\cos\theta \\ y &= (y_{j=0} + \delta\eta)\sin\theta \\ \delta &= R - r \end{aligned} \tag{3-6}$$

其中，R 为外径；r 为内径；δ 为内边界和外边界的间隔距离；θ 是坐标点与原点之间的连线和 x 轴方向的夹角；$j=0$ 为内边界处。这样生成的是间距均匀的网格，且网格数为 40×20。

由下面几个方程确定内径(式(3-7))和外径(式(3-8))边界，内径是一个半圆，外径是一个半椭圆，如图 3-10 所示。图 3-11 是在内径壁面附近加密后的网格，这样生成的网格间距不均匀。

$$r = 1 \tag{3-7}$$

$$R = \frac{1}{\sqrt{\dfrac{\sin^2\theta}{a^2} + \dfrac{\cos^2\theta}{b^2}}} \tag{3-8}$$

$$a = 1.8 + 1.2\eta, \quad b = 1.8 + 1.2\xi \tag{3-9}$$

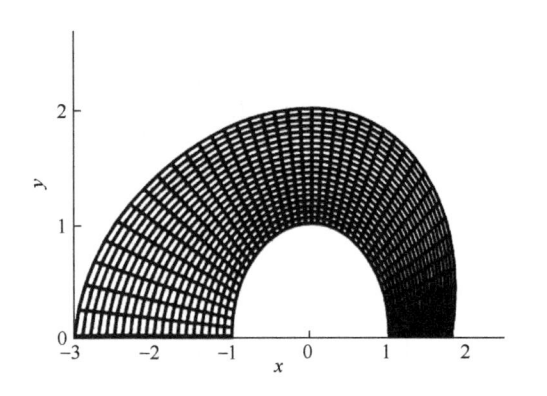

图 3-10 式(3-7)和式(3-8)生成的贴体网格

图 3-11 式(3-10)生成的贴体网格(压缩系数 β=1.05)

贴体网格在固体壁面处加密的代数式为

$$\begin{aligned}
x &= \left[x_{j=0} + \delta \frac{(\beta+1) - (\beta-1)\left(\dfrac{\beta+1}{\beta-1}\right)^{1-\eta}}{\left(\dfrac{\beta+1}{\beta-1}\right)^{1-\eta} + 1} \right] \cos\theta \\
y &= \left[y_{j=0} + \delta \frac{(\beta+1) - (\beta-1)\left(\dfrac{\beta+1}{\beta-1}\right)^{1-\eta}}{\left(\dfrac{\beta+1}{\beta-1}\right)^{1-\eta} + 1} \right] \sin\theta
\end{aligned} \tag{3-10}$$

还可以尝试用式(3-3)来同时加密内径和外径固体壁面附近的网格，如图 3-12 所示，网格生成方式为式(3-11)，网格数为 40×20。

$$x = \left\{ x_{j=0} + \delta \frac{(1+\beta)\left(\frac{\beta+1}{\beta-1}\right)^{2\eta-1} + 1 - \beta}{2\left[1 + \left(\frac{\beta+1}{\beta-1}\right)^{2\eta-1}\right]} \right\} \cos\theta$$

$$y = \left\{ y_{j=0} + \delta \frac{(1+\beta)\left(\frac{\beta+1}{\beta-1}\right)^{2\eta-1} + 1 - \beta}{2\left[1 + \left(\frac{\beta+1}{\beta-1}\right)^{2\eta-1}\right]} \right\} \sin\theta$$

(3-11)

图 3-12 式(3-11)生成的贴体网格(压缩系数 β=1.05)

也可以用同样的方法生成诸如 S 形网格或更为复杂区域的网格，且网格数为 45×10，具体如图 3-13 所示。

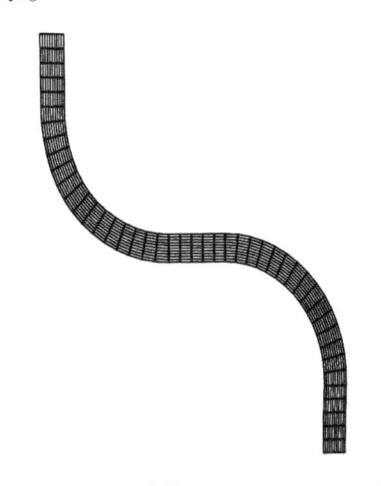

图 3-13 代数方法生成的 S 形网格

类似地，用式(3-11)的方法可以在 S 形网格的两个壁面附近加密网格，且网格数为 45×10，具体如图 3-14 所示。

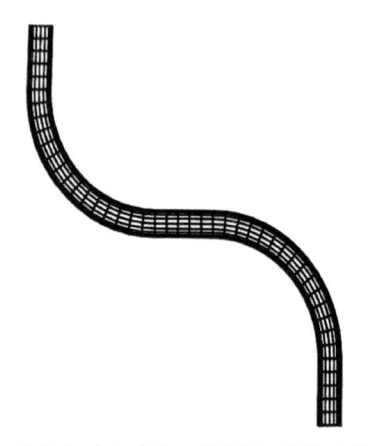

图 3-14 代数方法生成的 S 形网格(压缩系数 β=1.05)

3.2.3 椭圆型方程的网格生成方法

正交曲线坐标系的网格可以由给定边界条件的椭圆型方程生成，最简单的椭圆型方程就是拉普拉斯方程：

$$\frac{\partial^2 \xi}{\partial x^2} + \frac{\partial^2 \xi}{\partial y^2} = 0$$
$$\frac{\partial^2 \eta}{\partial x^2} + \frac{\partial^2 \eta}{\partial y^2} = 0 \tag{3-12}$$

若改变自变量和因变量，得到逆方程：

$$a\frac{\partial^2 x}{\partial \xi^2} - 2b\frac{\partial^2 x}{\partial \xi \partial \eta} + c\frac{\partial^2 x}{\partial \eta^2} = 0$$
$$a\frac{\partial^2 y}{\partial \xi^2} - 2b\frac{\partial^2 y}{\partial \xi \partial \eta} + c\frac{\partial^2 y}{\partial \eta^2} = 0 \tag{3-13}$$

其中

$$a = \left(\frac{\partial x}{\partial \eta}\right)^2 + \left(\frac{\partial y}{\partial \eta}\right)^2$$
$$b = \frac{\partial x}{\partial \xi}\frac{\partial x}{\partial \eta} + \frac{\partial y}{\partial \xi}\frac{\partial y}{\partial \eta}$$
$$c = \left(\frac{\partial x}{\partial \xi}\right)^2 + \left(\frac{\partial y}{\partial \xi}\right)^2$$

求解式(3-12)，可以得到满足正交性的网格，采用中心差分格式离散方程组(3-13)，得

$$a\frac{x_{i+1,j} - 2x_{i,j} + x_{i-1,j}}{(\Delta\xi)^2} - 2b\frac{x_{i+1,j+1} - x_{i+1,j-1} + x_{i-1,j-1} - x_{i-1,j+1}}{4\Delta\xi\Delta\eta} + c\frac{x_{i,j+1} - 2x_{i,j} + x_{i,j-1}}{(\Delta\eta)^2} = 0 \tag{3-14}$$

写成高斯-赛德尔法(Gauss-Seidel method)格式的差分方程：

$$x_{i,j}^{k+1} = \left[\frac{a}{(\Delta\xi)^2}\left(x_{i+1,j}^k + x_{i-1,j}^{k+1}\right) - \frac{b}{2\Delta\xi\Delta\eta}\left(x_{i+1,j+1}^k - x_{i+1,j-1}^{k+1} + x_{i-1,j-1}^{k+1} - x_{i-1,j+1}^k\right) \right.$$
$$\left. + \frac{c}{(\Delta\eta)^2}\left(x_{i,j+1}^k + x_{i,j-1}^{k+1}\right)\right] \bigg/ \left\{2\left[\frac{a}{(\Delta\xi)^2} + \frac{c}{(\Delta\eta)^2}\right]\right\} \tag{3-15}$$

加入松弛因子ω，构造超松弛格式：

$$x_{i,j}^{k+1} = x_{i,j}^k + \omega\left(\left[\frac{a}{(\Delta\xi)^2}\left(x_{i+1,j}^k + x_{i-1,j}^{k+1}\right) - \frac{b}{2\Delta\xi\Delta\eta}\left(x_{i+1,j+1}^k - x_{i+1,j-1}^{k+1} + x_{i-1,j-1}^{k+1} - x_{i-1,j+1}^k\right)\right.\right.$$
$$\left.\left. + \frac{c}{(\Delta\eta)^2}\left(x_{i,j+1}^k + x_{i,j-1}^{k+1}\right)\right] \bigg/ \left\{2\left[\frac{a}{(\Delta\xi)^2} + \frac{c}{(\Delta\eta)^2}\right]\right\} - x_{i,j}^k\right) \tag{3-16}$$

可以由代数网格生成的网格作为起始值，再由式(3-16)生成网格。在这里仍然采用内径即式(3-7)和外径即式(3-8)以及式(3-6)来生成代数网格，用这个代数网格作为迭代计算的起始值，再运用方程(3-16)生成如图3-15所示的曲线网格，且网格数为40×20。

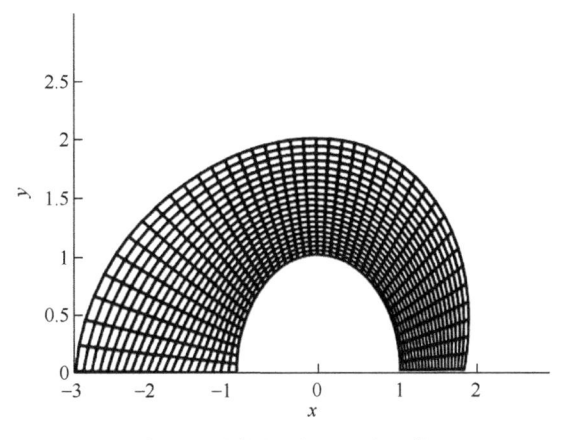

图3-15 椭圆型方程生成网格

3.3 非结构化网格生成方法

3.3.1 阵面推进法

阵面推进法的基本思想是首先将计算域的边界划分为小的阵元(front)，如二维情况下的线段、三维情况下的表面三角形。由此构成初始阵面，然后选定某一阵元，将某一在计算域中新插入的网格节点或原阵面上已经存在的点与该阵元相连构成基本单元(二维时为三角形，三维时为四面体)。初始阵面不断向计算域中推进，逐步填充整个计算域，图3-16给出了阵面推进法的示意图。

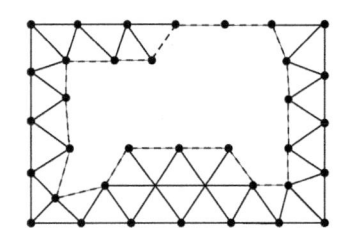

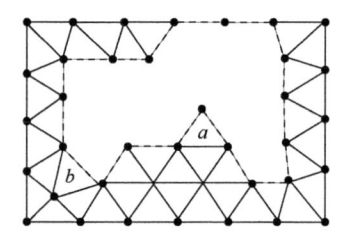

图 3-16　阵面推进法网格生成示意图

由表面网格及外场边界构成初始阵面，初始阵面内的计算域由阵面推进法生成四面体网格来填充。阵面推进的过程如下。

(1) 在初始阵面中寻找面积最小的三角形 ABC(以下称阵元)。由面积最小的阵元开始推进可以生成质量较高的单元，并减小出现推进失败的可能性。为了缩短全局查询时间，这里可以采用堆数据结构。在开始推进前，将各阵元按面积由大到小的顺序压入堆；推进过程中生成的新阵元也按同样方式压入堆。始终保持堆顶阵元的面积最小。

(2) 确定一最佳点 P_{best} 作为候选点。P_{best} 的位置定义为 $X_{best} = X_m + S_p \times n_{ab}$，其中 X_m 为阵元 ABC 的中心点，S_p 为 X_m 处的空间步长，n_{ab} 为阵元 ABC 指向流场的单位法向。在考虑网格拉伸的情况下，则 $X_{best} = X_m + S_p \times \delta \times (n_{ab} \times \omega)$。

(3) 在 P_{best} 周围 $\alpha \times S_p$ 的范围内(一般取 $\alpha = 3$)，查询阵面上的邻近点(不包括点 A、B 和 C)，以备下一步筛选。其目的是尽可能利用现有点构成四面体。为了加速查询，这里可以利用四叉树/八叉树数据结构。关于邻近点的筛选，可以采用一些过滤器，尽可能删除一些不相关的点，以提高网格生成效率。

(4) 在阵元 ABC 周围的 $\alpha \times S_p$ 范围内查询邻近阵元，以后将利用这些阵元进行相交性判断。由于推进是一个局部过程，故取一定范围内的阵元即可。为了加速查询，这里可以利用链表数据结构。

(5) 将最佳点和邻近点按该点的质量参数 Q_p 由大到小的顺序排列。Q_p 的定义为四面体的内切球半径 r 与外接球半径 R 之比的三倍。考虑到当由现有点与阵元 ABC 构成的单元质量不太差时，尽可能取现有点，于是令 $Q_{best} = 0.6 \times Q_{best}$。实际应用中亦可采用其他的参数进行排序。

(6) 按质量参数的顺序，依次判断候选点 P_{cond} 是否与邻近阵元相交：
① 若相交，则选下一点继续判断；
② 若不相交，则由 P_{cond} 与阵元 ABC 构成新的四面体；
③ 若所有的候选点都不能通过相交性检测，即局部的推进过程失败，则在此局部区域删除一些已生成的单元，更新阵面信息，返回第(1)步。

(7) 更新阵面信息，即删去新阵面外的阵元，增补新生成的阵元。

(8) 重复(1)~(7)，直至堆中没有阵元存在，初始网格生成结束。

在阵面推进过程中，相交性判断流程的第(6)步至关重要，其不仅关系到网格生成是否成功，而且其判断速度直接影响网格生成效率。经验表明，判断操作的微小变化将严重影响最终生成的网格结构。从计算几何的角度来看，人眼能够很快地判断出两个三角形是否相交，但是编程实现是一项比较复杂的工作。

从算法的角度讲，只要两个三角形的所有边不与另外一个三角形相交，则认为这两个三角形不相交。如图 3-17 所示，由向量 $\boldsymbol{x}_f$、$\boldsymbol{g}_1$、$\boldsymbol{g}_2$ 定义的三角形与 $\boldsymbol{x}_s$、$\boldsymbol{g}_3$ 定义的边的交点为

$$\boldsymbol{x}_f + \alpha^1 \boldsymbol{g}_1 + \alpha^2 \boldsymbol{g}_2 = \boldsymbol{x}_s + \alpha^3 \boldsymbol{g}_3 \tag{3-17}$$

定义

$$\boldsymbol{g}^i \boldsymbol{g}_j = \delta_j^i \tag{3-18}$$

其中，δ_j^i 为 Kronecker delta 函数，则有

$$\begin{aligned}\alpha^1 &= (\boldsymbol{x}_s - \boldsymbol{x}_f) \cdot \boldsymbol{g}_1 \\ \alpha^2 &= (\boldsymbol{x}_s - \boldsymbol{x}_f) \cdot \boldsymbol{g}_2 \\ \alpha^3 &= (\boldsymbol{x}_f - \boldsymbol{x}_s) \cdot \boldsymbol{g}_3\end{aligned} \tag{3-19}$$

定义

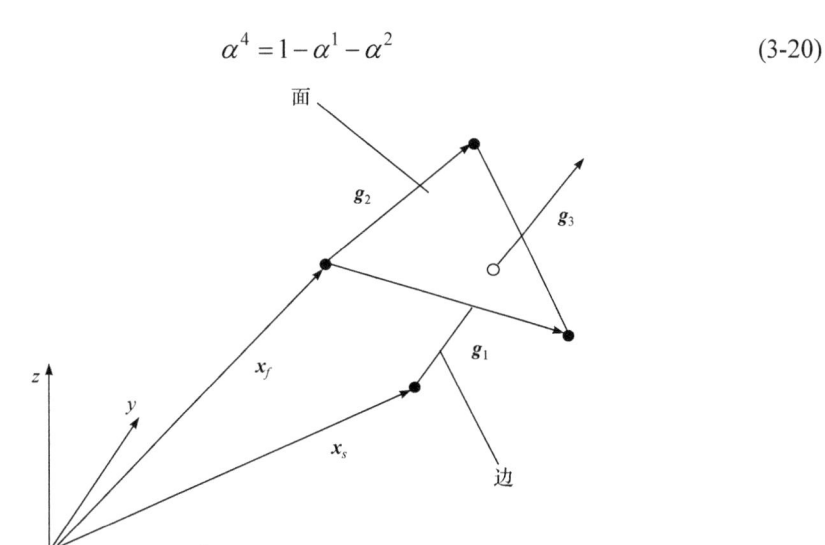

$$\alpha^4 = 1 - \alpha^1 - \alpha^2 \tag{3-20}$$

图 3-17 三角形和边的相交判断

如果该边与三角形不相关，则要求至少一个 α^i 满足不等式(3-21)：

$$t > \max(-\alpha^i, \alpha^i - 1), \quad i = 1, 2, 3, 4 \tag{3-21}$$

其中，t 为已给定阈值。若三角形和边有公共点，则 α^i 为 0 或 1，此时需要特殊处理以识别其是否相交。

在阵面推进过程中，需要对两个三角形的六条边逐一进行判断，而且相邻的两三角形之间也需逐一判断，因此相交性判断是网格生成过程中最费时的操作。为了尽可能减少判断运算次数，可以采取如下方式进行预判。

1) 最小/最大盒子法

其主要思想是过滤掉两个三角形的距离大于某个给定值的情况,具体实现过程为

$$\max_{face1}\{x_A^i, x_B^i, x_C^i\} < \min_{face2}\{x_A^i, x_B^i, x_C^i\} - d \\ \min_{face1}\{x_A^i, x_B^i, x_C^i\} > \max_{face2}\{x_A^i, x_B^i, x_C^i\} + d \tag{3-22}$$

其中,$i=1,2,3$ 为三维坐标;A、B、C 为三角形三个顶点。

2) 同侧判断法

如果一个三角形的三个节点位于另一个三角形的同一侧,且有一定的距离,即有

$$\frac{(\boldsymbol{x}_i - \boldsymbol{x}_m)(\boldsymbol{g}_1 \times \boldsymbol{g}_2)}{|\boldsymbol{x}_i - \boldsymbol{x}_m||\boldsymbol{g}_1 \times \boldsymbol{g}_2|} > t, \quad i=A,B,C \tag{3-23}$$

或

$$\frac{(\boldsymbol{x}_i - \boldsymbol{x}_m)(\boldsymbol{g}_1 \times \boldsymbol{g}_2)}{|\boldsymbol{x}_i - \boldsymbol{x}_m||\boldsymbol{g}_1 \times \boldsymbol{g}_2|} < -t, \quad i=A,B,C \tag{3-24}$$

则这两个三角形不会相交。其中,$\boldsymbol{x}_i$ ($i=A,B,C$)为 face1(面 1)的三个顶点位置矢量;$\boldsymbol{x}_m$ 为 face2(面 2)的中点;$\boldsymbol{g}_1 \times \boldsymbol{g}_2 / |\boldsymbol{g}_1 \times \boldsymbol{g}_2|$ 为 face2 的单位法向矢量。

在阵面推进的第(3)步和第(4)步中,需要在一定的区域范围内搜索"邻近点"和"邻近阵元"。根据几何关系的"可见性"(visibility)原理,可以在邻近点和邻近阵元的筛选中采用类似的同侧判断法,如图 3-18~图 3-20 所示。

图 3-18 某一阵元邻近点的筛选(下方不可见点的删除)

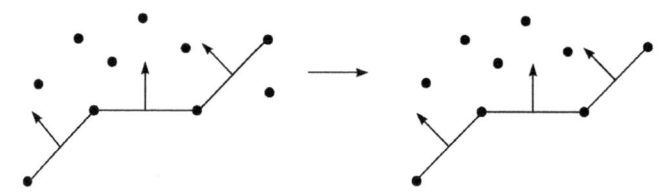

图 3-19 某一阵元邻近点的筛选(相邻阵元不可见点的删除)

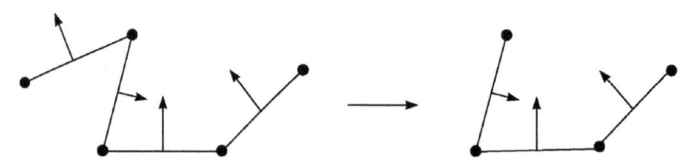

图 3-20 某一阵元邻近点的筛选(邻近不可见阵元的删除)

提高推进效率的其他方法如下。

(1) 邻近点的排序。所有的邻近点都可作为候选点构成新的网格单元。为了减少不必要的检测，邻近点一般按照新构成的单元质量系数进行排序。实践中证明新插入的点与推进阵元所构成的角度大小是一种较为可靠的选择，如图 3-21 所示(二维情况)。由图可以看出，由 P_3 点构成有效三角形(α_3 角度较小)的概率明显小于由 P_1 点构成有效三角形(α_1 角度较大)的概率。

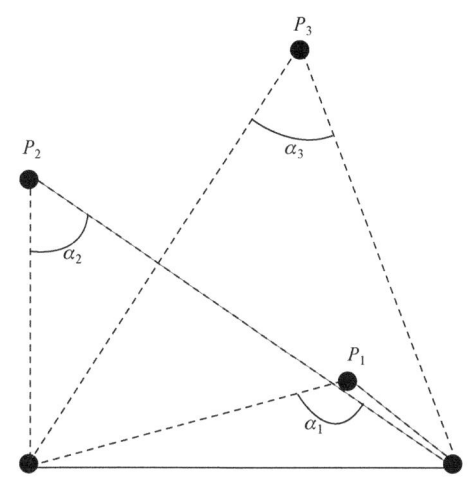

图 3-21 按照角度进行邻近点的排序

(2) 自动删除无用点。在阵面推进过程中，随着非结构化网格的生成，存储数据的"树"结构层级将增加，导致搜索过程的 CPU(中央处理器)时间增加。为了尽可能减少搜索时间，应及时删除"树"结构中在推进阵面以外的网格节点。

(3) 全局自适应加密。由于阵面推进法的效率严重依赖于搜索、比较和相交性判断等操作，因此利用全局自适应网格加密技术可以显著提高网格生成效率。首先生成一个较粗的网格，然后利用自适应加密得到最终需要的网格分布。实践表明，利用一次全局自适应加密的网格生成加速比将达到 1∶7～1∶6。需要指出的是，在自适应加密过程中，在物面上新引入的网格点应修正到真实的几何外形之上。

在几何构型非常复杂的情况下，阵面推进法极有可能推进失败。利用以下方法可以有效提高阵面推进的可靠性。

(1) 避免"坏"单元的产生。在阵面推进过程中，应尽可能避免"坏"单元(bad element)——质量很差的单元产生。一旦在流场中出现质量很差的单元，后续的生成过程将难以继续。此时，可以跳过该阵元，改变推进次序，待其他阵元推进之后再进行处理。

(2) 局部重构。若对于某一阵元，所有的邻近点均无法构成有效单元，则可以在局部删除一些已生成的单元，改变推进顺序，重新在局部生成网格。实践证明这种方法能有效提高阵面推进的可靠性。在局部重构时，可以引入一些辅助点(图 3-22)，以帮助阵面推进顺利进行。需要注意的是，由于删除了一些局部单元，因此应及时更新阵面信息，尤其是前述的各种数据结构。

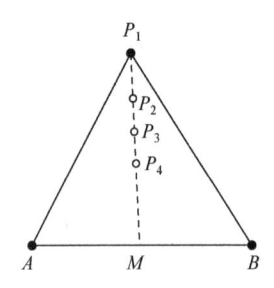

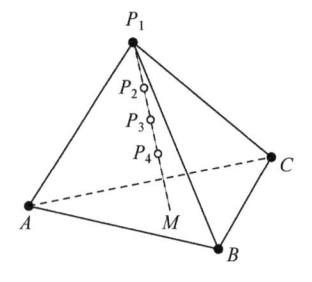

图 3-22 重构过程中辅助点的引入

3.3.2 Delaunay 三角化方法

Delaunay 三角化方法最早可以追溯到 Dirichlet(狄利克雷)的思想，即在平面上给定一组点的分布，称为 Voronoi(沃罗诺伊)域$\{V_k\}$，$k=1,2,\cdots,N$，每个 Dirichlet 子块上包含一个给定点 P_k，而且对应于 P_k 的 V_k 内的任意点 P 到 P_k 的距离较其他点最短。其数学描述为：$V_k = \{P : |P-P_k| < |P-P_j|, \forall j \neq k\}$。连接相邻的 Voronoi 域的包含点，即可构成唯一的 Delaunay 三角形网格。目前，实际用于 Delaunay 三角化的方法则来源于 Bowyer 和 Waston 的两篇经典论文。Bowyer 将上述 Dirichlet 思想简化为 Delaunay 准则，即在每一个三角形的外接圆内不存在其他节点，进而给出三角形的划分过程：给定一个人为构造的初始简单三角形网格系，根据网格步长的限制，引入一个新节点，标记并删除初始网格中不满足 Delaunay 准则的三角形单元，形成一个多边形"空洞"，连接该点与多边形的顶点构成新的 Delaunay 网格系，重复上述过程，直至网格分布达到希望值。图 3-23 和图 3-24 给出了 Delaunay 方法三角形网格生成的示意图。

Delaunay 三角化方法的突出优势是：它能使给定点集构成的网格系中每个三角形单元的最小角尽可能最大，即尽可能得到等边的高质量三角形网格；而且其较阵面推进法的网格生成效率更高。目前商业网格生成软件中主要以 Delaunay 三角化方法为基础。但是 Delaunay 三角化方法可能生成计算域以外的单元或者与计算域边界相交的单元，即不能保证计算域边界的完整性。因此，需要在网格生成的过程中，引入一定的限制约束条件。常用的方法是在进行 Delaunay 准则判断时，对"空洞"边界的保形性进行判断。以二维问题为例，如果"空洞"的某条边本身即为计算域边界，则该边不能删除。

(a) Delaunay 准则　　　　(b) 局部网格重构

图 3-23 Delaunay 方法三角形网格生成示意图

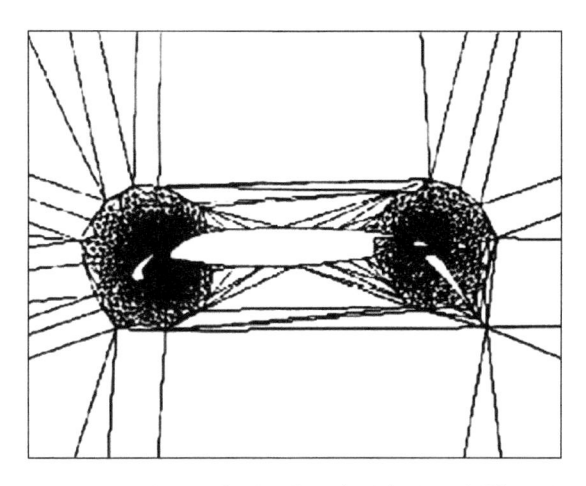

图 3-24　Delaunay 方法三角形网格生成示意图(三段翼型网格生成)

3.3.3　基于四叉树/八叉树的网格生成方法

另一类生成非结构化网格的方法是基于"树"结构的生成方法，如二维时的四叉树和三维时的八叉树方法。基于类似思想，Wille 提出了一种三叉树(tri-tree)方法；Wang 等提出了 2^N-tree 方法，实际上这些也是一种"树"结构方法。这类方法的基本思想是先用多层次的矩形(二维)/立方体(三维)树状结构覆盖整个计算域，根据计算外形特点和流场特性，在局部区域进行"树"结构层次细分，直到网格步长满足计算要求；然后将矩形/立方体划分为基本单元(如二维时的三角形和三维时的四面体，在三维情况下要特别注意左右单元共享面的相容性)；对物面附近被切割的矩形/立方体做特殊划分，或者进行网格点的投影处理，保证边界网格点尽可能地投影到真实的几何数模上。图 3-25 给出了四叉树方法非结构化网格生成示意图。

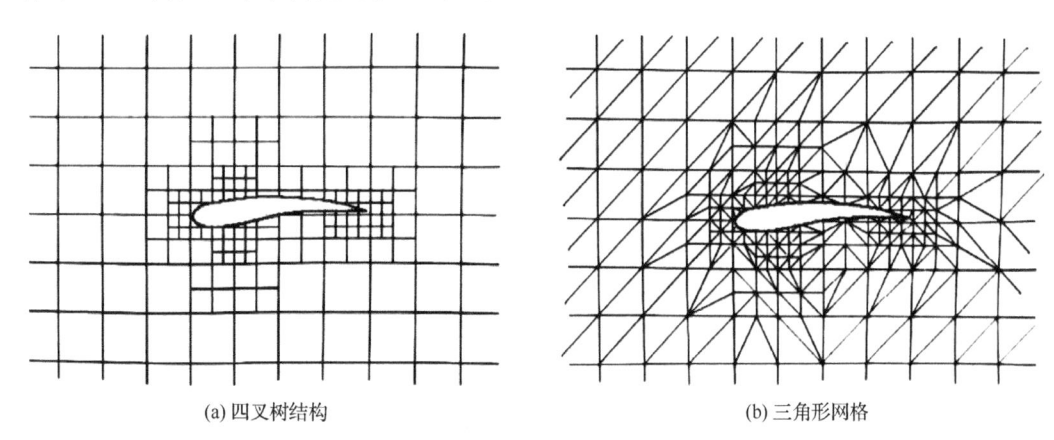

(a) 四叉树结构　　　　　　　　　　(b) 三角形网格

图 3-25　四叉树方法非结构化网格生成示意图

由于这种方法采用了"树"结构，因此其效率较高。不足之处是物面附近可能生成质量较差的单元，而且生成黏性边界层内的贴体网格比较困难。因此，该方法主要用于无黏流计算的网格快速生成。

3.4 混合网格生成方法

3.4.1 层推进方法

层推进方法主要是由 Pizadeh 和 Kallinderis 等在 20 世纪 90 年代中期发展出来的一种网格生成方法,在最近一二十年得到了极大发展。层推进方法的基本思路是:在确定了物面网格后,通过递归的"层"的思想,在每一网格层的网格顶点上确定推进方向和推进距离,向计算域内推进生成网格。该方法主要包括三个方面:推进方向的确定、推进距离的确定以及提高算法鲁棒性的光滑措施。

在层推进开始前,需要构造一个初始阵面,并用链表来存储阵面信息。这里的链表指的是一种由头指针(链表的首地址)、数据节点和前后指针(指向节点的前后存储地址)构成的数据结构。首先建立一个空的链表(只有头指针),然后依次将物面单元、其他边界单元压入链表中构成初始阵面。在以后的阵面推进过程中,将依次从链表中取出单元以推进,并在推进过程中随时删除上一层的单元,并将新生成的单元压入链表中。

层推进方法中,一个关键技术是确定推进的方向。以二维情况为例,在物面离散之后,将物面视为第 0 层,阵面上每个点的推进方向取为相邻面法向的平均值。图 3-26 为二维时某一阵面上网格的面法向示意图,连接两个网格顶点的面法向可以直接求出。在确定面法向后,可以通过平均网格点周围的面法向得到每个网格点的推进方向:

$$\boldsymbol{n}_p = \frac{1}{N_f}\sum_{i=1}^{N_f}\boldsymbol{n}_i \tag{3-25}$$

其中,$\boldsymbol{n}_p$ 为网格点的推进方向向量;N_f 为与点 p 相邻的面总数;$\boldsymbol{n}_i$ 为第 i 个面的法向向量。

如图 3-27 所示,通过上述方法得到每个网格点的推进方向。这种方法对于一般外形可以满足需求,但是对有凹角的外形,在凹角处容易导致网格相交,如图 3-28 所示。为了解决网格相交问题,可以采用 Laplacian 光滑法对推进方向进行一定次数的迭代光滑:

$$\boldsymbol{n}_p^{t+1} = (1-\omega)\boldsymbol{n}_p^t + \omega\frac{1}{N_p}\sum_{i=1}^{N_p}\boldsymbol{n}_i \tag{3-26}$$

其中,t 为第 t 次迭代(光滑);ω 为加权系数;N_p 为与点 p 相邻的网格点总数,在二维时等于 2,三维时一般大于 2。这里,ω 一般取值为[0,1],取值为 0 代表不光滑,取值为 1 表示完全光滑。图 3-29 表示的是在经过几次光滑后的推进方向,与光滑之前的推进方向比,很明显在平缓处的网格推进方向受到了变化剧烈处的网格变化压力,产生一定的方向改变。

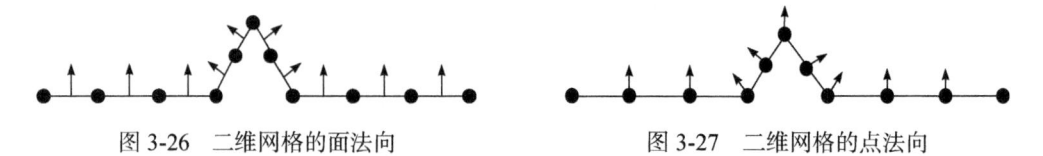

图 3-26 二维网格的面法向

图 3-27 二维网格的点法向

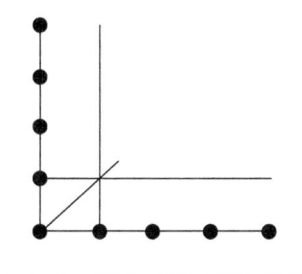

图 3-28 凹角处网格容易相交 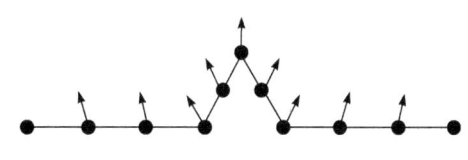　　图 3-29 经过几次光滑后的推进方向

在确定了推进方向后，需要确定在每个网格点上推进的距离。确定推进距离最常用的方法是通过指数增长的方式：

$$\delta_l = \delta_0(1+\beta)^{l-1} \tag{3-27}$$

其中，δ_0 和 δ_l 分别为第 0 层和第 l 层的推进距离；β 为空间的网格步长增长率。

在当前层的推进方向和推进距离都确定以后，即可在空间中插入新点。对于每个新插入的网格点，有

$$\boldsymbol{r}^{l+1} = \boldsymbol{r}^l + \boldsymbol{n}^p \delta^{l+1} \tag{3-28}$$

其中，$\boldsymbol{r}^l$ 和 $\boldsymbol{r}^{l+1}$ 分别为当前层(第 l 层)和下一层(第 l+1 层)的坐标；$\boldsymbol{n}^p$ 和 δ^{l+1} 分别为当前层上点 p 处的推进方向和推进距离。由此可以在链表中取出第 l 层上的网格点，通过式(3-28)得到下一层的网格点坐标。在新一层的网格点得到之后，在链表中删除第 l 层的阵面，并将第 l+1 层压入链表中。

递归上述过程，可以完成黏性层网格的生成工作。这个过程对于一般外形没有困难，但是对于三维复杂外形，在几何曲率变化剧烈(尤其是凹角)处可能导致网格相交。为了避免网格相交，需要引入高效的网格相交判断，并需要光滑措施以尽量避免网格相交。一种可行的改进方法是在凹角处(图 3-28)，令推进距离放大，根据凹角的大小，确定放大因子，一般取在 90°凹角时的放大因子为 $\sqrt{2}$，凹角越小，放大因子越大。而在凸角处，缩小推进距离，一般取在 90°凸角处的缩放因子为 $1/\sqrt{2}$。这个过程类似于"吹气球"，在层推进过程中不断减缓曲率的突变，尽可能光滑网格分布。

在网格生成过程中需要基于已有的网格层在空间插入新的网格点，在插入新网格点之前，需要判断即将生成的新网格和已存在的旧网格是否相交，即相交性判断。一种直观的网格相交性判断方式是将新生成的网格和已存在的旧网格逐个进行相交判断，这种方式直观、简易，但是由于搜索需要耗费很大的工作量，因此效率低下，如果用这种相交判断方式，往往要耗费掉网格生成中 10%~30%的时间。

3.4.2 求解双曲型方程方法

生成黏性层网格的另一个方法是通过数值方法，即通过求解偏微分方程组的形式生成网格。其基本思想是：将网格的几何特征，如正交性、单元体积等用偏导数的方式表示出来，而这些偏导数根据一定的几何含义可以构造出一组偏微分方程组，将计算域内

的网格点看成偏微分方程的解，计算域的边界就是偏微分方程组的边界条件，通过求解偏微分方程组的形式求解出网格点在空间中的坐标，从而达到生成网格的目的。

在利用数值方法生成网格中，根据对几何特征的描述不同可以构造出三类控制方程：椭圆型方程、抛物线型方程和双曲型方程。椭圆型方程和抛物线型方程适用于已知所有或部分边界条件的情况下生成计算域网格，而求解双曲型方程是在已知物面边界条件的基础上生成网格。黏性层网格的生成是由物面出发逐层生成网格的，这和双曲型方程生成网格的特性相符合，因此可用求解双曲型方程的方法来生成黏性层的网格。下面将从双曲型控制方程的构造、离散和求解的方面予以介绍。以下以二维问题为例推导网格生成的双曲型方程，并简要介绍离散求解方法。

根据网格的正交控制和网格单元的体积控制要求，得到二维情况下的控制方程。考虑二维情况下从物理平面(x,y)到计算平面(ξ,η)的一一映射，ξ是贴体方向，η是和ξ垂直的推进方向。由于双曲型方程只需要一个初始边界条件，首先在物体表面给定网格点分布以作为方程的边界条件(即$\eta=0$时的x、y值)，然后沿着η方向推进以生成网格。物理平面和计算平面的对应关系如图3-30所示。

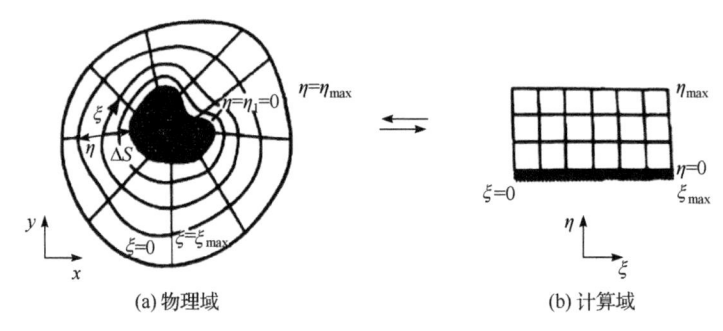

图3-30 网格生成控制方程的物理平面和计算平面的对应关系

网格生成的双曲型控制方程为

$$\begin{aligned} x_\xi x_\eta + y_\xi y_\eta &= 0 \\ x_\xi y_\eta - y_\xi x_\eta &= 1/|\boldsymbol{J}| = V \end{aligned} \tag{3-29}$$

其中，$|\boldsymbol{J}|$为雅可比矩阵行列式$\dfrac{\partial(\xi,\eta)}{\partial(x,y)}$；$V$为单元的面积(二维)或体积(三维)。式(3-29)的第一式由网格的正交性控制得到，第二式由网格的体积控制得到。

式(3-29)经过局部线性化后得到

$$\boldsymbol{A}\boldsymbol{r}_\xi + \boldsymbol{B}\boldsymbol{r}_\eta = \boldsymbol{f} \tag{3-30}$$

其中，$\boldsymbol{r}=(x,y)^\mathrm{T}$为坐标矢量，并且有

$$\boldsymbol{A}=\begin{bmatrix} x_\eta^0 & y_\eta^0 \\ y_\eta^0 & -x_\eta^0 \end{bmatrix},\quad \boldsymbol{B}=\begin{bmatrix} x_\xi^0 & y_\xi^0 \\ -y_\xi^0 & x_\xi^0 \end{bmatrix},\quad \boldsymbol{f}=\begin{bmatrix} 0 \\ V+V^0 \end{bmatrix} \tag{3-31}$$

式中，上标"0"为由上一层得到的已知量。方程(3-30)两边同时乘以$\boldsymbol{B}^{-1}$后得到

$$r_\eta + Cr_\xi = S \tag{3-32}$$

其中，$C = B^{-1}A$，$S = B^{-1}f$。将式(3-31)写为守恒形式：

$$r_\eta + F_\xi = S \tag{3-33}$$

通过上述变换，得到一组双曲型控制方程的守恒形式，每一层都满足该方程，其初始条件是给定上一层的网格坐标。接下来的工作就是通过求解式(3-33)得到下一层的网格点坐标。在 ξ 方向取中心差分得到

$$r_\xi^0 = \frac{r_{j+1,k} - r_{j-1,k}}{2\Delta\xi} = \frac{r_{j+1,k} - r_{j-1,k}}{2} \tag{3-34}$$

通过式(3-34)离散 ξ 方向，而 η 方向的空间离散通过求解方程组(3-29)得到，在方程组中将对 ξ 的偏导数视为已知量，而对 η 的偏导数视为未知量，有

$$\begin{aligned}x_\eta^0 &= -\frac{y_\xi^0 V^0}{\left(x_\xi^0\right)^2 + \left(y_\xi^0\right)^2} \\ y_\eta^0 &= -\frac{x_\xi^0 V^0}{\left(x_\xi^0\right)^2 + \left(y_\xi^0\right)^2}\end{aligned} \tag{3-35}$$

通过上述过程可求得上一层的所有偏导数，接下来用通量差分分裂格式离散双曲型方程：

$$\begin{aligned}F(r_1, r_2) &= \frac{1}{2}[F(r_1) + F(r_2)] - \frac{1}{2}|C|(r_2 - r_1) \\ F_\xi &= \frac{1}{2}(Cr_{i+1} + Cr_i) - \frac{1}{2}|C|_{i+1/2}(r_{i+1} - r_i) \\ &\quad - \left[\frac{1}{2}(Cr_{i-1} + Cr_i) - \frac{1}{2}|C|_{i-1/2}(r_i - r_{i-1})\right]\end{aligned} \tag{3-36}$$

其中，$|C| = \lambda_i I$，λ_i 为矩阵 C 的正特征值。同时，在推进方向 η 采用后差离散：

$$r_\eta = r_i - r_{i-1} \tag{3-37}$$

将式(3-36)、式(3-37)代入式(3-33)得到最后的离散形式：

$$-\frac{1}{2}Cr_{i-1}^{n+1} + r_i^{n+1} + \frac{1}{2}Cr_{i+1}^{n+1} = S_i^{n+1} + r_i^n + \frac{\lambda_i}{2}\left(r_{i-1}^n - 2r_i^n + r_{i+1}^n\right) \tag{3-38}$$

式(3-38)是一个三对角矩阵，可以用追赶法求解。通过在每一层上用上一层的网格点坐标作为初始条件求解式(3-38)，逐层求出每一层的网格点坐标，此方法是一个由物面开始逐渐向计算域推进的过程，和几何层推进法有类似之处。

以下给出利用数值方法生成的一些典型二维外形的网格，图 3-31 是为了体现数值方法的鲁棒性而特意构造的一些有较多凸凹角的外形。与层推进法生成的黏性层网格相比，数值方法对复杂几何的适应性更强，生成的网格质量高，即使在几何变化剧烈的地方，生成的网格正交性也很好。

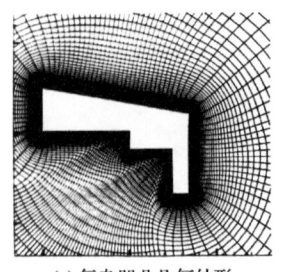

(a) 复杂凹凸几何外形　　　　　　　(b) 大凹角外形

图 3-31　数值方法生成二维复杂几何外形网格

然而，令人遗憾的是，该方法仍受到双曲类偏微分方程固有特性的限制：对于双曲型方程，初始边界上的信息会沿着特征线向计算域传播。将物面网格视为初始条件，将空间网格点视为计算域，则在物面外形有棱角、凹凸等间断信息时，网格生成过程中这些间断信息将传播到整个网格计算域，常导致失稳而使网格生成失败。尽管可以通过增大黏性耗散等手段尽量克服这一问题，但实际中仍然需要很多人工经验的干预，不利于网格自动化生成。

值得庆幸的是，完全可以结合数值方法和几何层推进法各自的优缺点来生成网格，求解双曲型方程的数值方法的鲁棒性不如层推进法，但是在物面附近生成的网格质量较好，并且在外形变化剧烈的物面附近不容易相交；几何层推进法生成的网格质量不如层推进法，但是鲁棒性较好。如果将二者结合，即在物面附近首先用数值方法生成若干层网格，之后用几何层推进法生成，则可以既提高方法的鲁棒性又提高网格的质量。

3.4.3　基于各向异性四面体网格聚合的三棱柱网格生成方法

对于实际的复杂外形(如带弹战斗机和大型运输机)，要生成结构化网格是非常困难的，即使对于有着丰富经验的网格生成技术人员，也需要花费较长的时间。混合网格因为只需要在边界层内保持结构/半结构性质，而在外场用非结构化网格填充，相比结构化网格，大大降低了难度。但是生成复杂外形的混合网格也绝非易事，往往需要人为地在空间中添加很多辅助线/面，在生成过程中还可能遇到网格相交的情况，这些困难极大地降低了生成混合网格的自动化程度。

众所周知，生成的"纯"非结构化网格自动化程度相对较高，对复杂外形适应性强。最初的非结构化网格是各向同性的四面体网格，主要用于无黏流计算。随着 CFD 的发展，为满足黏流计算的需要，在黏性层内用各向异性的非结构化网格填充，而在外场采用各向同性的非结构化网格填充。在生成各向异性四面体网格时，通常采用层推进法，而采用阵面推进法、Delaunay 三角化方法及二者的结合生成各向同性四面体网格。这些方法在一些商业网格生成软件(如 Gridgen)中已发展得比较成熟。通过观察层推进法和阵面推进法的算法可以发现，二者在生成非结构化网格时，实际上是尽量在黏性层内生成各向异性的棱柱，在棱柱生成不下去的时候，层推进过程自动转换为阵面推进过程。

聚合法的基本思想是：在整个计算域填充了各向异性四面体网格和各向同性的四面体网格后，将黏性层内的各向异性四面体网格聚合为三棱柱网格，而外场的各向同性四面体网格保持不变。聚合法生成混合网格主要包括三个方面：聚合四面体单元、聚合面以及边界条件处理。

聚合四面体单元是整个算法的核心部分，其原理是充分利用层推进法生成各向异性四面体算法的特点，将三个各向异性四面体单元聚合为一个三棱柱。聚合方法直接影响到聚合后的网格质量，具体包括几个步骤。

首先，提取单元的面几何特征。对初始四面体网格，计算每个四面体的所有表面(三角形)的面积，并找出每个单元的面积最大面、次大面和最小面。

然后，根据四面体单元面的几何特征判断是否聚合，具体算法如下：

(1) 根据单元的最小面和最大面面积之比(单元特征系数)确定单元性质，即

$$\alpha = \frac{S_{\min}}{S_{\max}} \tag{3-39}$$

若 $\alpha < \alpha_{cr}$，则该单元为各向异性，否则为各向同性；$S_{\min}$ 和 $S_{\max}$ 分别为最小面面积和最大面面积。α_{cr} 是经验参数，实践表明，α_{cr} 一般取值小于 0.4，α_{cr} 取值越大则三棱柱层数越多，反之则边界层网格和无黏区域网格过渡越光滑。

(2) 第一次聚合。转动初始网格的所有面，设 Face 两侧的单元分别为 C1 和 C2，若 Face 是 C1 或者 C2 的最大面，并且 C1 或者 C2 是各向异性网格，则将这两个网格聚合为一个粗网格 CC。定义每个粗网格里含有的子单元为粗网格聚合率，则 CC 的聚合率为 2。

(3) 第二次聚合。转动初始网格的所有面，找出其两侧单元，若 Face 两侧单元中有一个 C1 已被聚合而另一个 C2 尚未聚合，其中 C1 所在粗网格为 CC，Face 是 C1 或 C2 的最大面，C1 或 C2 是各向异性单元，并且 CC 的聚合率小于 3，则将 C2 聚合到 CC，CC 聚合率加 1。

(4) 第三次聚合。转动每个尚未聚合的各向异性单元 C1，找出其最大面以及最大面另一侧单元 C2，和 C2 所对应的粗网格为 CC。若 CC 的聚合率小于等于 3，则将 C1 聚合到 CC。

(5) 转动所有初始四面体单元，若单元尚未被聚合，则将其单独聚合为一个粗网格。

四面体单元聚合过程如图 3-32 所示。第一次聚合和第二次聚合的主要目的是将三个四面体单元聚合为一个三棱柱单元。但是对于外形变化剧烈的局部区域，网格几何特征可能不明显，有可能使其不能被聚合而成为孤立单元。如果放任之，则该单元和周围单元的体积比约为 1∶3，网格过渡不光滑。为了避免单元间不光滑过渡，第三次聚合将孤立单元聚合到周围的粗网格，使其和周围单元体积比约为 4∶3，从而使网格光滑过渡。

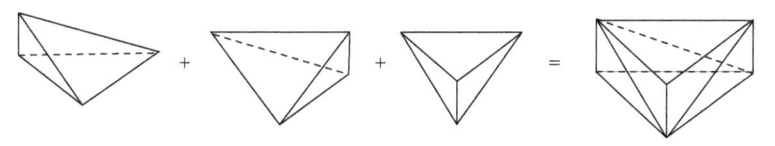

图 3-32 四面体单元聚合过程

初始网格在经过聚合后形成的"三棱柱"侧面还是两个三角形。为了减少存储开销和计算量，需要将每个侧面的两个三角形合并为一个四边形，如图 3-33 所示。聚合面的关键在于判断哪些面需要聚合为一个面，可以通过以下准则来判断。

(1) 两个面的左、右单元编号分别相等或交叉相等。

(2) 两个面的外法线 n_1、n_2 满足下列条件：

$$\left|1-\frac{n_1 n_2}{|n_1||n_2|}\right|<\beta \tag{3-40}$$

其中，β 为一个角度容忍度，一般取为 0.001。当上述两个条件同时满足时，两个面可以合并。值得注意的是，在合并边界面时，只有边界类型相同的两个面才能合并，如对称面，否则会破坏几何外形和边界条件。

图 3-33 三棱柱的侧面聚合过程

在边界面聚合时，要同时处理边界条件的设置。边界条件的处理比较简单，将初始网格的边界条件类型直接赋予聚合后的粗网格即可。在处理好边界条件后就可以直接输出网格并进行计算。

聚合法生成混合网格具有以下特点：

(1) 自动化程度高。空间网格可以实现全自动化生成，无需人为干预。

(2) 边界层网格质量好。传统的方法生成三棱柱网格时，为了避免网格相交，通常需要在生成棱柱网格时进行推进方向的优化，导致推进方向和物面法向产生偏离。而聚合法生成网格时，可以保证边界层内的绝大部分三棱柱网格的侧面和物面垂直，从而尽可能适应物理特征的需求。

(3) 网格过渡光滑。通过控制参数 α_{cr}，在三棱柱网格和各向同性四面体网格之间填充各向异性四面体，从而光滑过渡。

3.4.4 非结构化四边形/六面体网格生成方法

另一种混合网格生成技术是非结构化四边形/六面体混合网格方法。其基本思想与分块对接结构化网格方法一致，只不过其可以将"块"的含义拓展至"单元"(图 3-34)，其每一个单元可以视为一个独立的"块"，由此提高了结构化网格的灵活性。图 3-35 给出了耦合自适应技术生成的翼型和机翼的四边形/六面体网格。

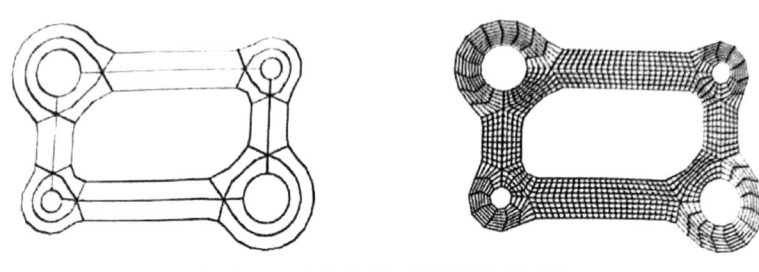

图 3-34 非结构化四边形网格示意图

(a) 翼型　　　　　　　　　　　　(b) 机翼

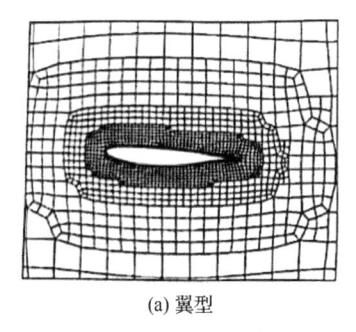

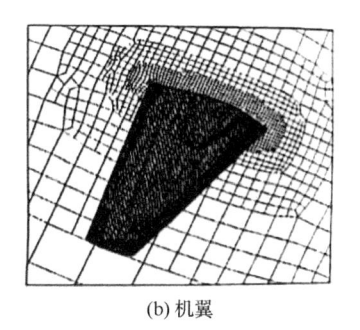

图 3-35　翼型和机翼的非结构化四边形/六面体网格

3.5　网格优化技术

3.5.1　弹簧松弛法

通常采用的网格优化技术是基于弹簧原理的节点松弛法。其基本思想是将节点与节点的连接视为等强度的弹簧，弹簧系统的平衡态即构成光滑网格，数学表述为

$$x_p = \sum_{i=1}^{N} \frac{x_i}{N}, \quad y_p = \sum_{i=1}^{N} \frac{y_i}{N}, \quad z_p = \sum_{i=1}^{N} \frac{z_i}{N} \tag{3-41}$$

其中，(x_i, y_i, z_i) 为节点 i 的坐标；N 为与点 (x_p, y_p, z_p) 相关联的节点总数。

上述方法逻辑简单，但对于非凸域，特别是在三维情况下，平衡态可能破坏边界，即节点移动导致出现体积为负的单元。为此采用附加"关联质量"约束优化的思想，关联质量系数的定义为

$$Q_j = \frac{1}{\dfrac{1}{N}\sum_{i=1}^{N}\dfrac{1}{Q_i}} \tag{3-42}$$

其中，Q_i 为网格质量系数，一般取四面体内切球半径的三倍除以其外接球的半径。显然 $0 < Q_i \leqslant 1$, $0 < Q_j \leqslant 1$，而且 Q_j 对质量差的单元(如 $Q_i \leqslant 0.01$)非常敏感。若想得到高质量的网格，必须尽可能使 Q_j 最大。为了达到上述目的，在将每个旧点 (x_o, y_o, z_o) 移动到多面体中心(新点)(x_n, y_n, z_n) 时进行如下判断：

(1) 新点是否位于多面体内(新点与多面体表面构成的四面体的体积大于零)，这一判断的目的是保证不出现负体积单元；

(2) 若旧点移动到新点，则该点的关联质量系数是否提高。

若上述两条件均满足，则将旧点移动至新点；若不满足，则取 $x_n = (x_o + x_n)/2$，$y_n = (y_o + y_n)/2$, $z_n = (z_o + z_n)/2$，然后循环执行上述操作。

通过在节点松弛过程中施加关联质量系数整体及局部不降低和局部最小单元的面积或体积不减小等约束条件，可以较好地克服前述破坏边界的问题，同时提高整体的平均网格质量系数和关联质量系数。

3.5.2 Delaunay 变换技术

在 Delaunay 非结构化网格生成中介绍了 Delaunay 准则，即每个三角形或四面体的外接圆(球)中不包含其他网格节点。事实上，Delaunay 准则是一个很好的判断非结构化网格质量的判据。而基于 Delaunay 准则的 Delaunay 变换技术则可以对非结构化网格进行优化。

以二维三角形网格为例(图 3-36)，Delaunay 变换的基本思想是对不满足 Delaunay 准则的相邻三角形网格的对角线进行交换，从而保证目标三角形的外接圆中没有其他网格节点。在三维情况下，情况比较复杂，可能有多种情况，如两个四面体和三个四面体相互变换的情形，以及四个四面体相互变换的情形(图 3-37)。需要特别指出的是，在 Delaunay 变换过程中，一定要保证物理边界信息的完整性，即不能破坏原始的物理边界。在某些情况下，还可以对一些距离很小的棱边进行合并，如图 3-38 所示，将图中的 P 和 Q 点合并，形成右侧的高质量网格。

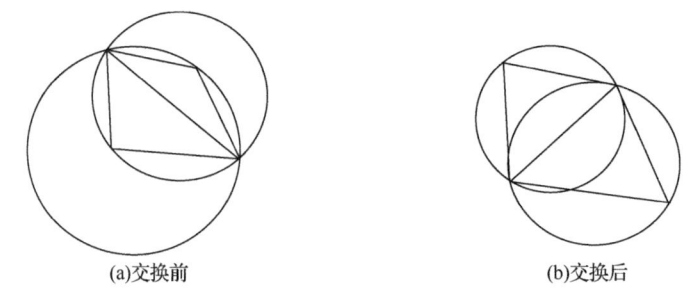

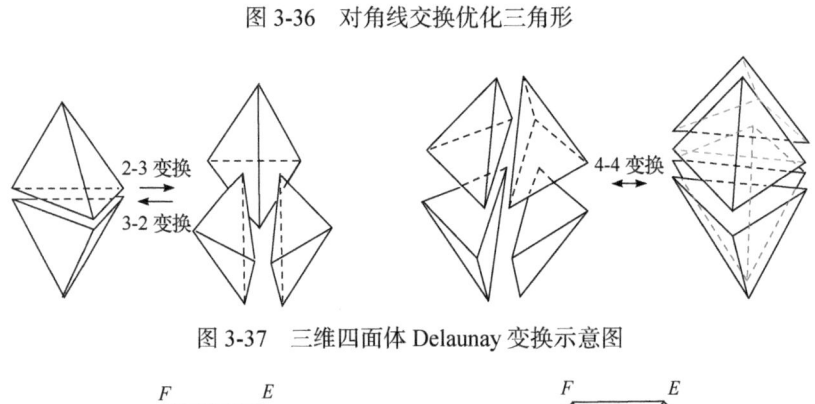

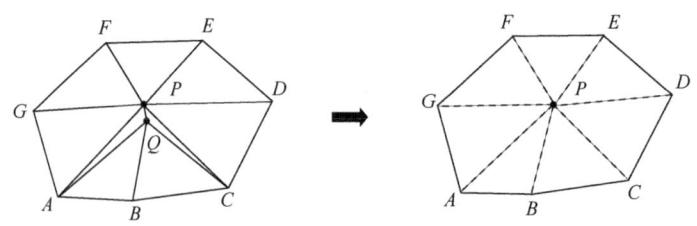

(a)交换前　　　　　　　　(b)交换后

图 3-36　对角线交换优化三角形

图 3-37　三维四面体 Delaunay 变换示意图

图 3-38　删除极小短棱示意图

3.5.3 多方向推进技术

在层推进法生成边界层内的贴体四边形或三棱柱网格过程中，在几何外形有凸角处的网格质量可能扭曲得比较严重，图 3-39(a)为二维翼型的后缘处网格，可见该处网格在物面附近的几层网格扭曲严重、质量较差。近年来发展的多方向推进技术有效地解决了这一问题。图 3-39(b)是经过多方向推进处理后翼型尾缘网格的效果图,可见网格的正交性得到了较大的提高。

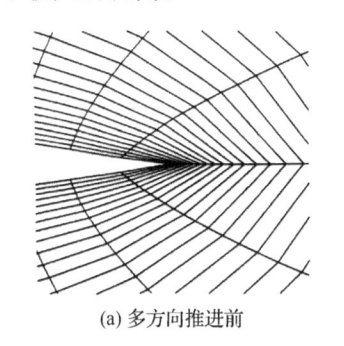

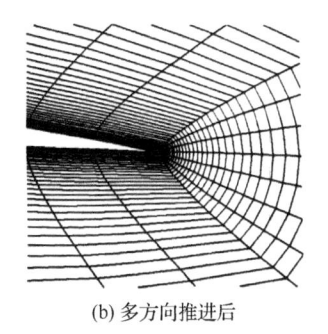

(a) 多方向推进前　　　　　　　　　(b) 多方向推进后

图 3-39　多方向推进技术

多方向推进的原理:首先根据几何外形探测出具有"凸"性的局部,然后在第一层推进开始时在每个具有"凸"性的局部分出若干个推进方向,最后按照常规方式向计算空间推进。这里以二维情形为例,介绍多方向推进的具体步骤:

(1) 输入外形。
(2) 确定数据结构方向,这里以逆时针方向的顺序表为例。
(3) 探测输入的外形每个点处的特征,Plable$[i]$ = 1 时为凹点,Plable$[i]$ = -1 时为凸点,Plable$[i]$ = 0 时为其他的正常情况点。凹凸的判断是由用户自定义角度决定的,这里以 90°为界判定凸点,以 270°为界判定凹点。

如图 3-40 所示,设 a、b 是两向量,n_1 和 n_2 分别是其法线,θ 是其夹角。

若 $\sin\theta \geqslant 0$,则 $a \times b > 0$ 符合右手坐标系,P 点肯定不可能是凹点;若 $\cos(n_1, n_2) < 0$,则 P 点是凸点;否则 P 点是一般点。

若 $\sin\theta < 0$,$\cos(n_1, n_2) < 0$,则 P 点是凹点,否则 P 点是一般点。

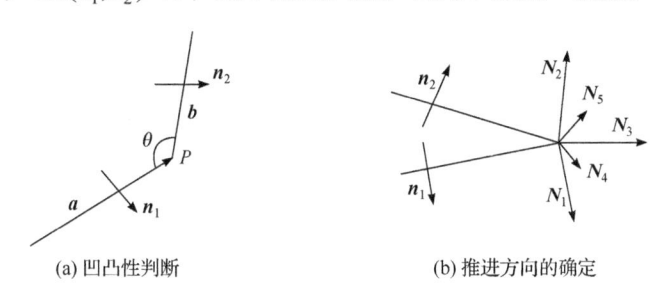

(a) 凹凸性判断　　　　　　　　　(b) 推进方向的确定

图 3-40　凹凸性判断和推进方向确定

(4) 对第 1 层推进,首先确定推进方向 N_P。
① 对每一个点 P,$N_P = (n_1 + n_2)/2$。
② 若存在凹点,则进行法向平均:

$$\begin{aligned} N_P^* &= (N_{P+1} + N_{P-1})/2 \\ N_P &= \omega N_P + (1-\omega) N_P^* \end{aligned} \tag{3-43}$$

③ 若存在凸点，则在凸点处进行多方向推进。多方向推进前首先要确定每个凸点处的推进方向，这里进行简单平均处理：

$$N_3 = (\pmb{n}_1, \pmb{n}_2)/2$$
$$N_2 = \pmb{n}_1, \quad N_1 = \pmb{n}_2$$
$$N_5 = (N_2 + N_3)/2$$
$$N_4 = (N_1 + N_3)/2$$

(3-44)

通过式(3-44)确定了凸点处的每个推进方向后，即可按照常规步骤进行推进。图 3-41 给出了利用该方法生成的三段翼型的混合网格，其中在翼型尖锐尾缘处采用了多方向推进技术。图 3-42 为多方向推进前后的局部网格对比，采用多方向推进后，尖锐处的网格分布更加合理，网格质量更高。

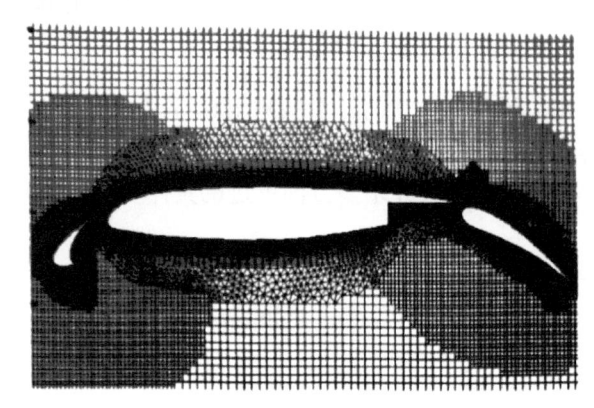

图 3-41　三段翼型混合网格

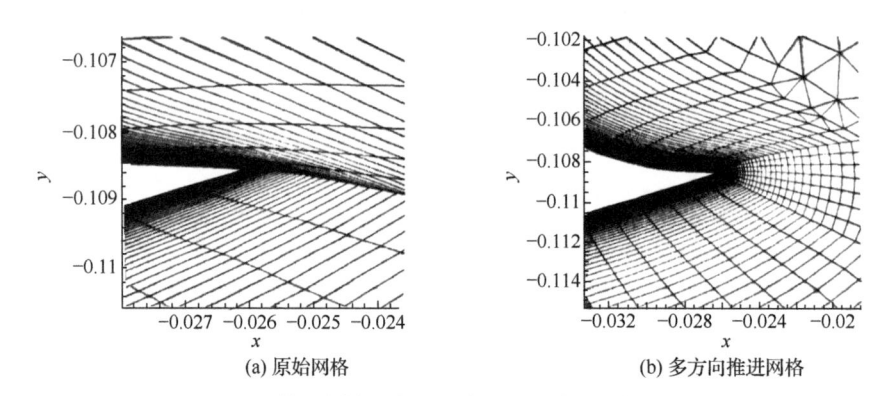

(a) 原始网格　　　　(b) 多方向推进网格

图 3-42　翼型尖锐尾缘处原始网格和多方向推进网格

3.5.4　局部推进步长光滑

在复杂外形边界层网格生成过程中，通常在同一个外形中会同时存在凹角和凸角情况，采用层推进法生成黏性层网格时，容易出现在凹角处网格相交、在凸角处网格质量较差的问题。通过观察发现，若在凹角处的推进步长增加，则可以延迟网格相交情形的出现；若在凸角处减小推进步长，则有助于提高网格质量。为此，借鉴了一种自动探测推进过程中的曲率变化且光滑推进步长的方法：

$$\delta_l' = \delta_l \left(1 - \text{sign}(\theta) \frac{|\theta|}{\pi}\right) \tag{3-45}$$

其中，δ_l 和 δ_l' 分别为光滑前和光滑后的推进步长；θ 为如图 3-40 所示的相邻阵面法向的夹角，将凸角的夹角定义为正，凹角的夹角定义为负。

通过式(3-45)的控制，在凸角处夹角为正，则推进步长在原来的基础上减小；凹角处夹角为负，则推进步长在原来的基础上增大。通过步长的控制，可以有效提高凹角和凸角处的网格质量。图 3-43 是步长优化前后的网格质量对比，优化前凹角处推出的网格很快相交并局部停止推进；优化后凹角处的网格可以一直向计算域推进直到达到规定层数，并且局部的网格正交性很好。

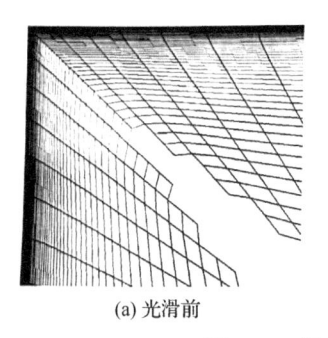

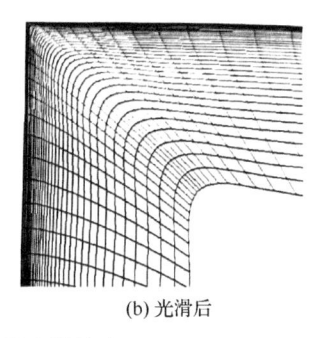

(a) 光滑前　　　　　　　　　(b) 光滑后

图 3-43　局部推进步长光滑技术

3.6　小　　结

3.6.1　网格生成技术未来发展趋势

进入 21 世纪以来，计算流体力学(CFD)的研究和应用得到持续发展，其在飞行器设计过程中的作用越来越强。网格生成作为数值模拟的第一步，在 CFD 应用中的作用日显突出。尽管经过 CFD 及相关领域专家近 30 年的努力，网格生成技术取得了很大进展，但是其仍是 CFD 走向实际工程应用的"瓶颈"问题之一。

CFD 应用对数值模拟精准度和模拟效率要求越来越高，对网格生成技术的要求也越来越高。一方面，不断发展的新方法大都对网格密度或网格质量提出越来越高的要求，例如，近年来迅速发展的大涡模拟(large eddy simulation, LES)、分离涡模拟(detached eddy simulation, DES)等方法对网格质量要求越来越高，各种高精度格式对网格正交性、扭曲度等提出严苛的要求，而以 DG 为代表的高精度算法，对物面附近曲边界网格的高精度描述必不可少。另一方面，对几何外形保真度的要求越来越高，模型局部细节越来越精细的描述使得网格规模和网格生成难度越来越大，当前一般飞行器外形的计算网格规模已经达到上亿量级。更为重要的是，尽管网格生成软件大幅提高了复杂外形的网格生成能力，但是自动化程度较低，其往往需要大量的人工工作量，生成一个实际外形飞行器的高质量结构化网格有时甚至需要数周的时间，虽然非结构化网格和混合网格技术可以降低部分人工工作量，但是生成高质量的边界层网格也并非易事。

当前 CFD 计算方法得到了迅猛发展，各种新方法、新格式方兴未艾。然而令人沮丧的是，作为 CFD 重要支柱的网格生成新方法却发展缓慢，网格生成技术的突破基本处于停滞状态，其中一个重要表现是近年来在各类期刊上与网格生成技术相关的文章数量远不如 CFD 方法，现今广泛使用的网格生成技术与十年前的技术在本质上几乎一样。非结构化网格生成技术的先驱 Löhner 分析原因：网格生成技术已经日趋流水线生产化，即使人们在网格生成上耗费的精力越来越多，也"懒得"再有所创新。

综合分析未来 CFD 应用的需求，网格生成技术呈现以下发展趋势：①自动化，包括自动化的几何数模检测和修补、自动化的表面和空间网格生成与优化等；②并行化，主要是超大规模计算网格的生成及网格并行分区等；③自适应，根据计算过程中流动变化和流场分辨率要求自动加密或稀疏网格；④高精度，高精度格式，尤其是基于非结构化网格的高精度格式的发展，对高质量、高精度的曲边界网格提出了现实需求；⑤与 CFD 解算器的紧密耦合，在动边界问题，尤其是未来"数值虚拟飞行"和"数值优化设计"中必须将动网格技术与 CFD 解算器甚至其他学科的解算器紧密耦合。

3.6.2 网格生成技术中的关键问题

1. 网格生成新方法

近年来，网格生成技术一直没有重大突破的其中一个重要原因：相对于流场求解器，网格生成是一个系统性工程，涉及 CAD 几何描述、软件设计、可视化等多个交叉领域，一种新方法要工程实用化将面临很大的困难，因此当前常用的商业网格生成软件所用的技术几乎仍是一二十年前的方法。另外，相对于 CFD 方法，网格生成技术缺乏理论依据，更加依赖于经验，非一朝一夕能解决，因此发展缓慢。尽管如此，研究人员还是在一些新方法上尝试突破。在结构化网格生成方面的新方法主要有：采用无网格的有限点方法求解微分方程生成法、基于拓扑变换的投影法、结构化网格的自适应加密等。在非结构化网格生成上的新方法有基于网格自适应原理的网格生成法、特征区域网格均匀过渡方法、凹凸区域自动折叠/展开的混合网格生成方法、基于符号距离函数的三棱柱网格生成方法、针对高精度格式需求的高精度曲边界网格生成方法等。但是这些方法仍离实际应用需求有较大的差距，仍需持续深入地开展新技术研究。

2. 自动化网格生成技术

长期以来，网格生成耗费了大量的人工精力，而在人工成本越来越昂贵的今天，网格生成的自动化依然是一个难以逾越的障碍。非结构化网格的发展在很大程度上缓解了结构化网格生成过程中出现的问题，大幅提高了自动化程度，目前绝大部分商业 CFD 软件都是基于非结构化网格(包括混合网格)，国外实际工程应用中采用非结构化网格的比例也越来越高。以多届美国航空航天学会阻力预测会议(DPW)和高升力预测会议(High-Lift)为例，活动参与者中采用非结构化网格的比例逐渐增加，最近一次的 High-Lift 和 DPW 会议中，非结构化网格比例分别达到 56%和 68%。由此可见，由于非结构化网格比结构化网格具有更好的灵活性，在工程应用中备受青睐。然而，尽管非结构化网格在很大程度上提高了网格生成的自动化,但是为了提高大梯度、大剪切区域的分辨率,往往在关键区域(如边界层、剪切层)使用三棱柱、六面体或各向异性四面体等高度拉伸的各向异性网格,而生成这类网格往往需要较多的人工操作,这在一定程度上牺牲了非结构化网格的自动化特性。更重要的是,目前采用的非结构化网格技术基本上都需要在生成体网格前生成好物面网格,在生成物面网格时需要在特征部位加密或稀疏,由此耗费大量时间和精力。这成为非结构化网格迈向完全自动化的一大障碍。尽管Cartesian 投影网格法能自动化生成物面网格,但是由于生成的物面网格需要人工调整,而这一过程又相当烦琐和难以控制,因此无法从根本上解决这一关键问题。从近年来国内外发表的论文看,很少涉及网格自动化生成问题,研究进展缓慢,尤其是黏性流数值模拟的高质量网格难以自动生成。针对 CFD 应用的需求,未来应结合 CAD 数模自动检测与修补、基于外形特征的自动辨识技术、物面和空间网格的自动化生成与优化等技术,发展自动化、智能化的网格生成技术。

3. 并行化网格生成技术

据统计分析,高性能计算机的计算速度每十年将提高三个量级,超级计算机已进入 P 级(10^{15}每秒浮点运算数)时代,正在向 E 级(10^{18}每秒浮点运算数)迈进,P 级计算机的计算核心数已达百万量级。大型并行计算机的广泛发展,加上对物理细节模拟要求的提高,使得计算域中的网格点和单元数不断增加,流场求解器(solver)的并行计算能力也随着计算机的发展而发展。目前实际应用中,就飞行器常规状态的 CFD 数值模拟来看,西方发达国家的计算网格规模已达数千万量级,部分达到数亿量级(主要用于 RANS 模拟),少量达到百亿量级以上(如在第八届国际计算流体力学会议上,日本学者 Kato 教授介绍了他们采用 320 亿网格在"京"超级计算机上进行汽车 LES 的应用实例);在运算处理器(processing unit 或 computing core)规模方面,一般为数百至数千核,少量达到数万甚至数十万以上。在基础研究领域,关于湍流的直接数值模拟(direct numerical simulation, DNS),其计算网格规模已达数十亿,甚至上千亿,如美国于 2013 年在激波与各向同性湍流相互干扰的数值模拟中采用了 4.1T 网格、利用了 197 万个核进行超大规模的并行计算。

与解算器大规模并行计算迅速发展形成强烈对比,网格生成技术目前仍大多沿用串行模式。采用现有的网格生成技术生成大规模网格已经开始显得捉襟见肘,在当前的计算机上采用推进法串行生成 10 亿网格需要约 2000min(1.5 天),而如果在 2000 个进程上并行生成,理论上仅需要 1min。即使采用效率更高的 Delaunay 方法,也需要数小时,而这仅仅是理想情况。实际工作中,在生成大规模网格时往往还会遇到生成失败或者网格质量不理想的问题,需要反复调试参数,会耗费更多的时间。串行化网格生成的另外一个问题是:当生成超大规模网格(上百亿)时,并非耗时多少能够解决,而是可能无法实现。

多年来,国外在非结构化网格并行生成方面一直在持续地发展,目前大致可以分为两类:一类是基于背景网格的子区域划分方法,即首先生成稀疏的网格作为背景网格,然后基于背景网格实现网格分区,再在各个子区域各自生成计算网格,从而实现网格生成并行化。该类并行化方法将子区域看成单独的网格生成域,理论上可以适合于任何网格生成器。另一类方法是基于算法和数据层面上的并行生成,即在每个进程上单独生成网格,生成过程中在算法层面进行数据通信,与前一种方法相比,此类方法更"像"现代并行计算方法,拥有更高的并行效率,但是这种并行化方法仅针对特定的网格生成方法可行(如 Delaunay 三角形网格生成方法),此类方法经过十多年的持续发展,基本实现了实用化。

此外,超大规模网格的前处理及快速分区也对并行化提出了较高的要求。在实践中发现,对上亿量级的网格进行前置转换处理、网格分区时,由于需要进行大量的几何连接关系的查找搜索,往往需要耗费数小时,而且随着网格规模的增加,时间呈指数增加。如果能并行化生成网格,在各自进程上进行前置处理和分区,将大大缩短前处理时间。

4. 网格技术与计算流体力学解算器的耦合

网格技术的用处除了体现在生成计算网格,还体现在求解过程中与求解器的耦合过程,主要包括网格自适应、动网格与并行求解器的耦合等。一方面,数值模拟精准度的提高,除了依赖于 CFD 方法,在很大程度上依赖于计算网格的分布,网格自适应技术能在给定初始网格的条件下,通过对流场误差估计,实现局部网格的稀疏或加密,从而提高分辨率。另一方面,真实飞行世界中绝大部分流动是非定常问题,往往伴随着物体的变形(如气动弹性变形、主动气动外形变形、控制舵面的偏转、旋翼的挥舞等)、多个物体的分离(如外挂物投放、火箭级间分离等),因此动网格技术是模拟此类问题的关键技术。在实际问题中,往往伴随着复杂的流动变化,需要结合实际情况,综合运用各种方法协同解决,如综合运用并行化的网格自适应、动网格技术与先进的计算方法,将会更加接近真实情况,大幅提高数据质量。

相对于近年来静态网格生成技术的裹足不前,此类与求解器相耦合的网格技术却发展较快,其中主要有各向异性自适应网格技术、基于伴随方法的自适应网格技术、基于网格自适应的高精度格式(如 DG、WENO)、网格自适应与 LES 等新方法的结合、网格自适应与动网格技术的结合、并行化动态网格生成技术等。从国外发展情况看,将网格自适应、动网格技术、并行分区等网格技术,与 LES/DES 等模拟方法、高精度格式、激波捕捉、燃烧等流场模拟方法相结合,不仅是未来的发展趋势,也是当前急需发展的技术。

3.6.3 网格生成技术未来展望

尽管网格生成技术仍存在诸多重大挑战性问题,但是可喜的是,CFD 界已经认识到网格生成技术的重要性,对网格生成技术的研究和相应的软件系统开发越来越重视。通过 CFD 界和相关领域专家的持续努力,在未来 10~15 年内,网格生成技术有望取得实质性的突破。预期在 2030 年前后,可以实现从 CAD 数值模拟到超大规模计算网格的自动化、并行化生成,能与流场解算器和后置处理软件有机集成,具备高效高质量的动态网格生成能力,具有一定智能化的网格自适应控制能力。能够满足实际飞行器静动态气动特性模拟及未来"数值虚拟飞行"模拟的需求。网格生成技术的突破，将带来CFD及相关计算科学领域革命性的发展，其具体体现如下：

(1) 作为"数值风洞"软件系统的重要组成部分，网格生成技术及软件子系统的自动化、并行化、自适应将全面提升"数值风洞"的实用性，大幅节省人力资源，真正实现"数值风洞"快速批量气动数据生产，提升飞行器设计需要的气动数据库生成能力。

(2) 高效高质量的大规模并行动态网格生成技术和自适应网格生成技术的实现，将使机动飞行过程中的舵面运动、气动弹性结构变形、主动气动结构变形等动边界问题数值模拟网格生成难题迎刃而解，将极大地促进未来"数值虚拟飞行"模拟技术的发展。

(3) 高效高质量的大规模并行动态网格生成技术和自适应网格生成技术将促进"数值优化设计"技术的发展，使得基于 CFD 的多学科多目标优化设计更加自动化，将带来飞行器设计模式的革命性变化。

(4) 通过网格生成技术的研究，将带动计算数学、计算几何、计算机科学等众多学科的交叉融合，推动这些学科的发展；网格生成技术与软件还可以作为一个独立的子系统或软件产品，推广应用于其他众多的计算科学领域。

思考题及习题

1. 网格分为哪几类？
2. 结构化网格的生成方法有哪几种？
3. 非结构化网格的生成方法有哪几种？
4. 混合网格的生成方法有哪几种？
5. 网格优化技术有哪几种？

第 4 章　离散方法基础

4.1　有限差分法

有限差分法是求解微分方程的传统方法之一。虽然有限元法日益成为数值模拟的主流手段，但作为一种成熟和有效地求解微分方程的基本方法，有限差分法仍在许多领域得到广泛的应用。即使有限元法在求解动力学问题时是最常用的，但是在时间域上大多是采用差分法求解。有限差分法的基本思路是按照固定的或不固定的时间步长和空间步长将时间域和空间域进行离散，然后用未知函数在离散网格节点上的值所构成的差商来近似微分方程中出现的各阶导数，从而将表示变量连续变化关系的偏微分方程离散为有限个代数方程，然后解此线性代数方程组，从而求出场变量在各网格节点上不同时刻的解。当采用较密的网格和较多的节点时，近似解的精度可以得到改进，当网格步长无限减小时，差分解将收敛于精确解。有限差分法能够求解非常复杂的场问题，特别是求解方程建立在固结空间的 Euler 坐标系的流体力学问题，有限差分法有其自身的优势，因此在计算流体力学领域仍是主流的数值方法。

4.1.1　导数的差分近似

设 $f(x)$ 为任一足够光滑的函数，将 $f(x)$ 沿 x 的正向展开为泰勒级数：

$$f(x+\Delta x)=f(x)+\Delta x\frac{\mathrm{d}f}{\mathrm{d}x}+\frac{\Delta x^2}{2!}\frac{\mathrm{d}^2 f}{\mathrm{d}x^2}+\frac{\Delta x^3}{3!}\frac{\mathrm{d}^3 f}{\mathrm{d}x^3}+\cdots \tag{4-1}$$

于是

$$\frac{\mathrm{d}f}{\mathrm{d}x}=\frac{f(x+\Delta x)-f(x)}{\Delta x}+R(\Delta x)$$

其中，$R(\Delta x)$ 为用差商代替微分而带来的误差。

若函数 $f(x)$ 的各阶导数为有限值，则有

$$|R(\Delta x)|<C(\Delta x)$$

其中，C 为常数，在数学上表示 $R(\Delta x)$ 为 Δx 的同阶小量，记为 $O(\Delta x)$，故有

$$\frac{\mathrm{d}f}{\mathrm{d}x}=\frac{f(x+\Delta x)-f(x)}{\Delta x}+O(\Delta x)$$

若离散函数 $f(x)$ 的步长 Δx 足够小，则在上式中可舍去 $O(\Delta x)$，从而有

$$\frac{\mathrm{d}f}{\mathrm{d}x}\approx\frac{f(x+\Delta x)-f(x)}{\Delta x} \tag{4-2}$$

通常将式(4-2)称为 $f(x)$ 的一阶向前差分。从上述推导过程可以看出，用差分近似

导数时舍去了泰勒级数的高阶小量。由舍去泰勒级数余项产生的误差称为截断误差。式(4-2)的截断误差为 $O(\Delta x)$。

若将 $f(x)$ 沿 x 的负向展开为泰勒级数：

$$f(x-\Delta x) = f(x) - \Delta x \frac{\mathrm{d}f}{\mathrm{d}x} + \frac{\Delta x^2}{2!}\frac{\mathrm{d}^2 f}{\mathrm{d}x^2} - \frac{\Delta x^3}{3!}\frac{\mathrm{d}^3 f}{\mathrm{d}x^3} + \cdots \tag{4-3}$$

则有

$$\frac{\mathrm{d}f}{\mathrm{d}x} = \frac{f(x) - f(x-\Delta x)}{\Delta x} + O(\Delta x)$$

在上式中若舍去 $O(\Delta x)$ 项，则有

$$\frac{\mathrm{d}f}{\mathrm{d}x} \approx \frac{f(x) - f(x-\Delta x)}{\Delta x} \tag{4-4}$$

通常将式(4-4)称为 $f(x)$ 的一阶向后差分。

若将式(4-1)减去式(4-3)，可得

$$f(x+\Delta x) - f(x-\Delta x) = 2\Delta x \frac{\mathrm{d}f}{\mathrm{d}x} + \frac{2\Delta x^3}{3!}\frac{\mathrm{d}^3 f}{\mathrm{d}x^3} + \cdots$$

于是

$$\frac{\mathrm{d}f}{\mathrm{d}x} = \frac{f(x+\Delta x) - f(x-\Delta x)}{2\Delta x} + O(\Delta x^2)$$

在上式中若舍去 $O(\Delta x^2)$ 项，则有

$$\frac{\mathrm{d}f}{\mathrm{d}x} \approx \frac{f(x+\Delta x) - f(x-\Delta x)}{2\Delta x} \tag{4-5}$$

通常将式(4-5)称为 $f(x)$ 的一阶中心差分。其截断误差为 $O(\Delta x^2)$。一般地，当差分公式的截断误差为 $O(\Delta x^p)$ 时，则称该差分具有 p 阶精度。因此，式(4-2)和式(4-4)具有一阶精度，而式(4-5)则具有二阶精度。

若将式(4-1)与式(4-3)相加，可得

$$f(x+\Delta x) + f(x-\Delta x) = 2f(x) + \Delta x^2 \frac{\mathrm{d}^2 f}{\mathrm{d}x^2} + \frac{2\Delta x^4}{4!}\frac{\mathrm{d}^4 f}{\mathrm{d}x^4} + \cdots$$

于是

$$\frac{\mathrm{d}^2 f}{\mathrm{d}x^2} = \frac{f(x+\Delta x) - 2f(x) + f(x-\Delta x)}{\Delta x^2} + O(\Delta x^2)$$

若在上式中舍去 $O(\Delta x^2)$ 项，则有

$$\frac{\mathrm{d}^2 f}{\mathrm{d}x^2} \approx \frac{f(x+\Delta x) - 2f(x) + f(x-\Delta x)}{\Delta x^2} \tag{4-6}$$

式(4-6)即为 $f(x)$ 的二阶导数的中心差分公式，它具有二阶精度。

若将上述一元函数 $f(x)$ 换为场函数 $C(x,y,z,t)$，考虑在空间沿 x 方向的三个相邻网

格节点为 $(x-\Delta x, y, z)$、(x, y, z)、$(x+\Delta x, y, z)$ 或按网格节点编号将其分别记为 $(i-1, j, k)$、(i, j, k) 和 $(i+1, j, k)$；又设 y 和 z 方向的空间步长分别为 Δy 和 Δz，时间步长为 Δt，并用 n 表示时间段的序号，则 $C(x, y, z, t)$ 对 x 的一阶向前、向后、中心差分公式分别为

$$\left.\frac{\partial C}{\partial x}\right|_{(i,j,k,n)} = \frac{C_{i+1,j,k}^n - C_{i,j,k}^n}{\Delta x} \tag{4-7}$$

$$\left.\frac{\partial C}{\partial x}\right|_{(i,j,k,n)} = \frac{C_{i,j,k}^n - C_{i-1,j,k}^n}{\Delta x} \tag{4-8}$$

$$\left.\frac{\partial C}{\partial x}\right|_{(i,j,k,n)} = \frac{C_{i+1,j,k}^n - C_{i-1,j,k}^n}{2\Delta x} \tag{4-9}$$

而 $C(x, y, z, t)$ 对时间 t 的一阶向前、向后、中心差分公式分别为

$$\left.\frac{\partial C}{\partial t}\right|_{(i,j,k,n)} = \frac{C_{i,j,k}^{n+1} - C_{i,j,k}^n}{2\Delta t} \tag{4-10}$$

$$\left.\frac{\partial C}{\partial t}\right|_{(i,j,k,n)} = \frac{C_{i,j,k}^n - C_{i,j,k}^{n-1}}{2\Delta t} \tag{4-11}$$

$$\left.\frac{\partial C}{\partial t}\right|_{(i,j,k,n)} = \frac{C_{i,j,k}^{n+1} - C_{i,j,k}^{n-1}}{2\Delta t} \tag{4-12}$$

$C(x, y, z, t)$ 对 x 的二阶差分公式为

$$\left.\frac{\partial^2 C}{\partial x^2}\right|_{(i,j,k,n)} = \frac{C_{i+1,j,k}^n - 2C_{i,j,k}^n + C_{i-1,j,k}^n}{\Delta x^2} \tag{4-13}$$

$C(x, y, z, t)$ 对 x、y 混合偏导数差分公式为

$$\left.\frac{\partial^2 C}{\partial x \partial y}\right|_{(i,j,k,n)} = \frac{C_{i+1,j,k}^n - C_{i-1,j+1,k}^n - C_{i+1,j-1,k}^n + C_{i-1,j-1,k}^n}{4\Delta x \Delta y} \tag{4-14}$$

类似地，可求得 $\dfrac{\partial C}{\partial y}$、$\dfrac{\partial^2 C}{\partial y^2}$ 等其他偏导数的差分公式。因此，在任何一个节点处，场函数 $C(x, y, z, t)$ 的一阶和二阶偏导数均可用该节点及其相邻节点上函数值的线性组合表示。

4.1.2 一维弥散方程的差分格式

设在无限含水层中，存在一维均匀流场，其渗流速度 $V = nu$，流动方向为 x 的正方向。则一维弥散方程为

$$\frac{\partial C}{\partial t} = D_L \frac{\partial^2 C}{\partial x^2} - u \frac{\partial C}{\partial x}, \quad 0 \leqslant x \leqslant L, \quad 0 \leqslant t \leqslant T \tag{4-15}$$

对时间区域$[0,T]$和空间区域$[0,L]$都做等距剖分，设时间步长为Δt，空间步长为Δx，将第i个节点x_i处在t_n时刻的浓度记为C_i^n (图4-1)。

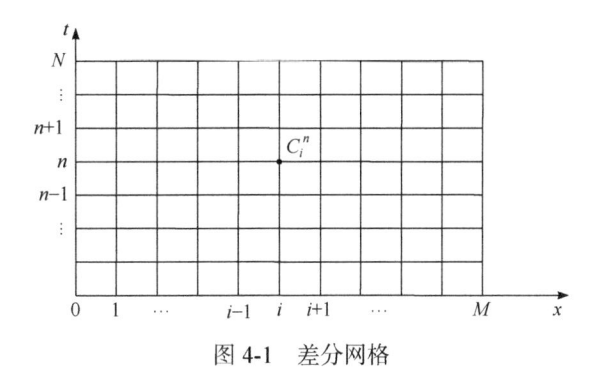

图4-1 差分网格

1. 显式差分格式

将$\dfrac{\partial C}{\partial x}$及$\dfrac{\partial^2 C}{\partial x^2}$差分公式中的浓度取为$t_n$时刻的值，便可得到其显式差分格式为

$$\frac{C_i^{n+1}-C_i^n}{\Delta t}=D_L\frac{C_{i+1}^n-2C_i^n+C_{i-1}^n}{\Delta x^2}-u\frac{C_{i+1}^n-C_{i-1}^n}{2\Delta x} \tag{4-16}$$

整理得

$$C_i^{n+1}=\left(\frac{D_L\Delta t}{\Delta x^2}+\frac{u\Delta t}{2\Delta x}\right)C_{i-1}^n+\left(1-\frac{2D_L\Delta t}{\Delta x^2}\right)C_i^n-\left(\frac{D_L\Delta t}{\Delta x^2}-\frac{u\Delta t}{2\Delta x}\right)C_{i+1}^n \tag{4-17}$$

对于$n=0$，即$t=0$时刻，根据初始条件和边界条件可知C_i^0的值($i=1,2,\cdots,M$)，利用式(4-17)可以算出$n=1$时刻的浓度C_i^1 ($i=1,2,\cdots,M-1$)；再利用$n=1$时刻的边界条件，可求得C_0^1及C_M^1时刻的值。类似地，可以求得$n=2,3,\cdots,N$时刻的浓度值。必须指出的是，在应用式(4-17)时，其空间步长Δx和时间步长Δt必须满足$\dfrac{D_L\Delta t}{\Delta x^2}\leqslant\dfrac{1}{2}$及$\dfrac{D_L\Delta t}{\Delta x^2}\leqslant\dfrac{u\Delta t}{\Delta x}$的稳定条件。

2. 隐式差分格式

将$\dfrac{\partial C}{\partial x}$及$\dfrac{\partial^2 C}{\partial x^2}$差分公式中的浓度取为$t_{n+1}$时刻的值，便可得到其隐式差分格式为

$$\frac{C_i^{n+1}-C_i^n}{\Delta t}=D_L\frac{C_{i+1}^{n+1}-2C_i^{n+1}+C_{i-1}^{n+1}}{\Delta x^2}-u\frac{C_{i+1}^{n+1}-C_{i-1}^{n+1}}{2\Delta x}$$

整理得

$$\left(-\frac{D_L\Delta t}{\Delta x^2}+\frac{u\Delta t}{2\Delta x}\right)C_{i-1}^{n+1}+\left(1+\frac{2D_L\Delta t}{\Delta x^2}\right)C_i^{n+1}-\left(\frac{D_L\Delta t}{\Delta x^2}-\frac{u\Delta t}{2\Delta x}\right)C_{i+1}^{n+1}=C_i^n \tag{4-18}$$

对所有内部节点都可列方程(4-18)，再利用边界条件可得到一个三对角线方程组。

下面讨论该方程组的性质。

由于

$$1+\frac{2D_L\Delta t}{\Delta x^2}>0$$

当 $u>0$ 时，有

$$-\frac{D_L\Delta t}{\Delta x^2}-\frac{u\Delta t}{2\Delta x}<0$$

若 u 很小，则有

$$-\frac{D_L\Delta t}{\Delta x^2}+\frac{u\Delta t}{2\Delta x}<0 \tag{4-19}$$

此时，上述三对角线方程组即为主对角线元素占优的方程组。

当 $u<0$ 时，有

$$-\frac{D_L\Delta t}{\Delta x^2}+\frac{u\Delta t}{2\Delta x}<0$$

若 u 很小，则有

$$-\frac{D_L\Delta t}{\Delta x^2}-\frac{u\Delta t}{2\Delta x}<0 \tag{4-20}$$

因此，上述三对角线方程组也为主对角线元素占优的方程组。

对于主对角线元素占优的三对角线方程组，可以用追赶法求解。需要注意的是，为了使式(4-19)、式(4-20)成立，必须满足：

$$|u|<\frac{2D_L}{\Delta x} \tag{4-21}$$

所以为了适应实际的流速 u，D_L 必须适当大，否则空间步长 Δx 必须很小。

3. Crank-Nicolson 差分格式

取显式差分格式和隐式差分格式的平均，便可得到克兰克-尼科尔森(Crank-Nicolson)差分格式：

$$\frac{C_i^{n+1}-C_i^n}{\Delta t}=\frac{1}{2}\left(D_L\frac{C_{i+1}^n-2C_i^n+C_{i-1}^n}{\Delta x^2}-u\frac{C_{i+1}^n-C_{i-1}^n}{2\Delta x}\right)$$
$$+\frac{1}{2}\left(D_L\frac{C_{i+1}^{n+1}-2C_i^{n+1}+C_{i-1}^{n+1}}{\Delta x^2}-u\frac{C_{i+1}^{n+1}-C_{i-1}^{n+1}}{2\Delta x}\right)$$

整理得

$$\left(-\frac{D_L\Delta t}{\Delta x^2}+\frac{u\Delta t}{2\Delta x}\right)C_{i+1}^{n+1}+2\left(1+\frac{D_L\Delta t}{\Delta x^2}\right)C_i^{n+1}+\left(-\frac{D_L\Delta t}{\Delta x^2}-\frac{u\Delta t}{2\Delta x}\right)C_{i-1}^{n+1}$$
$$=\left(\frac{D_L\Delta t}{\Delta x^2}-\frac{u\Delta t}{2\Delta x}\right)C_{i+1}^n+2\left(1-\frac{D_L\Delta t}{\Delta x^2}\right)C_i^n+\left(\frac{D_L\Delta t}{\Delta x^2}+\frac{u\Delta t}{2\Delta x}\right)C_{i-1}^n \tag{4-22}$$

第4章 离散方法基础

对所有内部节点都可列方程(4-22)，利用边界条件便可得一个主对角线元素占优的三角线方程组，用追赶法求解该方程组，便可得到该节点上不同时刻的浓度值。

不难证明，显式差分格式即式(4-17)和隐式差分格式即式(4-18)的截断误差为 $O(\Delta t + \Delta x^2)$，而 Crank-Nicolson 差分格式即式(4-22)的截断误差为 $O(\Delta t^2 + \Delta x^2)$。

4. 差分格式的稳定性

如上所述，导数与其差分格式近似式之间存在截断误差。因此，差分格式的解不是严格的，而是近似满足原来的偏微分方程。但是，当时间步长 Δt 和空间步长 Δx 都趋于零时，差分方程的截断误差 E 也趋于零，差分方程的极限形式就是原偏微分方程。这时认为差分方程与偏微分方程是相容的，这种相容性表示差分方程"收敛"于原偏微分方程。收敛性是指差分方程的解收敛，即当步长 Δt、$\Delta x \to 0$ 时收敛于原偏微分方程。因此，相容性和收敛性是不同的概念，前者只是差分方程的必备条件，而后者才是最终目标。许多情况下，差分方程的相容性再加上稳定性可以保证收敛性。

至于差分格式的稳定性，由上述推导可以看出，差分方程的解在逐步推进的方程中求得，误差也逐步累积。这种误差的积累是保持有界还是恶性发展？这就是差分格式的数值稳定性问题，数值稳定性是差分格式的必备条件。在不稳定的情况下，寄生误差不仅要淹没真解，而且会导致计算的失败。因此，某一不稳定的差分格式，即使有其他方面的优点，也是不能用于工作的。

那么，如何判断差分格式的稳定性呢？下面以差分格式即式(4-16)为例，来说明差分方程判断稳定性的方法。

由式(4-16)可得

$$\frac{1}{\Delta t}(C_j^{n+1} - C_j^n) = \frac{D_L}{\Delta x^2}(C_{j+1}^n - 2C_j^n + C_{j-1}^n) - \frac{u}{2\Delta x}(C_{j+1}^n - C_{j-1}^n) \tag{4-23}$$

为了便于分析，暂不考虑边界条件的效应，即认为 $j = 0, 1, \cdots, M$。设想初值 C_j^0 受扰，即含有误差成为 $(C+\varepsilon)_j^0 = C_j^0 + \varepsilon_j^0$，则相应解 C_j^n 也受扰成为 $(C+\varepsilon)_j^n = C_j^n + \varepsilon_j^n$，它满足与式(4-23)一样的方程，即

$$\frac{1}{\Delta t}[(C+\varepsilon)_j^{n+1} - (C+\varepsilon)_j^n] = \frac{D_L}{\Delta x^2}[(C+\varepsilon)_{j+1}^n - 2(C+\varepsilon)_j^n + (C+\varepsilon)_{j-1}^n]$$

$$-\frac{u}{2\Delta x}[(C+\varepsilon)_{j+1}^n - (C+\varepsilon)_{j-1}^n]$$

将它与式(4-23)相减，得到扰动误差 ε_j^n 所满足的方程：

$$\frac{1}{\Delta t}(\varepsilon_j^{n+1} - \varepsilon_j^n) = \frac{D_L}{\Delta x^2}(\varepsilon_{j+1}^n - 2\varepsilon_j^n + \varepsilon_{j-1}^n) - \frac{u}{2\Delta x}(\varepsilon_{j+1}^n - \varepsilon_{j-1}^n) \tag{4-24}$$

对式(4-24)可以用谐波分析的方法来求解。

将初始误差 ε_j^0 表示为一个简谐波的形式：

$$\varepsilon_j^0 = e^{ikj\Delta x}$$

这里 k 为频率参数即波数。试确定形如

$$\varepsilon(j\Delta x, n\Delta t) = \varepsilon_j^n = [\lambda(k)]^n e^{ikj\Delta x}, \quad i, j = 0,1,2,\cdots \tag{4-25}$$

的谐波解，这里 $\lambda = \lambda(k)$ 为对应于波数 k 的增长因子。将式(4-24)代入式(4-25)得

$$\frac{1}{\Delta t}(\lambda^{n+1} e^{ikj\Delta x} - \lambda^n e^{ikj\Delta x}) = \frac{D_L}{\Delta x^2}(\lambda^n e^{ik(j+1)\Delta x} - 2\lambda^n e^{ikj\Delta x} + \lambda^n e^{ik(j-1)\Delta x})$$

$$- \frac{u}{2\Delta x}(\lambda^n e^{ik(j+1)\Delta x} - \lambda^n e^{ik(j-1)\Delta x})$$

消去公因子 $\lambda^n e^{ikj\Delta x}$，上式变为

$$\frac{1}{\Delta t}(\lambda - 1) = \frac{D_L}{\Delta x^2}(e^{ik\Delta x} - 2 + e^{-ik\Delta x}) - \frac{u}{2\Delta x}(e^{ik\Delta x} - e^{-ik\Delta x}) \tag{4-26}$$

式(4-26)称为差分格式(4-23)的特征方程。特征方程的根称为特征根或增长因子：

$$\lambda = \lambda(k) = 1 + \frac{D_L}{\Delta x^2}(e^{ik\Delta x} - 2 + e^{-ik\Delta x}) - \frac{u}{2\Delta x}(e^{ik\Delta x} - e^{-ik\Delta x}) \tag{4-27}$$

令

$$\begin{cases} \alpha = \dfrac{u\Delta t}{\Delta x} \\ \beta = \dfrac{D_L \Delta t}{\Delta x^2} \\ \theta = k\Delta t \end{cases}$$

由于

$$\begin{cases} \cos\theta = \dfrac{1}{2}(e^{j\theta} + e^{-j\theta}) \\ \sin\theta = \dfrac{1}{2i}(e^{j\theta} + e^{-j\theta}) \end{cases}$$

式(4-27)可表示为

$$\lambda = \lambda(k) = 1 - 2\beta + 2\beta\cos\theta - j\alpha\sin\theta \tag{4-28}$$

显然，当 $|\lambda(k)| > 1$ 时，误差随 n 呈指数状态增长；当 $|\lambda(k)| \leq 1$ 时，误差不增长。由于初始误差可以表示不同频率 k 的谐波的叠加，并且由于计算中舍入误差的随机性，应该认为所有 k 的频率组合都是有可能出现的。因此，数值稳定的条件是

$$|\lambda(k)| \leq 1, \quad \text{对一切实数} k \tag{4-29}$$

由此，便可得到差分格式即式(4-23)稳定的条件为

$$\frac{D_L \Delta t}{\Delta x^2} \leq \frac{1}{2}, \quad \frac{u\Delta t}{\Delta x} \leq 1$$

用类似的方法可以求得隐式差分格式即式(4-28)的增长因子为

$$\lambda = (1 + 2\beta - 2\beta\cos\theta - j\alpha\sin\theta)^{-1} \tag{4-30}$$

由于 λ 恒小于或等于 1，故式(4-28)即隐式差分格式是无条件稳定的。同理可知，Crank-Nicolson 差分格式也是恒稳定的。

前面介绍了一维弥散方程的三种差分格式(显式格式、隐式格式、Crank-Nicolson 格式)及其截断误差和稳定性。事实上可以将它们写成统一的形式：

$$\begin{cases} \delta^2 C_i^n = C_{i+1}^n - 2C_i^n + C_{i-1}^n \\ \delta C_i^n = C_{i+1}^n - C_{i-1}^n \end{cases}$$

对式(4-15)取如下差分格式：

$$\frac{1}{\Delta t}(C_i^{n+1} - C_i^n) = \frac{D_L}{\Delta x^2}[\theta \delta^2 C_i^{n+1} + (1-\theta)\delta^2 C_i^n] - \frac{u}{2\Delta x}[\theta \delta C_i^{n+1} + (1-\theta)\delta C_i^n] \quad (4-31)$$

不难证明，式(4-31)取 $\theta = 0$ 为显式差分格式，取 $\theta = 1$ 为隐式差分格式，取 $\theta = 1/2$ 则为 Crank-Nicolson 差分格式。

4.1.3 二维弥散方程的差分格式

若多孔介质是各向同性的，流场为均匀的一维流场，渗流速度 $V = nu$，流动方向为 x 的正向，与流速垂直为 y 方向，一般的对流-弥散方程可简化为

$$\frac{\partial C}{\partial t} = D_L \frac{\partial^2 C}{\partial x^2} + D_\tau \frac{\partial^2 C}{\partial y^2} - u \frac{\partial C}{\partial x} \quad (4-32)$$

类似一维的情形，用差分近似代替方程中的偏导数，按空间偏导数所取的时间水平，也可得到显式、隐式、Crank-Nicolson 等三种差分格式：

$$\begin{cases} \delta_x^2 C_{i,j}^n = C_{i+1,j}^n - 2C_{i,j}^n + C_{i-1,j}^n \\ \delta_y^2 C_{i,j}^n = C_{i,j+1}^n - 2C_{i,j}^n + C_{i,j-1}^n \\ \delta C_{i,j}^n = C_{i+1,j}^n - C_{i-1,j}^n \end{cases}$$

式(4-32)对于内部节点 (i, j) 取如下差分格式：

$$\frac{1}{\Delta t}(C_{i,j}^{n+1} - C_{i,j}^n) = \frac{D_L}{\Delta x^2}[\theta \delta_x^2 C_{i,j}^{n+1} + (1-\theta)\delta_x^2 C_{i,j}^n]$$
$$+ \frac{D_\tau}{\Delta y^2}[\theta \delta_y^2 C_{i,j}^{n+1} + (1-\theta)\delta_y^2 C_{i,j}^n] - \frac{u}{2\Delta x}[\theta \delta C_{i,j}^{n+1} + (1-\theta)\delta^2 C_{i,j}^n] \quad (4-33)$$

在式(4-33)中，当 $\theta = 0$ 时，为显式差分格式；当 $\theta = 1$ 时，为隐式差分格式；当 $\theta = 1/2$ 时，为 Crank-Nicolson 差分格式。可以证明，隐式差分格式和 Crank-Nicolson 差分格式是恒稳的，而显式差分格式则是条件稳定的。对全部的内部节点都可列出式(4-33)，并利用初始条件和边界条件，可得到五对角线的方程组(对显式则可以直接解出浓度值)。每推进一个时间步长，都需要解这样一个五对角线的方程组。

为了避免求解五对角线方程组的困难，在二维溶质运移模型的差分求解过程中，通

常使用的是交替方向隐式差分解法，简称 ADI 法。这一方法能将求解二维问题转化为多次求解一维问题，即将求解上述的五对角线方程组转化为多次求解三对角线方程组，因此是很有效的。当研究区域的形状接近矩形时，其效果会更好。

下面以式(4-32)为例，具体说明 ADI 法的求解步骤。

(1) 在时间水平 n 和 $n+1$ 之间取一中间时间水平 $n+1/2$，并在此时间上对 x 方向用隐式，对 y 方向用显式，相应的差分方程为

$$\frac{2}{\Delta t}\left(C_{i,j}^{n+1} - C_{i,j}^{n+1/2}\right) = \frac{D_L}{\Delta x^2}\left(C_{i+1,j}^{n+1/2} - 2C_{i,j}^{n+1/2} + C_{i-1,j}^{n+1/2}\right) \\ + \frac{D_L}{\Delta y^2}\left(C_{i,j+1}^n - 2C_{i,j}^n + C_{i,j-1}^n\right) - \frac{u}{2\Delta x}\left(C_{i+1,j}^{n+1/2} - C_{i-1,j}^{n+1/2}\right) \tag{4-34}$$

此方程包含未知数 $C_{i-1,j}^{n+1/2}$、$C_{i,j}^{n+1/2}$ 和 $C_{i+1,j}^{n+1/2}$，其余均为 $t = n\Delta t$ 时刻的已知浓度。对每个固定的 j，由式(4-34)都可得到一个三对角线方程组，全部求解后就得到了所有内部节点上的浓度值 $C_{i,j}^{n+1/2}$。

(2) 在时间水平 $n+1$ 上对 y 方向用隐式，对 x 方向用显式，相应的差分方程为

$$\frac{2}{\Delta t}\left(C_{i,j}^{n+1} - C_{i,j}^{n+1/2}\right) = \frac{D_L}{\Delta x^2}\left(C_{i+1,j}^{n+1/2} - 2C_{i,j}^{n+1/2} + C_{i-1,j}^{n+1/2}\right) \\ + \frac{D_L}{\Delta y^2}\left(C_{i,j+1}^{n+1} - 2C_{i,j}^{n+1} + C_{i,j-1}^{n+1}\right) - \frac{u}{2\Delta x}\left(C_{i+1,j}^{n+1/2} - C_{i-1,j}^{n+1/2}\right) \tag{4-35}$$

此方程也只包含 $t = n+1$ 时刻的三个未知浓度，即 $C_{i,j+1}^{n+1}$、$C_{i,j}^{n+1}$ 和 $C_{i,j-1}^n$，其余的都是刚刚求出的过渡值。对于每个固定的 i，由式(4-35)都可得到一个三对角线方程组，全部求解后就得到了 $t = (n+1)\Delta t$ 时刻各节点的浓度，从而推进一个时间步长。

可以证明，ADI 法是无条件稳定的。

4.2 有限体积法

有限体积法对复杂区域的处理能力强于有限差分法，故在计算流体力学领域有着更广泛的应用。现在回忆一下前面推导流动控制方程的过程，一般取微元系统或者微元控制体作为考察对象，然后通过分析界面上的对流和扩散量，并对微元控制体内的流动参数求微分或极限后就能够得出流动偏微分控制方程。利用有限体积法数值求解流动问题的思路与上述流动控制方程推导的思路刚好相反，它将要解的对流扩散方程在每个控制体上做积分，并将原来在空间和时间上连续的微分方程离散成关于有限个节点处未知量的代数方程组。在积分运算后出现了界面上的对流项和扩散项，而未知变量却位于控制体的中心(即节点)，如何利用节点处的变量值来计算出界面上的变量值和导数值是有限体积法的关键，也是构造不同计算格式的出发点。

4.2.1 导数的差分近似

有限体积法可以直接在物理空间上离散方程，其基本步骤如下：

(1) 积分，即将守恒型控制方程在任意一个有限控制体积及时间间隔上积分。

(2) 选型，即选定未知变量沿时间及空间坐标的分布型线，并利用周围节点处的变量值写出控制界面上的变量值和导数值。

(3) 整理，即将离散方程组整理成简洁通用的代数方程组形式。

现在以一维非定常对流扩散方程为例，说明有限体积法离散微分方程的详细过程。

例 4-1 利用有限体积法，推导一维非定常的对流扩散方程：

$$\frac{\partial \rho \Phi}{\partial t} + \frac{\partial \rho u \Phi}{\partial x} = \frac{\partial}{\partial x}\Gamma\frac{\partial \Phi}{\partial x} + S \tag{4-36}$$

的离散形式。

(1) 积分。考察任意控制体积(一维时为控制区间，二维时为控制面积，三维时为控制体积，对一维情况仍称为控制体积，可以想象于一维坐标线正交方向上取单位面积)，节点记为 P，其左、右控制界面记为 w, e，左、右节点记为 W、E，更远的节点记为 WW、EE，e 界面左右两个节点之间的距离记为 δx_e，P 节点左右两个界面之间的距离记为 Δx_P；网格标记方式如图 4-2 所示。

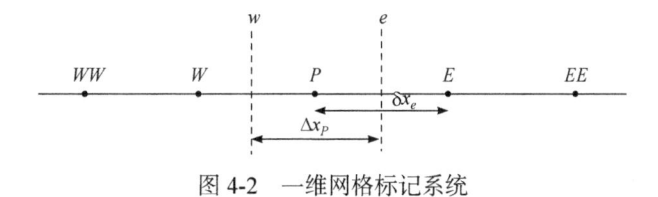

图 4-2 一维网格标记系统

取空间积分区域为 $[w,e]$，时间积分间隔为 $[t, t+\Delta t]$，对式(4-36)求积分，有

$$\int_t^{t+\Delta t}\int_w^e\left(\frac{\partial \rho \Phi}{\partial t} + \frac{\partial \rho u \Phi}{\partial x}\right)\mathrm{d}x\mathrm{d}t = \int_t^{t+\Delta t}\int_w^e\left(\frac{\partial}{\partial x}\Gamma\frac{\partial \Phi}{\partial x}\right)\mathrm{d}x\mathrm{d}t + \int_t^{t+\Delta t}\int_w^e S\mathrm{d}x\mathrm{d}t$$

利用导数的积分公式，上式可写为

$$\begin{aligned}&\int_w^e (\rho^{t+\Delta t}\Phi^{t+\Delta t} - \rho^t\Phi^t)\mathrm{d}x + \int_t^{t+\Delta t}\left(\rho u\Phi\big|_e - \rho u\Phi\big|_w\right)\mathrm{d}t \\ &= \int_t^{t+\Delta t}\left(\Gamma\frac{\partial \Phi}{\partial x}\bigg|_e - \Gamma\frac{\partial \Phi}{\partial x}\bigg|_w\right)\mathrm{d}t + \int_t^{t+\Delta t}\int_w^e S\mathrm{d}x\mathrm{d}t\end{aligned} \tag{4-37}$$

可见积分符号中出现了控制界面上的变量值、一阶导数值，但未知变量存放的位置在节点处，需要利用节点处的变量值写出界面上的变量值和一阶导数值。

(2) 选型。式(4-37)左端第一项表示非定常项，规定 Φ 在 $[w,e]$ 区间内为 x 的阶梯函数，即利用 Φ_P 代表该区间的平均值，则有

$$\int_w^e (\rho^{t+\Delta t}\Phi^{t+\Delta t} - \rho^t\Phi^t)\mathrm{d}x = (\rho_P^{t+\Delta t}\Phi_P^{t+\Delta t} - \rho_P^t\Phi_P^t)\Delta x$$

式(4-37)左端第二项为对流项，规定 Φ 在 $[t,t+\Delta t]$ 区间内为 t 的隐式阶梯函数(即均取 $t+\Delta t$ 时间层上的变量值)，在 $[W,P]$ 区间及 $[P,E]$ 区间为 x 的分段线性函数，则有

$$\int_t^{t+\Delta t} \left(\rho u\Phi|_e - \rho u\Phi|_w\right)\mathrm{d}t = \left(\rho u\Phi|_e^{t+\Delta t} - \rho u\Phi|_w^{t+\Delta t}\right)\Delta t$$

$$= \left(\rho u|_e^{t+\Delta t}\frac{\Phi_P^{t+\Delta t}+\Phi_E^{t+\Delta t}}{2} - \rho u|_w^{t+\Delta t}\frac{\Phi_W^{t+\Delta t}+\Phi_P^{t+\Delta t}}{2}\right)\Delta t$$

式(4-37)右端第一项为扩散项，规定 Φ 是时间的隐式阶梯函数，是空间坐标的分段线性函数，则有

$$\int_t^{t+\Delta t}\left(\Gamma\frac{\partial\Phi}{\partial x}\bigg|_e - \Gamma\frac{\partial\Phi}{\partial x}\bigg|_w\right)\mathrm{d}t = \left(\Gamma_e^{t+\Delta t}\frac{\partial\Phi}{\partial x}\bigg|_e^{t+\Delta t} - \Gamma_w^{t+\Delta t}\frac{\partial\Phi}{\partial x}\bigg|_w^{t+\Delta t}\right)\Delta t$$

$$= \left(\Gamma_e^{t+\Delta t}\frac{\Phi_E^{t+\Delta t}-\Phi_P^{t+\Delta t}}{\delta x_e} - \Gamma_w^{t+\Delta t}\frac{\Phi_P^{t+\Delta t}-\Phi_W^{t+\Delta t}}{\delta x_w}\right)\Delta t$$

式(4-37)右端第二项为源项，规定 S 是时间的显式阶梯函数，为空间坐标的阶梯函数，则有

$$\int_t^{t+\Delta t}\int_w^e S\mathrm{d}x\mathrm{d}t = S_P^t\Delta x\Delta t$$

(3) 整理。将上述各式都代入式(4-37)，并且两端都同时除以 Δt，得到

$$\left(\rho_P^{t+\Delta t}\Phi_P^{t+\Delta t} - \rho_P^t\Phi_P^t\right)\frac{\Delta t}{\Delta x} + \rho u|_e^{t+\Delta t}\frac{\Phi_P^{t+\Delta t}+\Phi_E^{t+\Delta t}}{2} - \rho u|_w^{t+\Delta t}\frac{\Phi_W^{t+\Delta t}+\Phi_P^{t+\Delta t}}{2}$$
$$= \Gamma_e^{t+\Delta t}\frac{\Phi_E^{t+\Delta t}-\Phi_P^{t+\Delta t}}{\delta x_e} - \Gamma_w^{t+\Delta t}\frac{\Phi_P^{t+\Delta t}-\Phi_W^{t+\Delta t}}{\delta x_w} + S_P^t\Delta x$$

将上式经过整理，可得到关于节点 P 处的变量值的简洁通用代数方程(忽略掉上标 $t+\Delta t$，下同)，即

$$a_P\Phi_P = a_E\Phi_E + a_W\Phi_W + b \tag{4-38}$$

其中

$$a_P = a_E + a_W + F_e - F_W + \rho_P\frac{\Delta x}{\Delta t}$$

$$a_E = \frac{\Gamma_e}{\delta x_e} - \frac{\rho_e u_e}{2} = D_e - \frac{1}{2}F_e$$

$$a_W = D_W + \frac{1}{2}F_W$$

$$b = S_P^t \Delta x + \rho_P^t \frac{\Delta x}{\Delta t} \Phi_P^t$$

式中，a_P 为代数方程的对角元系数；a_E、a_W 为左、右节点对 P 节点的影响系数；b 为代数方程的源项；Φ_P 为求解变量；$F_e = \rho_e u_e$ 为通过界面 e 的质量流量；$D_e = \dfrac{\Gamma_e}{\delta x_e}$ 为界面 e 处的扩导系数(另外一个下标 w 代表界面 w 上的相应值)。F_e 与 D_e 之比

$$P_{\Delta e} = \frac{F_e}{D_e} = \frac{\rho_e u_e \delta x_e}{\Gamma_e}$$

是网格的 Peclet(佩克莱)数，该无量纲数反映了对流能力与扩散能力的相对大小。在计算相邻节点 E、W 对 P 节点的影响系数 a_E、a_W，即选型时需考虑 $P_{\Delta e}$ 的影响。

针对每个节点，都可以写成相应的代数方程(4-38)，即未知变量数目与方程数目一致，通过联立求解这些代数方程组，就可以获得数值解。

4.2.2 对流扩散方程的基本离散格式

本节结合定常无源项的一维对流扩散问题，研究有限体积法的基本离散格式，由于是定常问题，自变量只有一个，这样该问题简化为二阶常微分方程，有

$$\frac{\mathrm{d}\rho u \Phi}{\mathrm{d}x} = \frac{\mathrm{d}}{\mathrm{d}x} \Gamma \frac{\mathrm{d}\Phi}{\mathrm{d}x}, \quad x \in (0, L) \tag{4-39}$$

其第一类边界条件为

$$\Phi(0) = \Phi_0, \quad \Phi(L) = \Phi_L \tag{4-40}$$

该问题既具备对流扩散问题的基本性质(对流及扩散)，同时又有解析解，这样便于直观对比数值解的误差大小。

现在先求问题即式(4-39)、式(4-40)的解析解。假设模型参数 ρ、u、Γ 均为常数，对自变量 x 及求解变量 Φ 进行无量纲化变换，有

$$\begin{cases} \tilde{x} = x/L \\ \tilde{\Phi} = \dfrac{\Phi - \Phi_0}{\Phi_L - \Phi_0} \end{cases}$$

其反变换形式为

$$\begin{cases} x = \tilde{x} L \\ \Phi = \Phi_0 + \tilde{\Phi}(\Phi_L - \Phi_0) \end{cases}$$

变换后的无量纲方程为

$$\frac{\Phi_L - \Phi_0}{L} \frac{\mathrm{d}\rho u \tilde{\Phi}}{\mathrm{d}\tilde{x}} = \frac{\Phi_L - \Phi_0}{L^2} \frac{\mathrm{d}}{\mathrm{d}\tilde{x}} \Gamma \frac{\mathrm{d}\tilde{\Phi}}{\mathrm{d}\tilde{x}}$$

即

$$\frac{\mathrm{d}^2 \tilde{\Phi}}{\mathrm{d}\tilde{x}^2} = Pe \frac{\mathrm{d}\tilde{\Phi}}{\mathrm{d}\tilde{x}} \tag{4-41}$$

其中，$Pe = \dfrac{\rho u L}{\varGamma}$ 为问题的 Peclet 数，其特征长度为问题的区间长度。变化后的边界条件为

$$\tilde{\varPhi}(0) = 0, \quad \tilde{\varPhi}(1) = 1 \tag{4-42}$$

式(4-41)的特征方程为 $\lambda^2 = Pe \cdot \lambda$，其特征根为 $\lambda_1 = 0$，$\lambda_2 = Pe$，通解为

$$\tilde{\varPhi}(\tilde{x}) = C_1 + C_2 \mathrm{e}^{Pe \cdot \tilde{x}}$$

利用边界条件即式(4-42)可以确定出两个参数为

$$\begin{cases} C_1 = \dfrac{-1}{\mathrm{e}^{Pe} - 1} \\ C_2 = \dfrac{1}{\mathrm{e}^{Pe} - 1} \end{cases}$$

即问题的特解为

$$\tilde{\varPhi} = \dfrac{\mathrm{e}^{Pe \cdot \tilde{x}} - 1}{\mathrm{e}^{Pe} - 1}$$

这样就可以得到原问题即式(4-39)、式(4-40)的解析解为

$$\varPhi(x) = \varPhi_0 + (\varPhi_L - \varPhi_0) \dfrac{\mathrm{e}^{Pe \cdot \tilde{x}/L}}{\mathrm{e}^{Pe} - 1} \tag{4-43}$$

由式(4-43)可以看出，对流扩散问题的解析解为指数函数，其具体分布形式与 Pe 关系密切，如图 4-3 所示。当 $Pe = 0$，即流动速度为零时，解退化为线性函数，此时利用分段线性方法插值中间界面 e 上的函数值及导数值是精确的；当 Pe 为很大的正数，即流动速度为正且对流能力远大于扩散能力时，中间界面 e 上的函数值基本上等于上游节点(即 $x = 0$ 节点)处的变量值，导数值基本为零；当 Pe 为很大的负数，即流动速度为负且对流能力远大于扩散能力时，中间界面 e 上的函数值基本上等于上游节点(即 $x = L$ 节点)处的变量值，导数值基本为零。总之，在构造离散格式(即选型)中需要考虑 Pe 的影响。

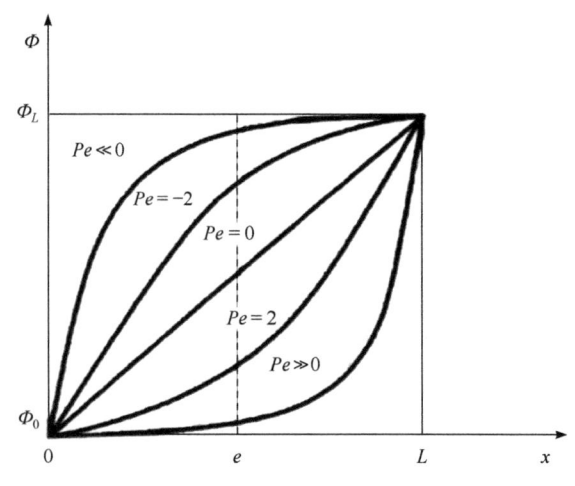

图 4-3 一维对流扩散方程的解析解与 Pe 的关系

将式(4-39)在$[w,e]$区间上积分，并利用积分计算公式得

$$\rho u \Phi|_e - \rho u \Phi|_w = \Gamma \frac{d\Phi}{dx}\bigg|_e - \Gamma \frac{d\Phi}{dx}\bigg|_w \tag{4-44}$$

不同离散格式的区别在于如何利用节点上的变量计算出界面上的变量值及导数值，即区别在于如何选型。下面给出五种基本离散格式，即二阶中心格式、一阶迎风格式、混合格式、指数格式和乘方格式，这些格式都属于三节点格式，即P节点处的离散方程中出现左、右两个节点W、E节点处的变量值。

1. 二阶中心格式

二阶中心格式的选型方法是规定界面上的变量值与导数值均按线性函数计算，这样式(4-44)可离散为

$$F_e \frac{\Phi_P + \Phi_E}{2} - F_w \frac{\Phi_W + \Phi_P}{2} = D_e(\Phi_E - \Phi_P) - D_w(\Phi_P - \Phi_W)$$

整理后的代数方程为

$$a_P \Phi_P = a_E \Phi_E + a_W \Phi_W \tag{4-45}$$

$$a_E = D_e - \frac{1}{2}F_e, \quad a_W = D_w + \frac{1}{2}F_w \tag{4-46}$$

$$a_P = a_E + a_W + (F_e - F_w) \tag{4-47}$$

利用该格式得到的代数方程(4-45)，与利用有限差分法的二阶中心差分格式得到的代数方程完全相同，因此该中心格式具有二阶精度。

2. 一阶迎风格式

一阶迎风格式的选型方法是规定界面上的变量值取自上游节点，即按照阶梯函数选型；界面上的导数值按照线性函数选型，这样式(4-44)可离散为

$$F_e \Phi_e - F_w \Phi_w = D_e(\Phi_E - \Phi_P) - D_w(\Phi_P - \Phi_W) \tag{4-48}$$

界面上的变量值计算公式为

$$\Phi_e = \begin{cases} \Phi_P & F_e \geq 0 \\ \Phi_E & F_e < 0 \end{cases}, \quad \Phi_w = \begin{cases} \Phi_W & F_w \geq 0 \\ \Phi_P & F_w < 0 \end{cases} \tag{4-49}$$

这样有

$$F_e \Phi_e = \Phi_P \left[|F_e|, 0\right] - \Phi_E \left[|-F_e|, 0\right]$$

$$F_w \Phi_w = \Phi_W \left[|F_w|, 0\right] - \Phi_P \left[|-F_w|, 0\right]$$

代入式(4-48)得

$$\Phi_P \left[|F_e|, 0\right] - \Phi_E \left[|-F_e|, 0\right] - \Phi_W \left[|F_w|, 0\right] + \Phi_P \left[|-F_w|, 0\right]$$
$$= D_e(\Phi_E - \Phi_P) - D_w(\Phi_P - \Phi_W)$$

整理结果为

$$a_P \Phi_P = a_E \Phi_E + a_W \Phi_W \tag{4-50}$$

$$a_E = D_e + \left[|-F_e, 0|\right], \quad a_W = D_w + \left[|F_w, 0|\right] \tag{4-51}$$

$$a_P = a_E + a_W + F_e - F_w \tag{4-52}$$

上面出现的 $\left[|a,b|\right]$ 代表 $\max\{a,b\}$，取其中的最大值。

由式(4-50)~式(4-52)可以看出：离散方程与一阶迎风格式相同，该格式具有一阶精度；一阶迎风格式的影响系数恒大于等于零，因此一阶迎风格式是绝对稳定的。

4.3 有限元法

4.3.1 定义

在数学中，有限元法是一种求解偏微分方程边值问题近似解的数值技术。求解时对整个问题区域进行分解，每个子区域都成为简单的部分，这种简单部分就称为有限元。

通过变分方法使得误差函数达到最小值并产生稳定解。类比连接多段微小直线逼近圆的思想，有限元法包含了一切可能的方法，这些方法将许多称为有限元的小区域上的简单方程联系起来，并用其去估计更大区域上的复杂方程。它将求解域看成由许多称为有限元的小的互连子域组成的，对每一单元假定一个合适的(较简单的)近似解，然后推导求解这个域总的满足条件(如结构的平衡条件)，从而得到问题的解。这个解不是准确解，而是近似解，因为实际问题被较简单的问题所代替。由于大多数实际问题难以得到准确解，而有限元法不仅计算精度高，而且能适应各种复杂形状，所以成为行之有效的工程分析手段。

随着计算机技术的迅速发展，在工程领域中，有限元分析(FEA)越来越多地用于仿真模拟，来求解真实的工程问题。这些年来，越来越多的工程师、应用数学家和物理学家已经证明这种采用求解偏微分方程(PDE)的方法可以求解许多物理现象，这些偏微分方程可以用来描述流动、电磁场以及结构力学等。有限元法用来将这些众所周知的数学方程转化为近似的数字式图像。

早期的有限元法主要关注某个专业领域，如应力或疲劳。但一般来说，物理现象都不是单独存在的。例如，只要运动就会产生热，而热反过来又影响一些材料属性，如电导率、化学反应速率、流体的黏性等。这种物理系统的耦合就是多物理场，分析起来比单独去分析一个物理场要复杂得多。很明显，我们需要一个多物理场分析工具。

在20世纪90年代以前，由于计算机资源的缺乏，多物理场模拟仅仅停留在理论阶段，有限元建模也局限于对单个物理场的模拟。最常见的也就是对力学、传热、流体以及电磁场的模拟，看起来有限元仿真的命运好像也就是对单个物理场的模拟。

经过数十年的努力，计算科学的发展提供了更灵巧简洁而又快速的算法、更强劲的硬件配置，使得对多物理场的有限元模拟成为可能。新兴的有限元法为多物理场分析提供了一个新的机遇，满足了工程师对真实物理系统求解的需要。有限元法的未来在于多物理场求解。

4.3.2 计算有限元公式的推导

计算有限元公式可以由虚功原理推出，从平衡方程 $\boldsymbol{B}^{\mathrm{T}}\boldsymbol{\sigma}+\boldsymbol{F}=0$ 出发。这是一微分方程，同时它满足一定的边界条件。为了求导出广义解，将它化为积分等式，取任意向量函数 $\boldsymbol{\Phi}(x,y,z)=[\varphi,\psi,\chi]$，它在 S_2 满足位移边界条件，用 $\boldsymbol{\Phi}^{\mathrm{T}}$ 乘方程的两端，在空间 Ω 上求积分得到，即

$$0 = \iiint_\Omega \boldsymbol{\Phi}^{\mathrm{T}}(\boldsymbol{B}^{\mathrm{T}}\boldsymbol{\sigma} + \boldsymbol{F})\mathrm{d}x\mathrm{d}y\mathrm{d}z \tag{4-53}$$

通过一系列数学变换，最终可得

$$\iiint_\Omega (\boldsymbol{B}\boldsymbol{\Phi})^{\mathrm{T}}\boldsymbol{D}(\boldsymbol{B}\boldsymbol{U})\mathrm{d}x\mathrm{d}y\mathrm{d}z = \iiint_\Omega \boldsymbol{\Phi}^{\mathrm{T}}\boldsymbol{F}\mathrm{d}x\mathrm{d}y\mathrm{d}z + \iint_{S_2} \boldsymbol{\Phi}^{\mathrm{T}}\boldsymbol{P}\mathrm{d}S \tag{4-54}$$

上述方程就是通常所说的虚功方程。$\boldsymbol{\Phi}(x,y,z)$ 称为虚位移，$\boldsymbol{B}\boldsymbol{\Phi}$ 称为虚应变 $\boldsymbol{\varepsilon}^*$。因此，上述方程的左端可表示为 $\iiint_\Omega (\boldsymbol{\varepsilon}^*)^{\mathrm{T}}\boldsymbol{D}\mathrm{d}x\mathrm{d}y\mathrm{d}z$，而上述等式就是虚功方程，它表示内力做功与外力做功相等。满足虚功方程同时又满足边界条件的向量函数 $\boldsymbol{U}(x,y,z)$，即微分方程的广义解。

4.3.3 离散化建立有限元方程

通常的单元有四面体单元、棱柱体单元和六面体单元，如图 4-4 所示。由于六面体等参元便于剖分拟合实际地形并且有较高的计算精度，这里以八节点六面体单元为例进行说明。不妨假定区域 Ω 是一多面体，做六面体剖分，单元为 $e_n(n=1,2,\cdots,\mathrm{NE})$，节点(六面体顶点)为 $P_i(x_i,y_i,z_i)(i=1,2,\cdots,\mathrm{NP})$。

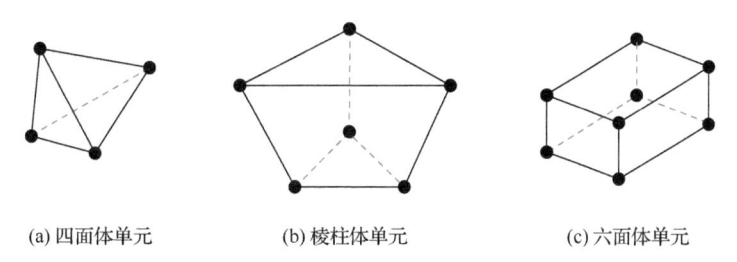

(a) 四面体单元　　(b) 棱柱体单元　　(c) 六面体单元

图 4-4　四面体单元、棱柱体单元、六面体单元

1) 线性插值

设在每个节点 $P_i(x_i,y_i,z_i)$ 上，位移 $\boldsymbol{U}$ 的值为

$$\boldsymbol{U}_i = \begin{bmatrix} u_i \\ v_i \\ w_i \end{bmatrix} \tag{4-55}$$

则对于任意单元 e，由 U 在八个顶点上的值，恰好在单元内确定一线性插值，即

$$U = a_{1x} + a_{2y} + a_{3z} + a_4 \tag{4-56}$$

其中，a_i 为 3×1 列阵，它在顶点上满足：

$$U_i = a_{1x_i} + a_{2y_i} + a_{3z_i} + a_4, \quad i = 1, 2, \cdots, 8 \tag{4-57}$$

解出 a，再代回式(4-57)，并且经过适当整理可得

$$\begin{aligned} U &= N\boldsymbol{\delta}_e \\ N &= \begin{bmatrix} N_1 & 0 & 0 & \cdots & N_8 & 0 & 0 \\ 0 & N_1 & 0 & \cdots & 0 & N_8 & 0 \\ 0 & 0 & N_1 & \cdots & 0 & 0 & N_8 \end{bmatrix} \\ \boldsymbol{\delta}_e &= \begin{bmatrix} u_1 & v_1 & w_1 & \cdots & u_8 & v_8 & w_8 \end{bmatrix}^{\mathrm{T}} \end{aligned} \tag{4-58}$$

这里只是给出简要过程，在第 5 章将详细说明 N 的具体表达式及编程实现的方法。

由几何方程和物理方程，应变 $\boldsymbol{\varepsilon}$ 和应力 $\boldsymbol{\sigma}$ 可表示为

$$\begin{aligned} \boldsymbol{\varepsilon} &= B\boldsymbol{\delta}_e \\ \boldsymbol{\sigma} &= DB\boldsymbol{\delta}_e \end{aligned} \tag{4-59}$$

其中，$B = \begin{bmatrix} B_1 & B_2 & \cdots & B_8 \end{bmatrix}$。

而 $B_i (i = 1, 2, \cdots, 8)$ 是 6×3 矩阵：

$$B_i = \begin{bmatrix} \dfrac{\partial N_i}{\partial x} & 0 & 0 \\ 0 & \dfrac{\partial N_i}{\partial y} & 0 \\ 0 & 0 & \dfrac{\partial N_i}{\partial z} \\ \dfrac{\partial N_i}{\partial y} & \dfrac{\partial N_i}{\partial x} & 0 \\ 0 & \dfrac{\partial N_i}{\partial z} & \dfrac{\partial N_i}{\partial y} \\ \dfrac{\partial N_i}{\partial z} & 0 & \dfrac{\partial N_i}{\partial y} \end{bmatrix} \tag{4-60}$$

单元刚度矩阵与单元荷载向量剖分之后，虚功方程可表示为

$$\sum_{n=1}^{\mathrm{NE}} \iiint_{e_n} \boldsymbol{\varepsilon}^{*\mathrm{T}} \boldsymbol{\sigma} \mathrm{d}x\mathrm{d}y\mathrm{d}z = \sum_{n=1}^{\mathrm{NE}} \iiint_{e_n} \boldsymbol{\varPhi}^{\mathrm{T}} \boldsymbol{F} \mathrm{d}x\mathrm{d}y\mathrm{d}z + \sum_{n=1}^{\mathrm{NE}} \iiint_{S_2 \cap e_n} \boldsymbol{\varPhi}^{\mathrm{T}} \boldsymbol{P} \mathrm{d}S \tag{4-61}$$

$$\iiint_e \boldsymbol{\varepsilon}^{*\mathrm{T}} \boldsymbol{\sigma} \mathrm{d}x\mathrm{d}y\mathrm{d}z = \iiint_e \left(B\boldsymbol{\delta}_e^*\right)^{\mathrm{T}} DB\boldsymbol{\delta}_e \mathrm{d}x\mathrm{d}y\mathrm{d}z = \boldsymbol{\delta}_e^{*\mathrm{T}} \boldsymbol{k}_e \boldsymbol{\delta}_e \tag{4-62}$$

单元刚度矩阵为

$$\boldsymbol{k}_e = \int_{V_e} \boldsymbol{B}^{\mathrm{T}} \boldsymbol{D} \boldsymbol{B} \mathrm{d}V \tag{4-63}$$

这是一个 24×24 的对称、非负矩阵。当它为零时，其力学意义是应变等于零，即单元不发生形变，做刚性位移。它反映了单元的刚性，表明为了维持单元 e 的形变，需要在单元的节点上施加外力，使它达到平衡，这些外力通过节点对单元作用，称为等效节点力。

为计算单元荷载向量，需要计算积分：

$$\iiint_e \boldsymbol{\Phi}^{\mathrm{T}} \boldsymbol{F} \mathrm{d}x\mathrm{d}y\mathrm{d}z \tag{4-64}$$

$$\iiint_{S_2 \cap e_n} \boldsymbol{\Phi}^{\mathrm{T}} \boldsymbol{P} \mathrm{d}S \tag{4-65}$$

容易知道：

$$\iiint_e \boldsymbol{\Phi}^{\mathrm{T}} \boldsymbol{F} \mathrm{d}x\mathrm{d}y\mathrm{d}z = \iiint_e \left(\boldsymbol{N} \boldsymbol{\delta}_e^*\right)^{\mathrm{T}} \boldsymbol{F} \mathrm{d}x\mathrm{d}y\mathrm{d}z = \boldsymbol{\delta}_e^{*\mathrm{T}} \boldsymbol{F}_e \tag{4-66}$$

其中，$\boldsymbol{F}_e = \begin{bmatrix} F_1^e & F_2^e & \cdots & F_8^e \end{bmatrix}^{\mathrm{T}}$。

$$\boldsymbol{F}_e = \begin{bmatrix} \iiint_e F_x N_i(x,y,z)\mathrm{d}x\mathrm{d}y\mathrm{d}z \\ \iiint_e F_y N_i(x,y,z)\mathrm{d}x\mathrm{d}y\mathrm{d}z \\ \iiint_e F_z N_i(x,y,z)\mathrm{d}x\mathrm{d}y\mathrm{d}z \end{bmatrix}, \quad i = 1, 2, \cdots, 8 \tag{4-67}$$

$$\iiint_{S_2 \cap \partial_e} \boldsymbol{\Phi}^{\mathrm{T}} \boldsymbol{P} \mathrm{d}S = \boldsymbol{\delta}_e^{*\mathrm{T}} \iiint_{S_2 \cap \partial_e} \boldsymbol{N}^{\mathrm{T}} \boldsymbol{P} \mathrm{d}S = \boldsymbol{\delta}_e^{*\mathrm{T}} \bar{\boldsymbol{F}}_e \tag{4-68}$$

其中

$$\bar{\boldsymbol{F}}_e = \begin{bmatrix} \bar{\boldsymbol{F}}_1^e & \bar{\boldsymbol{F}}_2^e & \cdots & \bar{\boldsymbol{F}}_8^e \end{bmatrix}^{\mathrm{T}}$$

$$\bar{\boldsymbol{F}}_e = \begin{bmatrix} \iiint_{S_2 \cap \partial_e} P_x N_i(x,y,z)\mathrm{d}x\mathrm{d}y\mathrm{d}z \\ \iiint_{S_2 \cap \partial_e} P_y N_i(x,y,z)\mathrm{d}x\mathrm{d}y\mathrm{d}z \\ \iiint_{S_2 \cap \partial_e} P_z N_i(x,y,z)\mathrm{d}x\mathrm{d}y\mathrm{d}z \end{bmatrix}, \quad i = 1, 2, \cdots, 8 \tag{4-69}$$

2) 总刚度矩阵与总载荷向量的安装

将单元刚度矩阵、单元载荷向量的表达式代入等式虚功方程，每个单元刚度系数(24×24 矩阵)、每个单元载荷向量(24×1 列阵)按其脚标编号对号入座形成总刚度矩阵和总载荷向量。此时的总刚度矩阵是 3NP 阶方阵，总载荷向量是 3NP 维向量。

叠加的结果为

$$\sum_{n=1}^{NE} \boldsymbol{\delta}_{e_n}^{*T} \boldsymbol{k}_{e_n} \boldsymbol{\delta}_{e_n} = \sum_{n=1}^{NE} \boldsymbol{\delta}_{e_n}^{*T} \left(\boldsymbol{F}_{e_n} + \boldsymbol{\bar{F}}_{e_n} \right) \tag{4-70}$$

即

$$\boldsymbol{\delta}^{*T} \left(\sum_{n=1}^{NE} \boldsymbol{k}_{e_n} \right), \quad \boldsymbol{\delta}_{e_n} = \boldsymbol{\delta}^{*T} \sum_{n=1}^{NE} \left(\boldsymbol{F}_{e_n} + \boldsymbol{\bar{F}}_{e_n} \right) \tag{4-71}$$

故

$$\boldsymbol{\delta}^{*T} (\boldsymbol{K}\boldsymbol{\delta} - \boldsymbol{F}) = 0 \tag{4-72}$$

这里

$$\boldsymbol{K} = \sum_{n=1}^{NE} \boldsymbol{k}_{e_n}$$
$$\boldsymbol{F} = \sum_{n=1}^{NE} \left(\boldsymbol{F}_{e_n} + \boldsymbol{\bar{F}}_{e_n} \right) \tag{4-73}$$

由于 $\boldsymbol{\delta}^*$ 是一个任意 NP 维向量，所以由上述方程得线形方程组

$$\boldsymbol{K}\boldsymbol{\delta}^* = \boldsymbol{F} \tag{4-74}$$

4.3.4 有限元应用

对于力学工作者，借助有限元这个工具，可以得到许多难以求得解析解的问题的可靠数值结果；对于工程技术人员，很多复杂工程对象的设计可以不依赖或少依赖耗费巨大的实验。近年来有限元分析在工程设计和分析中得到了越来越广泛的重视，已经成为解决复杂工程分析计算问题的有效途径，现在从汽车到航天飞机几乎所有的设计制造都已离不开有限元分析计算，其在机械制造、材料加工、航空航天、汽车、土木建筑、电子电气、国防军工、船舶、铁道、石化、能源、科学研究等各个领域的广泛使用已使设计水平发生了质的飞跃，主要表现在以下几个方面：

(1) 增加产品和工程的可靠性；
(2) 在产品的设计阶段发现潜在的问题；
(3) 经过分析计算，采用优化设计方案，降低原材料成本；
(4) 缩短产品投向市场的时间；
(5) 模拟实验方案，减少实验次数，从而减少实验经费。

压电扩音器(piezoacoustic transducer)可以将电流场转换为声学压力场，或者反过来，将声学压力场转换为电流场。这种装置一般用在空气或者液体中的声源装置上，如

相控阵麦克风、超声生物成像仪、声呐传感器、声学生物治疗仪等，也可用在一些机械装置如喷墨机和压电马达等。

压电扩音器涉及三个不同的物理场：结构场、电场、流体中的声场。只有具有多物理场分析能力的软件才能求解这个模型。

压电材料选用 PZT5-H 晶体，这种材料在压电传感器中用得比较广泛。在空气和晶体的交界面处，将声场边界条件设置为压力等于结构场的法向加速度，这样可以将压力传到空气中去。另外，晶体域中又会因为空气压力对其的影响而产生变形。仿真研究了在施加一个幅值为 200V、振荡频率为 300kHz 的电流后，晶体产生的声波传播。这个模型描述了极其完美的结果，表明在任何复杂的模型下，都可以用一系列的数学模型进行表达，进而求解。

在印度尼西亚的拜耳公司创新组织中，由 Kalafut 带领一个研究小组，采用多物理场分析工具来研究细长的注射器中血细胞的注射过程，这是一种非牛顿流体，而且具有很高的剪切速率。

通过这项研究，拜耳公司的工程师制造了一个新颖的装置，称为先锋型血管造影导管。同采用尖喷嘴的传统导管相比，采用扩散型喷嘴的新导管使得造影剂分布得更加均匀。造影剂就是在进行 X 射线拍照时，将病变的器官显示得更加清楚的特殊材料。

另外一个问题就是传统导管在使用过程中可能会使得造影剂产生很大的速度，进而可能会损伤血管。先锋型血管造影导管降低了造影剂对血管产生的冲击力，将血管损伤的可能性降至最低。

关键的问题就是如何去设计导管的喷嘴形状，使其既能优化流体速度又能减少结构变形。Kalafut 的研究小组利用多物理场建模方法将层流产生的力耦合应用到应力应变分析中，进而对各种不同喷嘴的形状、布局进行流固耦合分析。

自从 1991 年被申请专利以来，摩擦搅拌焊接(friction stir welding, FSW)已经广泛应用于铝合金的焊接。航空工业最先开始采用这些技术，正在研究如何利用它来降低制造成本。在摩擦搅拌焊接的过程中，一个圆柱状具有轴肩和搅拌头的刀具旋转插入两片金属的连接处。旋转的轴肩和搅拌头用来生热，但是这个热还不足以熔化金属。反之，软化呈塑性的金属会形成一道坚实的屏障，会阻止氧气氧化金属和气泡的形成。粉碎、搅拌和挤压的动作可以使焊缝处的结构比原先的金属结构还要好，强度甚至可以达到原来的 2 倍。这种焊接装置甚至可以用于不同类型的铝合金焊接。

空中客车公司(AirBus)资助了很多关于摩擦搅拌焊接的研究。第一个研究成果是一个摩擦搅拌焊接的数学模型，这让空中客车公司的工程师"透视"到焊缝中来检查温度分布和微结构的变化。

在这个摩擦搅拌焊接的模拟过程中，将三维的传热分析和二维轴对称的涡流模拟耦合起来。传热分析计算在刀具表面施加热流密度后，结构的热分布可以提取出刀具的位移、热边界条件以及焊接处材料的热学属性。接下来将刀具表面处的三维热分布映射到二维模型上，耦合起来的模型就可以计算在加工过程中热和流体之间的相互作用结果。

将基片的电磁、电阻以及传热行为耦合起来需要一个真正的多物理场分析工具。一个典型的应用是在半导体加工和退火工艺中，有一种利用感应加热的热壁熔炉，它用来让半导体晶圆生长,这是电子行业中的一项关键技术。

多物理场分析工具可以分析出整个电路板上热量的转移、结构的应力变化以及由于温度的上升导致的变形,可以用来提升电路板设计的合理性以及材料选择的合理性。

计算机能力的提升使得有限元分析由单场分析到多场分析变成现实,未来的几年内,多物理场分析工具将会使学术界和工程界产生巨变。

4.3.5 有限元法分析计算

有限元法是一种针对连续体力学和物理问题的通用数值求解方法。传统的微分方程求解方法中,对函数的光滑度要求高,许多微分方程很难求解,甚至无解。数学家通过分析微分和积分之间的联系,降低了求导运算对函数光滑度的要求,提出了弱导数概念。这使一部分在传统导数意义下无解的微分方程,在弱导数意义下可能有解。在弱导数意义下,大量的微分方程可以转化为线性的变分形式,这些变分形式可以归纳为抽象变分式:

$$\alpha(u,v) = f(v), \quad v \in V$$

其中,V 为 Hilbert 空间;$\alpha(u,v)$ 为 V 上连续的双线性型泛函;$f(v)$ 为 V 上的线性泛函。无限维空间 V 中自由度太多,在其中寻求微分方程的解析解困难很大。构造一个包含于无限维空间 V 的有限维空间 V_h,不但能很好地逼近无限维空间 V,也能将一个无限维的问题转换为一个有限维的问题,大大简化了微分方程的求解难度。基于这种原理,有限元法将连续问题转化为离散问题,将无限维空间上的求解问题转化为有限维空间上的求解问题来处理。

有限元法的基本思想是将连续的求解区域离散为一组有限个、按一定方式相互连接的单元组合体。每个单元内使用假设的近似函数分片表示全求解域内的未知场函数,单元内的近似函数由未知场函数及其导数在单元各个节点函数值及其插值函数表达。这样使一个连续的无限自由度问题变成离散的有限自由度问题,求解出这些未知量后,可以通过插值函数得到单元内场函数的近似值,从而得到整个求解域上的近似解。随着单元尺寸的缩小、单元和单元自由度数量的增加,有限元近似解逐步逼近精确解。如果单元满足收敛条件,近似解将收敛于精确解。

有限元法不仅具有理论完整可靠、形式单纯、规范,精度和收敛性得到保证等优点,而且可根据问题的性质构造适用的单元,从而具有比其他数值解法更广的适用范围。随着计算机技术的普及和计算速度的不断提高,它已成为涉及力学的科学研究和工程技术所不可或缺的工具。

有限元法计算分析方法归结如下。

1) 物体离散化

将某个工程结构离散为由各种单元组成的计算模型,这一步称为单元划分。离散后单元与单元之间利用单元的节点相互连接起来;单元节点的设置、性质、数目等视为问题的性质,描述变形形态由计算精度而定(一般情况单元划分越细则描述变形情况越精确,即越接近实际变形,但计算量越大)。所以有限元中分析的结构已不是原有的物体或结构物,而是同新材料由众多单元以一定方式连接成的离散物体,用有限元分析计算所获得的结果只是近似的。若划分单元数目非常多而又合理，则所获得的结果就与实际情况相符合。

2) 选择位移模式

在有限元法中，选择节点位移作为基本未知量时称为位移法；选择节点力作为基本未知量时称为力法；取一部分节点力和一部分节点位移作为基本未知量时称为混合法。位移法易于实现计算自动化，在有限元法中位移法应用范围最广。

当采用位移法时，物体或结构物离散化之后，就可将单元总的一些物理量如位移、应变和应力等由节点位移来表示。这时可以对单元中位移的分布采用一些能逼近原函数的近似函数予以描述。通常有限元法将位移表示为坐标变量的简单函数，这种函数称为位移模式或位移函数。

3) 分析力学性质

根据单元的材料性质、形状、尺寸、节点数目、位置及其含义等，找出单元节点力和节点位移的关系式，这是单元分析中的关键一步。此时需要应用弹性力学中的几何方程和物理方程来建立力和位移的方程式，从而导出单元刚度矩阵，这是有限元法的基本步骤之一。

4) 等效节点力

物体离散化后，假定力是通过节点从一个单元传递到另一个单元的。但是，对于实际的连续体，力是从单元的公共边传递到另一个单元中去的。因此，这种作用在单元边界上的表面力、体积力和集中力都需要等效地移到节点上去，也就是用等效的节点力来代替所有作用在单元上的力。

思考题及习题

1. 有限差分法的基本思路是什么？
2. 请写出有限体积法离散微分方程的基本步骤。
3. 推导有限元公式。

第5章 多物理场耦合分析方法与实践

耦合方法主要分为两种：强耦合方法(或直接耦合法)和弱耦合方法(或迭代耦合法)。强耦合方法在直接求解耦合方程的同时，更新耦合系统中的所有变量。相反，弱耦合方法对每个物理模型分别求解，且通过在不同物理模型之间传递数据来满足耦合条件。强耦合方法通常用于解决强耦合问题，单向耦合问题无需用强耦合方法来求解。强耦合方法对于一些强耦合问题是不可避免的，而改进的弱耦合方法可能适用于某些层次的强耦合问题。

5.1 强耦合方法

多物理场耦合问题的"强"与"弱"，描述的是物理场之间联系的紧密程度。弱耦合即指物理场之间的相互影响较为微弱，强耦合即指物理场之间的相互影响非常强烈。如果从物理抽象到数学，多物理场分析对应于一个一个的偏微分方程组成的方程组，由于方程之间存在相互的联系，于是整个方程系统体现出更多非线性的特征。对于弱耦合问题，方程之间相互的影响相对较小，整个系统的非线性程度低；对于强耦合问题，方程之间彼此的依赖性很强，整个系统的非线性程度高。所以，多物理场强耦合问题实际上就是高非线性问题的一种体现。一直以来难以分析、求解的高非线性问题，体现在多物理仿真领域，就是多物理场强耦合问题。本节讨论的多物理场强耦合问题的共同点和挑战，也就是指多物理场耦合带来的高非线性。多物理场的相互作用，有的通过材料的属性变化而体现(如热敏电阻，电导率是温度的函数)，有的通过求解域的几何变化而体现(如存在大变形的流固耦合问题)，有的则通过具有自适应性质的边界条件的变化而体现(如根据实时浓度分布而自动调节速度的流体入口边界)。这几种情况，本质上对应于非线性问题的三大类：材料非线性、几何非线性、边界非线性。

在强耦合方法中，需要直接匹配耦合方程，同时通过强耦合方式建立耦合系统，隐式求解耦合方程。这意味着耦合系统的可变矢量是通过求解线性化耦合方程获得的，耦合系统的可变矢量同时更新，接口耦合条件隐式满足。

强耦合方法的主要特征包含：单一的、完全耦合的单片方程组，直接求解耦合物理方程，在矩阵方程级别满足耦合条件，同时更新所有耦合系统的变量。

瞬态强耦合问题的典型仿真过程如图5-1所示。耦合时间步长从初始时间循环到仿真结束，时间步长的大小在仿真过程中可能会有所不同，不过所有物理模型的时间积分方案和时间步长大小的控制都是统一的。非线性迭代循环用于在时间循环内实现耦合系统的收敛解，收敛指标包括每个物理模型的残差以及接口上的耦合变量。耦合方程在迭代中求解一次，解矢量也同时更新。对于具有移动边界的非结构物理模型，网格运动

(变形或重网格化)需要计算每一个耦合时间步长或每一个迭代循环。在达到全局收敛条件后，仿真进入下一个耦合时间步长。

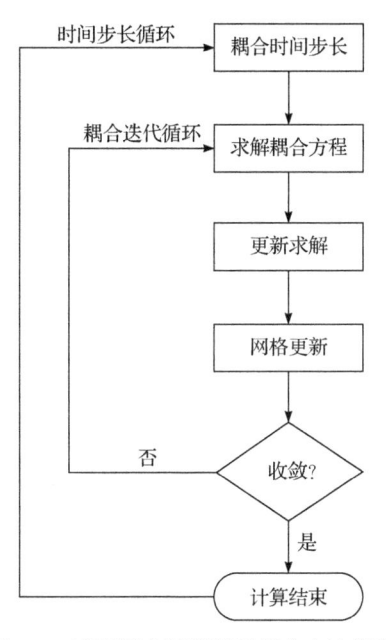

图 5-1 流固耦合问题的强耦合方法流程

图 5-2 演示了流固耦合(fluid structure interaction, FSI)问题的强耦合系统。通过恰当的接口耦合方法，如直接矩阵装配(DMA)、直接接口耦合(DIC)、多点约束(MPC)、拉格朗日乘子(LM)或惩罚函数(PF)法，可以得到整体方程组。这些耦合方法的详细信息将在后面的部分给出。

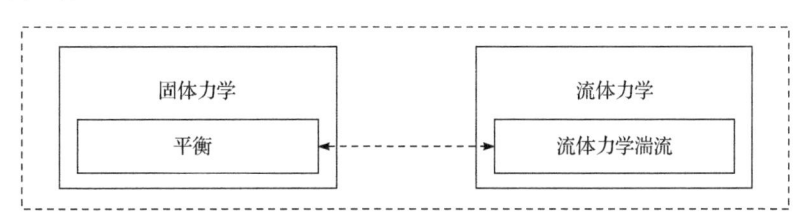

图 5-2 流固耦合问题的强耦合系统

5.1.1 强耦合方法的优劣

强耦合方法的优点包括：单步求解耦合方程组；强耦合问题的鲁棒收敛。

强耦合方法的缺点包括：需要对各种新的耦合物理问题的求解器进行完全重写；由于不同物理区域的"刚度"不同，矩阵系统往往是非常病态的。在线性方程求解器中，大问题的计算量变大，对不同物理模型(如网格离散化、时间积分方案)的灵活性较小。

5.1.2 通过材料属性体现的多物理场强耦合问题

一般意义上常在数值分析中提到"材料非线性"，这个名词在传统的单物理场分析中，代表那些由材料属性引入的非线性问题。例如，在力学分析中，如果高应变时材料发生了屈服，其应力-应变关系就会显示出非线性特征；在电磁波分析中，分析电磁场非线性效应，即分析材料的折射率或者介电常数是否与电场强度或者电磁功率有关；在传热问题中，如果材料的热导率、换热系数或者比热容与温度相关，也会引入非线性，这一类非线性传热问题在伴有相变的传热过程中非常常见。从这些随手举出的例子可以看出，当开始讨论非线性时，即便是相对简单的单物理场的仿真分析，所接触到的问题也已经变得越来越有意思了。

如果转向多物理场，这种由材料属性引入的多物理场强耦合的情况更是比比皆是。

5.1.3 通过求解域的大变形体现的多物理场强耦合问题

在单物理场结构力学分析中，大变形问题称为几何非线性，它是指变形比较大、影响到了整体结构的响应。请注意这并不是因为材料的屈服，而是由于变形比较大，整个结构发生了较大变化，从而影响了整个系统的响应。

在多物理场分析中，这种求解域发生明显变化的情况更为常见。

5.1.4 通过边界条件体现的多物理场强耦合问题

从单场仿真来看，单场仿真中最典型的边界非线性问题，是力学分析中的接触问题。接触上就有约束，没接触上就没有约束，是否接触上显然与形变的位移有关。事实上，边界非线性的概念可以理解为描述某种反馈控制，所以在其他物理场分析中也非常常见。例如，加热管道的瞬态传热分析，边界上的热源不是一个恒定值，而是要根据管道中间某点的实测温度来实时调整，边界条件是温度的函数。另外，传热问题中常用的自然换热边界，即热通量为

$$\text{Flux} = h^*(T - \text{Text})$$

这其实也会为计算带来非线性，在多物理场分析中这种现象更为普遍。

直接矩阵匹配强耦合方法：如果参与耦合的物理模型没有共同自由度(DOF)，但耦合现象可以表示为如式(5-1)所示的矩阵形式，那么就可以运用直接矩阵装配(DMA)方法。

$$\begin{bmatrix} K_{11}^1(X_1,X_2) & K_{12}^{12}(X_1,X_2) \\ K_{21}^{21}(X_1,X_2) & K_{22}^2(X_1,X_2) \end{bmatrix} \begin{Bmatrix} X_1 \\ X_2 \end{Bmatrix} = \begin{Bmatrix} F_1(X_2) \\ F_2(X_1) \end{Bmatrix} \tag{5-1}$$

耦合可以是体积上的，也可以是接口上的，式(5-1)中的非对角线项可以通过体积积分或者表面积分得到。

5.1.5 具有相关接口自由度的直接接口耦合方法

若耦合物理模型在接口上的网格离散相同，即它们的接口网格共享相同的接口节点和下划线元素，而且节点和下划线元素具有相互关联的自由度，则可以使用直接接口耦合方法来满足接口耦合条件。

第5章 多物理场耦合分析方法与实践

直接接口耦合方法的主要特征包括：跨物理模型耦合接口的统一接口网络；耦合物理模型的相关接口自由度；在不引入新的接口网格或耦合变量的情况下，采用矩阵或矢量装配法满足所有耦合条件。

流固耦合分析中，如果流体和结构域共享公共接口节点，如图5-3所示，就可以采用直接接口耦合方法，所有的耦合条件都是通过接口网络的矩阵和矢量装配过程来实现的。

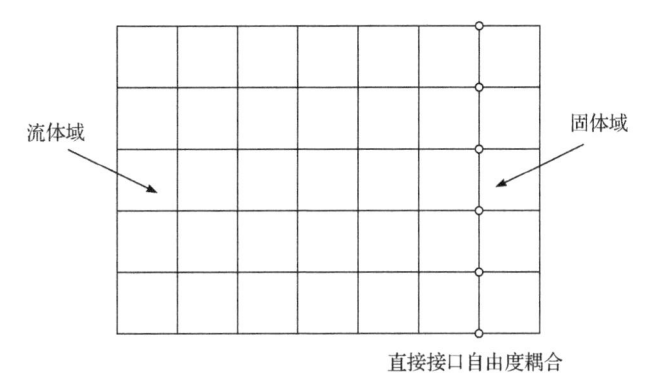

图5-3 直接接口耦合方法

这种耦合对应的自由度是固体域的位移矢量和流体域的网格位移矢量，对界面上的流体和固体采用拉格朗日乘子描述。耦合系统的可变矢量可分为三个部分：

$$\boldsymbol{\Phi}^{fs} = \begin{Bmatrix} \boldsymbol{\Phi}_i^f \\ \boldsymbol{\Phi}_c^{fs} \\ \boldsymbol{\Phi}_i^s \end{Bmatrix}, \quad \boldsymbol{d}^s = \begin{Bmatrix} -1 \\ \boldsymbol{d}_c^{fs} \\ \boldsymbol{d}_i^s \end{Bmatrix} \tag{5-2}$$

其中，$\boldsymbol{\Phi}_i^f = \{\boldsymbol{P}^f, \boldsymbol{V}_i^f\}^\mathrm{T}$ 为流体域内的压力矢量和内部速度矢量；$\boldsymbol{\Phi}_c^{fs} = \boldsymbol{V}_i^{fs}$ 为耦合速度矢量；$\boldsymbol{\Phi}_i^s = \{\boldsymbol{V}_i^s, \boldsymbol{P}^s\}^\mathrm{T}$ 为固体内部位移矢量和压力矢量；$\boldsymbol{d}_c^{fs}$ 为耦合位移矢量。根据式(5-2)对耦合系统可变矢量的定义，耦合方程可表示为

$$\boldsymbol{Q}^{fs} = \boldsymbol{F}^{fs} \tag{5-3}$$

其中，$\boldsymbol{F}^{fs}$ 为外力矢量；内力矢量 $\boldsymbol{Q}^{fs}$ 为

$$\boldsymbol{Q}^{fs} = \boldsymbol{M}^{fs}\boldsymbol{\Phi}^{*fs} + \boldsymbol{C}^f\boldsymbol{\Phi}^{*fs} + \boldsymbol{Q}^s(\boldsymbol{d}^s) \tag{5-4}$$

式(5-4)中，*分别为流体在任意拉格朗日-欧拉(arbitrary Lagrangian-Eulerian，ALE)坐标系中的时间导数或界面与固体在拉格朗日坐标系中的时间导数；$\boldsymbol{M}^{fs}$ 为由流体和固体的质量矩阵组成的质量矩阵；$\boldsymbol{C}^f$ 为由流体的散度、黏度和对流项组成的质量矩阵。这些耦合矩阵和矢量的细节可以表示为

$$M^{fs} = \begin{bmatrix} M^P & 0 & 0 & 0 & 0 \\ 0 & M_{ii}^f & M_{ic}^f & 0 & 0 \\ 0 & M_{ci}^f & M_{cc}^f + M_{cc}^s & M_{ci}^s & 0 \\ 0 & 0 & M_{ic}^s & M_{ii}^s & 0 \\ 0 & 0 & 0 & 0 & 0 \end{bmatrix}$$

(5-5)

$$C^f = \begin{bmatrix} \Lambda^P & G_i^T & G_c^T & 0 & 0 \\ -G_i & \Lambda_{ii} + K_{\mu ii} & \Lambda_{ic} + K_{\mu ic} & 0 & 0 \\ -G_c & \Lambda_{ci} + K_{\mu ci} & \Lambda_{cc} + K_{\mu cc} & 0 & 0 \\ 0 & 0 & 0 & 0 & 0 \\ 0 & 0 & 0 & 0 & 0 \end{bmatrix}$$

$$Q^{fs} = \begin{Bmatrix} -1 \\ -1 \\ Q_c^s \\ Q_i^s \\ Q_P^s \end{Bmatrix}, \quad F^{fs} = \begin{Bmatrix} 0 \\ F_i^f \\ F_c^{fs} \\ F_i^s \\ 0 \end{Bmatrix}$$

(5-6)

在前面的方程中，下标 c 和 i 分别表示变量的耦合部分和内部部分。通过线性化可以得到耦合方程(5-4)的增量形式：

$$^tM^{fs}\Delta\dot{\Phi}^{*fs} + {}^tC^f\Delta\Phi^{fs} + {}^tK^s\Delta d^s = {}^{t+\Delta t}F^{fs} - {}^tQ^{fs}$$

(5-7)

式中，$^tK^s$ 是切线刚度矩阵；系数矩阵 $^tM^{fs}$ 和 $^tC^f$ 是割线矩阵。张群讨论了 $^tM^{fs}$ 和 $^tC^f$ 的线性化。在实践中，如果使用有效时间步长控制算法来控制时间步长 Δt，$^tM^{fs}$ 和 $^tC^f$ 的割线矩阵通常收敛得很好。对线性化耦合公式(5-7)采用隐式时间积分法(纽马克 β 法)可以得到代数式(5-8)：

$$\left[{}^tM^{fs} + \gamma\Delta t\, {}^tC^f + \beta\Delta t^{2\,t}K^s \right]\Delta\dot{\Phi}^{*fs} = {}^{t+\Delta t}F - {}^tQ^{fs}$$

(5-8)

其中，γ 和 β 为可选参数，可获得积分精度和稳定性；$\Delta\dot{\Phi}^{*fs}$ 为耦合系统可变矢量的增量。此外，式(5-8)可以表示为式(5-9)的最简形式：

$$\Lambda^{fs}\Delta\dot{\Phi}^{*fs} = R^{fs}$$

(5-9)

式中，Λ^{fs} 为耦合系统的有效质量矩阵；R^{fs} 为耦合系统的残差向量。

5.1.6 基于多点约束方程的强耦合方法

当不同物理模型占用相同的界面几何结构(如顶点、边缘、面、实体)通过不匹配的界面网格进行离散化，且节点和下划线元素具有相互关联的自由度时，可采用基于约束方程的耦合方法，如图 5-4 所示。利用映射技术，实现了跨耦合界面的非匹配网格离散化。

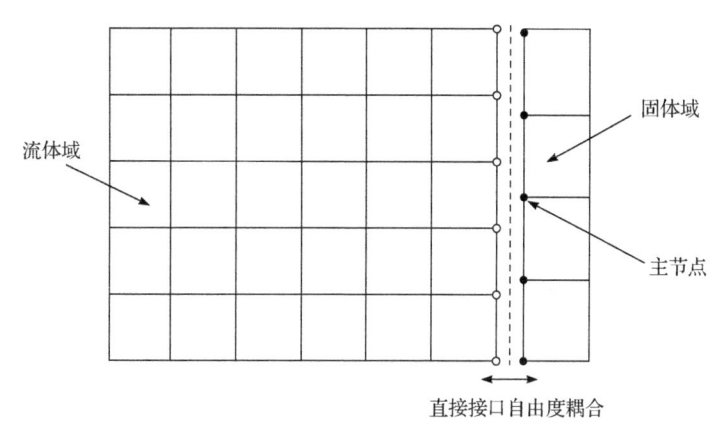

图 5-4 映射技术示意图

针对流固耦合问题，若耦合界面上的流体网格和结构化网格不兼容，则需要使用适当的搜索工具来查找流体节点和结构节点之间的相关性。接口上的流体节点被视为从节点，相反，接口上的结构节点被视为主节点。界面上流体节点的网格位移、速度和加速度被强制等于结构的相应值。约束方程和流体力分布在基于映射结果的结构处，速度矢量的约束条件由式(5-10)给出：

$$\boldsymbol{v}^f = \sum_{i=1}^{N} w_i \boldsymbol{v}_i^s \tag{5-10}$$

其中，$\boldsymbol{v}^f$ 为接口上流体节点(从节点)的速度矢量；N 为相关的主/结构节点数；w_i 为节点 i 上结构的权重因子；$\boldsymbol{v}_i^s$ 为同一主节点上结构的速度矢量。

使用模型预测控制(model predictive control，MPC)方法可以得到与式(5-3)中直接界面耦合法相似的耦合方程。

模型预测控制法的主要特征包括：

(1) 允许不同物理模型使用不兼容的接口网格，耦合条件可以写成显式形式，即

$$\boldsymbol{v}^f = \boldsymbol{v}^s，在流固耦合交界面处 \tag{5-11}$$

(2) 主节点的接口变量是耦合方程中唯一需要求解的因素，从网格的界面变量直接由约束方程计算。

(3) 不需要接口网格和其他接口变量，界面变量上耦合矩阵的稀疏性可能会丢失。

5.1.7 基于拉格朗日乘子的强耦合方法

如果耦合接口上的约束条件不能表示为显式函数：

$$\boldsymbol{u}_A = \boldsymbol{u}_B \quad 在 \varGamma_c 上 \tag{5-12}$$

那么对于一个隐式函数：

$$\boldsymbol{f}(\boldsymbol{u}_A, \boldsymbol{u}_B) = 0 \quad 在 \varGamma_c 上 \tag{5-13}$$

拉格朗日乘子法适用于在耦合界面上施加式(5-12)或式(5-13)这样的约束条件。

该方法引入拉格朗日乘子 λ。约束条件的势方程(或其他物理类型的等效方程)可表示为

$$W_\lambda = \int_{\Gamma_c} f(u_A, u_B) \cdot \lambda \mathrm{d}\Gamma \quad (5\text{-}14)$$

通常将这个公式加到原始势方程(或其他物理类型的等价方程)中：

$$W_L = W + W_\lambda \quad (5\text{-}15)$$

并取 u_A、u_B 和 λ 的变化：

$$\delta W + \int_{\Gamma_c} (\delta\lambda \cdot f(u_A, u_B))\mathrm{d}\Gamma + \int_{\Gamma_c}\left[\left(\frac{\partial f(u_A, u_B)}{\partial u_A}\delta u_A + \frac{\partial f(u_A, u_B)}{\partial u_B}\delta u_B\right)\cdot \lambda\right]\mathrm{d}\Gamma = 0 \quad (5\text{-}16)$$

其中，W 为势能方程的原始形式。

拉格朗日乘子(LM)法的主要特征包括：允许不同物理模型的接口网络不兼容；耦合条件可以用显式或隐式形式表示，即

$$f(u_A, u_B) = 0 \quad \text{on } \Gamma_c$$

此外，还需要拉格朗日乘子的附加接口变量，以及拉格朗日乘子插值的接口网格，可以准确地满足界面条件，界面变量上耦合矩阵的稀疏性可能会丢失。

值得注意的是，基于拉格朗日乘子的强耦合可以用于电磁耦合界面、结构接触等的求解。

5.1.8 基于惩罚函数法的强耦合方法

还有一种方法是用惩罚函数(PF)法来实现强界面耦合。对于基于势的问题，控制方程为

$$\min\left(W + \int_{\Gamma_c}\left(\frac{1}{2}\beta f(u_A, u_B)\cdot f(u_A, u_B)\right)\mathrm{d}\Gamma\right) \quad (5\text{-}17)$$

其中，β 为惩罚因子；$f(u_A, u_B)$ 为约束方程；W 为原势方程。式(5-17)的变式表示为

$$\delta W + \delta\int_{\Gamma_c}\left(\frac{1}{2}\beta f(u_A, u_B) f(u_A, u_B)\right)\mathrm{d}\Gamma = 0 \quad (5\text{-}18)$$

$$\delta W + \int_{\Gamma_c}\left[\beta\left(\frac{\partial f(u_A, u_B)}{\partial u_A}\delta u_A + \frac{\partial f(u_A, u_B)}{\partial u_B}\delta u_B\right)f(u_A, u_B)\right]\mathrm{d}\Gamma = 0 \quad (5\text{-}19)$$

惩罚函数法的主要特征包括：允许不同物理模型使用不兼容的接口网格；耦合条件可以用显式或隐式形式表示，即 $f(u_A, u_B) = 0$(在 Γ_c 上)；不需要额外的接口变量和接口网格；根据因子 β 的取值，界面条件近似满足，且 β 的取值也影响耦合矩阵的质量；界面变量上耦合矩阵的稀疏性可能会丢失。

值得注意的是，基于惩罚函数法的强耦合通常用于机械接触和热接触问题。

5.2 弱耦合方法

5.2.1 弱耦合方法的特征和定义

弱耦合方法分别求解各个物理模型，通过在不同物理模型间传输数据来满足耦合条件。

弱耦合方法的特征包括：将多个分离方程集合迭代求解；通过在耦合接口之间传递载荷来耦合物理模型；每个物理模型都是并行或串行求解的；每种物理模型的求解方法都是最优的，具有灵活性。

弱耦合方法的优点包括：不需要重写物理求解器；能够利用每个求解器的主要功能；对于弱耦合问题更经济；能够实现代码耦合。

弱耦合方法的缺点包括：载荷矢量耦合分析需要松弛技术；对于某些强耦合问题，收敛或发散速度较慢。

5.2.2 弱耦合方法的求解过程与控制

1. 求解过程

如图 5-5 所示的流程图是采用高斯-赛德尔(Gauss-Seidel)迭代法对微机电系统(MEMS)器件进行弱耦合方法求解的过程。耦合时间循环控制总体时间推进和耦合时间步长，耦合时间控制内部是非线性耦合交错循环。在耦合交错循环中，需要实现界面载荷传递的收敛以及各物理模型的收敛。

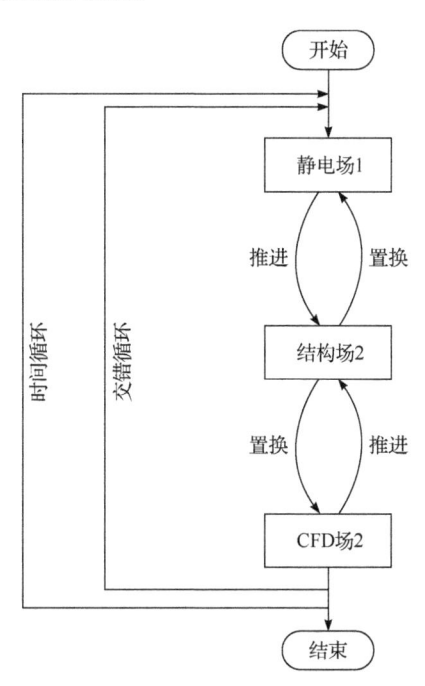

图 5-5 微机电系统器件的高斯-赛德尔迭代弱耦合方法流程

弱耦合方法相对于强耦合方法的一个主要优点是时间积分方法的灵活性和对不同物理求解器的最佳时间步长不同。物理求解器可以使用自动步进和子循环(在物理场中使用比耦合时间步长更小的时间步长)，尽管载荷传递必须发生在每个耦合时间步长，并且可能需要进行特殊处理以实现时域的平滑和能量守恒。在弱耦合方法中，每个物理模型都能保持时间积分应用的灵活性和效率。在耦合交错环路中，除最后一个物理模型，其他物理模型都不需要达到完全收敛状态。

2. 收敛控制

下面检验耦合隐式交错循环过程中界面载荷的收敛性以及各物理求解器的收敛性。界面载荷收敛性的评价指标为

$$\varepsilon^* = \frac{\lg(\varepsilon/\text{TOLER})}{\lg(10/\text{TOLER})} \tag{5-20}$$

其中，TOLER 为用户输入公差；ε 为界面载荷的归一化变化量，且

$$\varepsilon = \|\boldsymbol{\Phi}_{\text{new}} - \boldsymbol{\Phi}_{\text{pre}}\|/\|\boldsymbol{\Phi}_{\text{new}}\|$$

式中，$\boldsymbol{\Phi}_{\text{new}}$ 为当前接口加载矢量；$\boldsymbol{\Phi}_{\text{pre}}$ 为前一次耦合迭代时的界面载荷矢量；$\|\cdot\|$ 代表向量的 L_2 范数。

当 $\varepsilon^* \leq 0$ 时发生收敛，即 $\varepsilon < \text{TOLER}$。

3. 物理模型之间的载荷转移

采用弱耦合方法的微机电系统(MEMS)器件流程图(图 5-5)演示了物理模型之间的数据传输，首先求解静电模型，得到的静电力通过同一接口传递到结构模型并接收位移。然后在接收静电力和流体力后，求解结构模型的力学行为，并将位移以网格位移的形式传递到流体力学模型中。最后求解具有移动边界的流固界面流体力学模型，通过重复耦合迭代，在满足适当收敛准则的情况下，满足所有界面连续性方程和动力平衡条件。

5.2.3 实现弱耦合的方式

有两种实现弱耦合的方法，第一种是单代码耦合，第二种是通过代码耦合接口实现多代码耦合。对于单代码耦合，物理模型在单代码中实现。因为所有的物理模型按顺序运行时必须使用高斯-赛德尔迭代。对于 Intersolver 耦合，每个物理模型可以在不同的求解器代码中实现，通过第三方代码耦合接口控制耦合过程和数据传输。有公开的商业软件可用于 Intersolver 耦合，即 MpCCI。高斯-赛德尔迭代和雅可比迭代都可用于求解 Intersolver 耦合。

5.3 瞬态多物理场问题的时间积分方案

5.3.1 自动时间步进和等分方案

对于一个时间暂态非线性问题，在分析过程中非线性水平的变化是很常见的。这意

味着在模拟过程中，适当的时间步长可能会发生变化。调整时间步长是最优的，有时是必要的，以实现稳定和快速的解决方案。这里使用的自动时间步进方案如式(5-21)所示：

$$\Delta t^{n+1} = \frac{\Delta t^n \times N_{\text{target}}}{N_{\text{actual}}}$$

$$\Delta t^{n+1} = \begin{cases} \Delta t_{\max}, & \Delta t^{n+1} \geqslant \Delta t_{\max} \\ \Delta t_{\min}, & \Delta t^{n+1} < \Delta t_{\max} \end{cases} \quad (5-21)$$

其中，Δt 为时间步长；N_{target} 为用户指定的目标迭代次数；N_{actual} 为时间步长 n 中的实际迭代次数。若实际迭代次数大于用户指定的目标次数，则下一个时间步长减小，反之亦然，时间步长不超过用户指定的范围。

除了自动时间步长，还提供了一分为二的功能，允许重做一个分散的解决方案，其时间步长是原来的一半。如果时间步长大于最小值且迭代次数也达到最大值，那么求解器将自动回到上一个时间步长，时间步长减少一半，开始新的时间步长模拟。当流体元素的体积为负，或由于高度非线性引起的任何其他发散时，也将执行此操作。

5.3.2 PMA 方法(基于纽马克 β 法)

纽马克 β 法由于其简单和鲁棒性的特点，现在被广泛应用于实际分析中。PMA 方法基于纽马克 β 法，它属于一类离散隐式单步积分方案，采用与纽马克 β 法相同的假设。以结构分析为例：

$$\boldsymbol{v}_{n+1} = \boldsymbol{v}_n + \left[(1-\gamma)\boldsymbol{a}_n + \gamma\boldsymbol{a}_{n+1}\right]\Delta t \quad (5-22)$$

$$\boldsymbol{d}_{n+1} = \boldsymbol{d}_n + \boldsymbol{v}_n\Delta t + \left[\left(\frac{1}{2} - \beta\right)\boldsymbol{a}_n + \beta\boldsymbol{a}_{n+1}\right]\Delta t^2 \quad (5-23)$$

同时，假定加速度为常数，在时间区间 $t \sim t + \Delta t$ 处等于 $1/2(\boldsymbol{a}_n + \boldsymbol{a}_{n+1})$。与纽马克 β 法相比，PMA 方法预测了每个离散时间点的初始物理量。

式(5-22)、式(5-23)中的参数 γ 和 β 用于控制积分的精度和稳定性。无条件稳定的纽马克 β 积分方案要求 $\gamma \geqslant 0.5$，$\beta \geqslant 0.25(\gamma+0.5)^2$。对应于 $\gamma = 0.5$ 和 $\beta = 0.25$ 的积分方案(也称为梯形规则)可以得到约 3%的周期伸长和无振幅衰减，实现了最理想的精度特性。当 γ 大于 0.5 时引入数值阻尼，通常提高了计算稳定性，但牺牲了计算精度。对于一个固定的时间步长，通过增大 γ 来增加耗散量。

在每个时间循环中，考虑非线性迭代，给出时间点 $t + \Delta t$ 的预测解：

$$\boldsymbol{a}_{n+1}^{(0)} = 0 \quad (5-24)$$

$$\boldsymbol{v}_{n+1}^{(0)} = \boldsymbol{v}_n + \Delta t(1-\gamma)\boldsymbol{a}_n \quad (5-25)$$

$$\boldsymbol{d}_{n+1}^{(0)} = \boldsymbol{d}_n + \Delta t \boldsymbol{v}_n + \Delta t^2\left(\frac{1}{2} - \beta\right)\boldsymbol{a}_n \quad (5-26)$$

由式(5-24)~式(5-26)，可以从连续两次迭代中推导出物理量增量的关系：

$$\Delta d_{n+1}^{(i)} = \beta \Delta t^2 \Delta a_{n+1}^{(i)} \tag{5-27}$$

$$\Delta v_{n+1}^{(i)} = \gamma \Delta t \Delta a_{n+1}^{(i)} \tag{5-28}$$

与中心差分法不同的是，时刻 $t+\Delta t$ 的解基于时刻 $t+\Delta t$ 的平衡方程：

$$Ma_{n+1} + Cv_{n+1} + Qd_{n+1} = F_{n+1} \tag{5-29}$$

将式(5-27)、式(5-28)代入式(5-29)，根据待解加速度增量，得到最终式：

$$\left(M + \gamma \Delta t C + \beta \Delta t^2 K_{n+1}^{i-1}\right) \Delta a_{n+1}^{(i)} = F_{n+1} - Q_{n+1}^{(i-1)} - Ma_{n+1}^{(i-1)} - Cv_{n+1}^{(i-1)} \tag{5-30}$$

在每个时间循环中，重复这个迭代过程，直到满足用户指定的解 a_{n+1} 所需的收敛条件，其中 d_{n+1} 和 v_{n+1} 也可以用式(5-27)和式(5-28)更新。

5.3.3 α 方法

本节考虑了一种称为广义 α 方法的优秀时间积分方法，该方法也属于离散隐式单步积分方案，对线性问题具有二阶精度和无条件稳定性。该方法首次被提出用于结构动力学问题的计算，结合用户控制的高频阻尼具有良好的精度。然后，对线性一阶系统进行发展和分析，进一步将其推广到过滤后的不可压缩流 N-S 方程，在空间域不移动的层流和湍流情况下均能很好地工作。同时，将广义 α 方法推广到考虑网格变形的流固耦合分析中。结果表明，与基于纽马克 β 法相比，该方法具有更高的精度和稳定性。

广义 α 方法采用与纽马克 β 法相同的假设(如结构分析)：

$$v_{n+1} = v_n + [(1-\gamma)a_n + \gamma a_{n+1}]\Delta t \tag{5-31}$$

$$d_{n+1} = d_n + v_n \Delta t + \left[\left(\frac{1}{2} - \beta\right)a_n + \beta a_{n+1}\right]\Delta t^2 \tag{5-32}$$

与纽马克 β 法相比，平衡方程不是在离散时间建立的；相反，它是建立在半离散点上的，即

$$Ma_{n+1-\alpha_m} + Cv_{n+1-\alpha_f} + Qd_{n+1-\alpha_f} = Ft_{n+1-\alpha_f} \tag{5-33}$$

其中

$$d_{n+1-\alpha_f} = \left(1-\alpha_f\right)d_{n+1} + \alpha_f d_n \tag{5-34}$$

$$v_{n+1-\alpha_f} = \left(1-\alpha_f\right)v_{n+1} + \alpha_f v_n \tag{5-35}$$

$$a_{n+1-\alpha_m} = \left(1-\alpha_m\right)a_{n+1} + \alpha_m a_n \tag{5-36}$$

$$t_{n+1-\alpha_f} = \left(1-\alpha_f\right)t_{n+1} + \alpha_f t_n \tag{5-37}$$

式(5-31)～式(5-37)中的参数 α_f、α_m、β、γ 用于控制积分的精度和稳定性，可由用户指定。对于结构问题，以下时间积分参数是最优的：

$$\beta = \frac{1}{4}\left(1 - \alpha_m + \alpha_f\right)^2 \tag{5-38}$$

$$\gamma = \frac{1}{2} - \alpha_m + \alpha_f \tag{5-39}$$

$$\alpha_f = \frac{\rho_\infty}{1+\rho_\infty} \tag{5-40}$$

$$\alpha_m = \frac{2\rho_\infty - 1}{1+\rho_\infty} \tag{5-41}$$

其中，ρ_∞ 为一个无限时间步长的谱半径，必须在 $0 \leqslant \rho_\infty \leqslant 1$ 中选择，$\rho_\infty = 0$ 和 $\rho_\infty = 1$ 分别对应广义算法中的最小和最大阻尼级别。

在每个时间循环中，第 i 次迭代过程的半离散解表示为

$$\boldsymbol{d}_{n+1-\alpha_f}^{(i)} = (1-\alpha_f)\boldsymbol{d}_{n+1}^{(i)} + \alpha_f \boldsymbol{d}_n \tag{5-42}$$

$$\boldsymbol{v}_{n+1-\alpha_f}^{(i)} = (1-\alpha_f)\boldsymbol{v}_{n+1}^{(i)} + \alpha_f \boldsymbol{v}_n \tag{5-43}$$

$$\boldsymbol{a}_{n+1-\alpha_m}^{(i)} = (1-\alpha_m)\boldsymbol{a}_{n+1}^{(i)} + \alpha_m \boldsymbol{a}_n \tag{5-44}$$

结合方程(5-27)和(5-28)，式(5-42)~式(5-44)可写为

$$\Delta \boldsymbol{d}_{n+1-\alpha_f}^{(i)} = (1-\alpha_f)\beta \Delta t^2 \Delta \boldsymbol{a}_{n+1}^{(i)} \tag{5-45}$$

$$\Delta \boldsymbol{v}_{n+1-\alpha_f}^{(i)} = (1-\alpha_f)\gamma \Delta t \Delta \boldsymbol{a}_{n+1}^{(i)} \tag{5-46}$$

$$\Delta \boldsymbol{a}_{n+1-\alpha_m}^{(i)} = (1-\alpha_m)\Delta \boldsymbol{a}_{n+1}^{(i)} \tag{5-47}$$

根据加速度增量推导出最终待解方程：

$$\begin{aligned}
&\left[(1-\alpha_m)\boldsymbol{M} + (1-\alpha_f)\gamma \Delta t \boldsymbol{C} + (1-\alpha_f)\beta \Delta t^2 \boldsymbol{K}_{n+1-\alpha_f}^{(i-1)}\right]\Delta \boldsymbol{a}_{n+1}^{(i)} \\
&= \boldsymbol{F}_{n+1-\alpha_f} - \boldsymbol{Q}_{n+1-\alpha_f}^{(i-1)} - \boldsymbol{M}\boldsymbol{a}_{n+1-\alpha_m}^{(i-1)} - \boldsymbol{C}\boldsymbol{v}_{n+1-\alpha_f}^{(i-1)}
\end{aligned} \tag{5-48}$$

在每个时间循环中，重复这个迭代过程，直到满足用户指定的解 $\boldsymbol{a}_{n+1}$ 所需的收敛条件，其中 $\boldsymbol{d}_{n+1}$ 和 $\boldsymbol{v}_{n+1}$ 也可以用式(5-27)和式(5-28)更新。与结构问题类似，引入了 $\boldsymbol{v}_n$ 和 $\boldsymbol{a}_n$。对于流体力学的时间积分，还使用了一阶初值问题的广义 α 方法，在流体力学情况下不需要式(5-32)。

值得注意的是，对于流体力学方程，由于系统是一阶的，使用了不同的最优参数：

$$\gamma = \frac{1}{2} - \alpha_m + \alpha_f \tag{5-49}$$

$$\alpha_f = \frac{\rho_\infty}{1+\rho_\infty} \tag{5-50}$$

$$\alpha_m = \frac{1}{2}\frac{2\rho_\infty - 1}{1+\rho_\infty} \tag{5-51}$$

5.4 多物理场问题的高性能计算

5.4.1 弱耦合方法的关键技术

1. 映射算法

映射算法用于为目标上的给定节点或元素在源端找到对应的节点或元素集，映射算法用于不匹配强耦合界面、弱耦合问题中的载荷传递过程以及非结构物理模型大范围变化的网格更新过程。本节将讨论点云映射、节点到元素映射和控制表面映射(CSM)。

1) 点云(point cloud)映射

对于点云映射，用户只需要分别提供源端点的坐标和目标端点的坐标。映射算法是在这些点之间完成的。

做点云映射的一种方法是找到源端与目标端最近的点，如图 5-6 所示，并设置节点权重因子为 1。做点云映射的另一种方法是在三维(3D)情况下从源端的点创建四面体元素(二维(2D)情况下的三角形元素，如图 5-7 所示)，然后进行点到元素映射，以找到正确的元素和节点权重。与第二种方法相比，第一种方法缺乏准确性，但使用的计算时间更少。

点云映射的主要特征包括：
(1) 目标网格和源网格都只需要节点数据；
(2) 可以创建更精确的映射元素；
(3) 可使用全局搜索法或八叉树搜索法；
(4) 线性插值受到限制。

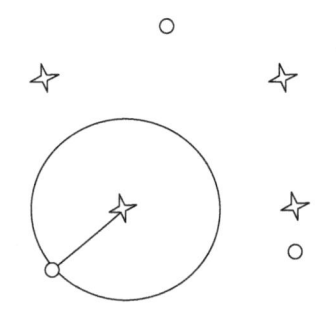

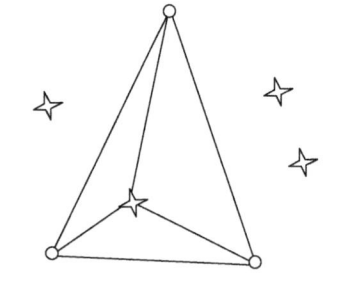

图 5-6　在目标端找到最近点的点云映射　　图 5-7　在二维情况下创建三角形元素的点云映射

2) 节点到元素映射

对于点元素映射，需要源端节点和元素信息，也需要目标端节点坐标信息，如图 5-8 所示。在目标端对每个有问题的节点进行点到元素的映射，以在源网格上找到正确的元素。计算映射元素中目标端点的局部坐标和映射元素中每个节点的节点权值。桶搜索法是点元素映射的一种有用的搜索算法，它将对方程中的节点应用全局搜索法，但候选元素被限制在所选桶中(图 5-9)。

点元素映射的主要特征包括：
(1) 目标端需要节点数据，源端需要元素数据；
(2) 桶搜索法是有效的点元素映射。

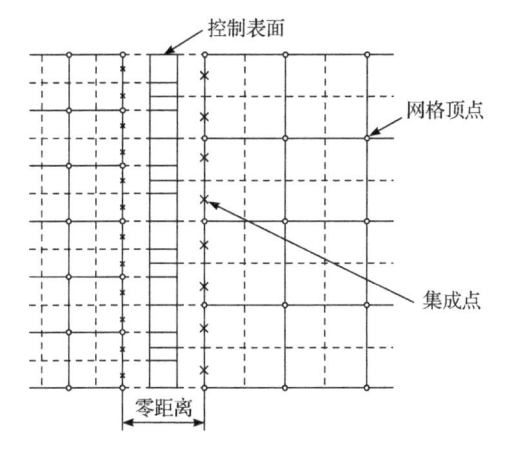

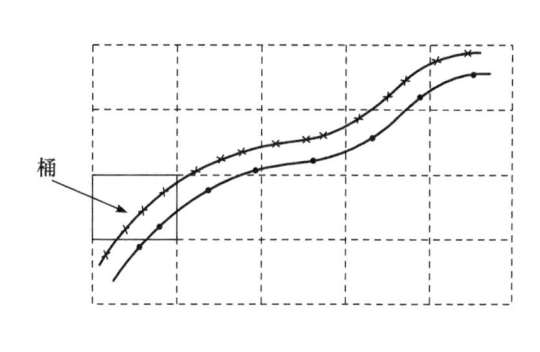

图 5-8 控制表面映射的控制面方法　　图 5-9 基于桶映射的表面搜索方法

3) 控制表面映射

在控制表面映射中，目标端和源端都需要包含节点信息和单元信息的网格。该算法的关键特性是寻找目标元素与源元素的交集，该映射算法既能型面保真，又能保持全局保守。交叉虚拟网格由目标端和源端接口网格组成。控制表面映射占用的内存较多，计算时间较长，但可以保持数据插值的最佳精度(既可以型面保真，又可以全局保守)。

控制表面方法的主要特征包括：
(1) 需要源网格和目标网格上的元素数据；
(2) 需要从源端和目标端的网格创建交集网格；
(3) 可以是全局保守和型面保真的；
(4) 该映射选项既适用于非保守数据(如温度、位移)，也适用于保守数据(如力和热流)；
(5) 与其他方法相比，它是计算成本最高的。

2. 搜索方法

1) 全局搜索法

全局搜索法是最简单的搜索算法，也是计算量最大的搜索算法。它通过源端上的所有节点或元素查找目标端上有问题的节点或元素。

全局搜索法的主要特征包括：
(1) 实现起来简单且可靠；
(2) 最昂贵的复杂度为 $O(n \times m)$，其中 n 是要映射到目标端上的节点或元素的数量，m 是源端上的节点或元素的总数。

2) 桶搜索法

对于桶搜索法，源端的所有节点或元素都分布在桶中(图5-9)。然后，将目标端上有问题的节点或元素定位在桶中。采用全局搜索法对方程中的节点或元素进行搜索，但将候选元素或节点限制在选定的桶中。

桶搜索法的主要特征包括：

(1) 对于给定的节点或元素，桶搜索法限制了它所循环的元素或节点；

(2) 与全局搜索法相比，桶搜索法的复杂度为 $O(n \times m')$，其中 n 为要映射到 m 个元素上的节点或元素的数量，m' 为源端每个桶中节点或元素的数量，通常比总数量 m 小得多。

3) 八叉树搜索法

八叉树搜索法可用于控制表面映射(图5-10)。它是在著名的八叉树数据结构的基础上开发的，八叉树数据结构是一种存储空间占用信息的方法，在粒子模拟中广泛使用。它根据不同的层次将三维空间细分为不同的区域。下区域由上区域生成，节点或元素分布到相应的区域。对于中心节点或元素，只检查其邻域内的目标。

八叉树搜索法的主要特征包括：

(1) 易于实现递归算法，并提供了很高的内存效率；

(2) 对于映射到 m 个元素的 n 个节点或元素，其复杂度为 $O(n \times \lg m)$。

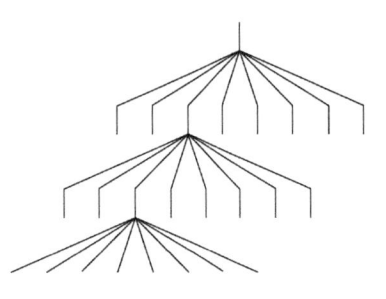

图5-10 八叉树搜索法的演示

4) 映射诊断

映射诊断过程在耦合分析中发现和处理不完全匹配的几何区域和非重叠区域。

5) 表面映射的正常距离

对于表面耦合，从源上的表面网格到相关节点的法向距离是决定相关节点是否适当映射到该候选面的一个因素。

若正常距离超过允许的正常公差(图5-11)，则认为该节点为不匹配的表面节点。

6) 偏移表面节点

对于未对齐的节点(该节点无法投影到目标网格上进行表面映射，见图5-12)，若偏移值超过了指定的公差，则认为该节点为偏移表面节点。

7) 体积映射的不恰当映射节点

对于二维或三维的体积映射，如果源节点不在目标网格或点云的范围内，且与该区域的距离超过指定的公差，则称其为不恰当映射节点(图5-13)。

图5-11 表面映射的正常距离　　图5-12 偏移表面节点　　图5-13 体积映射的不恰当映射节点

如果目标端有问题的节点或元素没有通过映射诊断检查，那么认为它是非重叠的。

3. 插值方法

映射完成后，在弱耦合方法中对载荷传递进行插值，或在重网格过程中得到新的网格解。

1) 线性插值(基于单元形状函数)

在线性插值中，目标节点或元素上的值是由源网格上贡献者的加权和计算出来的：

$$u^T = \sum_{i=1}^{N} w_i u_i^S \tag{5-52}$$

其中，u^T 为目标网格上节点(或元素)处的值；w_i 为源网格上节点(或元素) i 处的权重因子，取值范围为[0,1]；u_i^S 为同一节点(或元素)处的值；N 为源侧相关节点(或元素)的个数。

2) 基于控制表面的插值

与线性插值相比，基于控制表面的插值具有更强的鲁棒性和准确性。控制表面的网格是在映射和插值过程中创建的，它同时具有源侧和目标侧网格的分辨率。该方法利用目标网格与源网格的交点信息进行数据插值，使该方法既具有全局保守性又保持了型面。

3) 基于最小二乘法的插值

从全局考虑，目标侧的值的计算也可以用最小二乘法来完成。在这种情况下，不需要映射；取而代之的是耦合界面积分和代数方程的解。

$$\min \left(\int_{\Gamma_e} \left(u^T - u^S \right) \mathrm{d}\Gamma \right) \tag{5-53}$$

这可以通过在目标网格的耦合界面上积分来实现，通过求解由式(5-53)导出的线性方程，可以得到目标侧 u^T 的矢量。

4) 非保守数据的型面保真插值

型面保真插值适用于非保守数据(如位移、温度和密度)：

$$u^T - u^S \quad 在 \Gamma_c 上 \tag{5-54}$$

如果跨耦合接口使用不匹配的网格，并且 u^S 的分布极不均匀(图 5-14)，那么很可能变成以下情况：

$$\int_{\Gamma_c^T} u^T \mathrm{d}S \neq \int_{\Gamma_c^S} u^S \mathrm{d}S \tag{5-55}$$

这意味着，如果没有全局缩放，就无法维持全局保守。

在载荷传输中保持型面保真插值的最简单方法是将接收数据的网格作为目标网格，并将节点映射到发送者网格。这里可以使用桶映射，然后通过线性插值得到接收节点上的值(图 5-14)。该方法在接收者网格比发送者网格细的情况下具有较高的精度。

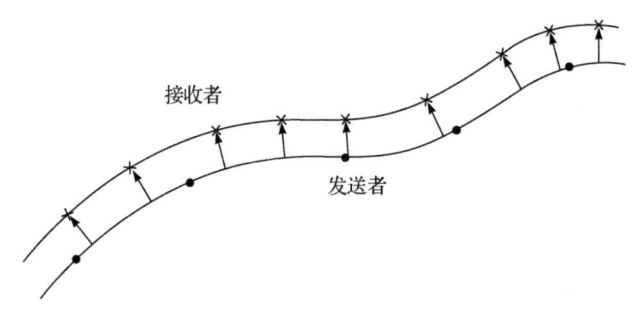

图 5-14　型面保真插值

5) 用于保守数据的全局保守数据传输

全局保守插值适用于保守数据(如力、热流、产热)。数据可以是分布密度，也可以是集中节点值，可以是表面荷载，也可以是体积荷载(图 5-15)。守恒是指目标网格上的综合总载荷等于源侧的综合总载荷，如式(5-56)所示：

$$\int_{\Gamma_e^T} f^T \mathrm{d}\Gamma = \int_{\Gamma_e^S} f^S \mathrm{d}\Gamma \tag{5-56}$$

或目标侧节点载荷之和等于源侧节点载荷之和，如式(5-57)所示：

$$\sum_{i=1}^{N^T} F_i^T = \sum_{i=1}^{N^S} F_i^S \tag{5-57}$$

其中，N^T 为目标网格节点数；N^S 为源侧节点数；F_i^T 为目标侧节点 i 处集中节点力；F_i^S 为源侧节点 i 处集中节点力。

弱耦合下的全局保守数据传输方法如图 5-15 所示。若载荷密度是可用的，则进行型面保真的数据插值；若接收端的值不等于发送端的值(式(5-58))，则进行缩放以实现全局保守(式(5-59))。

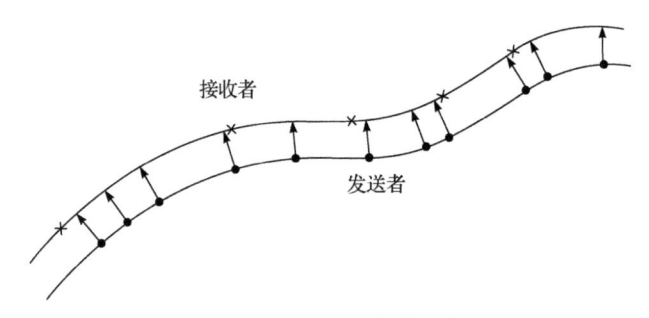

图 5-15　全局保守数据传输

如果

$$\sum_{i=1}^{N^{\text{Receiver}}} F_i^{\text{Receiver}} \neq \sum_{i=1}^{N^{\text{Sender}}} F_i^{\text{Sender}} \tag{5-58}$$

那么

$$F_i^{\text{Receiver}} = f_{\text{scale}} F_i^{\text{Receiver}} \tag{5-59}$$

其中，比例因子 f_{scale} 为

$$f_{\text{scale}} = \frac{\sum_{i=1}^{N^{\text{Sender}}} F_i^{\text{Sender}}}{\sum_{i=1}^{N^{\text{Receiver}}} F_i^{\text{Receiver}}} \tag{5-60}$$

如果 $\sum_{i=1}^{N^{\text{Receiver}}} F_i^{\text{Receiver}}$ 等于或近似于零，那么可能需要部分接口缩放。

控制表面映射和插值是另一种获得载荷密度传递全局保守数据的方法。

用于发送者上的集中节点载荷：发送者上的节点被认为是目标网格，将节点映射到接收方网格中，并将发送者上的节点值分布到接收者上的相关节点中。

$$F^S = \sum_{i=1}^{N^R} w_i F_i^R \tag{5-61}$$

由于 $\sum_{i=1}^{N^R} w_i = 1$，对接收端的映射节点进行求和。可得全局保守方程为

$$\sum_{i=1}^{N^R} F_i^R = \sum_{i=1}^{N^S} F_i^S \tag{5-62}$$

因此，通过这种方法，能够维持全局保守。

值得注意的是，当发送者网格比接收者网格细时，该方法插值精度更高。

4. 基于 Open MP 的平行映射和插值方法

由于网格信息的数据结构独立、简单，基于共享内存 Open MP 的并行算法易于实现，对映射和插值计算具有良好的可扩展性。

5. 使弱耦合鲁棒且有效的方法

耦合系统的非线性来源包括每个物理模型的非线性，这是由于对每个物理模型的耦合界面条件处理不当。

如果由于引入了不可避免的不恰当的界面条件，分离的物理模型变得病态，那么由此产生的弱耦合系统将变得非常不稳定(例如，柔性结构与封闭的不可压缩流体流动相互作用，如图 5-20 所示)。

如果耦合系统中的一个物理模型是高度非线性的，对耦合界面条件非常敏感，如结构屈曲的流固耦合问题，或者刚度非常软但流体流动密度较大且流场复杂的流固耦合问题，那么弱耦合方法可能因为收敛问题或计算费用不切实际而无效。

为耦合问题寻找使弱耦合更加鲁棒和有效的方法一直是一个有趣的话题。下面介绍和讨论在强耦合问题中提高弱耦合稳定性和效率的几种主要方法。

1) 右载荷传递方向

弱耦合方法中载荷传递方向的选择对收敛速度有很大影响。也就是说，物理模型接收狄利克雷(Dirichlet)边界条件并发送载荷，物理模型接收自然边界条件并将本质边值发送给其他物理模型的本质耦合问题对耦合收敛至关重要。例如，在分块共轭传热问题中，固体面通常比流体面具有更高的热导率。接口上的耦合条件为

$$\begin{cases} T^s = T^f \\ k^s \dfrac{\partial T^s}{\partial n} = k^f \dfrac{\partial T^f}{\partial n} \end{cases}, \text{在流固耦合交界面处} \qquad (5\text{-}63)(5\text{-}64)$$

在这种情况下，为了得到良好的收敛，需要将热导率较高的固体热模型中的温度转移到热导率较低的流体热模型中，并将热流从流体热物理模型转移到固体热物理模型中(图 5-16)。如果以相反的方式进行载荷传递，很可能产生发散解。

图 5-16 共轭传热问题的载荷传递

2) 子循环和非线性迭代算法

(1) 子循环算法。

弱耦合方法相对于强耦合方法的优点之一是对每个物理求解器在时间积分方案和时间步长使用上的灵活性。子循环(每个物理模型的时间步长可以小于耦合时间步长，尽管载荷传递只发生在耦合时间步长级别，见图 5-17)不仅提高了全局计算效率，而且提高了耦合系统的收敛性。它允许对每个单独的物理模型使用最佳的时间步长，而不会像强耦合方法那样对所有物理模型使用最小的时间步长。

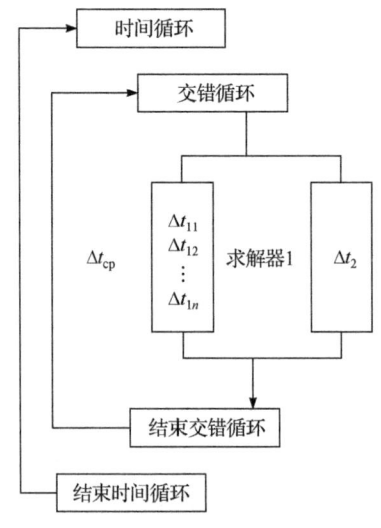

图 5-17 子循环算法

(2) 耦合迭代法。

物理模型迭代可采用高斯-赛德尔迭代法和高斯-雅可比(Gauss-Jacobi)迭代法。如图 5-18 所示,高斯-赛德尔迭代法依次求解物理模型,每个物理求解器总是从其他物理模型获得最新的接口载荷。相比之下,高斯-雅可比迭代法(图 5-19)并行求解物理模型,耦合条件为前一次雅可比迭代法的值。根据经验,高斯-赛德尔迭代法通常比并行高斯-雅可比迭代法具有更好的收敛性能。

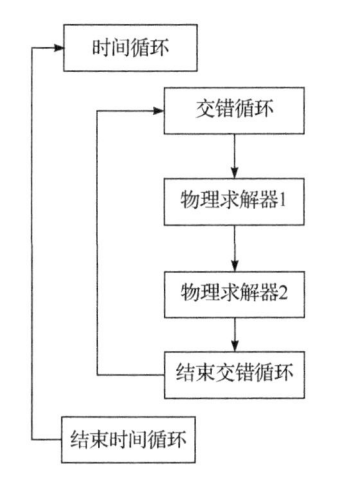

图 5-18 高斯-赛德尔迭代法　　　　　图 5-19 高斯-雅可比迭代法

在高斯-赛德尔迭代法中,模拟顺序也会影响收敛行为。对于高度非线性问题,一个最优的仿真序列至少可以节省一次耦合迭代。选择解驱动的物理模型和初始猜想较好的物理模型作为起始物理模型比较好。

3) 接口载荷欠松弛算法

在标准的弱耦合方法中,通常忽略矩阵级的耦合影响,通过载荷传递来满足耦合条件。忽略耦合矩阵通常会导致解的超调(例如,忽略结构解中流体的附加质量矩阵和附加黏性矩阵将产生更大的接口响应)。为了稳定耦合系统,通常采用欠松弛法:

$$f^{\text{apply}} = f^{\text{previous}} + \alpha \times (f^{\text{current}} - f^{\text{previous}}) \tag{5-65}$$

其中,α 为松弛因子,$\alpha \in [0,1.0]$;f^{previous} 为前一次迭代的施加载荷;f^{current} 为直接来自相应物理模型的当前载荷;f^{apply} 为新更新的施加载荷值。若松弛因子 $\alpha = 1.0$,则对应物理模型的全部载荷直接施加到目标物理模型上,通常会产生发散解。松弛因子 $\alpha = 0$ 表示所施加的载荷不受相应物理模型的影响或改变。α 的合适值取决于耦合系统的非线性特性,较小的 α 值将产生更稳定的一致收敛,但可能需要更多的耦合迭代。较大的 α 值使来自其他物理模型的耦合载荷快速传递,但可能导致解发散。具有较高耦合非线性的问题需要较小的松弛因子 α 和较大的迭代次数。而对于非线性较弱的问题,松弛系数越大收敛速度越快,默认值可设置在 0.5~0.75。

4) 介绍计算结构动力学方面的附加矩阵(质量和黏度)

在弱耦合方法中引入附加矩阵是克服超调问题、提高耦合系统稳定性的一种自然而合理的思路。例如，在弱耦合流固耦合分析中，可以将添加的界面质量和黏性矩阵引入结构分析中，可以提高强耦合流固耦合问题的鲁棒性和收敛速度。称这种方法为改进弱耦合方法，该方法的关键因素是在耦合系统非线性的基础上，结合其他物理模型的可用信息，选择添加矩阵的方法，可以使用一致的或近似的附加矩阵。

5) 介绍计算流体力学方面的人工压缩性

弱耦合方法处理封闭域内不可压缩或微可压缩的流体流动是一个很大的挑战，它与柔性结构耦合(图 5-20 中带有柔性膜的活塞内的封闭水域)。

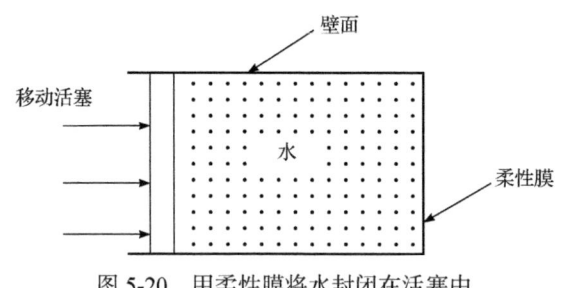

图 5-20 用柔性膜将水封闭在活塞中

用强耦合方法解决这类耦合问题是没有问题的，因为整个系统是适定的，并且在耦合迭代过程中通过活塞的特定运动和柔性膜的相应变形保证了不可压缩水的质量守恒。

在标准的弱耦合方法中，流体流动和结构模型分别求解。如图 5-21 所示，流体模型的边界由狄利克雷边界条件(即由结构解在流固界面上给出速度)、强制移动的活塞边界和壁面边界组成。在不可压缩流体域中所产生的问题被纯狄利克雷边界所包围。如果这些边界破坏了质量守恒条件，这是耦合问题的非线性迭代过程中最可能发生的情况，那么将会产生无限压力。当这种极大的流体力施加到柔性结构上(图 5-22)后，将会产生巨大的结构变形。

图 5-21 弱耦合条件下活塞问题的流体模型

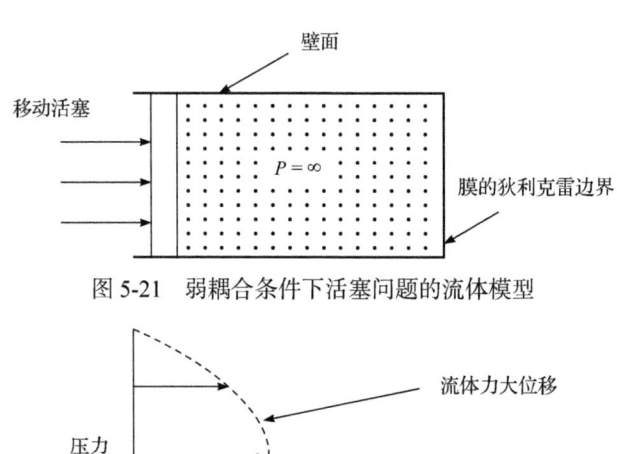

图 5-22 弱耦合活塞问题的结构模型

传递由此产生的非物质性的大结构位移会引起更大的流体力,很容易得出结论,这种不稳定的弱耦合系统是由弱耦合处理不当造成的。

在考虑到膜的柔性的情况下,流体域的可压缩性和体积模量可以被近似替代。在弱耦合流体物理模型中,可压缩性是非物理的,但可以稳定非线性耦合迭代。如果人工压缩引起的误差是可以接受的,那么可以使用这种稳定方法,尽管强烈建议使用强耦合方法来精确和稳定地解决这类耦合问题。

6) 场解加速算法(艾特肯(Aitken)加速算法)

欠松弛法易于实现,具有稳定解的一致性能。对于某些强耦合流结构问题,若对所有的界面自由度使用一个唯一的、恒定的松弛值,而不是一个最优的、动态的松弛值,则收敛速度通常不是最优的,解可能发散。对于一些高非线性问题,可能需要一个很小的松弛因子和非常多的迭代次数,这对于大多数工程问题来说是不切实际的。附加矩阵的改进弱耦合方法通常比欠松弛法具有更好的收敛性能,尽管它比欠松弛法成本更高,需要更多耦合物理模型的信息。艾特肯加速算法利用界面载荷矢量的变化与界面变量变化的关系来接近添加矩阵。与改进的基于矩阵的弱耦合方法相比,该方法效率更高,但所需的对应物理模型的矩阵级信息更少。关于艾特肯加速算法的详细信息可以在Küttler和Wall的文献中找到。

5.4.2 Intersolver 耦合技术

对于Intersolver耦合技术,涉及耦合的每个物理模型都可以在具有不同进程的相同或不同物理求解器代码上运行。驱动程序与每个物理求解程序代码同时运行,以控制全局耦合过程(如耦合时间步长控制、非线性耦合迭代和载荷传递的收敛控制)。映射和插值工具由每个物理求解器直接调用。

1. Intersolver 耦合技术的积极性

一个通用的代码耦合模块完成所有的耦合和数据传输控制,并尽量减少对现有物理求解器的修改。允许物理求解器之间的多代码通信:支持表面和体积载荷及物理求解器之间的一般数据或参数传输;耦合驱动功能提供的耦合模拟过程控制;先进的收敛控制、松弛算法和其他耦合方法来处理强耦合问题。物理求解器的灵活性:允许物理求解器根据需要以任何方式运行(如模拟类型、机器类型、并行算法、空间和时间离散化)。

2. Intersolver 耦合技术中的关键组成部分

Intersolver耦合技术的关键组成部分包括:一种控制全局耦合过程的驱动程序代码,包括全局耦合控制、数据传输和收敛控制等;映射和插值库,直接由物理求解器调用;用于数据传输的通信库。

3. 对用于支持Intersolver耦合技术的物理求解器的要求

每个代码都需要支持时间重复迭代;实现指定格式的获取和放置函数,获取和放置耦合控制相关数据及耦合接口边界相关数据;能连接提供的映射和插值库及通信库;每个同步点插入耦合相关数据通信调用。

4. Intersolver 耦合的通信方案

服务器客户机通信概念对于物理求解器之间及驱动程序代码和物理求解器之间的数据传输非常有用。数据通信方案还可以采用基于文件的 Intersolver 数据通信技术或基于插口的 Intersolver 数据通信库。

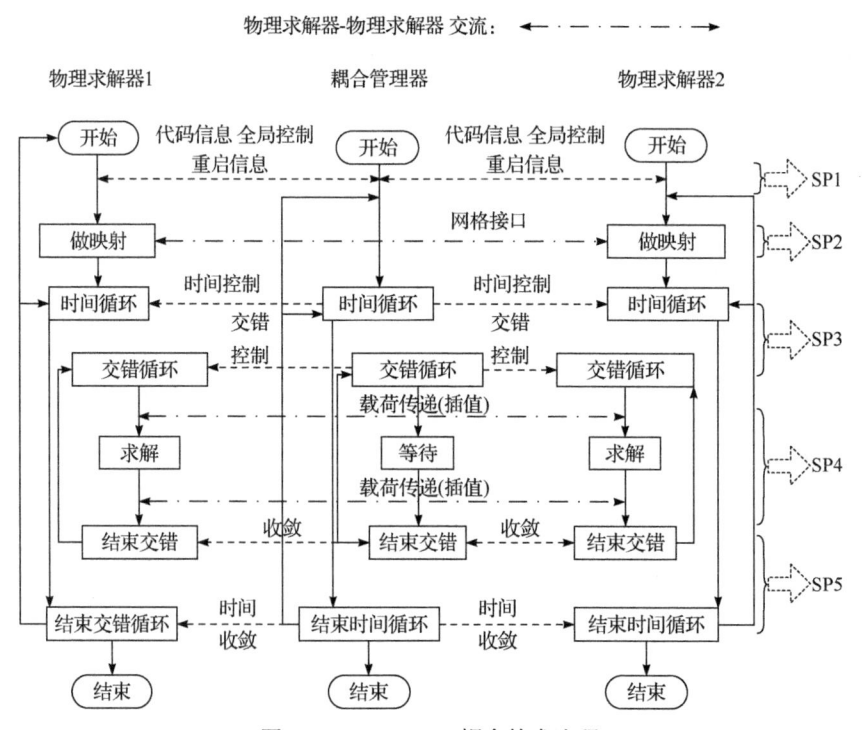

5. Intersolver 耦合技术流程

在 Intersolver 耦合技术中，如图 5-23 所示，驱动管理器代码和每个物理求解器在不同的计算机进程上同时运行。每个物理求解器解决一个物理模型，驱动管理器控制耦合时间循环、非线性耦合迭代循环和载荷传递的收敛控制。在耦合仿真过程中有五个同步点：每个物理求解器的代码信息、全局控制和仿真的重启信息在耦合管理器和每个物理求解器之间的同步点 SP1 进行交换；根据数据传输的要求，网格数据在 SP2 物理求解器之间进行交换；在 SP3 中，时间控制和迭代控制的数据从耦合管理器传输到每个物理求解器，映射和插值工具由每个物理求解器直接调用；最重要的是，SP4 将负责负载和边界条件在物理求解器之间的传递；根据高斯-赛德尔或高斯-雅可比迭代中物理求解器的运行方式，载荷传递可以发生在求解过程的开始或结束，同时耦合管理器必须等待进入 SP5。

图 5-23 Intersolver 耦合技术流程

SP5 交换接口载荷和各个物理求解器的收敛信息，物理求解器接收来自耦合管理器的时间控制信息。在传递的接口载荷与物理模型收敛后，耦合仿真进入下一个耦合时间步长，直到仿真时间结束。

思考题及习题

1. 请描述强耦合方法的优劣。
2. 请描述弱耦合方法的优劣。
3. 弱耦合方法的关键技术是什么？
4. 请绘制 Intersolver 耦合技术的流程。

第6章 热流耦合数值模拟

流动与传热问题广泛存在于自然界和工业过程中，对于不同自然现象和工业过程，其热流耦合描述也各不相同。从自然界的气候变化，如雨、雪、露、霜的形成到生活中的空调、风扇等家电设备，以及工业过程的各种换热器和航天器的气动热等问题，都包含各种热流耦合过程。尽管各种问题的现象不同，但是却遵守共同的守恒规律——质量守恒、动量守恒和能量守恒三大守恒定律。这些守恒定律的数学描述前面已有，本章重点对热流耦合过程数值计算法做进一步分析，并介绍基于有限体积法的数值求解方法。

6.1 热流耦合过程控制方程

流动、传热传质、燃烧等相关物理过程，统称为热物理过程。这类物理过程遵循物质运动必须满足的质量守恒、动量守恒和能量守恒三个基本守恒规律。

连续性方程：

$$\frac{\partial \rho}{\partial t} + \nabla \cdot (\rho U) = 0 \tag{6-1}$$

动量方程：

$$\frac{\partial \rho U}{\partial t} + \nabla \cdot (\rho UU) = \nabla \cdot \tau - \nabla p + \rho f \tag{6-2}$$

能量方程：

$$\frac{\partial \rho h}{\partial t} + \nabla \cdot (\rho Uh) = \nabla \cdot (\Gamma \nabla \Gamma) - p \nabla \cdot U + \Phi + S_h \tag{6-3}$$

除上述基本守恒定律外，还需补充状态方程使控制方程封闭，即

$$\rho = f(p, T) \tag{6-4}$$

控制方程通用形式为

$$\frac{\partial \rho \varphi}{\partial t} + \nabla \cdot (\rho U \varphi) = \nabla \cdot (\Gamma_\varphi \nabla_\varphi) + S_\varphi \tag{6-5}$$

6.2 热流耦合求解方法

6.2.1 流场的数值解法分类

热流耦合求解的关键在于流场的求解，热流耦合数值模拟就是通过合适的数值方法

求解上述控制方程组及初始边界条件构成的定解问题。对于流场问题求解可以用速度、压力或者密度作为基本变量，也可以取涡量、流函数作为变量。前者称为原始变量法，后者称为涡量流函数法。原始变量法又可以分为基于密度和基于压力的三大分类方法。总离散方程的求解方式又可以分为耦合式和分离式两种。流场的数值解法分类如图 6-1 所示。

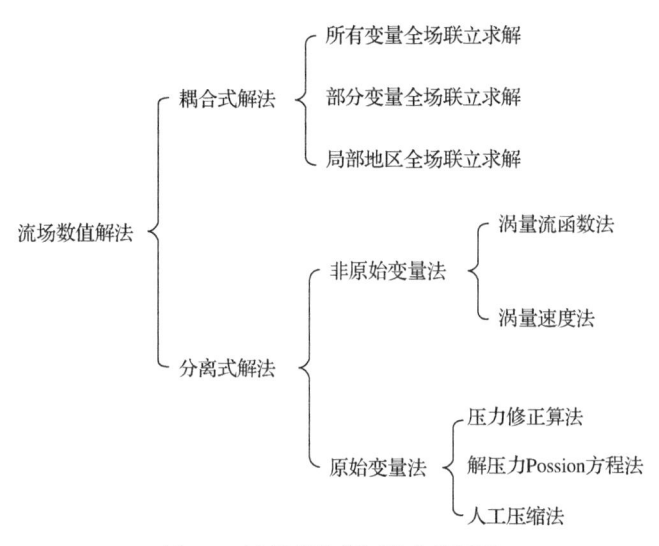

```
流场数值解法 ┬ 耦合式解法 ┬ 所有变量全场联立求解
             │           ├ 部分变量全场联立求解
             │           └ 局部地区全场联立求解
             └ 分离式解法 ┬ 非原始变量法 ┬ 涡量流函数法
                         │             └ 涡量速度法
                         └ 原始变量法 ┬ 压力修正算法
                                      ├ 解压力Possion方程法
                                      └ 人工压缩法
```

图 6-1 流场的数值解法分类图示

1. 耦合式解法

耦合式解法求解离散化的控制方程组的同时，联立求解出各变量(u、v、w、$p(\rho)$等)。该解法可以分为所有变量全场联立求解、部分变量全场联立求解、局部地区全场联立求解的情况。

该法主要应用于高速可压缩性流动、有限速率反应模型等场合，求解速度快。局部地区全场联立求解仅用于变量动态性极强的场合，如激波捕捉。假设计算区域内的节点数为 N，则每一时间步长内至少需求解 $4N$ 个方程构成的代数方程组(3 个速度方程、1 个压力或密度方程)。总体而言，耦合式解法计算效率低，计算机内存需求量大。

2. 分离式解法

分离式解法顺序地、逐个地求解各变量代数方程组，即在一组给定的代数方程的系数下，用迭代法先求解一类变量而保持其他变量为常数，如此逐步依次求解各类变量。根据是否直接求解原始变量 u、v、w、p，分为非原始变量法和原始变量法。

非原始变量法不直接求解原始变量 u、v、w、p。在二维问题中，将原始变量 u、v、w、p 转换成涡量和流函数，以它们作为变量进行流场求解。

原始变量法直接对原始变量 u、v、w、p 进行分离式求解。压力修正算法是目前流场求解的主导方法，使用最为广泛的是 1972 年由 Patankar 和 Spalding 提出的 SIMPLE(semi-implicit method for pressure linked equation)算法。

6.2.2 基于压力的算法

对于低速流动(马赫数 $Ma<0.3$)，一般认为对流体压缩性(密度)影响不大，假设流动为不可压缩过程。由于不可压缩过程中流体密度保持不变，所以质量守恒方程可以简化为

$$\nabla \cdot U = 0 \tag{6-6}$$

对于不可压缩问题，流动与传热耦合简化为单向耦合问题，即传热对流动过程不产生影响，只有流动对传热过程有影响。可以先计算流动，直到获得收敛解后，再求解传热过程，对于传热问题就简化为：在已知流场分布的情况下的对流扩散传热过程。对于不可压缩流动问题，动量守恒和质量守恒方程求解变量为速度和压力，由于压力梯度在源项中，因此难以直接求解控制方程。但其在动量方程中占有极其重要的位置，为方便讨论，将其从源项中分离出来单独列出。对以上方程进行数值求解时存在两大难题：一是动量方程的对流项中出现非线性量；二是缺乏压力的直接控制方程。

每个速度分量既出现在动量方程中，又出现在连续性方程中，连续性方程和动量方程复杂地耦合在一起。在求解速度场之前，压力 p 是不知道的，p 没有明显的控制方程，对压力的约束隐含到连续性方程中，间接地通过连续性方程确定。由连续性方程不能得到速度场，但将正确的 p 代入动量方程时，所得到的速度场应满足连续性方程。对于不可压缩流动，ρ 是常数，不可能与 p 相联系。因此，将 ρ 视作基本未知量的方法是不可行的，只能另谋出路找到确定 p 的方法。

6.3 非结构化网格 SIMPLE 算法

在相对旋转笛卡儿坐标系下，流动控制方程组可写成通用的对流扩散形式，即

$$\frac{\partial(\rho\boldsymbol{\Phi})}{\partial t}+\nabla \cdot (\rho w\boldsymbol{\Phi})=\nabla \cdot (\boldsymbol{\Gamma}\nabla\boldsymbol{\Phi})+\boldsymbol{S} \tag{6-7}$$

其中，ρ 为流体密度；w 为相对速度；$\boldsymbol{\Phi}$ 为运输量；$\boldsymbol{\Gamma}$ 为扩散系数；$\boldsymbol{S}$ 为源项。其具体表达式为

$$\boldsymbol{\Phi}=\begin{bmatrix} 1 \\ w_x \\ w_y \\ w_z \\ T \\ \tilde{v} \end{bmatrix}, \quad \boldsymbol{\Gamma}=\begin{bmatrix} 0 \\ \mu \\ \mu \\ \mu \\ \dfrac{\mu_1}{Pr_1}+\dfrac{\mu_t}{Pr_t} \\ \dfrac{\mu_1+\rho v_t}{\sigma_{\tilde{v}}} \end{bmatrix}$$

$$S = \begin{pmatrix} 0 \\ -\dfrac{\partial p}{\partial x} + \rho\omega^2 x + 2\rho w_y \omega + \dfrac{\partial}{\partial x}\mu\dfrac{\partial w_x}{\partial x} + \dfrac{\partial}{\partial y}\mu\dfrac{\partial w_y}{\partial x} + \dfrac{\partial}{\partial z}\mu\dfrac{\partial w_z}{\partial x} - \dfrac{2}{3}\dfrac{\partial}{\partial x}\mu\nabla\cdot w \\ -\dfrac{\partial p}{\partial y} + \rho\omega^2 y - 2\rho w_x \omega + \dfrac{\partial}{\partial x}\mu\dfrac{\partial w_x}{\partial y} + \dfrac{\partial}{\partial y}\mu\dfrac{\partial w_y}{\partial y} + \dfrac{\partial}{\partial z}\mu\dfrac{\partial w_z}{\partial y} - \dfrac{2}{3}\dfrac{\partial}{\partial y}\mu\nabla\cdot w \\ -\dfrac{\partial p}{\partial z} + \dfrac{\partial}{\partial x}\mu\dfrac{\partial w_x}{\partial z} + \dfrac{\partial}{\partial y}\mu\dfrac{\partial w_y}{\partial z} + \dfrac{\partial}{\partial z}\mu\dfrac{\partial w_z}{\partial z} - \dfrac{2}{3}\dfrac{\partial}{\partial z}\mu\nabla\cdot w \\ S_T \\ G_{\tilde{v}} + \dfrac{1}{\sigma_{\tilde{v}}}\rho C_{b2}\left(\dfrac{\partial \tilde{v}}{\partial x_l}\right)^2 - Y_{\tilde{v}} \end{pmatrix}$$

$$\mu = \mu_l + \rho\tilde{v}_t$$

湍流模型采用了单方程模型——Spalart-Allmaras 模型，其中 $G_{\tilde{v}}$ 为湍流生成项，$Y_{\tilde{v}}$ 为破坏项，$\tilde{v}_t$ 为湍流运动黏度，S_T 为温度方程的源项。

式(6-7)中共有 6 个偏微分方程，有 6 个基本求解变量 ρ、w_x、w_y、w_z、T、$\tilde{v}$，故方程组封闭，再给出定解条件就可以求数值解了。在亚声速流动情况下，进口给定总温、总压、两个气流方向角和湍流值，静压从计算域的第一个内节点外推到边界节点上；出口给定静压，其他流场参数通过外推法求得；固壁给定无穿透无滑移绝热条件，湍流黏度设置为零，但壁面切应力根据近壁区网格大小按照壁面律计算；周期性边界满足旋转周期性条件；初始条件按照一维流动模型给定。

6.3.1 非结构化网格上的方程离散

采用非结构化网格上的有限体积法离散控制方程组，所有的求解变量 $\boldsymbol{\Phi}$ 均布置在网格单元的中心。式(6-7)的积分形式为

$$\dfrac{\partial}{\partial t}\int \rho\boldsymbol{\Phi}\mathrm{d}V + \oint \rho w\boldsymbol{\Phi}\mathrm{d}A = \oint \boldsymbol{\Gamma}\nabla\boldsymbol{\Phi}\mathrm{d}A + \int \boldsymbol{S}\mathrm{d}V \quad (6\text{-}8)$$

以图 6-2 中的节点 P 为例，其控制体积记为 ΔV，有 nf 个控制界面(面积为 A_f)，$f=1,2,\cdots,\text{nf}$，则式(6-7)可以写为

$$\left(\dfrac{\partial\rho\boldsymbol{\Phi}\Delta V}{\partial t}\right)_P + \sum_{f=1}^{\text{nf}}\rho_f\Phi_f w_f \cdot A_f = \sum_{f=1}^{\text{nf}}\Gamma_f \nabla\Phi_f \cdot A_f + (\boldsymbol{S}\Delta V)_P \quad (6\text{-}9)$$

其中，A_f 为控制界面的面积。

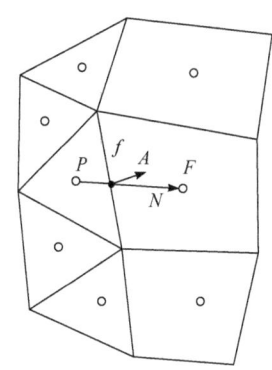

图 6-2 非结构化网格单元

式(6-9)中出现了四项，需要进一步利用选型方法，即离散格式处理后才能转换为代数方程。

1. 时间导数项的离散

采用隐式二阶后向差分格式离散时间导数项，假设网格在计算中不变形，则有

$$\left(\frac{\partial \rho \boldsymbol{\Phi} \Delta V}{\partial t}\right)_P = \frac{3(\rho \boldsymbol{\Phi})_P^{n+1} - 4(\rho \boldsymbol{\Phi})_P^n + (\rho \boldsymbol{\Phi})_P^{n-1}}{2} \frac{\Delta V}{\Delta t} \tag{6-10}$$

其中，Δt 为时间步长；$n+1$ 为将要计算的时间层；n、$n-1$ 为已知的时间层。由于该格式为隐式，因此物理时间步长不受 CFL 数的限制，但是为了能够准确地捕捉到流场中的非定常变化，时间步长需要小于感兴趣的非定常流场特征时间。

2. 对流项的离散

式(6-9)中的对流项出现了界面上的变量值 $\boldsymbol{\Phi}_f$，采用一阶迎风格式 $\boldsymbol{\Phi}_f^{\text{FUD}}$ 与高阶格式 $\boldsymbol{\Phi}_f^H$ 混合的离散格式：

$$\boldsymbol{\Phi}_f = \boldsymbol{\Phi}_f^{\text{FUD}} + \left(\boldsymbol{\Phi}_f^H - \boldsymbol{\Phi}_f^{\text{FUD}}\right) \tag{6-11}$$

其中，一阶迎风项采用隐式计算，即该项被添加到最终离散代数方程组的系数矩阵中；高阶格式与一阶格式的混合项 $\boldsymbol{\Phi}_f^H - \boldsymbol{\Phi}_f^{\text{FUD}}$ 采用延迟修正方法归入源项中处理。这样既可以保证计算的稳定性，又可以实现高阶计算格式。关于对流项的高阶格式将在 6.3.2 节中进行介绍。

3. 扩散项的离散

扩散项具有各向同性输运性质，故一般按照中心格式离散。在非结构化网格上，为了避免对网格单元顶点处变量值的求解，扩散项的二阶中心格式写为

$$\varGamma_f \nabla \boldsymbol{\Phi}_f A_f = \varGamma_f (\boldsymbol{\Phi}_F - \boldsymbol{\Phi}_P) \frac{A_f A_f}{A_f N} + \varGamma_f \left(\langle \nabla \boldsymbol{\Phi} \rangle_f A_f - \langle \nabla \boldsymbol{\Phi} \rangle_f N \frac{A_f A_f}{A_f N}\right) \tag{6-12}$$

其中，$\langle \nabla \boldsymbol{\Phi} \rangle_f$ 为控制界面 f 左右相邻节点 P 和 F 上梯度值的线性插值；等号右端第一项为界面 f 处的法向梯度部分，做隐式处理；右端第二项为界面 f 处的切向梯度部分，归到源项做显式处理。

当相邻网格单元中心的连线 $N = r_{PF}$ 与网格界面 A_f 正交时，切向梯度部分自动消失。

4. 源项的离散

按照显式做法处理源项，即

$$(\boldsymbol{S} \Delta V)_P = (\boldsymbol{S}^t \Delta V)_P \tag{6-13}$$

其中，右端项中的上标 t 为上一时间层上的值。

5. 非结构化网格上的梯度求解

在扩散项、源项以及对流项的离散过程中，需要计算网格单元中心以及界面处的梯度值，这里介绍基于高斯定理的线性重构方法和最小二乘法来计算非结构化网格上的梯度值。

根据高斯定理，以节点 P 为中心的网格单元上的平均梯度为

$$(\nabla \boldsymbol{\Phi})_P = \frac{1}{\Delta V} \sum_{f=1}^{\mathrm{nf}} \langle \nabla \boldsymbol{\Phi} \rangle_f A_f \tag{6-14}$$

其中，$\langle \nabla \boldsymbol{\Phi} \rangle_f$ 为控制界面 f 上的变量值，由左右节点处的 $\boldsymbol{\Phi}_P$ 和 $\boldsymbol{\Phi}_F$ 线性插值得到。

当采用最小二乘法求解梯度时，首先假定相邻节点 F 处的变量值可以表示为

$$\boldsymbol{\Phi}_F \approx \boldsymbol{\Phi}_P + (\nabla \boldsymbol{\Phi})_P r_{PF} \tag{6-15}$$

则最小二乘方程构造为

$$L = \min \sum_{f=1}^{\mathrm{nf}} (\boldsymbol{\Phi}_F - \boldsymbol{\Phi}_P - (\nabla \boldsymbol{\Phi})_P r_{PF})^2 \tag{6-16}$$

通过求解式(6-16)的最小值问题，可计算出节点 P 处的梯度值 $(\nabla \boldsymbol{\Phi})_P$。

与扩散项的离散格式类似，网格单元界面上的梯度值通过以下方式计算，即

$$(\nabla \boldsymbol{\Phi})_f = \langle \nabla \boldsymbol{\Phi} \rangle_f + \frac{A_f}{A_f N} \big[(\boldsymbol{\Phi}_F - \boldsymbol{\Phi}_P) - (\nabla \boldsymbol{\Phi})_f N \big] \tag{6-17}$$

其中，右端中的 $\langle \nabla \boldsymbol{\Phi} \rangle_f$ 为控制界面 f 左右相邻节点 P 和 F 上梯度值的线性插值。

6.3.2 对流项的高阶离散格式

在有限体积法中，对流项的高阶离散格式是利用远上游与远下游节点处的物理量来构造出控制界面上物理量的计算公式的。对于结构化网格，高阶格式很容易通过节点指标的 ±1、±2 等方式找出控制界面的上下游节点、远上下游节点的位置，但对于非结构化网格，由于网格的无序性，远上下游节点的位置不容易找出。这里介绍两种非结构化网格上的高阶离散格式的构造方法：虚拟节点法和节点梯度法。

如图 6-3 所示，假定求解变量 $\boldsymbol{\Phi}$ 满足分段线性分布，控制界面 f 的上下游节点分别记为节点 C 和节点 D，则界面 f 的远上游节点 U 放在相对于 C 点的 $-r_{CD}$ 处，节点 U 处的变量值预估值为

$$\boldsymbol{\Phi}_U^* = \boldsymbol{\Phi}_D - (\nabla \boldsymbol{\Phi})_C 2 r_{CD} \tag{6-18}$$

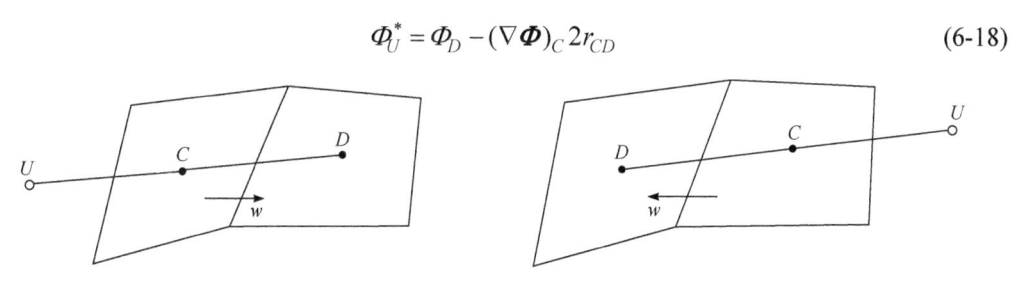

图 6-3 非结构化网格的远上游节点

为了保证在计算过程中不出现局部极值，需要对远上游节点处的变量值进行重构，其重构值为

$$\Phi_U = \max\left\{\Phi_{\min}^{nb}, \min\left(\Phi_U^*, \Phi_{\max}^{nb}\right)\right\} \tag{6-19}$$

其中，$\Phi_{\max}^{nb}$ 和 $\Phi_{\min}^{nb}$ 分别为与节点 C 相邻的所有节点处的最大值和最小值，这样就可以利用远上游节点 U、相邻节点 C 和 D，将结构化网格上的高阶离散格式推广到非结构化网格上。注意远上游节点 U 并不是网格的真实节点，故有时称为虚拟节点 (ghost node)。

1. 二阶迎风格式

节点梯度法是利用上游节点处的变量值及梯度值计算出界面上的变量值。二阶迎风格式因其精度高、稳定性好、数值黏性低而经常应用于不可压缩或者亚声速流场计算中，非结化网格上的二阶迎风格式可以写为

$$\Phi_f^H = \Phi_C + \psi_f (\nabla \boldsymbol{\Phi})_C r_{Cf} \tag{6-20}$$

其中，Φ_C 为式(6-11)中的 Φ_f^{FUD}；r_{Cf} 为上游节点 C 到控制界面 f 中心的有向线段；ψ_f 为限制因子，确保不会出现局部极值，可按照以下方式求得

$$\psi_f = \begin{cases} \min\left\{1, \dfrac{\Phi_{\max}^{nb} - \Phi_C}{\Phi_f^* - \Phi_C}\right\}, & \Phi_f^* - \Phi_C > 0 \\ \min\left\{1, \dfrac{\Phi_{\min}^{nb} - \Phi_C}{\Phi_f^* - \Phi_C}\right\}, & \Phi_f^* - \Phi_C < 0 \\ 1, & \Phi_f^* - \Phi_C = 0 \end{cases} \tag{6-21}$$

其中，Φ_f^* 为限制因子，取 1 时按照式(6-20)求得控制界面上的预估值。

2. TVD 格式

在跨声速流动中，为了提高激波的捕获能力，广泛采用具有二阶精度的总变化递减 (total variation diminishing，TVD)格式。非结构化网格上的 TVD 格式可以写为

$$\Phi_f^H = \Phi_C + \frac{\gamma(r_f)}{2}(\Phi_D - \Phi_C) \tag{6-22}$$

式(6-22)右端的第一项 Φ_C 为式(6-11)中的 Φ_f^{FUD}，第二项为高阶修正项，$\gamma(r_f)$ 为通量限制器，为 r_f 的非线性函数，这里给出 MinMod 限制器，有

$$\gamma(r_f) = \max\{0, \min\{1, r_f\}\} \tag{6-23}$$

$$r_f = \frac{\Phi_C - \Phi_U}{\Phi_D - \Phi_C} = \frac{2(\nabla \boldsymbol{\Phi})_C r_{CD}}{\Phi_D - \Phi_C} - 1 \tag{6-24}$$

6.3.3 代数方程组解法

将式(6-10)~式(6-13)、式(6-20)或式(6-22)代入式(6-9)中，则可得到最终的离散代数

方程为

$$a_P \Phi_P = \sum_{f=1}^{\text{nf}} a_F \Phi_F + \overline{S}_\Phi \qquad (6\text{-}25)$$

$$a_f = \left[\left|-m_f, 0\right|\right] + \Gamma_f \frac{A_f A_f}{A_f N}, \quad m_f \equiv (\rho w A)_f \qquad (6\text{-}26)$$

$$a_P = \sum_{f=1}^{\text{nf}} a_f + \sum_{f=1}^{\text{nf}} m_f + \frac{1.5\rho \Delta V}{\Delta t} \qquad (6\text{-}27)$$

其中，式(6-25)中的 $\overline{S}_\Phi$ 包括物理源项 S^t 以及由非定常项、对流项、扩散项在离散过程中产生的显式部分；m_f 为通过网格界面的质量流量。

式(6-25)为大型稀疏线性代数方程组，采用雅可比迭代法、高斯-赛德尔迭代法或者开源代码进行求解，如美国能源部和劳伦斯利弗莫尔国家实验室(Lawrence Livermore National Laboratory, LLNL)发布的开源代码 Hypre 中提供了 Krylov 子空间迭代解法器及代数多重网格解法器 BoomerAMG 等供开发者调用。

6.3.4 界面流速的动量插值法

研究者很早就发现了在 SIMPLE 算法中，如果不能恰当地处理压力-速度耦合问题，就会出现数值解的非物理压力振荡现象，早期的 SIMPLE 算法通过采用交错网格，即压力节点布置在主控制体积中心、速度分量节点布置在主控制体积的界面中心的方法，保证压力-速度耦合，但交错网格难以拓展到复杂问题，如多重网格和非结构化网格等，为此，Rhie 和 Chow 等提出了同位网格上的界面流速的动量插值方法，使得相邻节点的压力同时出现在动量方程中，从而实现压力-速度的耦合。

将形如式(6-25)的离散动量方程中的压力梯度从源项中分离出来，并两端同时除以对角元系数 a_P 得到

$$w_P = \frac{\sum a_f w_F + \overline{S}_w}{a_P} - \frac{\Delta V}{a_P} \nabla p \qquad (6\text{-}28)$$

类似地，写出 F 节点上的离散动量方程(图6-2)，并将 P 和 F 节点处的动量方程线性插值到界面 f 上，得到界面上的离散动量方程为

$$w_f = \left(\frac{\sum a_f w_F + \overline{S}_w}{a_P}\right)_f - \left(\frac{\Delta V}{a_P}\right)_f (\nabla p)_f \qquad (6\text{-}29)$$

为了消除同位网格的非物理压力振荡现象，要求界面流速能够感受到相邻节点上的压力变化。为此，按照式(6-17)的界面梯度计算方法求解 $(\nabla p)_f$，这样式(6-29)变换为

$$w_f = \langle w \rangle_f - \left(\frac{\Delta V}{a_P}\right)_f \frac{A_f}{A_f N} \left[(p_F - p_P) - (\nabla p)_f N\right] \qquad (6\text{-}30)$$

则得到关于网格界面质量流量的动量插值公式为

$$m_f = \langle \rho w \rangle_f A_f - \left(\frac{\rho \Delta V}{a_P} \right)_f \frac{A_f A_f}{A_f N} \left[(p_F - p_P) - \langle \nabla p \rangle_f N \right] \quad (6\text{-}31)$$

上面出现的 $\langle \cdot \rangle_f$ 均为线性插值算子。由式(6-31)可以看出，相邻节点处的压力同时出现在 m_f 计算公式中，实现了同位网格上速度和压力之间的关联。

6.3.5 全速度 SIMPLE 算法

求解关于速度、温度和湍流黏性的离散代数方程(6-25)即可获得除压力以外的流场解。为了求解压力，SIMPLE 算法利用离散的动量方程，将关于密度的连续性方程离散成关于压力或者压力修正量的离散方程。

连续性方程的离散形式为

$$\left(\frac{3\rho^{n+1} - 4\rho^n + \rho^{n-1}}{2} \frac{\Delta V}{\Delta t} \right)_P + \sum_{f=1}^{\text{nf}} \rho_f w_f A_f = 0 \quad (6\text{-}32)$$

设在当前迭代层上，压力为 p^*，密度为 ρ^*，然后通过求解关于速度的离散代数方程(6-25)得到速度 w_P^*，进而利用式(6-30)得到界面速度 w_f^*、w_P^* 和 w_f^*，其分别满足节点和界面上的离散动量方程，即

$$w_P^* = \frac{\sum a_f w_f^* + \overline{S}_w}{a_P} - \frac{\Delta V}{a_P} \nabla p' \quad (6\text{-}33)$$

$$w_f^* = \langle w^* \rangle_f - \left(\frac{\Delta V}{a_P} \right)_f \frac{A_f}{A_f N} \left[(p_f^* - p_P^*) - \langle \nabla p^* \rangle_f N \right] \quad (6\text{-}34)$$

在迭代过程中，压力场、速度场、密度场一般并不满足连续性方程，需要对其进行修正，有

$$w_P = w_P^* + w_P' \quad (6\text{-}35)$$

$$w_f = w_f^* + w_f' \quad (6\text{-}36)$$

$$p = p^* + p' \quad (6\text{-}37)$$

$$\rho = \rho^* + \rho' \quad (6\text{-}38)$$

使得修正后的 w_P、w_f、p、ρ 同时满足动量方程和连续性方程，即式(6-28)、式(6-30)和式(6-32)。将式(6-28)减去式(6-33)，式(6-30)减去式(6-34)，并改写式(6-32)的形式，得到

$$w_P' = \frac{\sum a_f w_f'}{a_P} - \frac{\Delta V}{a_P} \nabla p' \quad (6\text{-}39)$$

$$w_f' = \langle w' \rangle_f - \left(\frac{\Delta V}{a_P} \right)_f \frac{A_f}{A_f N} \left[(p_f' - p_P') - \langle \nabla p' \rangle_f \cdot N \right] \quad (6\text{-}40)$$

$$\left(\frac{3\rho'}{2}\frac{\Delta V}{\Delta t}\right)_P + \sum_{f=1}^{\text{nf}} m_f = -\left(\frac{3\rho'-4\rho^n+\rho^{n-1}}{2}\frac{\Delta V}{\Delta t}\right)_P \tag{6-41}$$

忽略相邻节点处速度修正 $\sum a_f w'_f$ 以及界面上线性加权修正 $\langle w' \rangle_f$、$\langle \nabla p' \rangle_f$ 的影响(迭代收敛后这些修正量确实趋于零)，则式(6-39)和式(6-40)简化为

$$w'_P = -\frac{\Delta V}{a_P}\nabla p' \tag{6-42}$$

$$w'_f = -\left(\frac{\Delta V}{a_P}\right)_f \frac{A_f}{A_f N}\left(p'_f - p'_P\right) \tag{6-43}$$

式(6-41)中修正以后的界面流量为

$$m_f = \rho w A_f = \left(\rho^*_f + p'_f\right)\left(w^*_f + w'_f\right)A_f = \left(\rho^*_f w^*_f + \rho^*_f w'_f + p'_f w^*_f + p'_f w'_f\right)A_f \tag{6-44}$$

其中，$p'_f w'_f$ 相对于其他项为高阶小量，略去其以后的式(6-44)简化为

$$m_f = \left(\rho^*_f w^*_f + \rho^*_f w'_f + p'_f w^*_f\right)A_f \tag{6-45}$$

在不可压缩流动中的密度修正量 $\rho'=0$，但在可压缩流动中的密度修正量不可忽略，根据状态方程，其可写为

$$\rho' = \frac{p'}{RT} \tag{6-46}$$

也就是说，在式(6-45)中，对于不可压缩流动，界面流量修正是由速度修正所引起的；而对于可压缩流动，则必须同时考虑密度修正和速度修正对界面流量修正的综合影响。

将式(6-43)~式(6-46)代入式(6-41)，得到全速度情况下的压力修正方程为

$$a_P p'_P = \sum_{f=1}^{\text{nf}} a_f p'_f + \bar{S}_{p'} \tag{6-47}$$

$$a_P = \sum_{f=1}^{\text{nf}}\left[\rho^*_f\left(\frac{\Delta V}{a_P^w}\right)_f \frac{A_f A_f}{A_f N} + \frac{[\![m_f,0]\!]}{RT\rho^*_f}\right] + \frac{3}{2}\frac{\Delta V}{\Delta t} \tag{6-48}$$

$$a_f = \rho^*_f\left(\frac{\Delta V}{a_P^w}\right)_f \frac{A_f A_f}{A_f N} + \frac{[\![-m_f,0]\!]}{RT\rho^*_f} \tag{6-49}$$

$$\bar{S}_{p'} = -\sum_{f=1}^{\text{nf}} m^*_f - \frac{3\rho^*-4\rho^n+\rho^{n-1}}{2}\frac{\Delta V}{\Delta t} \tag{6-50}$$

为了与压力修正方程(6-47)中的对角元系数 a_P 相区别，式(6-48)和式(6-49)中的离散动量方程对角元系数用 a_P^w 表示，式(6-50)中的 $m^*_f = \rho^*_f w^*_f A_f$。

由式(6-49)可以看出，全速度压力修正方程的影响系数包括两项：第一项与不可压缩情况下的压力修正方程的影响系数完全相同，反映了界面流速修正 w'_f 对界面流量修

正 m'_f 的影响，具有扩散性质；第二项反映了界面密度修正 ρ'_f 对界面流量修正 m'_f 的影响，具有对流性质，因此界面密度修正 ρ'_f 或者压力修正 p'_f 采用一阶迎风格式进行离散。在流场迭代收敛后，各个物理量的修正值确实趋于零，因此界面修正量的离散方式不会对计算结果产生影响，只会影响到迭代收敛速度；但界面密度的离散格式会影响计算精度，需要采用高阶离散格式进行计算。

在全速度流场计算过程中，算法需要能够自动识别出 Ma 的影响。在全速度压力修正方程的影响系数方程(6-49)中，第一项除以第二项反映了界面密度修正与界面速度修正的相对大小，即

$$\frac{\rho'_f w^*_f A_f}{\rho^*_f w'_f A_f} = \frac{\dfrac{p'_f}{RT} w^*_f A_f}{\rho^*_f \left(\dfrac{\Delta V}{a^w_P}\right)_f \dfrac{A_f A_f}{A_f N} \left(p'_P - p'_f\right)} \tag{6-51}$$

为了分析式(6-51)的相对大小，假设采用均匀正交网格，界面流速与界面正交，且动量方程中扩散项的影响可以忽略不计，则有

$$\left(a^w_P\right)_f = \rho^*_f w^*_f A_f \tag{6-52}$$

$$(\Delta V)_f = A_f N \tag{6-53}$$

将式(6-52)和式(6-53)代入式(6-51)中，并经过简单计算得到如下关系式，即

$$\frac{\rho'_f w^*_f A_f}{\rho^*_f w'_f A_f} = \frac{p'_P + p'_f}{2\left(p'_P - p'_f\right)} \frac{\gamma w^{*2}_f}{a^2_f} - Ma^2_f \tag{6-54}$$

其中，γ 为等熵过程指数；a_f 为声速。式(6-54)表明：在低 Ma 流动区域中，密度修正对压力修正方程的影响很小，在极限情况 Ma 趋于零时，式(6-47)~式(6-50)自动退化为不可压缩的压力修正方程；在高 Ma 流动区域中，密度修正对界面流量修正的影响则不可忽略。

6.3.6 计算流程

为了便于编程计算，这里给出全速度 SIMPLE 算法求解相对定常流动问题的计算步骤：

(1) 给定初始迭代场，包括初始速度场、压力场。对于可压缩流动问题，还需要给定初始温度场，并按状态方程求出初始密度场；对于湍流问题，还需要给定初始湍流值。

(2) 由式(6-26)和式(6-27)计算离散动量方程的系数，求解式(6-25)得到速度场 w^*_P。

(3) 由式(6-48)~式(6-50)计算压力修正方程的系数，求解式(6-47)得到压力修正 p'_P，由于在推导压力修正方程时，忽略了相邻节点速度修正的影响，在迭代求解时需要做亚松弛处理，一般取压力修正的松弛因子与动量方程的松弛因子之和为 1 左右。

(4) 利用式(6-42)、式(6-43)和式(6-46)计算节点处速度修正值、界面处速度修正值和密度修正值，再利用式(6-35)~式(6-38)以及式(6-45)计算修正后的节点处速度值、界面处速度值、节点处压力值、节点处密度值和界面处流量值。

(5) 求解温度离散方程得到温度场，并根据状态方程计算密度场。对于不可压缩流动，可以不计算温度方程。

(6) 求解湍流模型输运方程，并更新湍流黏度和湍流项。对于层流问题，不需要计算湍流方程。

(7) 判断迭代是否收敛。若满足收敛指标，则结束迭代；否则，转回到(2)继续迭代计算。

迭代收敛指标根据具体流动问题给出，对于流体机械内流计算问题，可规定收敛指标为所有控制体积的最大相对剩余质量下降 2~3 个数量级，且到进出口质量流量、重要流动参数不再发生变化为止。

6.3.7 全速度算例考核

为了验证全速度 SIMPLE 算法对不同 Ma 流动问题的有效性，这里数值模拟二维圆弧凸包内部的亚、跨、超声速流动，其计算区域如图 6-4 所示，高度为圆弧凸起的弦长，长度是高度的 3 倍，在亚声速和跨声速流动时圆弧高度和弦长的比值设置为 0.1，在超声速流动时设置为 0.04。

图 6-4 二维圆弧凸包流动

为了验证计算结果的网格无关性，对三套网格进行了计算，粗网格的网格单元数为 30000，中等网格的为 10000，密网格的为 270000。

边界条件给定如下：对于亚声速流动，进口给定总压为 101325Pa，总温为 315K，出口给定静压为 84580.1Pa；对于跨声速流动，进口条件与亚声速流动相同，出口给定静压为 71586.1Pa；对于超声速流动，进口给定的总温和总压值与上面相同，进口 Ma 给定为 1.65，出口不给定任何边界条件，所有流场变量均通过外推法得到。采用全速度压力修正算法和 TVD 格式对无黏流动进行计算，上、下壁面满足绝热无渗透有滑移条件。

图 6-5 给出了计算结果与已有文献结果的对比情况，可见在三套网格上计算所得的上下壁面的 Ma 分布、流道内部 Ma 分布与文献结果吻合很好，说明了全速度 SIMPLE 算法和 TVD 格式的有效性。在亚声速条件下，流动具有较好的对称性，Ma 分布比较光顺；在跨声速条件下，凸包后半段出现了一道明显的激波，激波前后的 Ma 变化剧烈；在超声速条件下，流道内出现多道相互作用的激波及其在壁面上的反射现象，计算方法具有较强的激波捕捉能力。

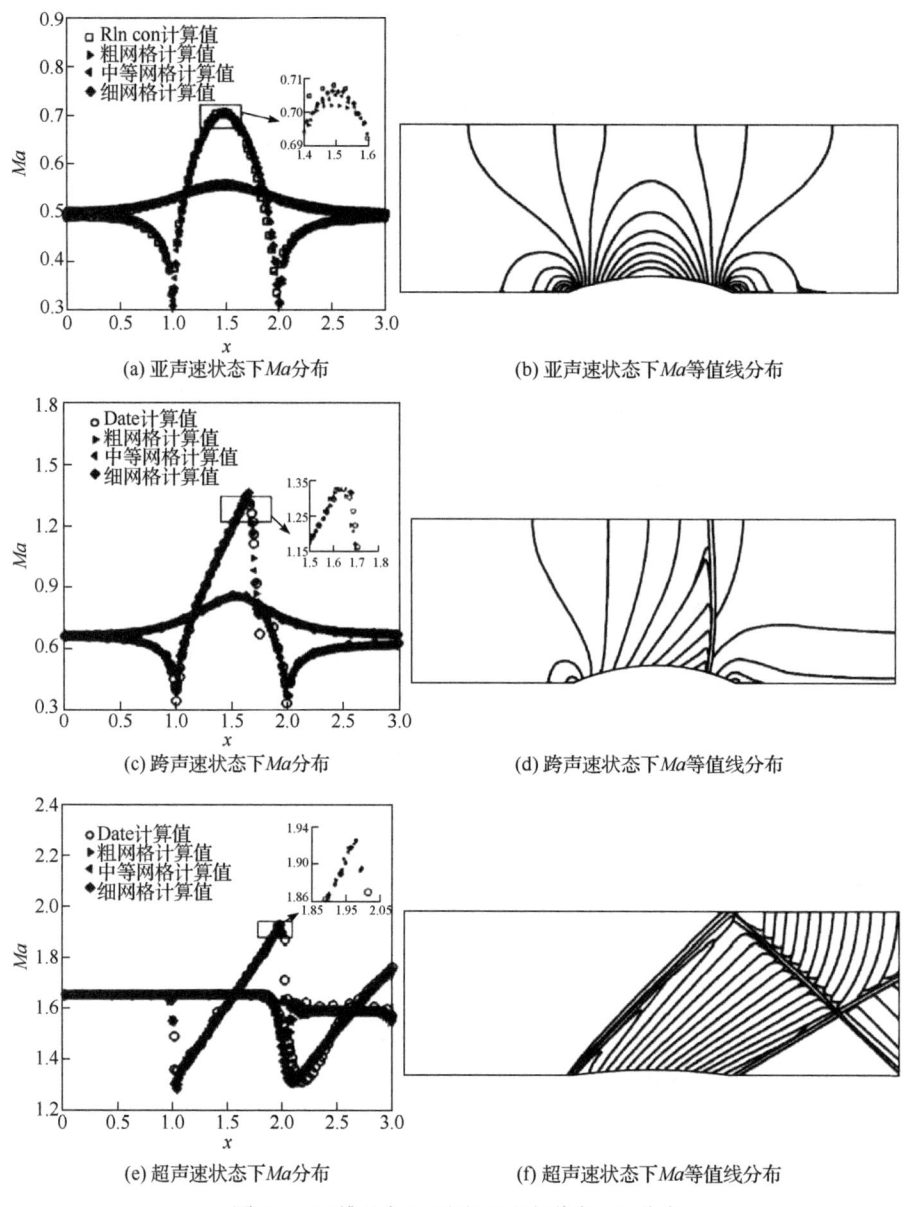

(a) 亚声速状态下 Ma 分布　　(b) 亚声速状态下 Ma 等值线分布

(c) 跨声速状态下 Ma 分布　　(d) 跨声速状态下 Ma 等值线分布

(e) 超声速状态下 Ma 分布　　(f) 超声速状态下 Ma 等值线分布

图 6-5　三维凸包上下壁面及流道内 Ma 分布

思考题及习题

1. 热流耦合过程有哪几个控制方程？
2. 请写出流场的数值解法分类。
3. 请写出全速度 SIMPLE 算法求解相对定常流动问题的计算步骤。

第7章 流固耦合计算

随着科学计算以及数值分析方法的不断发展，流固耦合(fluid structure coupling 或 fluid structure interaction)研究从 20 世纪 80 年代以来，受到了世界学术界和工业界的广泛关注。流固耦合是计算流体力学(CFD)与计算固体力学(computational solid mechanics, CSM)交叉而生成的一门力学分支，同时也是多学科或多物理场研究的一个重要分支，它是研究可变形固体在流场作用下的各种行为以及固体变形对流场影响这二者的分支。本章详细介绍流固耦合分析的基本知识，同时通过实例展示相关理论的应用，进一步加深读者对流固耦合分析的理解和应用。

7.1 流固耦合控制方程

7.1.1 流体控制方程

流体流动要遵循物理守恒定律，基本的守恒定律包括质量守恒定律、动量守恒定律、能量守恒定律。如果流体中包括混合的其他不同成分，系统还要遵循组分守恒定律。对于一般的可压缩牛顿流体来说，守恒定律通过如下控制方程描述。

质量守恒定律：

$$\frac{\partial \rho_f}{\partial t} + \nabla \cdot (\rho_f \boldsymbol{v}) = 0 \tag{7-1}$$

动量守恒定律：

$$\frac{\partial \rho_f \boldsymbol{v}}{\partial t} + \nabla \cdot (\rho_f \boldsymbol{v}\boldsymbol{v} - \boldsymbol{\tau}_f) = \boldsymbol{f}_f \tag{7-2}$$

其中，t 为时间；$\boldsymbol{f}_f$ 为体积力矢量；ρ_f 为流体密度；$\boldsymbol{v}$ 为流体速度矢量；$\boldsymbol{\tau}_f$ 为剪切力张量，可表达为

$$\boldsymbol{\tau}_f = (-p + \mu \nabla \cdot \boldsymbol{v})\boldsymbol{I} + 2\mu \boldsymbol{e} \tag{7-3}$$

式中，p 为流体压力；μ 为动力黏度；$\boldsymbol{e}$ 为速度应力张量，可表示为

$$\boldsymbol{e} = \frac{1}{2}[\nabla \boldsymbol{v} + (\nabla \boldsymbol{v})^{\mathrm{T}}] \tag{7-4}$$

能量守恒方程的总焓形式为

$$\frac{\partial \rho h_{\mathrm{tot}}}{\partial t} - \frac{\partial p}{\partial t} + \nabla \cdot (\rho_f \boldsymbol{v} h_{\mathrm{tot}}) = \nabla \cdot (\lambda \nabla T) + \nabla \cdot (\boldsymbol{v} \cdot \boldsymbol{\tau}) + \boldsymbol{v} \cdot \rho \boldsymbol{f}_f + S_E \tag{7-5}$$

其中，λ 为导热系数；S_E 为能量源项；h_{tot} 为流体部分的总焓；ρ 为流体密度；T 为温度。

7.1.2 固体控制方程

固体部分的守恒方程可以由牛顿第二定律导出：

$$\rho_s \ddot{d}_s = \nabla \cdot \boldsymbol{\sigma}_s + \boldsymbol{f}_s \tag{7-6}$$

其中，ρ_s 为固体密度；$\boldsymbol{\sigma}_s$ 为柯西应力张量；$\boldsymbol{f}_s$ 为体积力矢量；$\ddot{\boldsymbol{d}}_s$ 为固体域当地加速度矢量。

固体能量守恒方程与流体相似，为

$$\frac{\partial \rho h_{\text{tot}}}{\partial t} - \frac{\partial p}{\partial t} + \nabla \cdot (\rho_s \boldsymbol{v} h_{\text{tot}}) = \nabla \cdot (\lambda \nabla T) + \nabla \cdot (\boldsymbol{v} \cdot \boldsymbol{\tau}) + \boldsymbol{v} \cdot \rho \boldsymbol{f}_f + f_T \tag{7-7}$$

其中，f_T 为温差引起的热变形项，表示为

$$f_T = \alpha_T \cdot \nabla T \tag{7-8}$$

式中，α_T 为与温度有关的热膨胀系数。

7.1.3 流固耦合方程

同样，流固耦合方程也遵守最基本的守恒方程，所以在流固耦合交界面处，应满足流体与固体应力、位移、热流量、温度等变量相等或守恒，即满足如下四个方程(下标 f 和 s 分别表示流体和固体)：

$$\begin{cases} \boldsymbol{\tau}_f \cdot n_f = \boldsymbol{\tau}_s \cdot n_s \\ \boldsymbol{d}_f = \boldsymbol{d}_s \\ q_f = q_s \\ T_f = T_s \end{cases} \tag{7-9}$$

7.2 流固耦合分析方法

7.2.1 求解方法

目前，用于解决流固耦合问题的方法主要有两种：直接耦合式解法(directly coupled solution，也称为 monolithic solution)和分离解法(partitioned solution，也称为 load transfer method)。其求解方式如图 7-1 和图 7-2 所示。直接耦合式解法通过将流固控制方程耦合到同一个方程矩阵中求解，也就是在同一求解器中同时求解流体和固体的控制方程：

$$\begin{bmatrix} \boldsymbol{A}_{ff} & \boldsymbol{A}_{fs} \\ \boldsymbol{A}_{sf} & \boldsymbol{A}_{ss} \end{bmatrix} \begin{bmatrix} \Delta X_f^k \\ \Delta X_s^k \end{bmatrix} = \begin{bmatrix} B_f \\ B_s \end{bmatrix} \tag{7-10}$$

其中，k 为迭代时间步长；$\boldsymbol{A}_{ff}$、ΔX_f^k 和 B_f 分别为流场的系统矩阵、待求解量和外部作用力；同理，$\boldsymbol{A}_{ss}$、ΔX_s^k 和 B_s 分别对应固体区域的各项；$\boldsymbol{A}_{sf}$ 和 $\boldsymbol{A}_{fs}$ 为流固的耦合矩阵。

由于同时求解流固的控制方程，不存在时间滞后问题，所以直接耦合式解法在理论上非常先进和理想。但是，在实际应用中，直接耦合式解法很难将现有 CFD 和 CSM 技

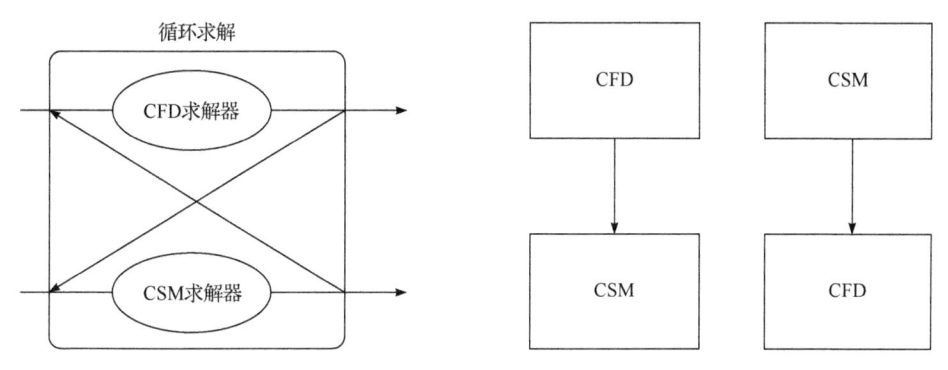

图 7-1 直接耦合式解法分析数据流程　　图 7-2 分离解法分析数据流程

术真正结合到一起，同时考虑到同步求解的收敛难度和耗时问题，直接耦合式解法目前主要应用于如压电材料模拟等电磁-结构耦合和热-结构耦合等简单问题中，流动和结构的耦合只能应用于一些非常简单的研究中，还未在工业应用中发挥重要的实际作用。

与之相反，流固耦合的分离解法不需要耦合流固控制方程，而是按设定顺序在同一求解器或不同的求解器中分别求解流体控制方程和固体控制方程，通过流固交界面(fsinterface)将流体域和固体域的计算结果互相交换传递。待此时刻的收敛达到要求，进行下一时刻的计算，依次而行求得最终结果。相比于直接耦合式解法，分离解法有时间滞后性和耦合界面上的能量不完全守恒的缺点，但是这种方法的优点也显而易见，它能最大化地利用已有计算流体力学和计算固体力学的方法和程序，只需对它们做少许修改，就能保持程序的模块化；另外，分离解法对内存的需求大幅降低，因此可以用来求解实际的大规模问题。所以，目前几乎在所有商业 CFD 软件中，流固耦合分析采用的都是分离解法，图 7-3 简单概括了流固耦合分析类型。

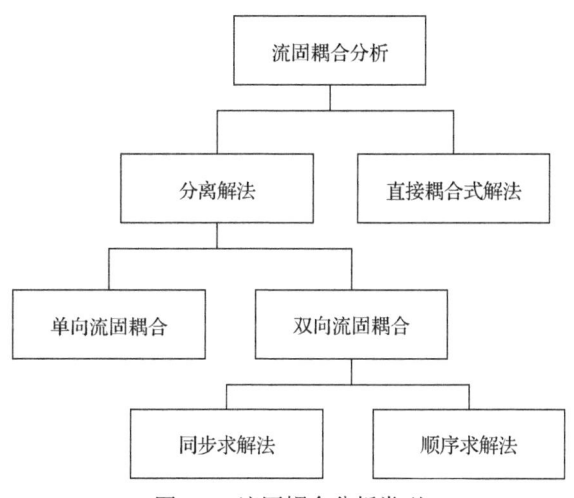

图 7-3 流固耦合分析类型

7.2.2 单向流固耦合分析

单向流固耦合分析指耦合交界面处的数据传递是单向的，一般是指将 CFD 分析计算的结果(如力、温度和对流载荷)传递给固体结构分析,但是没有固体结构分析结果传递给流体分析的过程。也就是说,只有流体分析对结构分析有重大影响,而结构分析的变形等结果非常小,以至于对流体分析的影响可以忽略不计。单向耦合的现象和分析非常普遍,如热交换器的热应力分析、阀门在不同开度下的应力分析(图 7-4)、塔吊在强风中的静态结构分析、旋转机械结构强度分析等都属于单向耦合分析。

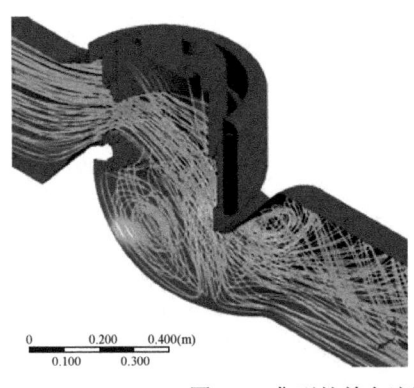

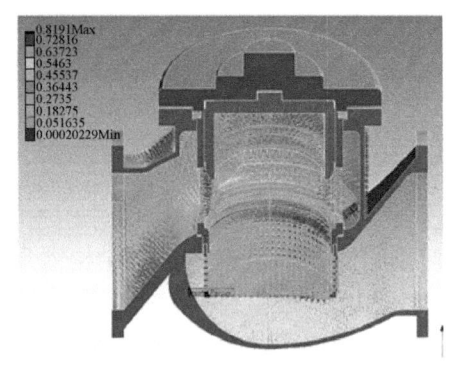

图 7-4 典型的单向流固耦合分析(阀门结构分析)

另外,已知运动轨迹的刚体对流体的影响分析在某种程度上也可以看成一种单向流固耦合分析。例如,汽车通过隧道时对隧道内部气流的影响分析,快启阀在开启过程中对流体流动的瞬间影响分析等。由于固体运动已知,且固体变形忽略不计,所以此类问题一般可以单独在 CFD 求解器中完成,但是运动轨迹需要通过用户自定义函数设定。

单向流固耦合的 FSI 插值程序流程如图 7-5 所示。

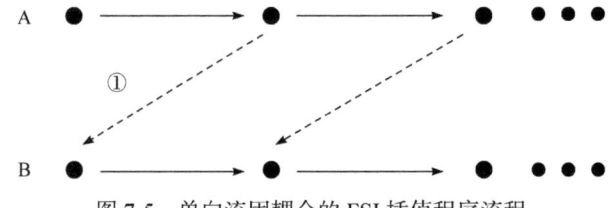

图 7-5 单向流固耦合的 FSI 插值程序流程
A-CFD;B-CSM;①-压力

7.2.3 双向流固耦合分析

双向流固耦合分析是指数据交换是双向的,也就是既有流体分析结果传递给固体结构分析,又有固体结构分析结果(如位移、速度和加速度)反向传递给流体分析。此类分析多用于流体和固体介质密度相差不大或者高速、高压下固体变形非常明显且其对流体的流动造成显著影响的情况。常见的分析有挡板在水流中的振动分析、血管壁和血液流动的耦合分析(图 7-6)、油箱的晃动和振动分析等。一般来说,对于大多数耦合作用现象,如果只考虑静态结构性能,采用单向耦合分析便足够,但是如果要考虑振动等动力学特性,双向耦合分析必不可少,也就是说双向耦合分析很多是为了解决振动和大变形问题而进行的,最典型的例子莫过于深海管道的激振问题。同理,如前所述,塔吊在强风中的静态结构分析属于单向耦合分析,但是如果考虑塔吊在强风中的振动情况,就需要采用双向耦合进行分析。

双向流固耦合的 FSI 插值程序流程如图 7-7 所示。

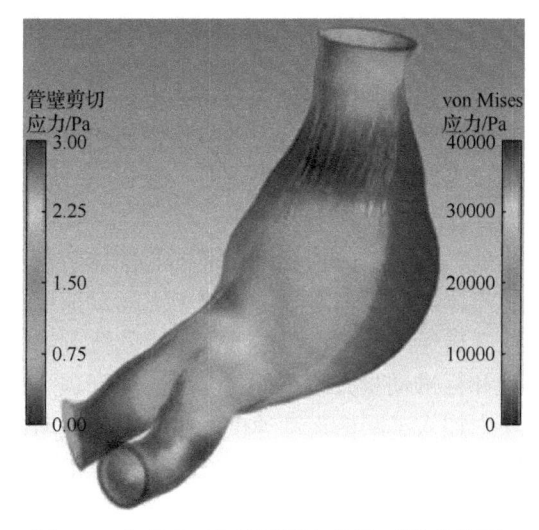

图 7-6 典型的双向流固耦合分析(动脉瘤分析)

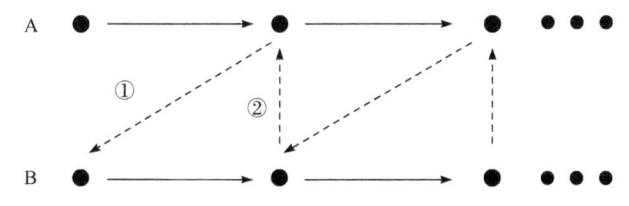

图 7-7 双向流固耦合的 FSI 插值程序流程
A-CFD；B-CSM；①-压力；②-节点位移

7.2.4 界面数据传递

运动界面的模拟主要分为两种类型：界面追踪(interface tracking)和界面捕捉(interface capturing)。这两种方法的主要区别是，对于流固交界面的计算，界面追踪采用拉格朗日方法，界面捕捉采用欧拉方法。

其中，界面追踪方法采用贴体网格，随着结构运动，空间域中的流体改变形状，网格运动来适应形状的变化，跟随流固交界面，流固交界面附近的关键流动区域能够得到更准确的计算结果。由于在运动过程中网格始终与界面运动保持一致，所以能够自动满足运动条件。但是，随着结构变形，网格必须不断更新，甚至需要局部或整体重构，才能保证网格质量，计算成本较高。

而界面捕捉法采用欧拉-拉格朗日方法，流体和固体分别在固定的欧拉网格上和拉格朗日网格上建立方程，但需要更高的网格分辨率。因此，界面追踪也称为动网格或贴体网格方法，界面捕捉则称为定网格方法。

典型的界面追踪方法有：任意拉格朗日-欧拉(ALE)方法和变形空间域/稳定时空(deforming spatial domain/stabilized space time，DSD/SST)方法等。界面捕捉方法中，最著名的是内嵌边界(immersed boundary，IB)方法、虚构域名(fictious domain，FD)方法、有限体积(finite volume，FV)方法等。

1. ALE 方法

通常情况下，固体域在坐标系中描述，而流体质点运动在坐标系中描述可以解决界面节点不同的运动描述方式互相协调的问题，在描述中，有限单元剖分是针对独立于结构和流体运动的参考坐标系进行的，网格点为参考点。当指定网格速度和节点速度一致时，退化为拉格朗日描述；当指定网格速度为零时，退化为欧拉描述，这样使边界处描述节点运动方式协调。

考虑到在耦合交界面处，流体域的边界网格需要与固体节点保持接触，固体域交界面处采用拉格朗日方法，流体域在该位置处的网格节点运动速度与固体域的网格节点运动速度保持一致，在其他区域远离运动边界的地方采用欧拉方法。

ALE 动量方程有两项和标准动量方程不同：其一，时间项，由于体积变化，不能放在积分内；其二，对流项中加入了网格运动速度，由于面的运动，产生了新的面通量。

ALE 方法被广泛用于求解流固耦合问题，在这些流体和结构相互作用的问题中，流体的运动幅度比较大，因此在固体域中一般使用拉格朗日方法，而在流体域中使用 ALE 方法。

2. IB 方法

流体域在欧拉坐标系的笛卡儿网格中进行离散。而对于应力计算，弹性体的变形追踪在独立的拉格朗日网格中进行，重叠在笛卡儿网格下。因此，按照分布的体积力和独立的表面力作用在流体系统上来建立流固界面的方程。表面力和体积力首先在拉格朗日网格中计算，然后传递到笛卡儿网格的动量方程中进行求解。

3. VOF 方法等

界面捕捉法避免了动网格或重构网格的问题。VOF 方法通过求解流体体积函数 C 的守恒方程重建界面，追踪流体的变化，而非追踪自由液面上质点的运动。levelset 方法利用等值面函数代替 VOF 方法中的流体体积函数 C，让函数以适当的速度运动而其零等值面就是物质界面。在任意时刻，只要能够求出其等值面，就可以知道此时的运动界面。

7.2.5 网格映射和数据交换类型

为了在非相似网格之间传递数据，每个网格上的节点必须映射到对应网格的单元上。在流固耦合分析中，为了传递位移变量，流场耦合面上的节点必须映射到固体耦合面的单元上；为了传递应力，固体耦合面上的节点必须映射到流场耦合面的单元上，也就是一次完整的数据交换传递必须实行两次映射操作(图 7-8)。

由于各场独自的物理属性和特点，流固耦合(也包括热固耦合和热流耦合)分析时，并不是所有数据都能相互交换传递，例如，流场耦合面的速度参数就不能传递给固体耦合面，固体耦合面的应力分布也不能传递给流场耦合面。表 7-1～表 7-3 列出了流固耦合、热固耦合和热流耦合中两场间的传递参数类型。

图 7-8 流固耦合的网格映射

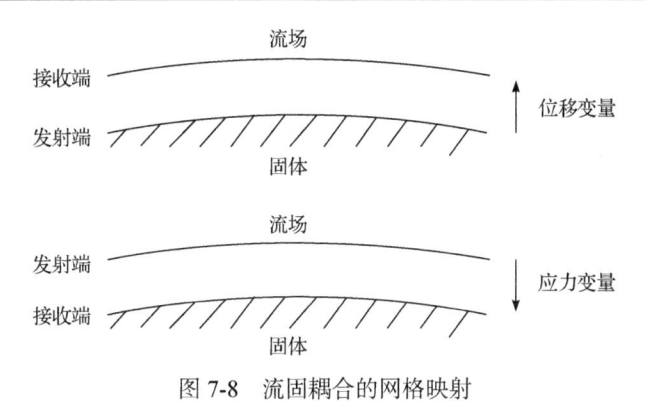

表 7-1 流固耦合数据传递

面载荷传递	结构	流体
发射端	位移	应力
接收端	应力	位移

表 7-2 热固耦合数据传递

体载荷传递	结构	热
发射端	位移	温度
接收端	温度	位移

表 7-3 热流耦合数据传递

面载荷传递	热	流体
发射端	温度/热通量	温度/热通量
接收端	热通量/温度	热通量/温度

7.3 动网格技术

动网格技术是指通过网格变形、网格重构或局部网格重构等方法使计算网格适应计算区域的改变，动网格技术是研究动边界问题中必须采用的技术。除此之外，计算固体力学中研究材料和结构的变形计算也需要使用动网格技术。下面列举几种主要动网格生成技术：滑移网格法、重叠/嵌套动网格法、网格变形法、网格重构法、网格变形和网格重构结合法等。

1. 滑移网格法

滑移网格是通过在运动物体周围预先划分出滑移子区域，然后将滑移子区域和其余区域分别生成的多块结构化网格组合而成。随着物体运动，相邻网格间相对滑动，网格分界面两侧的两个非一致的分界面区域如何交换计算数据是滑移动网格的关键。根据采用的网格类型，滑移网格还可细分为基于结构化网格的滑移网格和基于非结构化网格的滑移网格。滑移网格技术在列车隧道交会、旋转机械等物体运动的切线方向与数据交换面重合的问题中广泛应用，但不能处理多体分离等物体运动轨迹复杂或未知的问题。

2. 重叠/嵌套动网格法

重叠/嵌套动网格法将计算区域划分为多个子域，在各个子域上生成相互重叠的结构化网格。各个子域采用区域(重叠部分)共享的方法实现流场信息交互，在实际工程应用中得到了广泛应用。根据采用的网格类型，重叠动网格还可细分为基于结构化网格的重叠动网格和基于非结构化网格的重叠动网格。

基于结构化网格的重叠动网格有如下优点：①使用结构化网格能够利用高效率的结构化网格求解器和关联的边界条件；②能够分别生成适合特定组件几何的结构化网格，减轻了网格生成的负担；③在网格重叠区域利用插值进行信息交互可使不同的网格间能够相互运动。

重叠/嵌套动网格法需要在每个计算步、不同网格分区之间进行"挖洞"，因而增加了该类动网格方法的计算成本。Nakahashi 等指出用重叠网格边界定义技术进行数值传递的方法，使用近邻查找技术(neighbor-to-neighbor，N-T-N)可以快速建立网格之间的联系，提高"挖洞"效率。但是流场信息交互进行数值插值时，仍不能避免由此引入的误差。

3. 网格变形法

网格变形法是指在不增加或不删除网格节点并保持网格拓扑不变的条件下，根据边界变形或运动计算网格节点的位移，得到适应边界变形的计算网格。但是当边界位移过大时，会产生差单元或翻转单元，因此限制了网格变形法的应用。非结构化网格具有更强的变形能力，是网格变形法研究的重点，Mcdaniel 等将非结构化网格变形方法分成三类：拟物理法(包括弹簧法和弹性体法)、椭圆光顺法和代数法。

弹簧法假设网格单元的边为弹簧，选取适当的弹簧刚度，整个网格是一个达到平衡状态的弹簧系统。当边界变形或移动时，求解节点弹簧静力平衡方程，获得网格点新位置坐标。弹簧法实现简单、所需存储空间小，可以灵活控制局部网格变形。

与弹簧法类似，弹性体法假设网格单元为弹性介质，选取适当的弹性模量，如杨氏模量、泊松比等，当边界变形或移动时，求解弹性体变形方程，获得网格点新位置坐标。Yang 等认为弹性体法是目前网格变形最好的方法。但是网格变形过程实质上是求解弹性体变形问题，计算量很大，实现复杂。

椭圆光顺法通过求解椭圆型方程，达到网格变形的目的，其采用的椭圆型方程包括拉普拉斯方程、泊松方程、温斯洛方程等。Karman 等比较了弹性体法和椭圆光顺法，椭圆光顺法不仅能用于动网格问题，也可以用于网格优化问题。

代数法根据网格节点的空间位置来移动节点，无须考虑节点的相邻关系和网格类型，适用于任意类型的网格，易于并行化，是一种高效而直接的网格变形方法。相较于弹簧法、弹性体法、椭圆光顺法等，代数法无须迭代求解方程组，其网格内部节点移动仅仅是边界节点移动的简单函数，计算量小。代数法可分为表面影响法、径向基函数插值法、基于 Delaunay 的背景网格插值法等。

综合以上几种网格变形方法，椭圆光顺法较少应用于移动边界问题，主要应用于网格优化问题；表面影响法主要应用于气动弹性、振动、曲面翘曲等问题；径向基函数插值法主要应用于曲面翘曲变形问题。基于 Delaunay 的背景网格插值法实现简单、网格变形效率高、易于并行化，得到了越来越多的应用。弹簧法和弹性体法能够适应任意变形形式，应用最为广泛。

4. 网格重构法

无论哪种网格变形法，在处理大变形的移动边界问题时，均存在网格质量下降，甚至产生翻转单元等非法单元，影响计算精度，甚至导致计算失败的问题出现。网格重构法指根据移动之后的表面网格重新生成网格，Peraire 等和 Löhner 将此技术应用到自适应流场数值模拟。全局网格重构法需要重新生成全局网格，并且对整个流场进行插值。整个过程不仅计算量巨大，而且插值会引入过多数值误差，因而并不适合需要频繁进行网格重构的移动边界问题。

采用局部网格重构法既能保证网格的合理性，又能减小流场插值范围。对不符合质量要求的单元做网格局部修改，提高网格质量，能有效地保证计算精度，避免计算失败。对网格局部修改有两种常用的方法：①基于网格局部操作，即对差单元进行边/面交换、边分裂、点消除/插入等操作优化其质量。例如，Baker 提出的网格自适应策略，采用边消除操作粗化网格和基于 Delaunay 加点算法细化网格，并应用到外挂物投放模拟；Compere 等提出的网格自适应框架处理网格大变形问题，应用到不可压缩两相流和移动边界问题。②基于局部重构操作，即从整体网格中抽取差单元形成"洞"，根据"洞"边界进行网格重生成，并将新网格整合到原网格。例如，Hassan 等结合弹簧法和局部网格重构法处理外挂物投放、机翼振荡等问题。郭正利用该技术进行了多体分离等方面的研究。张来平等结合 Delaunay 背景网格插值法和局部网格重构法提出了基于混合网格的动网格方法。

5. 各主要动网格技术比较

除了传统形式的动网格技术，采用动节点技术的无网格法也是解决动边界问题的一种思路。该方法无须生成网格单元，而是在计算区域内填充网格点，打破了传统网格方法在拓扑结构上的束缚，具有灵活性，但在求解精度和求解效率上需要进一步提高，因此无网格法还不是当前模拟流场的主流数值方法。Anandhanarayanan 等和 Tang 等利用无网格法在外挂物分离模拟方面取得了成功，但为适应计算域边界的运动或大变形，需要对节点的分布进行快速调整，而动节点的生成速度将直接影响计算流体力学的计算效率。

无论哪种动网格技术，都有其特定的优缺点，表 7-4 给出了主要动网格技术的特性，在实际应用中需要根据需求加以选择。滑移网格法只适用于物体运动的切线方向与数据交换面重合的问题，如旋转机械、列车交会等，但不能处理多体分离等物体运动轨迹复杂或未知的问题。全局网格重构法的网格生成和流场插值过程耗时，且插值会引入数值误差，不适合需要频繁进行网格重构的动边界问题。在动边界问题中应用最广泛的两种方法为重叠/嵌套动网格法和非结构动网格方法。非结构动网格方法在处理大位移问题时，通常需要采用网格变形和网格局部重构相结合的方法，即本节所采用的方法。

表 7-4 主要动网格技术特性比较

动网格技术		优点	缺点
滑移网格法		对网格的处理简单，不涉及网格的变形与重构	运动形式单一，仅适合处理物体运动的切线方向与数据交换而重合的问题
重叠/嵌套动网格法		各运动部件独立生成网格，减轻了网格变形与重构的负担	子网格间重叠部分的通信需要进行挖洞、寻点和插值等大量操作；结构化网格的生产以及子网格的装配耗时且需要一定的先验知识
网格变形法	弹簧法	具有物理理论基础；变形能力强；适应任意变形形式；对局部的单元质量控制较好	需求解大规模方程组，变形效率一般
	弹性体法	具有物理理论基础；变形能力强；适应任意变形形式；对局部的单元质量控制较好；变形质量非常高	算法复杂度高；需求解大规模方程组，计算量大，变形效率低
	椭圆光顺法	具有可靠的数学基础；变形后网格光滑；应用直接	变形能力较低；控制变形能力弱；变形效率一般
	代数法	应用简单；效率非常高；极适合反复运动	缺少实际物理意义；高度依赖参数驱动；对局部单元质量控制一般
网格重构法		对网格质量有保证	网格生成和流场插值耗时；插值引入数值误差

7.4 ANSYS 流固耦合模拟

近年来，流固耦合分析研究和应用取得了飞速的发展，尤其是 ANSYS Workbench 推广以来，流固耦合分析变得容易起来，也因此很快在相关工程领域得到广泛应用。ANSYS 在原有 Mechanical APDL(又称 ANSYS Classical)的基础上，相继合并开发了 ANSYS Workbench CFX 和 ANSYS CFX，从 12.0 版本开始又合并集成了另一款著名的计算流体软件 FLUENT。通过坚持不懈的努力，ANSYS 流固耦合分析从单向到双向、从简单二维模型到复杂三维模型，从小变形分析到基于动网格或网格重构的大变形分析，功能不断增加，分析能力大幅增强，分析结果日益精确。

同时，由于集成了多个产品，流固耦合的分析使用方法也变得多种多样，例如，可以通过 Mechanical APDL Product Launcher 设置基于 MFX 的双向耦合分析，通过 Mechanical APDL 本身设置与 CFX 或 FLUENT 的单向耦合分析，通过 ANSYS Workbench 平台设置 ANSYS 和 CFX 的双向耦合分析，到 13.0 版本虽然还不支持 ANSYS 与 FLUENT 的双向流固耦合分析，但是通过第三方软件 MPCCI 可以轻松实现双向流固耦合分析，具体可行性设置如表 7-5 所示。

表 7-5 ANSYS 流固耦合可行性设置方式

耦合方式	结构软件或模块	流体软件或模块	主要配置环境
单向流固耦合	Mechanical APDL	CFX	Mechanical APDL/CFX
	Mechanical APDL	FLUENT	Mechanical APDL/FLUENT
	Statical Structural(ANSYS)	CFX/FLUENT	ANSYS Workbench
双向流固耦合	Mechanical APDL	FLOTRAN	Mechanical APDL
	Mechanical APDL	CFX	Mechanical APDL Product Launcher/CFX
	Transient Structural (ANSYS)	CFX	ANSYS Workbench
	Mechanical APDL	FLUENT	MPCCI

因为通过 ANSYS Workbench 设置单向耦合和双向耦合分析有相应的快捷菜单，所以大致过程十分简单，只需注意各个求解器的内部设置即可。下面简单介绍一下非 Workbench 方式设置的单向流固耦合和双向流固耦合的基本步骤。

7.4.1 CFX+Mechanical APDL 单向流固耦合基本设置

对于单向流固耦合分析，因为没有流场和固体的交错迭代求解，所以耦合其实主要是指耦合界面处的数据传递。以 CFX-Post 传递耦合面数据的方式创建 ANSYS Mechanical APDL 载荷为例，其单向传递过程大致如下：

(1) 打开 Mechanical APDL 导入模型，设置结构单元类型、面单元(SURF154)和实参数，然后分别划分结构化网格和耦合面网格。完毕后，通过单击 Preprocessor→Archieve Model→Write 输出包含所有有限单元信息(DB ALL finite element information)的 ".cdb" 文件(图 7-9)。

(2) 在 CFX-Post 中打开流体分析的 ".res" 结果文件。单击 File→ANSYS Import/Export→Import ANSYS CDB Surface。此时，会弹出 Import ANSYS CDB Surface 对话框，如图 7-10 所示。

(3) 在 Import ANSYS CDB Surface 对话框中，指定 File 为之前使用 Mechanical APDL 保存的 ".cdb" 文件，也就是指定目标传递面。然后指定流体分析中的相应面为 Associated Boundary，映射到结构面(目标传递面)，并适当设置其他选项。单击 OK 按钮导入 ANSYS CDB 网格。

(4) 此时，只是面面映射完成，接着进行数据传递并导出文件。单击 File→ANSYS Import/Export→Export ANSYS Load File，弹出 Export ANSYS Load File 对话框，如图 7-11 所示。

(5) 在 Export ANSYS Load File 对话框中，设定文件名并保存数据。Location 参数值中指定导入的 ANSYS 结构面。File Format 下拉菜单中选择 ANSYS Load Commands (SFE or D)，或者选择包含所有传递信息的 WB Simulation Input(XML)方式输出。然后，在 Export Data 中选择要输出的数据：Normal Stress Vector、Tangential Stress Vector、Stress Vector、Heat Transfer Coefficient、Heat Flux 或者 Temperature。单击 Save 按钮，ANSYS 载荷数据文件就创建好了。

(6) 回到 Mechanical APDL 界面，单击 File→Read Input From 导入刚才生成的 ".sfe" 载荷文件。然后设置约束等其他边界条件，全部设置完毕后，即可求解，如图 7-11 所示。

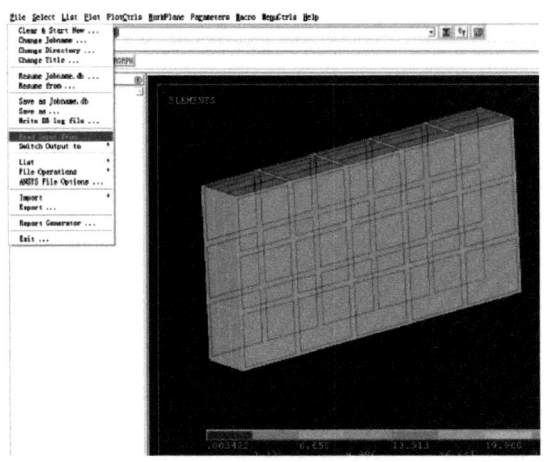

图 7-9 Mechanical APDL 导出 ".cdb" 文件和加载 ".sfe" 载荷文件

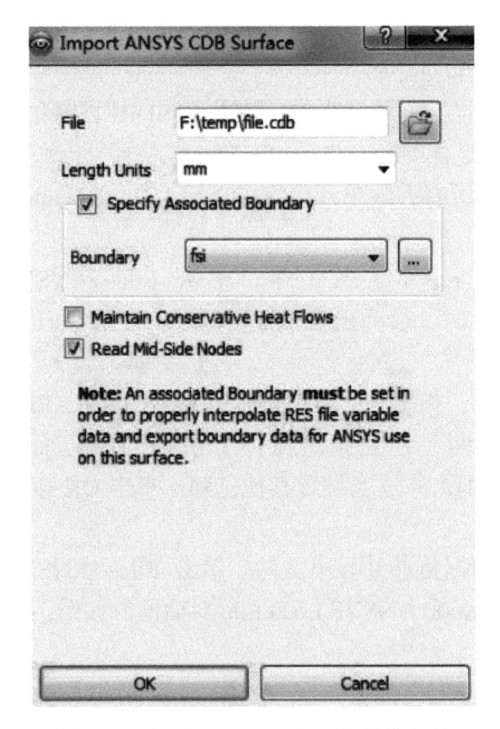

图 7-10 加载 ANSYS ".cdb" 结构文件

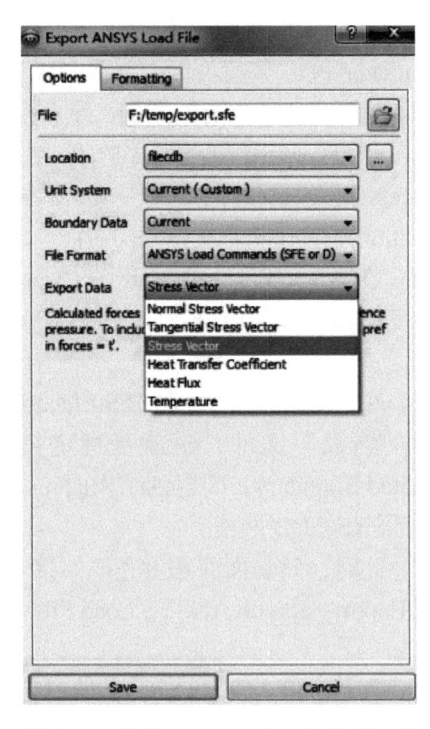

图 7-11 导出 ANSYS ".sfe" 载荷文件

7.4.2 FLUENT+ANSYS 单向流固耦合基本设置

FLUENT+Mechanical APDL 的单向耦合分析过程与 CFX+Mechanical APDL 单行耦合过程十分相似，单击 File→FSI Mapping→Surface，在弹出的 Surface FSI Mapping 对话

框中，指定保存的 ANSYS ".cdb"文件为 FEA File，单击 Read 按钮，便可以导入".cdb"文件(图 7-12)。检查无误后，设置对话框右侧的 Output File 属性，单击 Write 按钮可以导出具有载荷信息的新".cdb"文件(注意不是".sfe"文件)。然后在 Mechanical APDL 中通过 Read input from 加载新的".cdb"文件完成载荷加载。

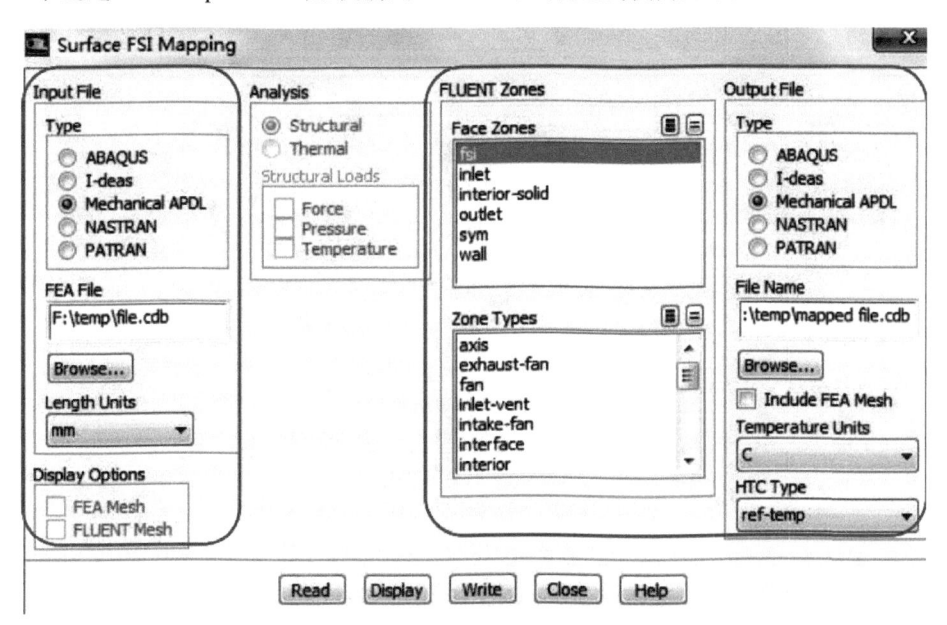

图 7-12 通过 FLUENT 中的 FSI Mapping 导入、导出".cdb"文件

7.4.3 通过 ANSYS Mechanical APDL Product Launcher 设置 MFX 分析

相较于单向耦合分析，双向耦合分析的设置更复杂，除了设置求解顺序、求解器之间的数据传递属性，还需要仔细设定各个求解器的迭代属性等众多相关内容。因此，目前常用的双向耦合分析都是通过 ANSYS Workbench 设置的，ANSYS Workbench 提供了便捷的快捷菜单设置方式，可以方便地完成双向耦合分析的数据传递部分。下面简单介绍一下通过 ANSYS Mechanical APDL Product Launcher 设置双向耦合分析，大致设置步骤如下：

(1) 打开 ANSYS Mechanical APDL Product Launcher，在 Simulation Environment 中选择 MFX-ANSYS/CFX。然后选择 License 为 ANSYS Multiphysics (图 7-13)。

(2) 在 MFX-ANSYS/CFX Setup 选项卡中，设置 ANSYS Run 属性，如 Working Directory、Job Name 等。

(3) 设置 CFX Run 属性，如 Working Directory、Definition File、Initial Values File 等。

(4) 单击 Run 按钮。

通过 ANSYS Mechanical APDL Product Launcher 设置 MFX 分析时，ANSYS CFX 会自动启动，用户需要分别设置其属性和参数。同时，需要在本地机器使用 CFX，如果想在不同机器运行 CFX，需要通过命令流方式设置，参见 ANSYS 帮助文件中的 Starting an MFX analysis via the command line。

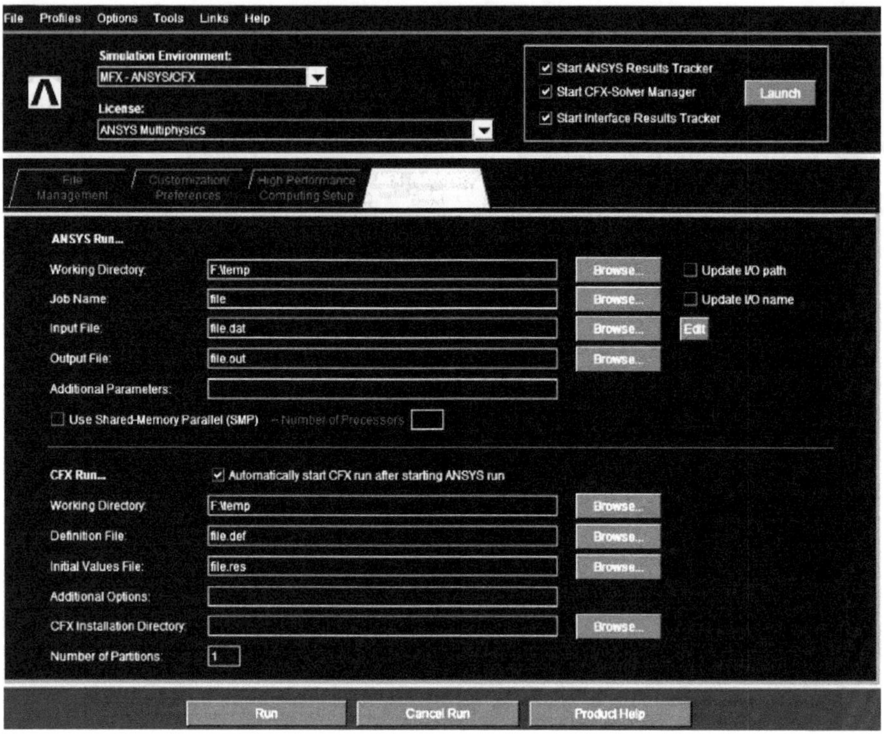

图 7-13 ANSYS Mechanical APDL Product Launcher 窗口

7.5 流固耦合应用案例

7.5.1 横向受迫振荡圆柱流固耦合

圆柱在均匀来流中的受迫振荡运动问题是涡激振动领域的一类经典问题。当圆柱在均匀来流中受迫振荡运动时，由于圆柱振荡运动，圆柱表面上的分离点位置和泻涡强度发生变化，导致旋涡脱落频率和尾迹中泻涡的结构均不同于静止圆柱绕流的情况，其中备受关注的是"锁定现象"(lock in phenomena)。即当运动圆柱的振荡频率 f_e 接近静止圆柱尾流旋涡的自然脱落频率 f_s 时，振荡圆柱尾流的泻涡频率 f_v 逐步接近运动圆柱的振荡频率 f_e，并且在一定折合速度(折合速度定义为 $U_{\text{true}} = U/(f_e D)$，其中 U 为来流速度，D 为圆柱直径)范围内，振荡圆柱尾流的泻涡频率 f_v 不再由 St (斯坦顿数)来决定，而是"锁定"在运动圆柱的振荡频率 f_e 上，振荡圆柱尾流将以频率 f_e 发放泻涡。对于横向振荡圆柱，"锁定现象"一般发生在 $f_e/f_s \approx 1$ 时，即圆柱振荡频率在旋涡的自然脱落频率附近时会发生锁定现象。

本节利用计算流体力学软件 FLUENT 并结合动网格技术对均匀来流中做横向受迫振荡的圆柱绕流场进行数值模拟，得到不同振荡频率比和不同振幅比的升阻力系数曲线和涡量等值线分布，分析圆柱受迫振荡频率和振幅对圆柱受力和尾流涡结构变化的影响。

1. 计算模型及计算初始条件

均匀流中圆柱受迫振荡计算区域如图 7-14 所示，图中 x 轴平行于来流方向，y 轴垂直于来流方向。圆柱的直径 $D = 0.02\mathrm{m}$，圆柱中心离上下边间距分别为 $10D$，左端入口离圆柱中心的水平距离为 $20D$，右端出口离圆柱中心距离为 $80D$。为了节省计算时间，在计算区域中设置一个运动区域即距离圆柱中心点前后 $5D$ 范围内的网格是运动的，而其他部分的网格是静止的。计算区域的网格模型如图 7-15 所示。图 7-16 则给出了圆柱周围局部的网格分布形式。计算区域的左端为速度入口，来流速度为 $0.01\mathrm{m/s}$；右端为压力出口边界；上下边和圆柱都采用无滑移固壁条件；圆柱以 $y(t) = A\sin(2\pi f_e t)$ 的形式做垂直于来流的横向受迫振荡，计算开始时圆柱以速度 $U_m = 2\pi f_e A$ 向 y 轴正向运动。

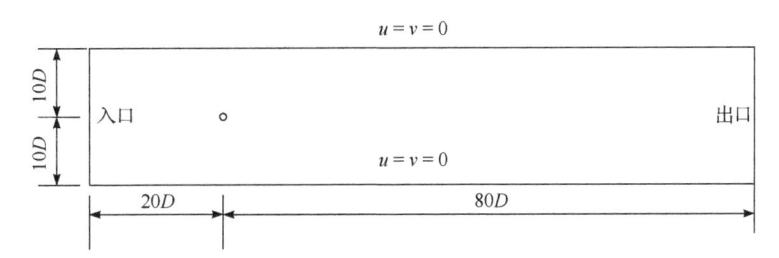

图 7-14 计算区域几何图形

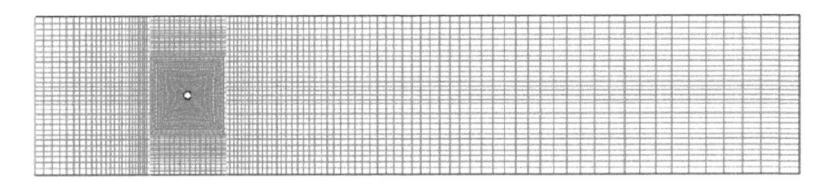

图 7-15 网格模型

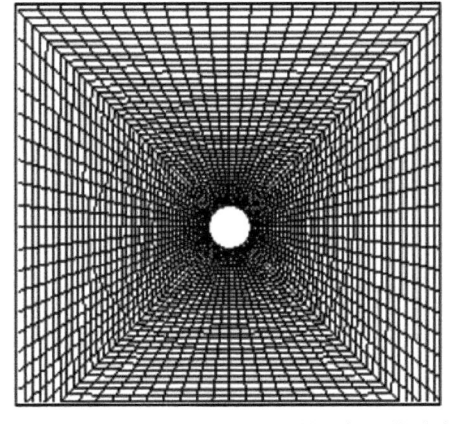

图 7-16 圆柱周围($10D\times 10D$)的局部网格分布

2. 圆柱横向振荡绕流的主要影响参数

均匀来流中的圆柱受迫振荡的主要影响参数有雷诺数 Re、运动圆柱的振荡频率 f_e

与静止圆柱尾流旋涡的自然脱落频率 f_s 的比值及反映圆柱运动幅值大小的振幅比 A/D，其中 A 为圆柱振荡幅值。下面对 $A/D=0.2$，频率比为 0.75、0.85、0.95、1.05、1.12、1.2 的六种不同振荡频率下圆柱受迫振荡进行数值模拟计算。

3. 计算结果与分析

图 7-17 给出了振荡圆柱在振幅比 $A/D=0.2$ 时六种不同振荡频率比下的圆柱升力系数 C_l 和阻力系数 C_d 随时间变化曲线。图 7-18 则给出了振幅比 $A/D=0.2$ 时，$f_e/f_s = 0.75$、0.95、1.05、1.2 四种不同振荡频率比下对圆柱升力系数采用快速傅里叶变换(FFT)得到的能量频谱图。

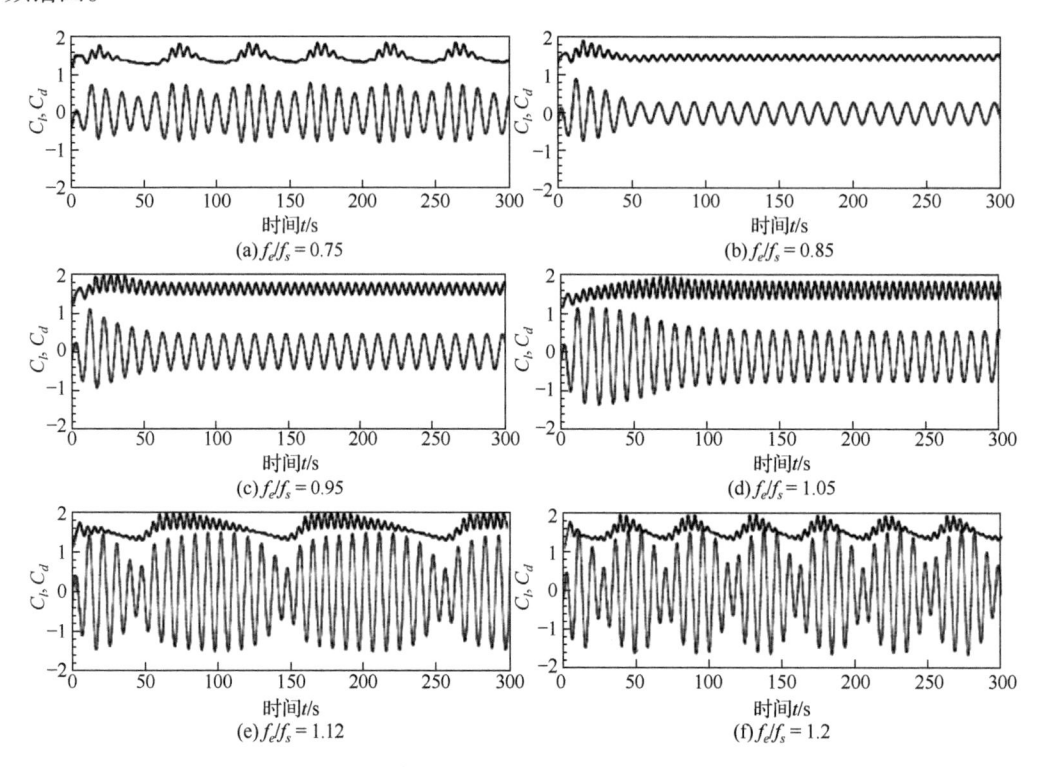

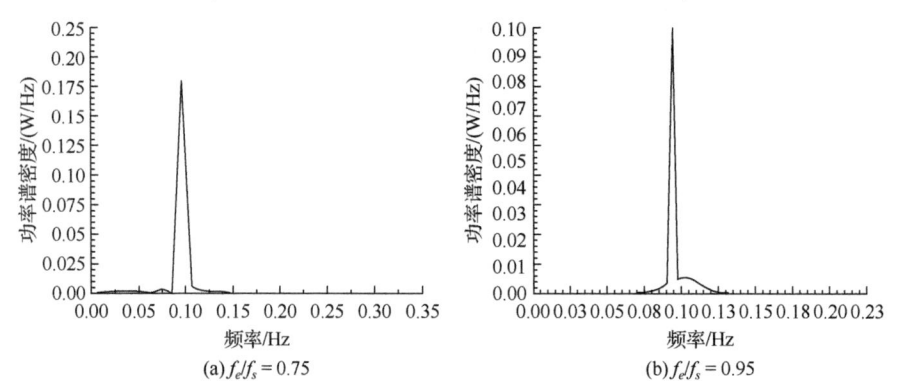

图 7-17 $A/D=0.2$ 时不同振荡频率比下圆柱升力系数和阻力系数随时间变化曲线

(上端为阻力系数曲线，而下端为升力系数曲线)

第 7 章 流固耦合计算

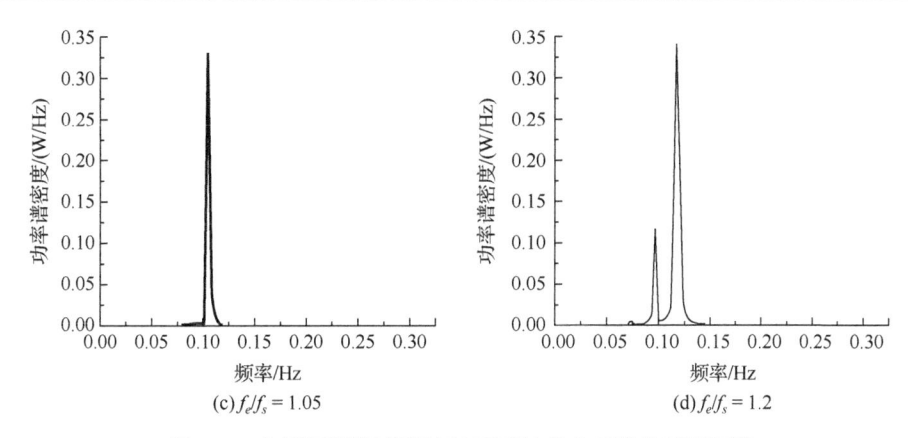

(c) $f_e/f_s = 1.05$

(d) $f_e/f_s = 1.2$

图 7-18 四种不同振荡频率比下圆柱升力系数的能量频谱

由图 7-17 和图 7-18 可以看出：

(1) 当振荡频率比不在锁定范围内时，圆柱升力系数和阻力系数曲线都有很明显的"拍频"特征，这是因为在非锁定区域内，圆柱振荡既受到振荡频率 f_e 的作用，同时又受到自然脱落频率 f_s 的影响。当 $f_e/f_s = 0.75$ 时圆柱振荡的主控频率是 f_s，而当 $f_e/f_s = 1.12$ 和 $f_e/f_s = 1.2$ 时的主控频率是 f_e，这两种频率的共同作用导致了升力系数和阻力系数中的"拍频"特征的出现。

(2) 当振荡频率比在锁定区域内时，即 $f_e/f_s = 0.85$、0.95、1.05 时，升力系数和阻力系数曲线中没有出现"拍频"现象，而是随时间平稳变化，同时随着振荡频率比的增大而增大。在锁定区域内，圆柱尾流的泻涡频率 f_v 由原来的 f_s 转变到圆柱的振荡频率 f_e 上来，并且在一定范围内都是以频率 f_e 来发放泻涡的。

图 7-19 给出了 $f_e/f_s = 0.75$ 和 $f_e/f_s = 0.95$ 两种振荡频率比下一个振荡周期内圆柱尾流涡量等值线分布，这两种频率比分别对应振荡圆柱在非锁定和锁定状态。从这些等值线分布图中可以看出：在这两种频率比下振荡圆柱尾流的泻涡和静止圆柱泻涡结构相同，都是"2S"形式的泻涡；但是在锁定区域的涡量等值线相对非锁定区域的涡量等值线分布要规则一点，这与非锁定状态下两种频率之间相互作用相关联。

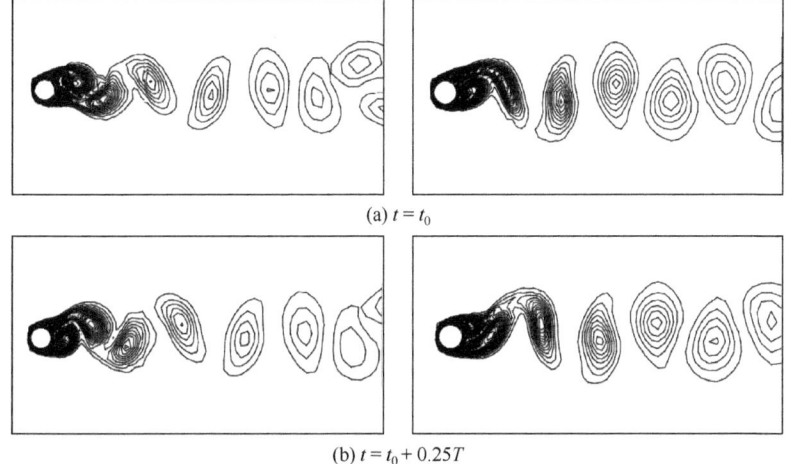

(a) $t = t_0$

(b) $t = t_0 + 0.25T$

(c) $t = t_0 + 0.5T$

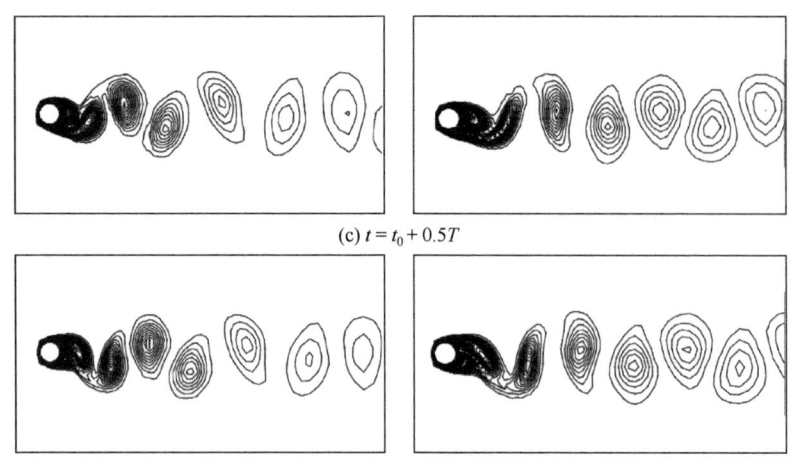

(d) $t = t_0 + 0.75T$

图 7-19 A/D=0.2 时振荡圆柱在锁定与非锁定状态下的圆柱尾流中的涡量等值线分布
(左边：f_e/f_s=0.75 非锁定；右边 f_e/f_s = 0.95 锁定)

7.5.2 管路流致振动

压力管道因其安全和经济的特点被广泛应用于石油、天然气、船舶和城市供水等领域。但是，在进行气体和液体输送时，由于管道中流体的间歇吸入/排出运动，可能会在管道系统中产生流量脉动和压力脉动，并导致在不连续区域(如弯头、三通管或阀门处)引起严重的管道振动。异常或过度的振动会导致管道系统疲劳失效、腐蚀穿孔和其他安全问题。

1. 流场 CFD 模型及结构有限元模型

选择一段 T 型压力管道作为研究对象。管道中间截面剖面图见图 7-20，管内径为 100mm，管道壁厚为 2mm，AC=500mm，BC=500mm，BD=1000mm。A、B 为进水口，D 为出水口。

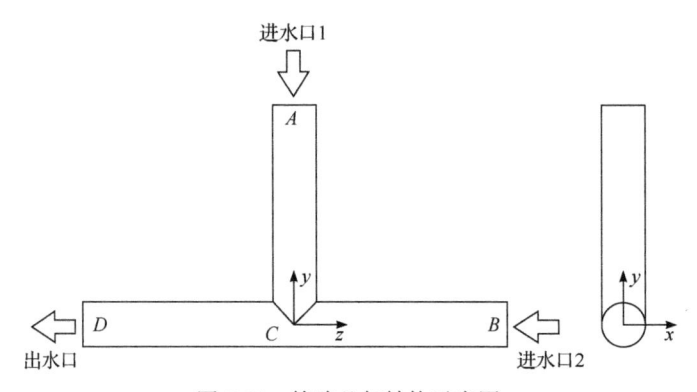

图 7-20 管路几何结构示意图

利用 ANSYS CFX 进行管道流体力学计算，管道几何结构见图 7-20。湍流模型采用 RNG k-ε 模型，壁面采用无滑移壁面设置，计算过程不考虑热交换。分别计算不同流体压强(0MPa、2MPa、4MPa、6MPa、8MPa)，不同分支管进口流速(5m/s、10m/s、

15m/s、20m/s），不同密度流体(水、液压油、90#汽油和液化石油气)的管道内流场情况。通过 Workbench 中的 Transient Structure 模块进行瞬态结构动力学耦合计算，求解设置关键在于流固耦合面(fluid solid interface)设置，ANSYS Multi-field Solver 负责整个耦合求解。流体计算结束后，将结果流场载荷加载到对应的管道壁面上，进行预应力模态分析。利用 ANSYS Workbench 中的 Static Structural 和 Model 模块对管道进行结构受力与模态分析。其中管道壁厚为 2mm，管道 A 端、B 端和 D 端采用固定约束，管道材料采用 Q345B(16Mn)，其主要参数为密度 7800kg/m^3、杨氏模量 2.0×10^{5}MPa、泊松比 0.3。结构振动中起主要作用的是低阶模态，本节模态分析仅关注前十阶固有频率及振型。

流体使用 Fluid30 单元(单元数 83052，网格节点数 75194)，管道选用 Shell181 壳单元(单元数 12607，节点数 12675)进行后面的分析。

2. 不同耦合方法下的固有频率分析

流体压强为 2MPa，A、B 两进口端流速均为 5m/s，流体为水。T 型管空管模态分析、单向流固耦合法模态分析和双向流固耦合法模态分析得到的各阶固有频率见表 7-6。

表 7-6 三种计算方式下管道的固有频率

阶数	空管固有频率/Hz	单向流固耦合管道固有频率/Hz	双向流固耦合管道固有频率/Hz
1	511.81	514.70	514.55
2	719.71	807.97	805.48
3	764.38	853.12	850.46
4	771.20	861.43	858.64
5	789.02	878.11	875.19
6	835.56	923.69	920.52
7	851.27	940.16	936.93
8	1025.00	1071.50	1069.90
9	1134.90	1174.70	1173.20
10	1176.70	1187.40	1187.10

流体作用对 T 型管固有频率存在较大影响，从表 7-6 中可以看到对于前十阶固有频率，考虑流固耦合与不考虑流固耦合之间的固有频率相差达 9%～12%。单向流固耦合法得到的管道各阶固有频率均高于双向流固耦合法的各阶固有频率，这是因为单向流固耦合只考虑流体对管路的作用，没有考虑管路对流体的影响，得到的管道预应力较大。

图 7-21 为不同计算方法下的 T 型管前三阶振型。可以发现：三种计算方法中，相同阶次下的振型基本一致，振幅分布位置相似，振幅幅值略有差异，单向耦合和双向耦合作用时的振幅比空管结构振幅略大。因此，流体运动对 T 型管的振动存在显著影响，在振动分析中需要考虑流固耦合的作用。

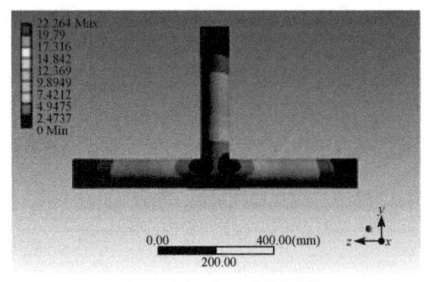

(a) 第一阶振型(无流固耦合)

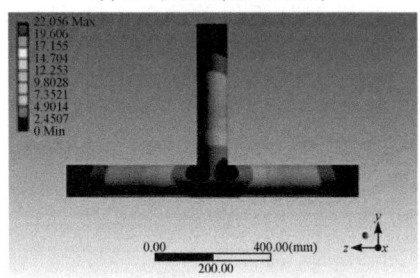

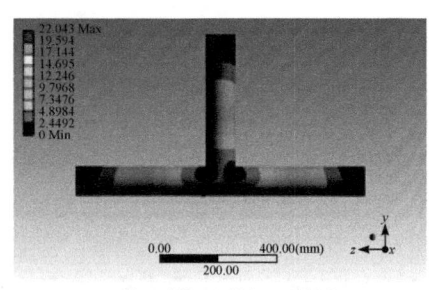

(b) 第一阶振型(单向流固耦合)

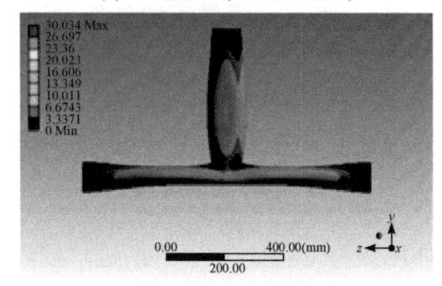

(c) 第一阶振型(双向流固耦合)

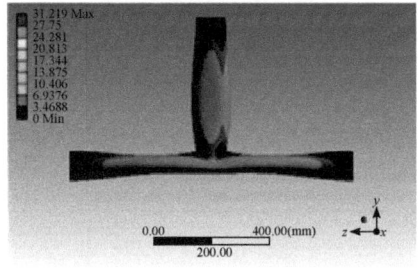

(d) 第二阶振型(无流固耦合)

(e) 第二阶振型(单向流固耦合)

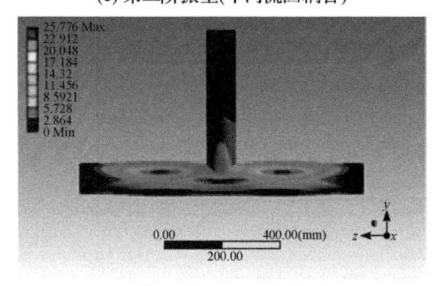

(f) 第二阶振型(双向流固耦合)

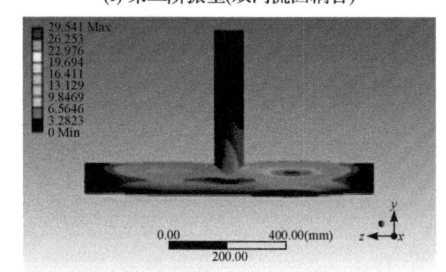

(g) 第三阶振型(无流固耦合)

(h) 第三阶振型(单向流固耦合)

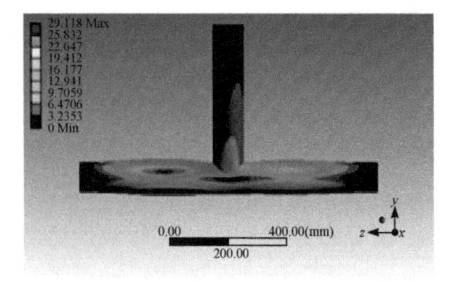

(i) 第三阶振型(双向流固耦合)

图 7-21　不同计算方法下 T 型管前三阶振型

3. 流体压强对管道的影响

在 A、B 两个进水口水流速度均为 5m/s 的情况下，利用双向流固耦合方法进行 T 型管模态分析，计算流体压强为 2MPa、4MPa、6MPa、8MPa 时 T 型管的固有频率，得到不同流体压强的前十阶固有频率如图 7-22 所示。从图 7-22 中不难发现，在一定的流体压强范围内(2~8MPa)，管道各阶固有频率随流体压强增加而增加，管道内流体压强对 T 型管固有频率有较大影响，因此在设计管道系统时，流体压强要作为主要的固有频率分析影响因素考虑。

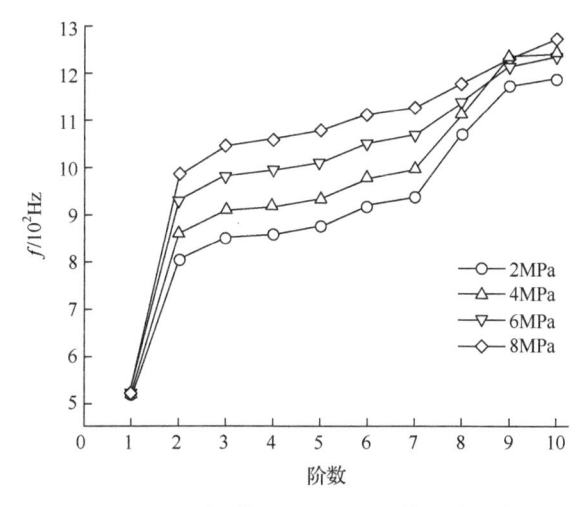

图 7-22 不同流体压强下的 T 型管固有频率

图 7-23 为不同流体压强时的 T 型管总变形和等效应力云图。可以发现，在 T 型管的结合处有一个高应力区域，垂直方向的流体在这个位置冲击管道，流体流动状态被改变，流体对管壁的作用力变大。流体压力与管道壁面之间发生强烈的泊松耦合与接合部耦合。泊松耦合对充流 T 型管影响最为明显，管壁受到的作用力导致显著的形变。当流体压强为 2MPa 时，最大总变形量约为 0.196mm，随着压强增大，总变形量增大；当流体压强为 8MPa 时，最大总变形量达到约 0.676mm，等效应力显示相同的变化规律。

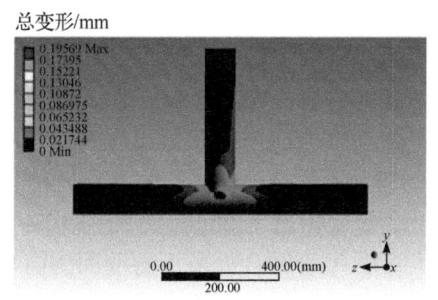

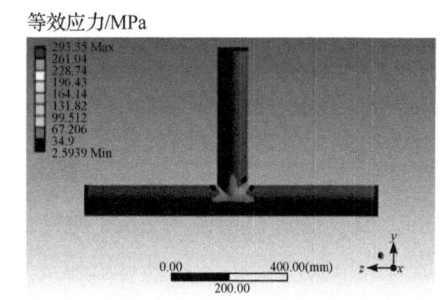

(a) 2MPa

(b) 4MPa

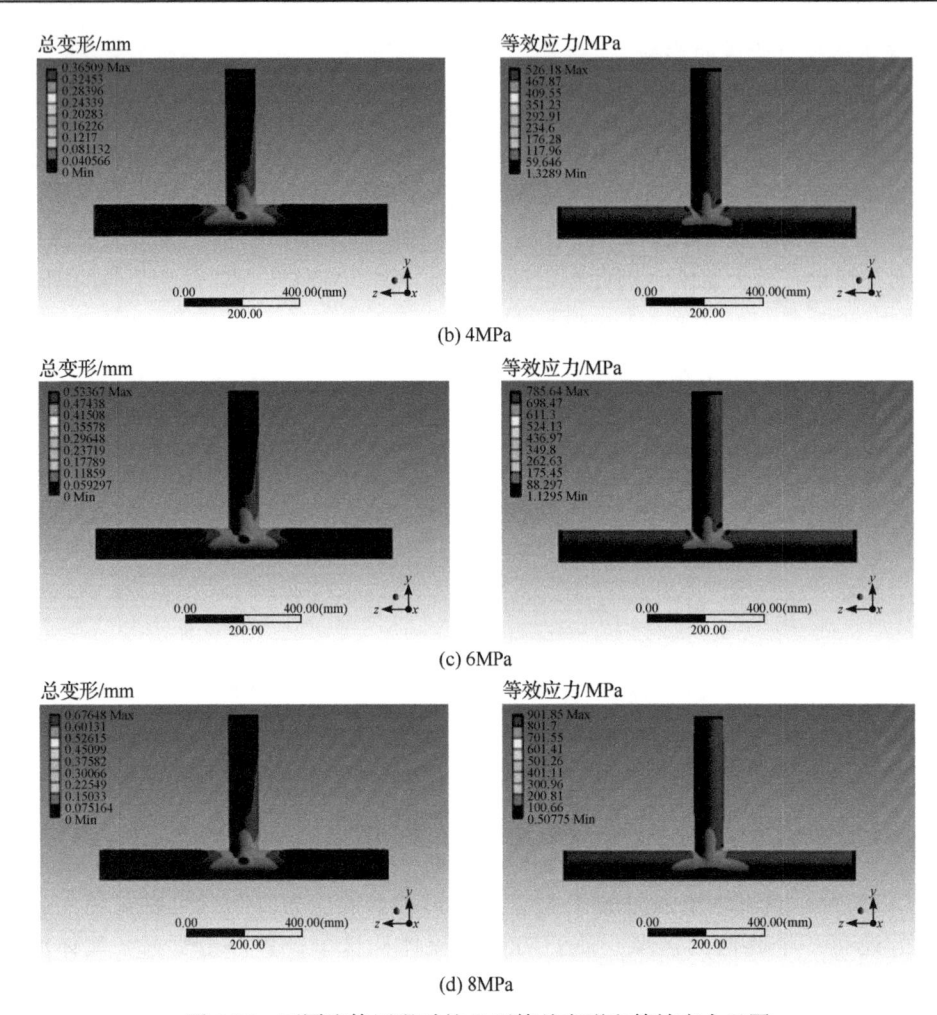

(c) 6MPa

(d) 8MPa

图 7-23　不同流体压强时的 T 型管总变形和等效应力云图

4. 不同流体速度对固有频率的影响

固定 T 型管主管(B 进口)进口速度为 5m/s，分支管(A 进口)进口速度分别为 5m/s、10m/s、15m/s 和 20m/s，T 型管出口(D 出口)设置为 0MPa，得到的管固有频率如图 7-24 所示。从中可以看到，各阶固有频率变化不明显，相比于流体压强，分支管进口速度对 T 型管固有频率的影响较小。

在不同分支管进口速度情况下，管道的变形和等效应力存在差异，除了在 T 型管结合部位出现变形和应力最大值，在 T 型管结合处流体汇合的下游部位出现变形和应力集中区域。从图 7-25 中可以发现，当分支管进口速度为 20m/s 时，最大总变形量约为 0.0469mm，分支管进口速度为 5m/s 时，最大总变形量相当于 20m/s 时的约 10%，等效应力与总变形量趋势相同。分支管进口速度越大，T 型管结合处及下游壁面的剪切应力越大，流动侵蚀加剧。但是长时间处于高应力条件下，容易导致管道壁面侵蚀、焊缝开裂、寿命减少。

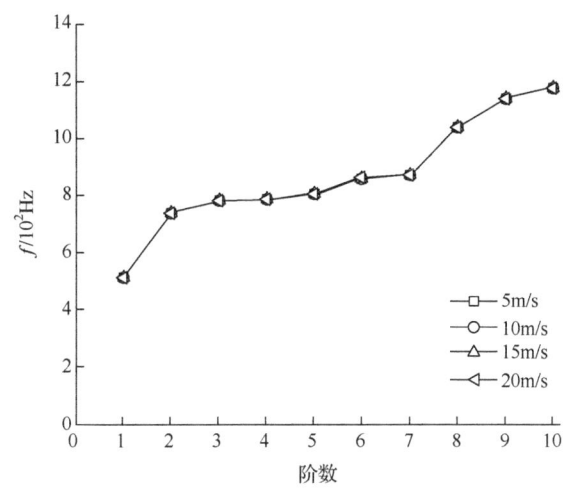

图 7-24 不同分支管流速下的 T 型管固有频率

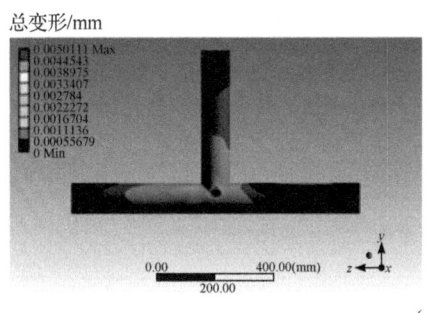

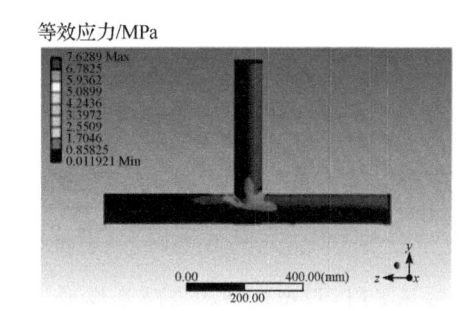

(a) 5m/s

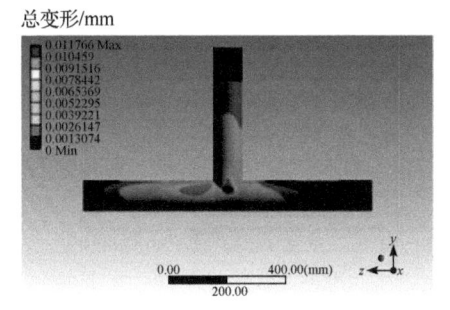

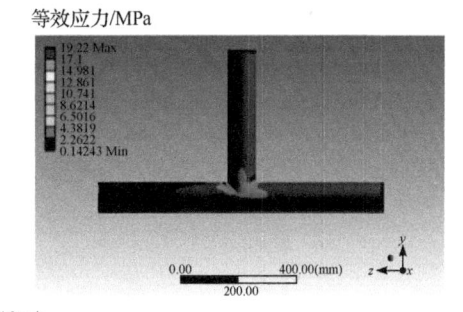

(b) 10m/s

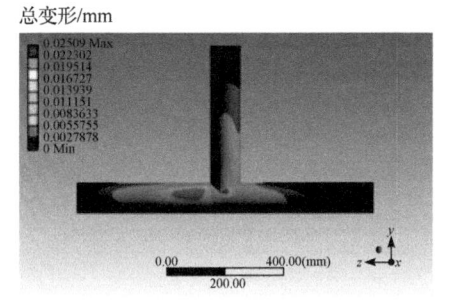

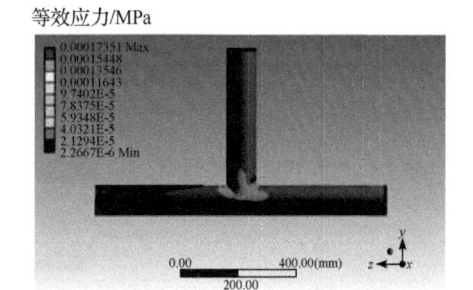

(c) 15m/s

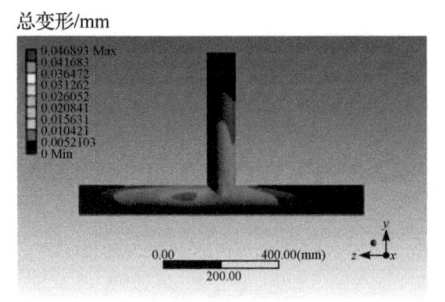

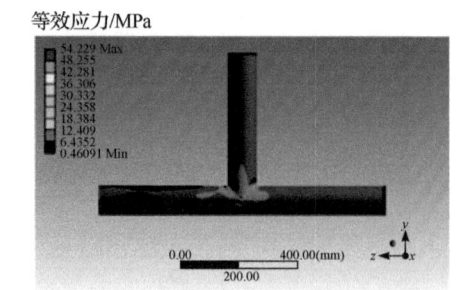

图 7-25　不同分支管流速下的 T 型管总变形和等效应力云图

7.5.3　平板流激振动

取来流速度为 0.025m/s，平板左端固支，如图 7-26 所示。杨氏模量分别选取 3.56×10^3Pa、4.92×10^3Pa、2.39×10^4Pa、3.29×10^4Pa、4.02×10^4Pa、9.16×10^5Pa、1.55×10^6Pa、2.03×10^6Pa 进行双向流固耦合分析。

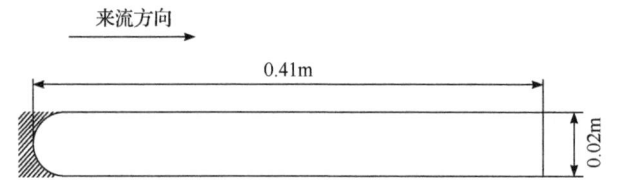

图 7-26　一端固支二维平板绕流示意图

1. 流场 CFD 模型及结构有限元模型

结构模型为二维弹性悬臂平板，其基本尺寸为：平板沿来流方向长 $L=0.41$m，平板厚度 $t=0.02$m，密度 $\rho=7850$kg/m³，泊松比 $\nu=0.3$。平板有限元模型采用 Solid186 单元，如图 7-27 所示，沿来流方向划分 216 份，沿厚度方向划分 16 份，沿展向划分 1 份，以模拟展向无限长平板，结构单元总数为 3586。

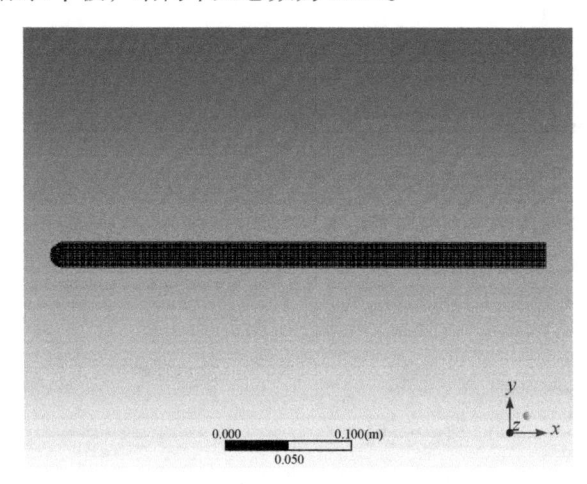

图 7-27　悬臂平板有限元模型

流体计算域如图 7-28 和图 7-29 所示，流动方向为 x 轴正向，y 轴方向为垂直于来流方向，左端流场入口边界到平板左端的距离为 75 倍板厚，出口边界到平板右端距离为 140 倍板厚，计算域上下边界到平板上下壁面的距离为 40 倍板厚。网格划分采用分块划分方法，结构近壁处采用加密的结构化网格，以更准确地模拟近壁面复杂的流动情况，流场则采用稀疏的非结构化网格，确保获得较快的计算速度。

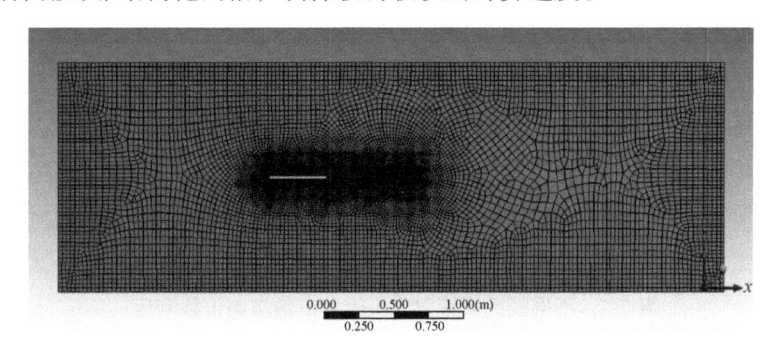

图 7-28　全局流场网格

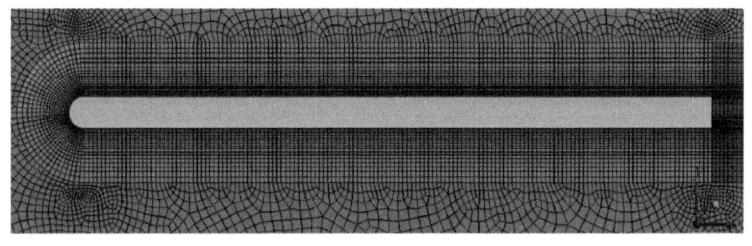

图 7-29　近壁面网格

2. 边界条件

入口边界条件：

$$u = u_0, \quad v = 0, \quad \frac{\partial p}{\partial x} = 0$$

出口边界条件：

$$\frac{\partial u}{\partial x} = \frac{\partial v}{\partial y} = 0$$

平板表面及流域上下为无滑移固壁：

$$u = u_0, \quad v = 0$$

3. 计算结果与分析

图 7-30 为贾文超给出的同一来流速度下不同杨氏模量平板自由端位移响应，表 7-7 给出了八种工况下自由端法向位移响应。图 7-31～图 7-33 给出了不同杨氏模量平板固有模态云图及相应位移响应云图。

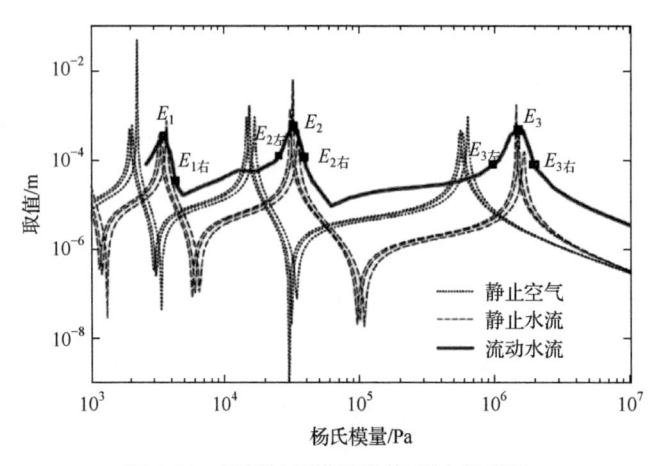

图 7-30 平板杨氏模量取值(图中粗实线)

表 7-7 不同杨氏模量对应平板自由端法向位移响应

振型说明	工况 编号	杨氏模量/Pa	自由端法向位移/m	固有频率/Hz	模态云图
悬臂平板第三阶弯曲振型	$E_{3右}$	$2.03×10^6$	$5.98×10^{-5}$	0.2089	图 7-31(b)
	E_3	$1.55×10^6$	$3.43×10^{-4}$	0.1826	图 7-31(d)
	$E_{3左}$	$9.16×10^5$	$8.30×10^{-5}$	0.1404	图 7-31(f)
悬臂平板第二阶弯曲振型	$E_{2右}$	$4.02×10^4$	$4.89×10^{-5}$	0.2040	图 7-32(b)
	E_2	$3.29×10^4$	$2.88×10^{-4}$	0.1845	图 7-32(d)
	$E_{2左}$	$2.39×10^4$	$9.17×10^{-5}$	0.1573	图 7-32(f)
悬臂平板第一阶弯曲振型	$E_{1右}$	$4.92×10^3$	$2.989×10^{-5}$	0.2195	图 7-33(b)
	E_1	$3.56×10^3$	$4.94×10^{-4}$	0.1867	图 7-33(d)

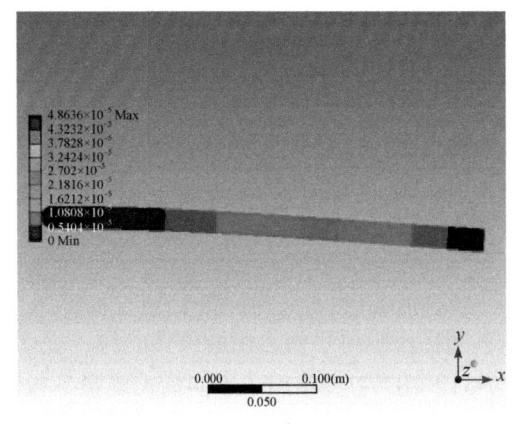

(a) $E_{3右} = 2.03×10^6$ Pa 响应云图

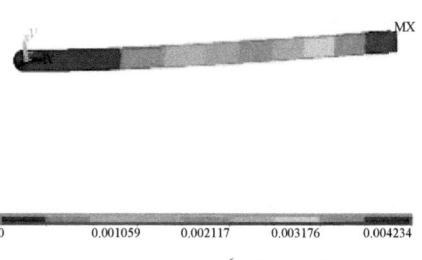

(b) $E_{3右} = 2.03×10^6$ Pa 模态云图

(c) $E_3 = 1.55 \times 10^6$Pa响应云图

(d) $E_3 = 1.55 \times 10^6$Pa模态云图

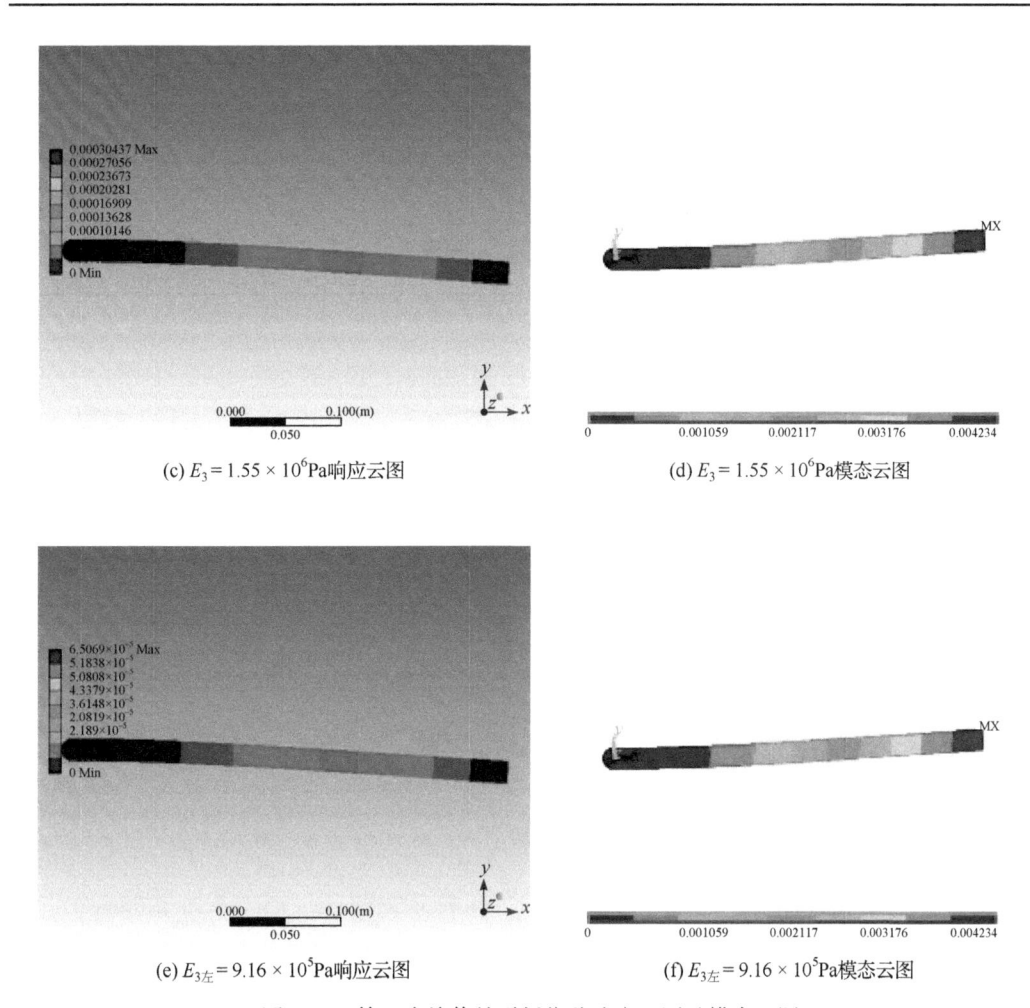

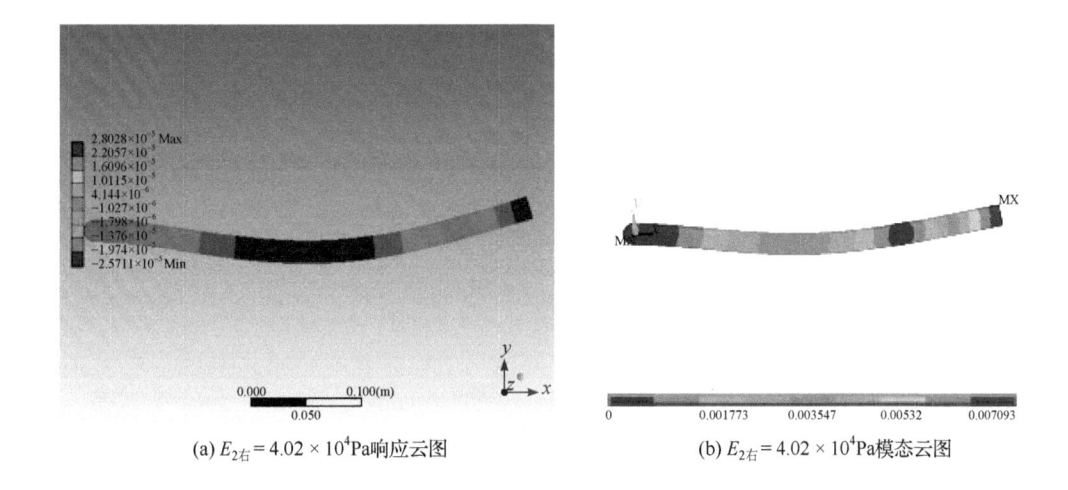

(e) $E_{3左} = 9.16 \times 10^5$Pa响应云图

(f) $E_{3左} = 9.16 \times 10^5$Pa模态云图

图 7-31 第三个峰值处平板位移响应云图及模态云图

(a) $E_{2右} = 4.02 \times 10^4$Pa响应云图

(b) $E_{2右} = 4.02 \times 10^4$Pa模态云图

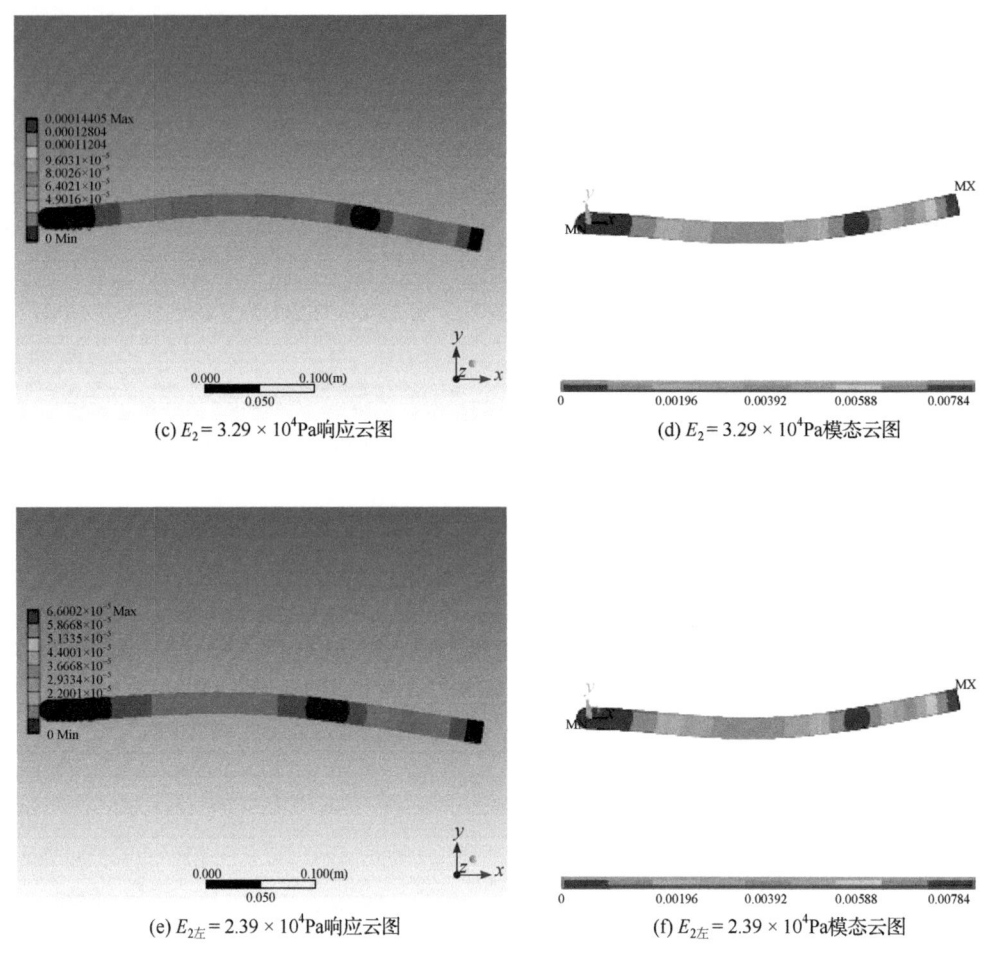

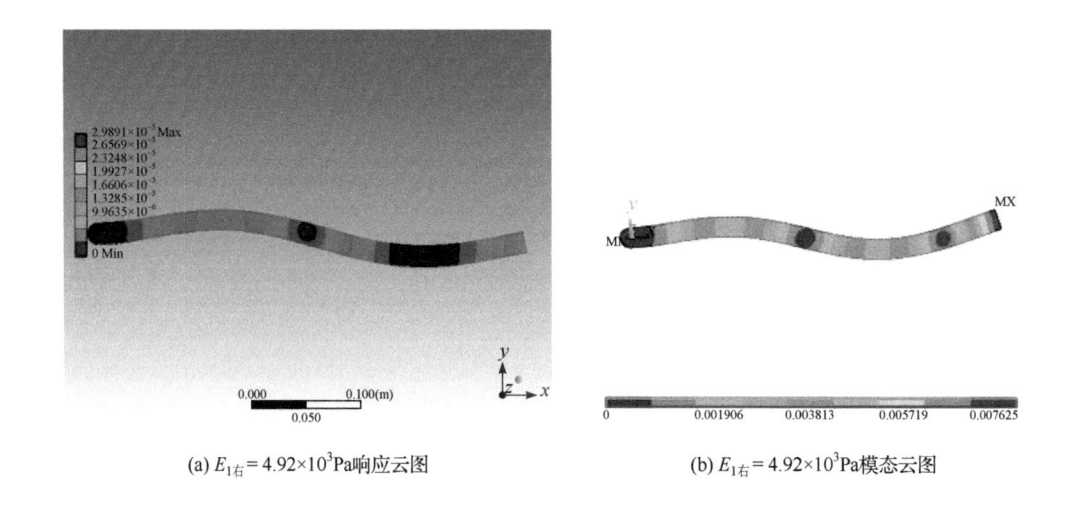

(c) $E_2 = 3.29 \times 10^4$Pa响应云图

(d) $E_2 = 3.29 \times 10^4$Pa模态云图

(e) $E_{2左} = 2.39 \times 10^4$Pa响应云图

(f) $E_{2左} = 2.39 \times 10^4$Pa模态云图

图 7-32　第二个峰值处平板位移响应云图及模态云图

(a) $E_{1右} = 4.92 \times 10^3$Pa响应云图

(b) $E_{1右} = 4.92 \times 10^3$Pa模态云图

(c) $E_1 = 3.56×10^3$Pa响应云图   (d) $E_1 = 3.56×10^3$Pa模态云图

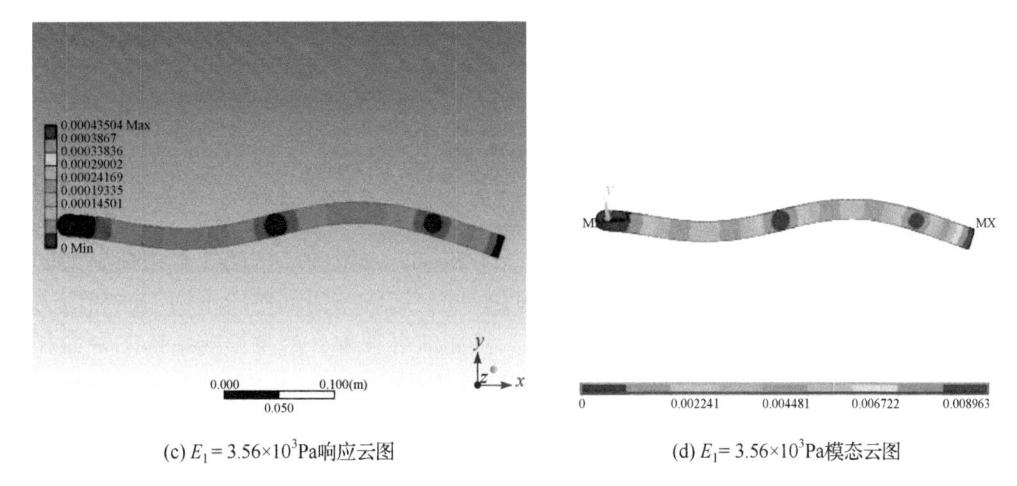

图 7-33 第一个峰值处平板位移响应云图及模态云图

由图 7-30，并结合表 7-7，可以看出，E_1、E_2、E_3 三个工况的旋涡的自然脱落频率分别对应各工况杨氏模量下的平板第三、第二和第一阶固有频率。在这三个杨氏模量下，平板位移响应相比于与其相邻的工况都要大，这主要是由涡激共振效应引起的。

思考题及习题

1. 流固耦合求解方法有哪些？
2. 流固耦合力学的主要特征是什么？
3. 流固耦合是如何分类的？
4. 简述动网格的概念与分类方式。
5. 流固耦合面的数据传递方式有哪些？
6. 单、双向流固耦合的区别是什么？
7. 简述单向流固耦合的计算步骤。
8. 简述双向流固耦合的计算步骤。

第 8 章　热弹耦合计算

从航空航天、动力装置到微电子机械系统等领域，大量的结构部件都是在温变的情况下工作的。剧烈的温变和结构内较大的温度梯度会造成结构部件内不均匀的热应力和热变形，导致结构的动态热响应，如热振动、热屈曲等现象，严重影响结构的寿命和安全。因此，结构热问题是结构设计和制造的重要影响因素。

热弹性力学是弹性力学的推广，主要研究物体因受热造成的非均匀温度场在弹性范围内产生的应力和变形的问题，它在弹性力学问题的基础上考虑温度的影响，在应力-应变关系中增加一项由温度变化引起的应变。在建立热弹性理论的过程中，需要用到热传导方程和热力学第一、第二定律。

8.1　热弹性力学主要问题

当物体温度发生变化时，物体将由于膨胀而产生线应变，若物体每一部分都能自由膨胀，虽有应变也不会出现应力。若物体每一部分不能自由膨胀(物体受热均匀但受某种约束或物体受热不均匀但物体是连续体)，各部分之间会因相互制约而产生应力。这种应力称为温度应力或热应力。另外，通常情况下材料的弹性模量(见材料的力学性能)会随温度的升高而下降，如表 8-1 所示。

表 8-1　材料弹性模量与温度的关系(单位：GPa)

项目	材料名称	温度					
		20℃	100℃	200℃	300℃	400℃	500℃
1-1	08#	203	206	182	153	141	—
1-2	15#	201	192	184	172	158	—
1-3	20#	211	207	202	192	187	169
1-4	25#	198	196	191	185	164	—
1-5	45#	209	207	202	196	186	174

根据温度和应力与时间的关系，应力问题可分为定常热应力问题和非定常热应力问题；而根据温度与变形的关系，变形问题可分为耦合热弹性问题和非耦合热弹性问题。

1. 定常热应力问题

定常热应力是由定常温度场引起的热应力。"定常"指温度和应力与时间无关。当瞬态温度变化趋于零，温度分布达到稳定状态时，由热传导方程和温度边界条件，可求出温度分布；再由包含温度项的弹性方程，可求出位移和应力。

2. 非定常热应力问题

非定常热应力是由非定常温度场引起的热应力。"非定常"指温度或应力随时间变化。在原则上非定常热应力问题不再是静力问题，而是动力问题。但在一般情况下温度变化缓慢，可以忽略加速度的影响，将运动看成一连串的平衡状态，并在每一时刻按照当时的温度分布计算出当时的热应力。这种处理方法称为非定常热应力的准静态处理。非定常热应力问题和定常热应力问题的区别只在于热传导方程的求解。

3. 耦合热弹性问题

耦合热弹性问题是热弹性力学中最一般的问题，它考虑温度同变形的相互作用，即不但温度会产生变形，而且变形也要产生或消耗能量，从而影响温度。这样，在热传导方程中有一个包含应变的附加项，称为温度场和应变场的耦合项。热传导方程和热弹性方程不再是独立的，必须联立才能求解温度、位移和应力，但求解耦合热弹性问题比较困难。与此相应的理论称为耦合热弹性理论。

4. 非耦合热弹性问题

在实际应用中，耦合项往往可以忽略，于是热传导方程变成普通的热传导方程。这样，便可先由热传导方程求出温度分布，再由热弹性方程求解位移和应力。与此对应的热弹性理论称为非耦合热弹性理论。

8.2 热弹耦合控制方程

热弹耦合问题的基本方程包括热传导基本方程和弹性力学基本方程，以及两者之间的耦合关系。

8.2.1 热传导基本方程

在温度场中，温度在空间上改变的程度称为温度梯度。它是一个矢量，沿着等温面的法线方向，指向温度升高的方向。取沿等温面法线方向的单位矢量为 $\boldsymbol{n}_0$，它的大小为

$$\nabla T = \boldsymbol{n}_0 \frac{\partial T}{\partial n} \tag{8-1}$$

温度梯度在各坐标轴的分量为

$$\begin{aligned} \frac{\partial T}{\partial x} &= \boldsymbol{n}_0 \frac{\partial T}{\partial n} \cos(n, x) \\ \frac{\partial T}{\partial y} &= \boldsymbol{n}_0 \frac{\partial T}{\partial n} \cos(n, y) \\ \frac{\partial T}{\partial z} &= \boldsymbol{n}_0 \frac{\partial T}{\partial n} \cos(n, z) \end{aligned} \tag{8-2}$$

单位时间内通过等温面面积的热量，称为热流速度，用 dQ/dt 表示，通过单位等温面面积的热流速度称为热流密度，即

$$q = \frac{dQ}{dt} \bigg/ S \tag{8-3}$$

热流密度 q 的矢量表示为

$$\boldsymbol{q} = -\boldsymbol{n}_0 \frac{dQ}{dt} \bigg/ S \tag{8-4}$$

导热基本定律是指在导热现象中，单位时间内通过给定截面的热量，与垂直于该界面方向上的温度变化率和截面面积成正比，而热量传递的方向则与温度升高的方向相反。

$$\boldsymbol{q} = -\lambda \nabla T \tag{8-5}$$

其中，λ 为导热系数，用于描述材料导热性能的能力。导热系数越大，表示材料的导热性能越好。

将式(8-1)、式(8-4)代入式(8-5)，可得导热系数的计算公式：

$$\lambda = \frac{dQ}{dt} \bigg/ \left(\frac{\partial T}{\partial n} S \right) \tag{8-6}$$

将式(8-1)代入式(8-4)，可得热传导基本方程：

$$\boldsymbol{q} = -\lambda \boldsymbol{n}_0 \frac{\partial T}{\partial n} \tag{8-7}$$

热流密度 q 在坐标轴上的投影为

$$\begin{aligned} q_x &= -\lambda \frac{\partial T}{\partial x} \\ q_y &= -\lambda \frac{\partial T}{\partial y} \\ q_z &= -\lambda \frac{\partial T}{\partial z} \end{aligned} \tag{8-8}$$

式(8-8)表明，热流密度在任一方向上的分量，等于导热系数乘以温度在该方向的递减率。

在任意一段时间内，物体的任一微小部分所积蓄的热量等于传入该微小部分的热量加上内部热源所供给的热量，这称为热平衡原理。如图 8-1 所示，取微小六面体，假定该六面体的温度在 dt 时间内升高了 $\partial T/\partial t$，则它所积蓄的热量为

$$\frac{\partial T}{\partial t} \rho c \, dx \, dy \, dz \, dt \tag{8-9}$$

其中，ρ 为物体的密度；c 为比热容。

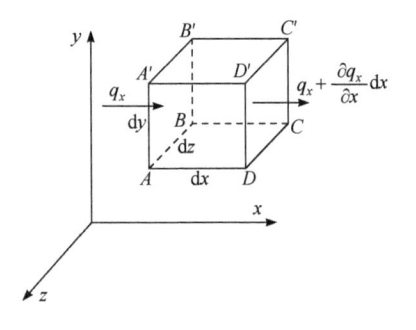

图 8-1 热平衡单元示意图

在时间 dt 内，由六面体 $ABB'A'$ 面传入的热量

为 $q_x \mathrm{d}y\mathrm{d}z\mathrm{d}t$，由 $CDD'C'$ 面传出的热量为

$$\left(q_x + \frac{\partial q_x}{\partial x}\mathrm{d}x\right)\mathrm{d}y\mathrm{d}z\mathrm{d}t \tag{8-10}$$

传入的静热量为

$$-\frac{\partial q_x}{\partial x}\mathrm{d}x\mathrm{d}y\mathrm{d}z\mathrm{d}t \tag{8-11}$$

将式(8-8)代入式(8-11)可得

$$-\frac{\partial q_x}{\partial x}\mathrm{d}x\mathrm{d}y\mathrm{d}z\mathrm{d}t = \lambda\frac{\partial^2 T}{\partial x^2}\mathrm{d}x\mathrm{d}y\mathrm{d}z\mathrm{d}t \tag{8-12}$$

同样可得，由 $ADD'A'$ 和 $BCC'B'$ 两面传入的静热量为

$$\lambda\frac{\partial^2 T}{\partial y^2}\mathrm{d}x\mathrm{d}y\mathrm{d}z\mathrm{d}t \tag{8-13}$$

由 $ABCD$ 和 $A'B'C'D'$ 两面传入的静热量为

$$\lambda\frac{\partial^2 T}{\partial z^2}\mathrm{d}x\mathrm{d}y\mathrm{d}z\mathrm{d}t \tag{8-14}$$

因此，传入微小六面体的总静热量为

$$\lambda\left(\frac{\partial^2 T}{\partial x^2} + \frac{\partial^2 T}{\partial y^2} + \frac{\partial^2 T}{\partial z^2}\right)\mathrm{d}x\mathrm{d}y\mathrm{d}z\mathrm{d}t \tag{8-15}$$

根据热量平衡原理得

$$c\rho\frac{\partial T}{\partial t}\mathrm{d}x\mathrm{d}y\mathrm{d}z\mathrm{d}t = \lambda\left(\frac{\partial^2 T}{\partial x^2} + \frac{\partial^2 T}{\partial y^2} + \frac{\partial^2 T}{\partial z^2}\right)\mathrm{d}x\mathrm{d}y\mathrm{d}z\mathrm{d}t + W\mathrm{d}x\mathrm{d}y\mathrm{d}z\mathrm{d}t \tag{8-16}$$

记 $a = \dfrac{\lambda}{c\rho}$ 为温度系数，式(8-16)可简写为

$$\frac{\partial T}{\partial t} = a\left(\frac{\partial^2 T}{\partial x^2} + \frac{\partial^2 T}{\partial y^2} + \frac{\partial^2 T}{\partial z^2}\right) + \frac{W}{c\rho} \tag{8-17}$$

式(8-17)即热传导基本方程。

8.2.2 热传导边界条件

为了能够求解热传导微分方程，必须已知物体在初始瞬间的温度分布，即初始条件；同时还要知道初始瞬间物体表面与周围介质之间热交换的规律，即边界条件。

第一类边界条件，即给定温度：

$$T = T_B \tag{8-18}$$

第二类边界条件，即给定法向热流量：

$$-k\frac{\partial T}{\partial x_j}n_j = q_B \tag{8-19}$$

第三类边界条件，也称为混合边界条件，即给定环境温度和对流换热系数：

$$-k\frac{\partial T}{\partial x_j}n_j = h_B(T - T_\infty) \tag{8-20}$$

其中，T_B 为边界上给定的温度；q_B 为边界上给定的法向热流量；h_B 为边界上给定的对流换热系数；T_∞ 为环境温度。

8.2.3 弹性力学基本方程

通常为使问题简单化和抽象化，并且可以保证数据的精确性，在弹性力学中，提出了以下三个基本假设。

(1) 连续性假设：认为物质中没有空隙，因此可以采用连接函数来描述对象。

(2) 线弹性假设：物体变形与外力作用的关系是线性的，外力去除后，物体可以恢复原状，因此描述材料性质的方程是线性方程。

(3) 小变形假设：物体变形远小于物体的几何尺寸，因此在建立方程时，可以忽略高阶小量(二阶以上)。

1. 主曲率半径及拉梅常数

考虑如图 8-2 所示的双曲结构，假设参考坐标系为正交曲线坐标系 (α,β,ζ)。其中，α-β 坐标面位于结构底面。因此，结构空间上任意点 P 的位置矢量可以写为

$$\boldsymbol{R}(\alpha,\beta) = \boldsymbol{r}(\alpha,\beta) + \zeta\boldsymbol{n}(\alpha,\beta) \tag{8-21}$$

其中，$\boldsymbol{r}(\alpha,\beta)$ 为 P 点在参考坐标面上投影点的位移矢量；$\boldsymbol{n}(\alpha,\beta)$ 为参考曲面法向向量。在笛卡儿坐标系中，位移矢量 $\boldsymbol{r}(\alpha,\beta)$ 又可以写为

$$\boldsymbol{r}(\alpha,\beta) = r_1(\alpha,\beta)\boldsymbol{e}_1 + r_2(\alpha,\beta)\boldsymbol{e}_2 + r_3(\alpha,\beta)\boldsymbol{e}_3 \tag{8-22}$$

其中，$\boldsymbol{e}_1$、$\boldsymbol{e}_2$、$\boldsymbol{e}_3$ 分别为笛卡儿坐标系中沿 x 轴、y 轴、z 轴方向的单位向量。

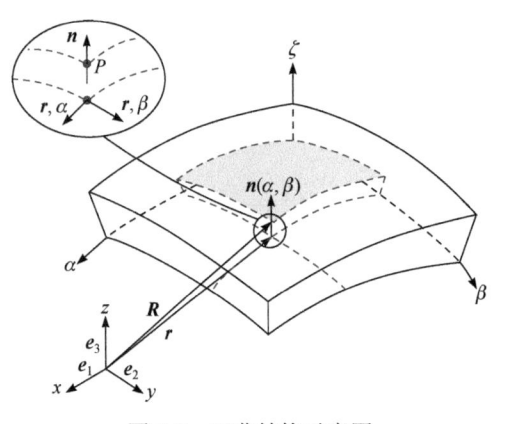

图 8-2 双曲结构示意图

沿着曲线坐标 α、β 方向的单位矢量及拉梅常数可以写为

$$A_\alpha(\alpha,\beta)=\sqrt{\frac{\partial \boldsymbol{r}}{\partial \alpha}\cdot\frac{\partial \boldsymbol{r}}{\partial \alpha}}, \quad A_\beta(\alpha,\beta)=\sqrt{\frac{\partial \boldsymbol{r}}{\partial \beta}\cdot\frac{\partial \boldsymbol{r}}{\partial \beta}}, \quad \boldsymbol{i}_\alpha=\frac{\partial \boldsymbol{r}}{A_\alpha\partial \alpha}, \quad \boldsymbol{i}_\beta=\frac{\partial \boldsymbol{r}}{A_\beta\partial \beta} \tag{8-23}$$

参考曲面法向向量 $\boldsymbol{n}(\alpha,\beta)$ 可以写为

$$\boldsymbol{n}(\alpha,\beta)=\boldsymbol{i}_\alpha\times\boldsymbol{i}_\beta=\frac{\partial \boldsymbol{r}}{A_\alpha\partial \alpha}\times\frac{\partial \boldsymbol{r}}{A_\beta\partial \beta} \tag{8-24}$$

因此，沿着曲线坐标 α、β 方向的主曲率半径分别为

$$R_\alpha(\alpha,\beta)=\frac{\dfrac{\partial \boldsymbol{r}}{\partial \alpha}\cdot\dfrac{\partial \boldsymbol{r}}{\partial \alpha}}{\dfrac{\partial^2 \boldsymbol{r}}{\partial \alpha^2}\cdot\boldsymbol{n}}$$

$$R_\beta(\alpha,\beta)=\frac{\dfrac{\partial \boldsymbol{r}}{\partial \beta}\cdot\dfrac{\partial \boldsymbol{r}}{\partial \beta}}{\dfrac{\partial^2 \boldsymbol{r}}{\partial \beta^2}\cdot\boldsymbol{n}} \tag{8-25}$$

2. 几何方程及物理方程

假设当结构产生微小变形时，点 P 沿 α、β、ζ 坐标方向的位移分量分别为 $u(\alpha,\beta,\zeta)$、$v(\alpha,\beta,\zeta)$、$w(\alpha,\beta,\zeta)$，因此 P 点的六个应变-位移基本关系可以表示为

$$\varepsilon_\alpha=\frac{1}{A_\alpha^*}\frac{\partial u}{\partial \alpha}+\frac{v}{A_\alpha^*A_\beta^*}\frac{\partial A_\alpha^*}{\partial \beta}+\frac{w}{A_\alpha^*A_\zeta^*}\frac{\partial A_\alpha^*}{\partial \zeta}, \quad \gamma_{\beta\zeta}=\frac{A_\zeta^*}{A_\beta^*}\frac{\partial}{\partial \beta}\left(\frac{w}{A_\zeta^*}\right)+\frac{A_\beta^*}{A_\zeta^*}\frac{\partial}{\partial \zeta}\left(\frac{v}{A_\beta^*}\right)$$

$$\varepsilon_\beta=\frac{u}{A_\alpha^*A_\beta^*}\frac{\partial A_\beta^*}{\partial \alpha}+\frac{1}{A_\beta^*}\frac{\partial v}{\partial \beta}+\frac{w}{A_\beta^*A_\zeta^*}\frac{\partial A_\beta^*}{\partial \zeta}, \quad \gamma_{\alpha\zeta}=\frac{A_\zeta^*}{A_\alpha^*}\frac{\partial}{\partial \alpha}\left(\frac{w}{A_\zeta^*}\right)+\frac{A_\alpha^*}{A_\zeta^*}\frac{\partial}{\partial \zeta}\left(\frac{u}{A_\alpha^*}\right) \tag{8-26}$$

$$\varepsilon_\zeta=\frac{u}{A_\alpha^*A_\zeta^*}\frac{\partial A_\zeta^*}{\partial \alpha}+\frac{v}{A_\beta^*A_\zeta^*}\frac{\partial A_\zeta^*}{\partial \beta}+\frac{1}{A_\zeta^*}\frac{\partial w}{\partial \zeta}, \quad \gamma_{\alpha\beta}=\frac{A_\beta^*}{A_\alpha^*}\frac{\partial}{\partial \alpha}\left(\frac{v}{A_\beta^*}\right)+\frac{A_\alpha^*}{A_\beta^*}\frac{\partial}{\partial \beta}\left(\frac{u}{A_\alpha^*}\right)$$

其中，$A_\alpha^*=A_\alpha(1+\zeta/R_\alpha)$；$A_\beta^*=A_\beta(1+\zeta/R_\beta)$；$A_\zeta^*=1$。

根据胡克定律，P 点的应力状态可由下列方程得到：

$$\begin{Bmatrix}\sigma_\alpha\\\sigma_\beta\\\sigma_\zeta\\\tau_{\beta\zeta}\\\tau_{\alpha\zeta}\\\tau_{\alpha\beta}\end{Bmatrix}=\begin{bmatrix}\bar{C}_{11}&\bar{C}_{12}&\bar{C}_{13}&\bar{C}_{14}&\bar{C}_{15}&\bar{C}_{16}\\\bar{C}_{12}&\bar{C}_{22}&\bar{C}_{23}&\bar{C}_{24}&\bar{C}_{25}&\bar{C}_{26}\\\bar{C}_{13}&\bar{C}_{23}&\bar{C}_{33}&\bar{C}_{34}&\bar{C}_{35}&\bar{C}_{36}\\\bar{C}_{14}&\bar{C}_{24}&\bar{C}_{34}&\bar{C}_{44}&\bar{C}_{45}&\bar{C}_{46}\\\bar{C}_{15}&\bar{C}_{25}&\bar{C}_{35}&\bar{C}_{45}&\bar{C}_{55}&\bar{C}_{56}\\\bar{C}_{16}&\bar{C}_{26}&\bar{C}_{36}&\bar{C}_{46}&\bar{C}_{56}&\bar{C}_{66}\end{bmatrix}\begin{Bmatrix}\varepsilon_\alpha\\\varepsilon_\beta\\\varepsilon_\zeta\\\gamma_{\beta\zeta}\\\gamma_{\alpha\zeta}\\\gamma_{\alpha\beta}\end{Bmatrix}=\bar{\boldsymbol{C}}\boldsymbol{\varepsilon} \tag{8-27}$$

刚度系数 $\bar{\boldsymbol{C}}$ 定义为

$$\bar{C} = TCT^{\mathrm{T}} \tag{8-28}$$

其中，C 为材料主方向的材料弹性常数矩阵；转换矩阵 T 一般为材料主坐标与结构主坐标夹角的函数。

对于图 8-3 弹性平板，面内正交各向异性材料的材料弹性常数矩阵 C 和转换矩阵 T 为

$$C = \begin{bmatrix} C_{11} & C_{12} & C_{13} & 0 & 0 & 0 \\ C_{12} & C_{22} & C_{23} & 0 & 0 & 0 \\ C_{13} & C_{23} & C_{33} & 0 & 0 & 0 \\ 0 & 0 & 0 & C_{44} & 0 & 0 \\ 0 & 0 & 0 & 0 & C_{55} & 0 \\ 0 & 0 & 0 & 0 & 0 & C_{66} \end{bmatrix}, \quad T = \begin{bmatrix} c^2 & s^2 & 0 & 0 & 0 & -2sc \\ s^2 & c^2 & 0 & 0 & 0 & 2sc \\ 0 & 0 & 1 & 0 & 0 & 0 \\ 0 & 0 & 0 & c & s & 0 \\ 0 & 0 & 0 & -s & c & 0 \\ sc & -sc & 0 & 0 & 0 & c^2 - s^2 \end{bmatrix}$$

$$\begin{aligned} & C_{11} = E_{11}\frac{1-\nu_{23}\nu_{32}}{\Delta}, \quad C_{12} = E_{11}\frac{\nu_{21}+\nu_{31}\nu_{23}}{\Delta}, \quad C_{13} = E_{11}\frac{\nu_{31}+\nu_{21}\nu_{32}}{\Delta} \\ & C_{22} = E_{22}\frac{1-\nu_{31}\nu_{13}}{\Delta}, \quad C_{23} = E_{22}\frac{\nu_{32}+\nu_{12}\nu_{31}}{\Delta}, \quad C_{33} = E_{33}\frac{1-\nu_{21}\nu_{21}}{\Delta} \\ & \Delta = 1-\nu_{12}\nu_{21}-\nu_{23}\nu_{32}-\nu_{31}\nu_{13}-2\nu_{21}\nu_{32}\nu_{13} \\ & C_{44} = G_{23}, \quad C_{55} = G_{13}, \quad C_{66} = G_{12}, \quad s = \sin\vartheta_k, \quad c = \cos\vartheta_k \end{aligned} \tag{8-29}$$

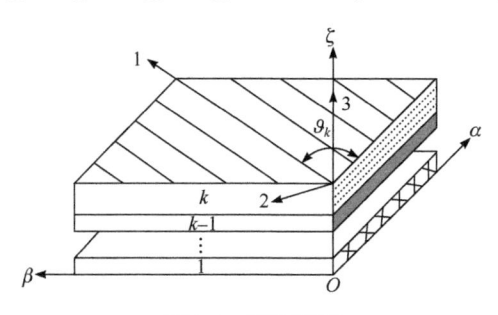

图 8-3 弹性平板

对于各向同性均质材料，面内正交各向异性材料的材料弹性常数矩阵 C 和转换矩阵 T 为

$$C = \begin{bmatrix} C_{11} & C_{12} & C_{12} & 0 & 0 & 0 \\ C_{12} & C_{11} & C_{12} & 0 & 0 & 0 \\ C_{12} & C_{12} & C_{11} & 0 & 0 & 0 \\ 0 & 0 & 0 & C_{44} & 0 & 0 \\ 0 & 0 & 0 & 0 & C_{44} & 0 \\ 0 & 0 & 0 & 0 & 0 & C_{44} \end{bmatrix}, \quad T = \begin{bmatrix} 1 & 0 & 0 & 0 & 0 & 0 \\ 0 & 1 & 0 & 0 & 0 & 0 \\ 0 & 0 & 1 & 0 & 0 & 0 \\ 0 & 0 & 0 & 1 & 0 & 0 \\ 0 & 0 & 0 & 0 & 1 & 0 \\ 0 & 0 & 0 & 0 & 0 & 1 \end{bmatrix} \tag{8-30}$$

$$C_{11} = \frac{E(1-\nu)}{(1+\nu)(1-2\nu)}, \quad C_{12} = \frac{E\nu}{(1+\nu)(1-2\nu)}, \quad C_{44} = \frac{E}{2(1+\nu)}$$

3. 控制微分方程及边界条件

基于三维弹性理论的能量方程可以写为

$$U_s = \frac{1}{2}\iiint_{\alpha\beta\zeta}\left\{\sigma_\alpha\varepsilon_\alpha + \sigma_\beta\varepsilon_\beta + \sigma_\zeta\varepsilon_\zeta + \tau_{\beta\zeta}\gamma_{\beta\zeta} + \tau_{\alpha\zeta}\gamma_{\alpha\zeta} + \tau_{\alpha\beta}\gamma_{\alpha\beta}\right\}A_\alpha^* A_\beta^* A_\zeta^* \mathrm{d}\zeta\mathrm{d}\beta\mathrm{d}\alpha$$

$$T = \frac{1}{2}\iiint_{\alpha\beta\zeta}\rho\left\{\dot{u}^2 + \dot{v}^2 + \dot{w}^2\right\}A_\alpha^* A_\beta^* A_\zeta^* \mathrm{d}\zeta\mathrm{d}\beta\mathrm{d}\alpha$$

$$W_{e1} = \iiint_{\alpha\beta\zeta}\left\{f_\alpha u + f_\beta v + f_\zeta w\right\}A_\alpha^* A_\beta^* A_\zeta^* \mathrm{d}\zeta\mathrm{d}\beta\mathrm{d}\alpha \tag{8-31}$$

$$W_{e2} = \iint_{\beta\zeta}\left\{\bar{\sigma}_\alpha u + \bar{\tau}_{\alpha\beta}v + \bar{\tau}_{\alpha\zeta}w\right\}A_\beta^* A_\zeta^*\mathrm{d}\zeta\mathrm{d}\beta + \iint_{\alpha\zeta}\left\{\bar{\tau}_{\beta\alpha}u + \bar{\sigma}_\beta v + \bar{\tau}_{\beta\zeta}w\right\}A_\alpha^* A_\zeta^*\mathrm{d}\zeta\mathrm{d}\alpha$$
$$+ \iint_{\alpha\beta}\left\{\bar{\tau}_{\zeta\alpha}u + \bar{\tau}_{\zeta\beta}v + \bar{\sigma}_\zeta w\right\}A_\alpha^* A_\beta^*\mathrm{d}\beta\mathrm{d}\alpha$$

根据哈密顿(Hamilton)原理，即可推导出结构的控制微分方程和经典边界条件方程：

$$\delta\int_0^t \left(T + W_{e1} + W_{e2} - U_s\right)\mathrm{d}t = 0 \tag{8-32}$$

哈密顿原理是分析力学中的一个基本变分原理，它提供了一条从一切可能发生的(约束所许可的)运动中判断真正的(实际发生的)运动的准则，是建立多自由度大型结构系统动力学方程最有效的基本原理和方法之一。

控制微分方程形式为

$$\frac{\partial\left(\sigma_\alpha A_\beta^* A_\zeta^*\right)}{A_\alpha^* A_\beta^* A_\zeta^* \partial\alpha} + \frac{\partial\left(\tau_{\alpha\beta}A_\alpha^{*2}A_\zeta^*\right)}{A_\alpha^{*2}A_\beta^* A_\zeta^* \partial\beta} + \frac{\partial\left(\tau_{\alpha\zeta}A_\alpha^{*2}A_\beta^*\right)}{A_\alpha^{*2}A_\beta^* A_\zeta^* \partial\zeta} - \left(\frac{\sigma_\beta}{A_\alpha^* A_\beta^*}\frac{\partial A_\beta^*}{\partial\alpha} + \frac{\sigma_\zeta}{A_\alpha^* A_\zeta^*}\frac{\partial A_\zeta^*}{\partial\alpha}\right) + f_\alpha = \rho\ddot{u}$$

$$\frac{\partial\left(\tau_{\alpha\beta}A_\beta^{*2}A_\zeta^*\right)}{A_\alpha^* A_\beta^{*2} A_\zeta^* \partial\alpha} + \frac{\partial\left(\sigma_\beta A_\alpha^* A_\zeta^*\right)}{A_\alpha^* A_\beta^* A_\zeta^* \partial\beta} + \frac{\partial\left(\tau_{\beta\zeta}A_\alpha^* A_\beta^{*2}\right)}{A_\alpha^* A_\beta^{*2} A_\zeta^* \partial\zeta} - \left(\frac{\sigma_\alpha}{A_\alpha^* A_\beta^*}\frac{\partial A_\alpha^*}{\partial\beta} + \frac{\sigma_\zeta}{A_\beta^* A_\zeta^*}\frac{\partial A_\zeta^*}{\partial\beta}\right) + f_\beta = \rho\ddot{v} \quad (8\text{-}33)$$

$$\frac{\partial\left(\tau_{\alpha\zeta}A_\beta^* A_\zeta^{*2}\right)}{A_\alpha^* A_\beta^* A_\zeta^{*2} \partial\alpha} + \frac{\partial\left(\tau_{\beta\zeta}A_\alpha^* A_\zeta^{*2}\right)}{A_\alpha^* A_\beta^* A_\zeta^{*2} \partial\beta} + \frac{\partial\left(\sigma_\zeta A_\alpha^* A_\beta^*\right)}{A_\alpha^* A_\beta^* A_\zeta^* \partial\zeta} - \left(\frac{\sigma_\alpha}{A_\alpha^* A_\zeta^*}\frac{\partial A_\alpha^*}{\partial\zeta} + \frac{\sigma_\beta}{A_\beta^* A_\zeta^*}\frac{\partial A_\beta^*}{\partial\zeta}\right) + f_\zeta = \rho\ddot{w}$$

经典边界条件方程为

$$\begin{aligned}
&\alpha=\alpha_l: \quad \sigma_\alpha = \bar{\sigma}_\alpha \text{ 或者 } u=0, \quad \tau_{\alpha\beta} = \bar{\tau}_{\alpha\beta} \text{ 或者 } v=0, \quad \tau_{\alpha\zeta} = \bar{\tau}_{\alpha\zeta} \text{ 或者 } w=0 \\
&\beta=\beta_l: \quad \tau_{\alpha\beta} = \bar{\tau}_{\beta\alpha} \text{ 或者 } u=0, \quad \sigma_\beta = \bar{\sigma}_\beta \text{ 或者 } v=0, \quad \tau_{\beta\zeta} = \bar{\tau}_{\beta\zeta} \text{ 或者 } w=0 \quad (8\text{-}34)\\
&\zeta=\zeta_l: \quad \tau_{\alpha\zeta} = \bar{\tau}_{\zeta\alpha} \text{ 或者 } u=0, \quad \tau_{\beta\zeta} = \bar{\tau}_{\zeta\beta} \text{ 或者 } v=0, \quad \sigma_\zeta = \bar{\sigma}_\zeta \text{ 或者 } w=0
\end{aligned}$$

8.2.4 热弹耦合本构方程

对于热弹耦合问题，本构方程为

$$\boldsymbol{\sigma} = \bar{\boldsymbol{C}}\left(\boldsymbol{\varepsilon} + \boldsymbol{\varepsilon}^\mathrm{T}\right) \tag{8-35}$$

$$\varepsilon^{\mathrm{T}} = \boldsymbol{\alpha} = \begin{bmatrix} \alpha_\alpha & \alpha_\beta & \alpha_\zeta & \alpha_{\beta\zeta} & \alpha_{\alpha\zeta} & \alpha_{\alpha\beta} \end{bmatrix} \Delta T \tag{8-36}$$

控制微分方程为

$$\frac{\partial\left(\sigma_\alpha A_\beta^* A_\zeta^*\right)}{A_\alpha^* A_\beta^* A_\zeta^* \partial \alpha} + \frac{\partial\left(\tau_{\alpha\beta} A_\alpha^{*2} A_\zeta^*\right)}{A_\alpha^{*2} A_\beta^* A_\zeta^* \partial \beta} + \frac{\partial\left(\tau_{\alpha\zeta} A_\alpha^{*2} A_\beta^*\right)}{A_\alpha^{*2} A_\beta^* A_\zeta^* \partial \zeta} - \left(\frac{\sigma_\beta}{A_\alpha^* A_\beta^*} \frac{\partial A_\beta^*}{\partial \alpha} + \frac{\sigma_\zeta}{A_\alpha^* A_\zeta^*} \frac{\partial A_\zeta^*}{\partial \alpha} \right) + f_\alpha = \rho \ddot{u}$$

$$\frac{\partial\left(\tau_{\alpha\beta} A_\beta^{*2} A_\zeta^*\right)}{A_\alpha^* A_\beta^{*2} A_\zeta^* \partial \alpha} + \frac{\partial\left(\sigma_\beta A_\alpha^* A_\zeta^*\right)}{A_\alpha^* A_\beta^* A_\zeta^* \partial \beta} + \frac{\partial\left(\tau_{\beta\zeta} A_\alpha^* A_\beta^{*2}\right)}{A_\alpha^* A_\beta^{*2} A_\zeta^* \partial \zeta} - \left(\frac{\sigma_\alpha}{A_\alpha^* A_\beta^*} \frac{\partial A_\alpha^*}{\partial \beta} + \frac{\sigma_\zeta}{A_\beta^* A_\zeta^*} \frac{\partial A_\zeta^*}{\partial \beta} \right) + f_\beta = \rho \ddot{v} \tag{8-37}$$

$$\frac{\partial\left(\tau_{\alpha\zeta} A_\beta^* A_\zeta^{*2}\right)}{A_\alpha^* A_\beta^* A_\zeta^{*2} \partial \alpha} + \frac{\partial\left(\tau_{\beta\zeta} A_\alpha^* A_\zeta^{*2}\right)}{A_\alpha^* A_\beta^* A_\zeta^{*2} \partial \beta} + \frac{\partial\left(\sigma_\zeta A_\alpha^* A_\beta^*\right)}{A_\alpha^* A_\beta^* A_\zeta^* \partial \zeta} - \left(\frac{\sigma_\alpha}{A_\alpha^* A_\zeta^*} \frac{\partial A_\alpha^*}{\partial \zeta} + \frac{\sigma_\beta}{A_\alpha^* A_\beta^*} \frac{\partial A_\beta^*}{\partial \zeta} \right) + f_\zeta = \rho \ddot{w}$$

$$\frac{\partial T}{\partial t} - a \left(\frac{\partial^2 T}{\partial x^2} + \frac{\partial^2 T}{\partial y^2} + \frac{\partial^2 T}{\partial z^2} \right) = \frac{W}{c\rho}$$

8.3 热弹耦合问题的有限元求解

8.3.1 有限元离散

本节以平面稳定温度场为例来阐明基于有限元法的求解。

假设结构温度不随时间而改变,平面内的温度只是坐标的函数,无内热源,即

$$T = T(x, y) \tag{8-38}$$

则热传导方程为

$$\frac{\partial^2 T}{\partial x^2} + \frac{\partial^2 T}{\partial y^2} = 0, \quad T = \overline{T} (\text{边界温度分布}) \tag{8-39}$$

能量泛函为

$$U = \frac{1}{2} \iint_\Omega \left(\frac{\partial T}{\partial x} \right)^2 + \left(\frac{\partial T}{\partial y} \right)^2 \mathrm{d}x\mathrm{d}y \tag{8-40}$$

选用三角形单元进行网格划分,单元内温度为线性分布:

$$T(x, y) = a_1 + a_2 x + a_3 y \tag{8-41}$$

设单元 3 个顶点的温度分别为 T_l、T_m、T_n,如图 8-4 所示。

单元节点温度列阵为

$$\boldsymbol{T}^e = \begin{bmatrix} T_l & T_m & T_n \end{bmatrix}^{\mathrm{T}} \tag{8-42}$$

单元内各点温度为

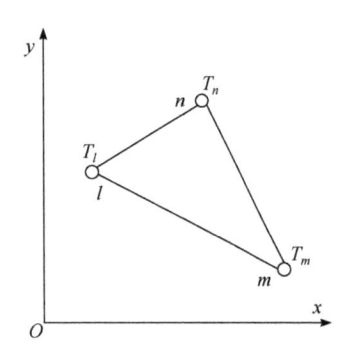

图 8-4 单元 3 个顶点

$$T(x,y) = \boldsymbol{N}_T \boldsymbol{T}^e, \quad \boldsymbol{N}_T = \begin{bmatrix} N_l & N_m & N_n \end{bmatrix} \tag{8-43}$$

其中，$\boldsymbol{N}_T$ 为形状函数矩阵，对于简单三角形单元，温度场为线性分布，则形状函数为

$$N_l = (a_l + b_l x + c_l y)/(2\Delta) \tag{8-44}$$

对任意单元 e，单元泛函为

$$U^e = \frac{1}{2} \iint_{\Omega^e} \left(\frac{\partial T}{\partial x}\right)^2 + \left(\frac{\partial T}{\partial y}\right)^2 \mathrm{d}x\mathrm{d}y = \frac{1}{2} \iint_{\Omega^e} \begin{bmatrix} \frac{\partial T}{\partial x} & \frac{\partial T}{\partial y} \end{bmatrix} \begin{Bmatrix} \frac{\partial T}{\partial x} \\ \frac{\partial T}{\partial y} \end{Bmatrix} \mathrm{d}x\mathrm{d}y \tag{8-45}$$

将式(8-43)代入温度梯度矩阵为

$$\begin{Bmatrix} \frac{\partial T}{\partial x} \\ \frac{\partial T}{\partial y} \end{Bmatrix} = \begin{Bmatrix} \frac{\partial \boldsymbol{N}_T}{\partial x} \\ \frac{\partial \boldsymbol{N}_T}{\partial y} \end{Bmatrix} \boldsymbol{T}^e = \boldsymbol{F}\boldsymbol{T}^e \tag{8-46}$$

其中，$\boldsymbol{F}$ 为应变矩阵，单元泛函(8-45)可表达为

$$U^e = \frac{1}{2} \iint_{\Omega^e} \left(\boldsymbol{F}\boldsymbol{T}^e\right)^\mathrm{T} \left(\boldsymbol{F}\boldsymbol{T}^e\right) \mathrm{d}x\mathrm{d}y = \frac{1}{2} \iint_{\Omega^e} \boldsymbol{T}^{e\mathrm{T}} \boldsymbol{F}^\mathrm{T} \boldsymbol{F} \boldsymbol{T}^e \mathrm{d}x\mathrm{d}y \tag{8-47}$$

式中，单元节点温度 $\boldsymbol{T}^e$ 与单元内的坐标无关，提到积分号外，可以得到

$$U^e = \frac{1}{2} \boldsymbol{T}^{e\mathrm{T}} \boldsymbol{h}^e \boldsymbol{T} \tag{8-48}$$

其中，$\boldsymbol{h}^e$ 为单元刚度矩阵，描述了给定单元中的位移与受到的力之间的关系，可表示为

$$\boldsymbol{h}^e = \boldsymbol{F}^\mathrm{T} \boldsymbol{F} \tag{8-49}$$

显然 $\boldsymbol{h}^e$ 为对称方阵，式(8-48)为单元节点温度的二次齐次式，由前分析，此单元是相容的，有

$$U = \sum_{e=1}^{m} U^e \tag{8-50}$$

这里，m 为求解域 Ω 划分的单元总数：

$$U^e = \sum \frac{1}{2} \boldsymbol{T}^{e\mathrm{T}} \boldsymbol{h}^e \boldsymbol{T}^e = \frac{1}{2} \boldsymbol{T}^\mathrm{T} \boldsymbol{H} \boldsymbol{T} \tag{8-51}$$

其中，$\boldsymbol{T} = \begin{bmatrix} T_1 & T_2 & \cdots & T_N \end{bmatrix}^\mathrm{T}$ 为整个结构的全部节点温度的阵列，而

$$\boldsymbol{H} = \sum_{e=1}^{m} \boldsymbol{h}^e \tag{8-52}$$

则为整个结构的刚度矩阵，是各单元刚度矩阵的叠加。这里的矩阵叠加意义与结构位移分析的刚度矩阵叠加是完全一样的。总的泛函 U 应为节点温度的二次齐次式。

由此，泛函极值条件 $\delta U^e = 0$ 转化为

$$\frac{\partial U^e}{\partial \boldsymbol{T}^e} = 0 \tag{8-53}$$

得

$$\boldsymbol{h}^e \boldsymbol{T}^e = 0 \tag{8-54}$$

将各个单元的刚度矩阵按照其在整体结构中的位置和连接关系插入总体刚度矩阵的相应位置上。结合边界条件，求解方程组，从而得到温度场的分布。

再来讨论一下总应变的计算，总应变是受力与热膨胀两部分之和，即

$$\boldsymbol{\varepsilon} = \boldsymbol{\varepsilon}_E + \boldsymbol{\varepsilon}_T \tag{8-55}$$

其中，$\boldsymbol{\varepsilon}_E$ 为弹性应变；$\boldsymbol{\varepsilon}_T$ 为热应变。

一个平面结构受热而温度改变时应发生形状变化，平面内各点都有一定位移，如沿着 x 轴、y 轴的位移 u、v，则应变与位移的关系为

$$\boldsymbol{\varepsilon}_E = \begin{Bmatrix} \varepsilon_x \\ \varepsilon_y \\ \gamma_{xy} \end{Bmatrix} = \begin{bmatrix} \dfrac{\partial}{\partial x} & 0 \\ 0 & \dfrac{\partial}{\partial y} \\ \dfrac{\partial}{\partial y} & \dfrac{\partial}{\partial x} \end{bmatrix} \begin{Bmatrix} u \\ v \end{Bmatrix} \tag{8-56}$$

若 ΔT 表示温升，各向同性的线膨胀系数为 α，则平面的热应变应为

$$\boldsymbol{\varepsilon}_T = \begin{Bmatrix} \alpha_x \\ \alpha_y \\ \alpha_{xy} \end{Bmatrix} \Delta T \tag{8-57}$$

线弹性体的热应力的本构方程为

$$\boldsymbol{\sigma} = \boldsymbol{C}(\boldsymbol{\varepsilon}_E - \boldsymbol{\varepsilon}_T) \tag{8-58}$$

单元 e 的弹性应变能为

$$\begin{aligned} U^e &= \frac{1}{2} \iint_{\Omega^e} (\boldsymbol{\varepsilon}_E - \boldsymbol{\varepsilon}_T)^{\mathrm{T}} \boldsymbol{C} (\boldsymbol{\varepsilon}_E - \boldsymbol{\varepsilon}_T) \mathrm{d}x \mathrm{d}y \\ &= \frac{1}{2} \iint_{\Omega^e} \left(\boldsymbol{\varepsilon}_E^{\mathrm{T}} \boldsymbol{C} \boldsymbol{\varepsilon}_E - 2 \boldsymbol{\varepsilon}_T^{\mathrm{T}} \boldsymbol{C} \boldsymbol{\varepsilon}_E + \boldsymbol{\varepsilon}_T^{\mathrm{T}} \boldsymbol{C} \boldsymbol{\varepsilon}_T \right) \mathrm{d}x \mathrm{d}y \end{aligned} \tag{8-59}$$

弹性应变 $\boldsymbol{\varepsilon}_E$ 用柔度系数矩阵 $\boldsymbol{B}$ 和弹性应力 $\boldsymbol{\delta}^e$ 表示为

$$\boldsymbol{\varepsilon}_E = \boldsymbol{B} \boldsymbol{\delta}^e \tag{8-60}$$

其中，柔度系数矩阵 $\boldsymbol{B}$ 与 $\boldsymbol{C}$ 互为逆矩阵。

将式(8-60)代入单元应变能改写为

$$U^e = \frac{1}{2}\boldsymbol{\delta}^{e\mathrm{T}}\boldsymbol{k}^e\boldsymbol{\delta}^e - \boldsymbol{\delta}^{e\mathrm{T}}\boldsymbol{Q}_T^e + \frac{1}{2}\iint_{\Omega^e}\left(\boldsymbol{\varepsilon}_T^{\mathrm{T}}\boldsymbol{C}\boldsymbol{\varepsilon}_T\right)\mathrm{d}x\mathrm{d}y \tag{8-61}$$

其中

$$\boldsymbol{k}^e = \frac{1}{2}\iint_{\Omega^e}\left(\boldsymbol{B}^{\mathrm{T}}\boldsymbol{C}\boldsymbol{B}\right)\mathrm{d}x\mathrm{d}y \tag{8-62}$$

为单元刚度矩阵，其意义和计算与一般变形问题相同。而

$$\boldsymbol{Q}_T^e = \frac{1}{2}\iint_{\Omega^e}\left(\boldsymbol{B}^{\mathrm{T}}\boldsymbol{C}\boldsymbol{\varepsilon}_T\right)\mathrm{d}x\mathrm{d}y \tag{8-63}$$

是由于单元受热膨胀而形成的相当载荷，称为热载荷。

求解热弹耦合问题，首先计算结构受热而引起的变形，将材料受热而发生的热应变转化为一个相当的热载荷 $\boldsymbol{Q}_T$，再按一般的弹性变形问题求解如下方程：

$$\boldsymbol{k}^e\boldsymbol{\delta}^e = \boldsymbol{Q}_T^e \tag{8-64}$$

有限元分析热弹耦合问题的步骤如下：
(1) 单元类型选择和单元离散；
(2) 分析各单元的温度变化；
(3) 按单元温升计算热应变，在总的应变中减去热应变，再计算应力；
(4) 结构的温度场和位移场应同时加以计算，可以采用相同的单元和网格划分。

8.3.2 有限元求解

本节用一个简单的例子来介绍采用有限元法对热应力进行计算。如图 8-5 所示，左侧的杆件长 L_1=200mm，横截面积 A_1=900mm^2，弹性模量 E_1=70GPa，线膨胀系数 α_1= 23×10^{-6}℃$^{-1}$；右侧的杆件长 L_2=300mm，横截面积 A_2=1200mm^2，弹性模量 E_2=70GPa，线膨胀系数 α_2=11.7×10^{-6}℃$^{-1}$，两边固支。在 20℃时，一个 F=300×10^{3}N 的力作用在杆件上。

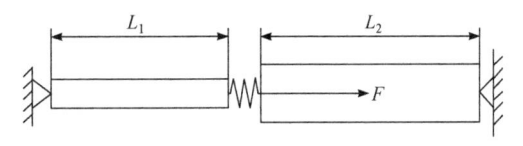

图 8-5 几何结构示意图

选用杆单元，单元内位移为线性分布：

$$u(x) = a_1 + a_2 x \tag{8-65}$$

设

$$\begin{aligned} x &= 0, \quad u(0) = u_i \\ x &= l, \quad u(l) = u_j \end{aligned} \tag{8-66}$$

将式(8-66)代入式(8-65)，位移表达式可以表示为

$$u(x) = \left(1 - \frac{x}{l}\right)u_i + \frac{x}{l}u_j \tag{8-67}$$

则形函数为

$$N_i = \left(1 - \frac{x}{l}\right), \quad N_j = \frac{x}{l} \tag{8-68}$$

因此

$$u(x) = \begin{bmatrix} N_i & N_j \end{bmatrix} \begin{Bmatrix} u_i \\ u_j \end{Bmatrix} = \bm{N}\bm{u}_e \tag{8-69}$$

对于各向同性问题，单元的弹性应变可写为

$$\bm{\varepsilon}_E = \frac{\mathrm{d}\bm{u}}{\mathrm{d}x} = \bm{B}\bm{u}_e = \frac{[-1,1]}{l}\bm{u}_e \tag{8-70}$$

单元的热应变可写为

$$\bm{\varepsilon}_T = \alpha \Delta \bm{T} \tag{8-71}$$

单元总的应变可写为

$$\bm{\sigma} = E(\bm{\varepsilon}_E - \bm{\varepsilon}_T) \tag{8-72}$$

单元的弹性应变能可写为

$$\begin{aligned}
U &= \frac{1}{2}\int_0^L\int_A \bm{\sigma}^{\mathrm{T}}(\bm{\varepsilon}_E - \bm{\varepsilon}_T)\mathrm{d}A\mathrm{d}x \\
&= \frac{E}{2}\int_0^L\int_A \left(\bm{\varepsilon}_E^{\mathrm{T}}\bm{\varepsilon}_E - 2\bm{\varepsilon}_T^{\mathrm{T}}\bm{\varepsilon}_E + \bm{\varepsilon}_T^{\mathrm{T}}\bm{\varepsilon}_T\right)\mathrm{d}A\mathrm{d}x \\
&= \frac{E}{2}\int_0^L\int_A \left[\bm{u}_e^{\mathrm{T}}\bm{B}^{\mathrm{T}}\bm{B}\bm{u}_e - 2\bm{u}_e^{\mathrm{T}}\bm{B}^{\mathrm{T}}\alpha\Delta\bm{T} + \alpha^2(\Delta\bm{T})^{\mathrm{T}}\Delta\bm{T}\right]\mathrm{d}A\mathrm{d}x
\end{aligned} \tag{8-73}$$

能量泛函对未知系数求偏导，并令其为零，即

$$\delta U = E\int_0^L\int_A \bm{B}^{\mathrm{T}}\bm{B}\mathrm{d}A\mathrm{d}x\,\bm{u}_e - E\int_0^L\int_A \bm{B}^{\mathrm{T}}\alpha\Delta\bm{T}\mathrm{d}A\mathrm{d}x = 0 \tag{8-74}$$

任意单元的矩阵形式为

$$\bm{k}_e\bm{u}_e - \bm{Q}_e = \bm{F}_e^{\mathrm{T}} \tag{8-75}$$

其中，$\bm{k}_e$ 为单元刚度矩阵；$\bm{Q}_e$ 为单元热载荷。

$$\bm{k}_e = E\int_0^L\int_A \bm{B}^{\mathrm{T}}\bm{B}\mathrm{d}A\mathrm{d}x\,\bm{u}_e = \frac{AE}{l}\begin{bmatrix} 1 & -1 \\ -1 & 1 \end{bmatrix} \tag{8-76}$$

$$\bm{Q}_e = E\int_0^L\int_A \bm{B}^{\mathrm{T}}\alpha\Delta T\mathrm{d}A\mathrm{d}x = EA\alpha\Delta T\begin{bmatrix} -1 \\ 1 \end{bmatrix} \tag{8-77}$$

对于左侧杆件和右侧杆件，根据给定的相应的数据计算单元刚度矩阵和热载荷矩

阵为

$$\boldsymbol{k}_1 = 10^6 \times \begin{bmatrix} 315 & -315 \\ -315 & 315 \end{bmatrix}, \quad \boldsymbol{Q}_1 = 10^3 \times \begin{bmatrix} -112.32 \\ 112.32 \end{bmatrix}, \quad \boldsymbol{Q}_2 = 10^3 \times \begin{bmatrix} -57.96 \\ 57.96 \end{bmatrix} \tag{8-78}$$

整个计算域的最终矩阵为

$$\boldsymbol{k} \begin{Bmatrix} u_0 \\ u_1 \\ u_2 \end{Bmatrix} - \boldsymbol{Q} = \boldsymbol{F} \tag{8-79}$$

其中，k 为整体刚度矩阵；Q 为整体热载荷。它们的表达式为

$$\boldsymbol{k} = 10^6 \times \begin{bmatrix} 315 & -315 & 0 \\ -315 & 1115 & -800 \\ 0 & -800 & 800 \end{bmatrix}, \quad \boldsymbol{Q} = 10^3 \times \begin{bmatrix} -112.32 \\ 54.36 \\ 57.96 \end{bmatrix}, \quad \boldsymbol{F} = 10^3 \times \begin{bmatrix} 0 \\ 300 \\ 0 \end{bmatrix} \tag{8-80}$$

8.4 热弹耦合问题其他求解方法

8.4.1 能量法

能量法是一种力学分析方法，通过对物体或系统的能量进行考虑和计算来研究其力学性质和行为。能量法可以用于计算物体或结构的位移、应力和应变等相关参数，通过解决能量守恒方程或其他能量相关的方程来得到结果。能量法在工程学中具有广泛的应用，特别是在结构分析、振动分析和动力学问题的研究中。对于 8.2.2 节的两端简支杆结构，可以采用能量法进行热应力的分析求解。

设杆的纵向位移为 $u_i(x)$，则有

$$u_1(x) = a_1 P_1(x) + a_2 P_2(x) + \cdots + a_M P_M(x) = \sum_{m=1}^{M} a_m P_m(x) \tag{8-81}$$

$$u_2(x) = b_1 P_1(x) + b_2 P_2(x) + \cdots + b_M P_M(x) = \sum_{m=1}^{M} b_m P_m(x) \tag{8-82}$$

其中，基函数取值为

$$\begin{aligned} P_1(x) &= 1 \\ P_2(x) &= x \\ &\vdots \\ P_M(x) &= x^{M-1} \end{aligned} \tag{8-83}$$

能量泛函为

$$\Pi = U_{总} + W_{总} \tag{8-84}$$

其中，$U_总$ 为结构的应变能，$W_总$ 为外力功，分别为

$$U_总 = \frac{1}{2}\int_0^{L_1}\int_A \varepsilon_x \sigma_x dA dx + \frac{1}{2}k\left(u_1|_{x=L_1} - u_2|_{x=0}\right)^2$$
$$= \frac{E_1 A_1}{2}\int_0^{L_1}\left(\frac{\partial u_1}{\partial x} - \alpha\Delta T\right)^2 dx + \frac{E_2 A_2}{2}\int_0^{L_2}\left(\frac{\partial u_2}{\partial x} - \alpha\Delta T\right)^2 dx + \frac{1}{2}k\left(u_1|_{x=L_1} - u_2|_{x=0}\right)^2 \tag{8-85}$$

$$W_总 = F\left(u_1|_{x=L_1} - u_2|_{x=0}\right) \tag{8-86}$$

用能量泛函对未知系数求偏导数，并令其为零，即

$$\frac{\partial \Pi}{\partial \delta_m} = \frac{\partial U_总}{\partial \delta_m} + \frac{\partial W_总}{\partial \delta_m} = 0 \tag{8-87}$$

其中

$$\frac{\partial U_总}{\partial a_m} = E_1 A_1 \int_0^{L_1}\left(\frac{\partial u_1}{\partial x} - \alpha\Delta T\right)\frac{\partial^2 u_1}{\partial x \partial a_m}dx + k\left(u_1|_{x=L_1} - u_2|_{x=0}\right)\frac{\partial u_1|_{x=L_1}}{\partial a_m} \tag{8-88}$$

$$\frac{\partial W_总}{\partial a_m} = F\frac{\partial u_1|_{x=L_1}}{\partial a_m} \tag{8-89}$$

$$\frac{\partial U_总}{\partial b_m} = E_2 A_2 \int_0^{L_1}\left(\frac{\partial u_2}{\partial x} - \alpha\Delta T\right)\frac{\partial^2 u_2}{\partial x \partial a_m}dx \tag{8-90}$$

$$\frac{\partial W_总}{\partial b_m} = -k\left(u_1|_{x=L_1} - u_2|_{x=0}\right)\frac{\partial u_2|_{x=0}}{\partial b_m} \tag{8-91}$$

将式(8-81)和式(8-82)代入式(8-88)可得

$$\frac{\partial U_总}{\partial a_m} = E_1 A_1 \int_0^{L_1}\left(\sum_{m=1}^M a_m \frac{\partial P_m(x)}{\partial x} - \alpha\Delta T\right)\frac{\partial P_m(x)}{\partial x}dx + k\left(\sum_{m=1}^M a_m P_m(L_1) - \sum_{m=1}^M b_m P_m(0)\right)P_m(L_1)$$

$$\frac{\partial U_总}{\partial a_{m'}} = E_1 A_1 \int_0^{L_1}\left(\sum_{m=1}^M a_m \frac{\partial P_m(x)}{\partial x}\frac{\partial P_{m'}(x)}{\partial x} - \alpha\Delta T \frac{\partial P_{m'}(x)}{\partial x}\right)dx$$

$$+ k\left(\sum_{m=1}^M a_m P_m(L_1)P_{m'}(L_1) - \sum_{m=1}^M b_m P_m(0)P_{m'}(L_1)\right) \tag{8-92}$$

$$= \sum_{m=1}^M a_m \left(\int_0^{L_1} E_1 A_1 \frac{\partial P_m(x)}{\partial x}\frac{\partial P_{m'}(x)}{\partial x}dx + kP_m(L_1)P_{m'}(L_1)\right)$$

$$- \sum_{m=1}^M b_m k P_m(0)P_{m'}(L_1) - \int_0^{L_1} E_1 A_1 \alpha\Delta T \frac{\partial P_{m'}(x)}{\partial x}dx$$

令

$$k_{mm'}^{11} = \int_0^{L_1} E_1 A_1 \frac{\partial P_m(x)}{\partial x} \frac{\partial P_{m'}(x)}{\partial x} dx + kP_m(L_1)P_{m'}(L_1) \tag{8-93}$$

$$k_{mm'}^{12} = kP_m(0)P_{m'}(L_1)$$

则式(8-92)可以简化为

$$\frac{\partial U_{\text{总}}}{\partial a_{m'}} = \sum_{m=1}^{M} a_m k_{mm'}^{11} - \sum_{m=1}^{M} b_m k_{mm'}^{12} - \int_0^{L_1} E_1 A_1 \alpha \Delta T \frac{\partial P_{m'}(x)}{\partial x} dx \tag{8-94}$$

将式(8-81)代入式(8-89)可得

$$\frac{\partial W_{\text{总}}}{\partial a_{m'}} = F \frac{\partial u_1|_{x=L_1}}{\partial a_{m'}} = FP_{m'}(L_1) \tag{8-95}$$

将式(8-82)代入式(8-90)可得

$$\frac{\partial U_{\text{总}}}{\partial b_m} = E_2 A_2 \int_0^{L_2} \left(\sum_{m=1}^{M} b_m \frac{\partial P_m(x)}{\partial x} - \alpha \Delta T \right) \frac{\partial P_m(x)}{\partial x} dx - k \left(\sum_{m=1}^{M} a_m P_m(L_1) - \sum_{m=1}^{M} b_m P_m(0) \right) P_m(0)$$

$$\frac{\partial U_{\text{总}}}{\partial b_{m'}} = E_2 A_2 \int_0^{L_2} \left(\sum_{m=1}^{M} b_m \frac{\partial P_m(x)}{\partial x} \frac{\partial P_{m'}(x)}{\partial x} - \alpha \Delta T \frac{\partial P_{m'}(x)}{\partial x} \right) dx$$

$$- k \left(\sum_{m=1}^{M} a_m P_m(L_1) P_{m'}(0) - \sum_{m=1}^{M} b_m P_m(0) P_{m'}(0) \right) \tag{8-96}$$

$$= -\sum_{m=1}^{M} a_m k P_m(L_1) P_{m'}(0) + \sum_{m=1}^{M} b_m \left(\int_0^{L_2} E_2 A_2 \frac{\partial P_m(x)}{\partial x} \frac{\partial P_{m'}(x)}{\partial x} dx + kP_m(0)P_{m'}(0) \right)$$

$$- \int_0^{L_2} E_2 A_2 \alpha \Delta T \frac{\partial P_{m'}(x)}{\partial x} dx$$

令

$$k_{mm'}^{21} = kP_m(L_1)P_{m'}(0)$$

$$k_{mm'}^{22} = \int_0^{L_2} E_2 A_2 \frac{\partial P_m(x)}{\partial x} \frac{\partial P_{m'}(x)}{\partial x} dx + kP_m(0)P_{m'}(0) \tag{8-97}$$

则式(8-96)可以简化为

$$\frac{\partial U_{\text{总}}}{\partial b_{m'}} = -\sum_{m=1}^{M} a_m k_{mm'}^{21} + \sum_{m=1}^{M} b_m k_{mm'}^{22} - \int_0^{L_2} E_2 A_2 \alpha \Delta T \frac{\partial P_{m'}(x)}{\partial x} dx \tag{8-98}$$

将式(8-82)代入式(8-91)可得

$$\frac{\partial W_{\text{总}}}{\partial b_{m'}} = -F\frac{\partial u_2|_{x=0}}{\partial b_{m'}} = -FP_{m'}(0) \tag{8-99}$$

对于左右两侧杆，能量泛函取极值时的表达式分别为

$$\sum_{m=1}^{M} a_m k_{mm'}^{11} - \sum_{m=1}^{M} b_m k_{mm'}^{12} - \int_0^{L_1} E_1 A_1 \alpha \Delta T \frac{\partial P_{m'}(x)}{\partial x} \mathrm{d}x + FP_{m'}(L_1) = 0, \quad m' = 1, 2, \cdots, M \tag{8-100}$$

$$-\sum_{m=1}^{M} a_m k_{mm'}^{21} + \sum_{m=1}^{M} b_m k_{mm'}^{22} - \int_0^{L_2} E_2 A_2 \alpha \Delta T \frac{\partial P_{m'}(x)}{\partial x} \mathrm{d}x - FP_{m'}(0) = 0, \quad m' = 1, 2, \cdots, M \tag{8-101}$$

通过求解方程(8-100)和(8-101)，结合式(8-81)和式(8-82)，便能获得结构振动信息。

8.4.2 微分求积法

微分求积(differential quadrature, DQ)是 20 世纪 70 年代初发展起来的一种高精度、易于实施的求解偏微分方程(组)的数值方法。

对于函数 $f(x)$，如图 8-6 所示，求取在 $[a,b]$ 区间的积分：

$$I = \int_a^b f(x)\mathrm{d}x = F(a) - F(b) \tag{8-102}$$

若 $f(x)$ 满足以下条件：

(1) 存在但不能用初等函数表示；
(2) 可以用初等函数表示，但结构复杂；
(3) 没有表达式，仅仅是一张函数表(如测试数据)。

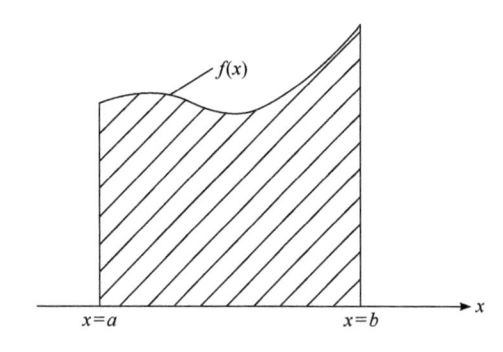

图 8-6 $f(x)$ 及其边界

设已知函数 $f(x)$ 在节点上 $a \leqslant x_0 < x_1 < \cdots < x_N \leqslant b$ 的函数值为 $f(x_0), f(x_1), \cdots, f(x_N)$。进行 n 次 Lagrange 插值多项式：

$$L_N(x) = \sum_{i=0}^{N} l_i(x) f(x_i) \tag{8-103}$$

$$l_i(x) = \frac{(x-x_0)\cdots(x-x_{i-1})(x-x_{i+1})\cdots(x-x_N)}{(x_i-x_0)\cdots(x_i-x_{i-1})(x_i-x_{i+1})\cdots(x_i-x_N)} \tag{8-104}$$

$$\int_a^b f(x)\mathrm{d}x \approx \int_a^b L_N(x)\mathrm{d}x = \int_a^b \sum_{i=0}^N l_i(x)f(x_i)\mathrm{d}x = \sum_{i=0}^N f(x_i)\int_a^b l_i(x)\mathrm{d}x \tag{8-105}$$

令 $A_i = \int_a^b l_i(x)\mathrm{d}x$ ，则式(8-105)可写为

$$\int_a^b f(x)\mathrm{d}x = \sum_{i=0}^N A_i f(x_i) \tag{8-106}$$

对于一阶导数：

$$\frac{\mathrm{d}f(x)}{\mathrm{d}x} = \frac{\mathrm{d}\sum_{i=0}^N l_i(x)f(x_i)}{\mathrm{d}x} = \sum_{i=0}^N \frac{\mathrm{d}l_i(x)}{\mathrm{d}x}f(x_i) = \sum_{i=0}^N A_i^1(x)f(x_i) \tag{8-107}$$

其中

$$A_i^1(x) = \frac{\sum_{\substack{j=0 \\ j\neq i}}^N \prod_{\substack{k=0 \\ k\neq i,j}}^N (x-x_k)}{\prod_{\substack{k=0 \\ k\neq i}}^N (x_i-x_k)} \tag{8-108}$$

由 $A_i^1(x)$ 的定义，知

$$A_i^1(x_j) = A_{ij}^1 = \begin{cases} \dfrac{\prod_{\substack{k=0 \\ k\neq i,j}}^N (x_j-x_k)}{\prod_{\substack{k=0 \\ k\neq i}}^N (x_i-x_k)}, & j\neq i \\[2ex] \sum_{\substack{k=0 \\ k\neq i}}^N \dfrac{1}{x_j-x_k}, & j=i \end{cases} \tag{8-109}$$

于是式(8-107)可以改写为

$$\left.\frac{\mathrm{d}f(x)}{\mathrm{d}x}\right|_{x_j} = f^1(x_j) = \sum_{i=0}^N A_i^1(x_j)f(x_i) = \sum_{i=0}^N A_{ij}^1 f(x_i) \tag{8-110}$$

将其写成矩阵形式：

$$\boldsymbol{f}^1(x_i) = \boldsymbol{A}_{ij}^1 \boldsymbol{f}(x_i) \tag{8-111}$$

其中

$$f^1(x_i) = \begin{Bmatrix} f^1(x_1) \\ f^1(x_2) \\ \vdots \\ f^1(x_{N-1}) \\ f^1(x_N) \end{Bmatrix}, \quad A_{ij}^1 = \begin{bmatrix} A_{11}^1 & A_{12}^1 & \cdots & A_{1,N-1}^1 & A_{1N}^1 \\ A_{21}^1 & A_{22}^1 & \cdots & A_{2,N-1}^1 & A_{2N}^1 \\ \vdots & \vdots & & \vdots & \vdots \\ A_{N-1,1}^1 & A_{N-1,2}^1 & \cdots & A_{N-1,N-1}^1 & A_{N-1,N}^1 \\ A_{N1}^1 & A_{N2}^1 & \cdots & A_{N,N-1}^1 & A_{NN}^1 \end{bmatrix}, \quad f(x_i) = \begin{Bmatrix} f(x_1) \\ f(x_2) \\ \vdots \\ f(x_{N-1}) \\ f(x_N) \end{Bmatrix}$$

(8-112)

对于二阶导数：

$$\left.\frac{\mathrm{d}^2 f(x)}{\mathrm{d}x^2}\right|_{x_j} = f^2(x_j) = \sum_{i=0}^{N} A_i^1(x_j) f^1(x_i) = \sum_{i=0}^{N} A_{ij}^1 f^1(x_i) \tag{8-113}$$

将其写成矩阵形式：

$$f^2(x_i) = A_{ij}^1 A_{ij}^1 f(x_i) \tag{8-114}$$

除了使用函数逼近，正交多项式(如勒让德多项式、切比雪夫多项式等)也是函数逼近的重要工具。可以通过参考数值计算的书籍更好地了解正交多项式在函数逼近中的应用，以及如何选择离散点和计算权系数。

下面将使用一个例子来加深对微分求积法的理解，两端简支杆示意图如图 8-7 所示，划分为 N 个点，纵坐标为 $0 \leqslant x_0 < x_1 < \cdots < x_N \leqslant L$，如图 8-8 所示。

杆的控制方程为

$$EA \frac{\partial^2 u}{\partial x^2} - EA\alpha \Delta T + f(x) = 0 \tag{8-115}$$

由于两端固支，所以有

$$EA \frac{\partial^2 u}{\partial x^2} - EA\alpha \Delta T = 0 \tag{8-116}$$

离散后的方程为

$$\left.EA \frac{\partial^2 u}{\partial x^2}\right|_{x=x_i} = EA\alpha \Delta T \tag{8-117}$$

将式(8-114)代入式(8-117)可得

$$A_{ij}^1 A_{ij}^1 u(x_i) = \alpha \Delta T \tag{8-118}$$

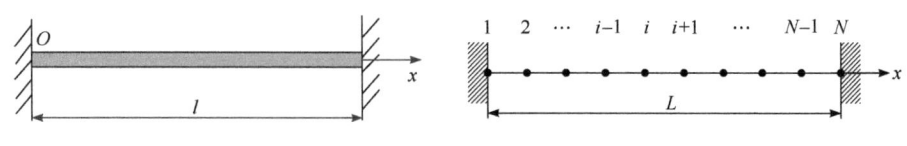

图 8-7 两端简支杆示意图　　　　图 8-8 简支杆网格示意图

8.5 功能梯度结构热弹耦合分析

8.5.1 功能梯度材料属性

功能梯度材料(functional gradient material，FGM)指两种或多种材料复合成的，组分和结构呈连续梯度变化的一种新型复合材料。材料的组分和结构呈连续性梯度变化；材料内部没有明显的界面；材料的性质也呈连续性梯度变化。功能梯度材料由日本的新野正之和平井敏雄于 1986 年首先提出。金属陶瓷功能梯度材料是一种具有不同性质和组成的材料，它在空间上呈现出逐渐变化的特点，图 8-9 为其示意图。

金属陶瓷功能梯度板的材料参数(弹性模量、质量密度、泊松比、热膨胀系数等)与厚度相关，用 P 表示：P_U 为陶瓷材料的材料参数；P_L 为金属材料的材料参数。材料占比用 V 表示：$V_U(z)$ 为陶瓷材料的占比；$V_L(z)$ 为金属材料的占比。陶瓷和金属占比之和为 1，即 $V_U(z)+V_L(z)=1$。

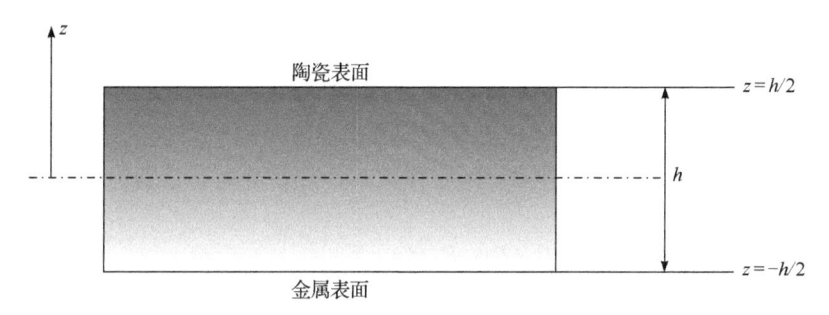

图 8-9 金属陶瓷功能梯度板

假设材料分布服从幂指数分布：

$$V_U = \left(\frac{2z+h}{2h}\right)^p \tag{8-119}$$

$$V_L = 1 - \left(\frac{2z+h}{2h}\right)^p \tag{8-120}$$

其中，z 为厚度方向坐标；h 为材料的厚度；p 为体积率指数，表征组分材料的体积分布规律。

因此，功能梯度材料的物性参数 P：

$$P(z) = P_U V_U(z) + P_L V_L(z) = (P_U - P_L)\left(\frac{2z+h}{2h}\right)^p + P_L \tag{8-121}$$

可根据实际使用需求通过改变功能梯度材料的体积率指数，从而设计出具有不同材料属性的功能梯度材料。图 8-10 给出了功能梯度陶瓷材料的占比在不同体积率指数情况下的变化曲线。

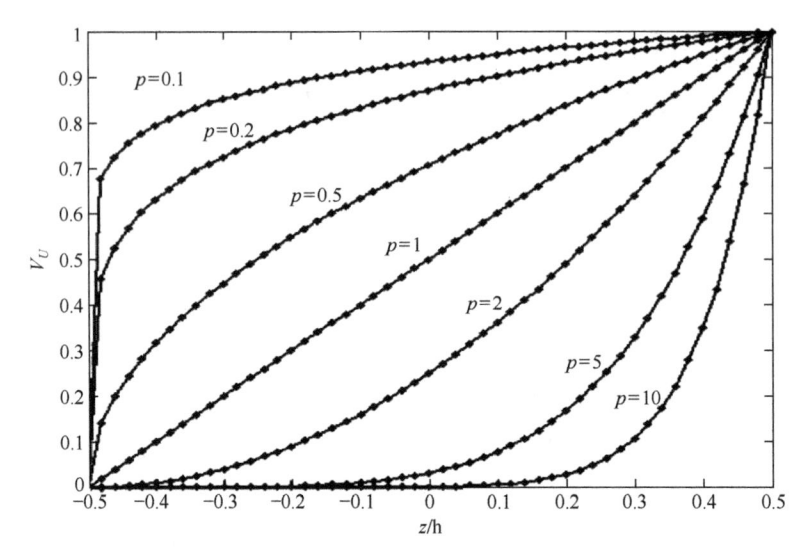

图 8-10 不同体积率指数对应的陶瓷材料的占比变化

考虑到材料参数与温度 T 相关，P 表示为

$$P(T) = P_0(P_{-1}T^{-1} + 1 + P_1T + P_2T^2 + P_3T^3) \tag{8-122}$$

表 8-2 展示了不同材料的物性参数系数。考虑温度对材料特性的影响，功能梯度材料的弹性模量 E、密度 ρ、泊松比 ν、膨胀系数 α、热传导率 k 分别为

$$E(z,T) = (E_U(T) - E_L(T))\left(\frac{2z+h}{2h}\right)^p + E_L(T) \tag{8-123}$$

$$\rho(z,T) = (\rho_U(T) - \rho_L(T))\left(\frac{2z+h}{2h}\right)^p + \rho_L(T) \tag{8-124}$$

$$\nu(z,T) = (\nu_U(T) - \nu_L(T))\left(\frac{2z+h}{2h}\right)^p + \nu_L(T) \tag{8-125}$$

$$\alpha(z,T) = (\alpha_U(T) - \alpha_L(T))\left(\frac{2z+h}{2h}\right)^p + \alpha_L(T) \tag{8-126}$$

$$k(z,T) = (k_U(T) - k_L(T))\left(\frac{2z+h}{2h}\right)^p + k_L(T) \tag{8-127}$$

表 8-2 不同材料的物性参数系数

参数	材料	P_{-1}	P_0	P_1	P_2	P_3
	ZrO$_2$	0	244.27×10^9	-1.371×10^{-3}	1.214×10^{-6}	-3.681×10^{-10}
E	Ti-6Al-4V	0	122.7×10^9	-4.605×10^{-4}	0	0
	Ni	0	223.95×10^9	-2.794×10^{-4}	-3.998×10^{-9}	0

续表

参数	材料	P_{-1}	P_0	P_1	P_2	P_3
ρ	ZrO_2	0	3657	0	0	0
	Ti-6Al-4V	0	4420	0	0	0
	Ni	0	8900	0	0	0
v	ZrO_2	0	0.288	1.133×10^{-4}	0	0
	Ti-6Al-4V	0	0.2888	1.108×10^{-4}	0	0
	Ni	0	0.31	0	0	0
α	ZrO_2	0	12.766×10^{-6}	-1.491×10^{-3}	1.006×10^{-5}	-6.778×10^{-11}
	Ti-6Al-4V	0	7.5788×10^{-6}	6.638×10^{-4}	-3.147×10^{-6}	0
	Ni	0	9.9209×10^{-6}	8.705×10^{-4}	0	0
k	ZrO_2	0	1.7	1.276×10^{-4}	6.648×10^{-8}	0
	Ti-6Al-4V	0	1.0	1.704×10^{-2}	0	0
	Ni	0	187.66	-2.869×10^{-3}	4.005×10^{-6}	-1.983×10^{-9}

8.5.2 热环境及热边界

温度场分布的不同必然对功能梯度板的变形造成影响，因此必须对不同的温度场分布进行专门分析。

1. 均匀温升

假设功能梯度板长期处在一个温度环境中，且板又比较薄，这样沿板的厚度方向没有温度变化，功能梯度板整体温度变化一致。最终温度与初始温度的温差 ΔT 可以表示为

$$\Delta T = T_f - T_0 \tag{8-128}$$

2. 非线性温度分布

受热环境的影响，假定板的上下表面温度为常数，沿板厚度方向的温度变化满足稳态热传导方程。热传导方程及热边界条件可以表示为

$$\frac{\mathrm{d}}{\mathrm{d}z}\left(k(z)\frac{\mathrm{d}T}{\mathrm{d}z}\right)=0,\quad T\left(z=\frac{h}{2}\right)=T_U,\quad T\left(z=-\frac{h}{2}\right)=T_L \tag{8-129}$$

$$k(z,T) = (k_U(T) - k_L(T))\left(\frac{2z+h}{2h}\right)^p + k_L(T) \tag{8-130}$$

求解式(8-129)和式(8-130)得到解析形式的解：

$$T(z) = T_L + \frac{T_U - T_L}{C}\left[\left(\frac{2z+h}{2h}\right) - \frac{k_U - k_L}{(p+1)k_L}\left(\frac{2z+h}{2h}\right)^{p+1} + \frac{(k_U - k_L)^2}{(2p+1)k_L^2}\left(\frac{2z+h}{2h}\right)^{2p+1}\right.$$

$$-\frac{(k_U - k_L)^3}{(3p+1)k_L^3}\left(\frac{2z+h}{2h}\right)^{3p+1} + \frac{(k_U - k_L)^4}{(4p+1)k_L^4}\left(\frac{2z+h}{2h}\right)^{4p+1} \tag{8-131}$$

$$\left.-\frac{(k_U - k_L)^5}{(5p+1)k_L^5}\left(\frac{2z+h}{2h}\right)^{5p+1}\right]$$

其中

$$C = 1 - \frac{k_U - k_L}{(p+1)k_L} + \frac{(k_U - k_L)^2}{(2p+1)k_L^2} - \frac{(k_U - k_L)^3}{(3p+1)k_L^3} + \frac{(k_U - k_L)^4}{(4p+1)k_L^4} - \frac{(k_U - k_L)^5}{(5p+1)k_L^5} \tag{8-132}$$

最终温度与初始温度的温差为

$$\Delta T(z) = T(z) - T_0 \tag{8-133}$$

8.5.3 弹性板动力学方程

弹性板的计算模型如图 8-11 所示，板的长度用 a 表示，宽度用 b 表示，厚度用 h 表示。采用经典板理论，板上任意一点的位移场可表示为

$$\begin{aligned} u &= u_0(x,y,t) - z\frac{\partial w_0(x,y,t)}{\partial x} \\ v &= v_0(x,y,t) - z\frac{\partial w_0(x,y,t)}{\partial y} \\ w &= w_0(x,y,t) \end{aligned} \tag{8-134}$$

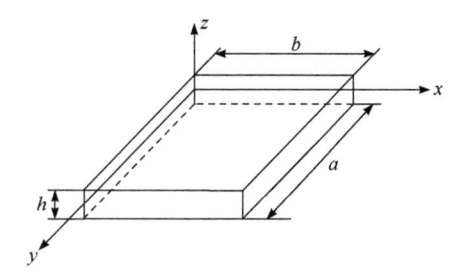

图 8-11 弹性板的计算模型

其中，u_0、v_0、w_0 为中性面上任意一点在 x 轴、y 轴、z 轴方向上的位移。

基于经典板理论，板上任意一点的应变场可表示为

$$\begin{aligned} \varepsilon_x &= \frac{\partial u}{\partial x} = \frac{\partial u_0}{\partial x} - z\frac{\partial^2 w_0}{\partial x^2} \\ \varepsilon_y &= \frac{\partial v}{\partial y} = \frac{\partial v_0}{\partial y} - z\frac{\partial^2 w_0}{\partial y^2} \\ \gamma_{xy} &= \frac{\partial v}{\partial x} + \frac{\partial u}{\partial y} = \frac{\partial u_0}{\partial y} + \frac{\partial v_0}{\partial x} - 2z\frac{\partial^2 w_0}{\partial x \partial y} \end{aligned} \tag{8-135}$$

应力-应变关系遵循广义胡克定律：

$$\begin{bmatrix} \sigma_x \\ \sigma_y \\ \tau_{xy} \end{bmatrix} = \begin{bmatrix} Q_{11} & Q_{12} & 0 \\ Q_{12} & Q_{22} & 0 \\ 0 & 0 & Q_{66} \end{bmatrix}\begin{bmatrix} \varepsilon_x \\ \varepsilon_y \\ \gamma_{xy} \end{bmatrix} - \begin{Bmatrix} \alpha_x \\ \alpha_y \\ \alpha_{xy} \end{Bmatrix}\Delta T \tag{8-136}$$

Q_{ij} 表示材料的刚度系数，为

$$Q_{11} = Q_{22} = \frac{E(z,T)}{1-\nu(z,T)}, \quad Q_{12} = \frac{\nu(z,T)E(z,T)}{1-\nu(z,T)}, \quad Q_{66} = \frac{E(z,T)}{2(1+\nu(z,T))} \tag{8-137}$$

根据能量理论，得到经典理论下弹性板结构的应变能：

$$\begin{aligned} U_s = &\frac{1}{2}\int_V \sigma_x\varepsilon_x + \sigma_y\varepsilon_y + \tau_{xy}\gamma_{xy}\,\mathrm{d}V \\ &+\frac{1}{2}\int_V (\sigma_x\alpha_x + \sigma_y\alpha_y + \tau_{xy}\alpha_{xy})\Delta T\,\mathrm{d}V \end{aligned} \tag{8-138}$$

弹性板动能 T 的表达式为

$$T_k = \frac{1}{2}\rho\iiint \left(\frac{\partial u}{\partial t}\right)^2 + \left(\frac{\partial v}{\partial t}\right)^2 + \left(\frac{\partial w}{\partial t}\right)^2 \mathrm{d}V \tag{8-139}$$

边界弹簧弹性势能 U_b 的表达式为

$$\begin{aligned} U_b = &\frac{1}{2}\int_0^b \left\{\left[k_{x_0}^u u_0^2 + k_{x_0}^v v_0^2 + k_{x_0}^w w_0^2 + K_{x_0}^w \left(\frac{\partial w_0}{\partial x}\right)^2\right]_{x=0} + \left[k_{x_a}^u u_0^2 + k_{x_a}^v v_0^2 + k_{x_a}^w w_0^2 + K_{x_a}^w \left(\frac{\partial w_0}{\partial x}\right)^2\right]_{x=a}\right\}\mathrm{d}y \\ &+\frac{1}{2}\int_0^a \left\{\left[k_{y_0}^u u_0^2 + k_{y_0}^v v_0^2 + k_{y_0}^w w_0^2 + K_{y_0}^w \left(\frac{\partial w_0}{\partial y}\right)^2\right]_{y=0} + \left[k_{y_b}^u u_0^2 + k_{y_b}^v v_0^2 + k_{y_b}^w w_0^2 + K_{y_b}^w \left(\frac{\partial w_0}{\partial y}\right)^2\right]_{y=b}\right\}\mathrm{d}x \end{aligned} \tag{8-140}$$

结构的拉格朗日能量泛函为

$$L = T_k - U_s - U_b \tag{8-141}$$

以最小势能原理为理论基础，将容许函数代入振动问题的能量泛函中，然后对能量泛函求驻值，可以确定容许函数的待定参数，从而获得问题的解。u_0、v_0、w_0 表示中性面上任意一点在 x 轴、y 轴、z 轴方向上的位移。

$$\begin{aligned} u_0(x,y,t) &= \sum_{m=-2}^{M}\sum_{n=-2}^{N} A_{mn}X_mY_n\mathrm{e}^{\mathrm{j}\omega t} \\ v_0(x,y,t) &= \sum_{m=-2}^{M}\sum_{n=-2}^{N} B_{mn}X_mY_n\mathrm{e}^{\mathrm{j}\omega t} \\ w_0(x,y,t) &= \sum_{m=-2}^{M}\sum_{n=-2}^{N} C_{mn}X_mY_n\mathrm{e}^{\mathrm{j}\omega t} \end{aligned} \tag{8-142}$$

用能量泛函对未知系数求偏导，并令其为零，有

$$\frac{\partial L}{\partial A_{mn}} = \frac{\partial (T_k - U_s - U_b)}{\partial A_{mn}} = 0, \quad m=1,2,\cdots,M;\ n=1,2,\cdots,N$$

$$\frac{\partial L}{\partial B_{mn}} = \frac{\partial (T_k - U_s - U_b)}{\partial A_{mn}} = 0, \quad m = 1, 2, \cdots, M; \ n = 1, 2, \cdots, N$$
$$\frac{\partial L}{\partial C_{mn}} = \frac{\partial (T_k - U_s - U_b)}{\partial A_{mn}} = 0, \quad m = 1, 2, \cdots, M; \ n = 1, 2, \cdots, N$$
(8-143)

可得弹性板的动力学方程为

$$(\boldsymbol{K}_s + \boldsymbol{K}_b + \boldsymbol{K}_T - \omega^2 \boldsymbol{M})\boldsymbol{G} = \boldsymbol{0} \tag{8-144}$$

其中，$\boldsymbol{K}_s$ 为应变能对应的刚度矩阵；$\boldsymbol{K}_b$ 为边界弹簧的弹性势能对应的刚度矩阵；$\boldsymbol{K}_T$ 为温度变化引起的应变能对应的刚度矩阵；$\boldsymbol{M}$ 为质量矩阵；$\boldsymbol{G}$ 为位移容许函数中未知系数组成的向量。

通过求解特征方程的特征值和特征向量，即可得到弹性板结构的固有频率和振型。

8.5.4 数值算例

本节将进行功能梯度板热弹耦合分析，主要研究温度及体积率指数对振动特性的影响。采用的功能梯度板上层材料是 ZrO_2、底层材料是 Ti-6Al-4V，弹性方板边长为 0.2m，厚度为 0.02m，边界条件为四边固支(CCCC)。图 8-12 给出了当体积率指数为 1 时的弹性板第一阶、第二阶、第四阶固有频率随温度的变化趋势。

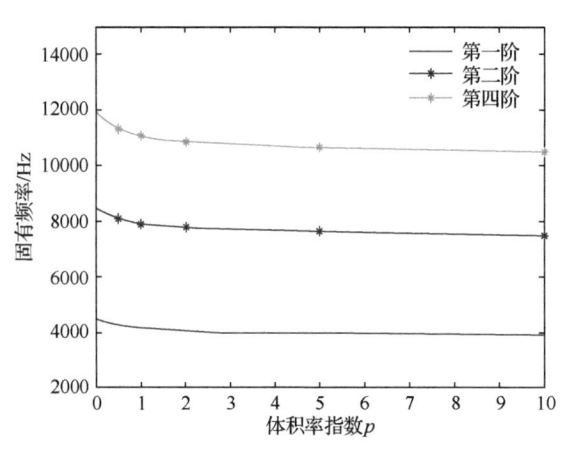

图 8-12 固有频率随温度变化情况

从图 8-12 中能清晰地看出在体积率指数不变的情况下，固有频率随着温度升高而降低。结构受热膨胀，整体尺寸变大，整体刚度变小，最终导致固有频率降低。

图 8-13 给出了当弹性板温度为 300K 时的弹性板第一阶、第二阶、第四阶固有频率随体积率指数的变化趋势。

从图 8-13 中能清晰地看出在功能梯度板温度不变的情况下，固有频率随着体积率指数升高而降低。体积率指数不断增大，金属基的体积分数不断增大，导致板整体的弹性模量不断降低，进而影响板的固有频率。

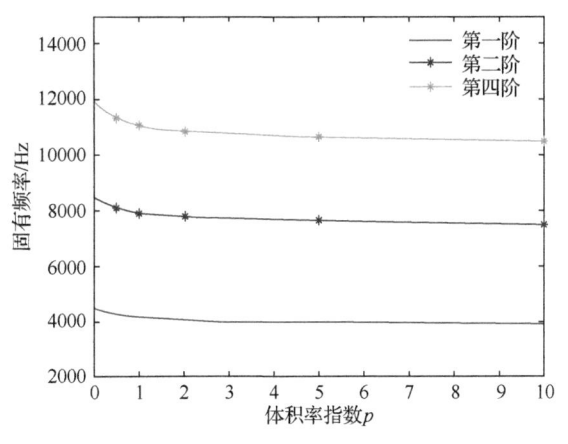

图 8-13 固有频率随体积率指数变化情况

思考题及习题

1. 热弹耦合问题的几个控制方程是什么?
2. 如何用有限元法求解热弹耦合问题?
3. 热弹耦合问题还有什么其他求解方法?

第 9 章　声振耦合计算

结构声耦合问题广泛存在于航天、航空、船舶、汽车、建筑工程等诸多领域。结构声耦合是指结构变形与声场相互作用产生的多物理场问题，是固体力学与声学交叉而形成的一门力学分支。

总体来看，结构声耦合问题按其耦合机理可分为两大类：第一类问题是界面耦合问题，其主要特征是耦合作用仅发生在两相交界面上，方程上的耦合是由两相耦合面上的平衡关系及变形协调引入的，如船舶主机振动声辐射等；第二类问题是全域耦合问题，其主要的特征是两个物理场问题的计算域部分或全部重叠在一起，使描述物理现象的方程特别是本构方程需要针对具体的物理现象来建立，其耦合效应通过描述问题的微分方程来体现，如多孔材料中的结构声耦合等。相对于全域结构声耦合问题，界面结构声耦合问题更广泛地存在于各个领域，因此本章以界面耦合问题为研究对象。结构声耦合的重要特征是弹性结构在流体中的声压作用下产生变形，这种变形又反过来影响声场，从而改变流体中声压的分布与大小，而这种改变会再次影响弹性结构的变形。

9.1　声振耦合控制方程

9.1.1　结构振动控制方程

弹性力学问题可以归结为在给定边界条件下求解三大基本方程。本节研究的结构振动问题属于线弹性力学问题的范畴，因此三大基本方程需满足如下假设。①连续性：物体内的应力、变形、位移等物理量是连续的，可由坐标的连续函数表示。②均匀性：材料常数不随空间坐标变化。③小变形：研究物体受载荷后，可不考虑物体尺寸的变化。④与时间无关：建立本构关系时，不考虑应变率的影响，忽略蠕变和松弛效应。⑤物体是完全弹性的：物体完全服从胡克定律。

1. 运动方程

依据牛顿第二定律，弹性动力学(非平衡状态)的运动微分方程可表示为

$$\begin{cases} \rho \dfrac{\partial^2 u_x}{\partial t^2} = \dfrac{\partial \sigma_{xx}}{\partial x} + \dfrac{\partial \sigma_{yx}}{\partial y} + \dfrac{\partial \sigma_{zx}}{\partial z} + b_x \\ \rho \dfrac{\partial^2 u_y}{\partial t^2} = \dfrac{\partial \sigma_{xy}}{\partial x} + \dfrac{\partial \sigma_{yy}}{\partial y} + \dfrac{\partial \sigma_{zy}}{\partial z} + b_y \\ \rho \dfrac{\partial^2 u_z}{\partial t^2} = \dfrac{\partial \sigma_{xz}}{\partial x} + \dfrac{\partial \sigma_{yz}}{\partial y} + \dfrac{\partial \sigma_{zz}}{\partial z} + b_z \end{cases} \tag{9-1}$$

其中，ρ 为弹性体的密度；u_x、u_y、u_z 为体内任意一点的唯一位移在 x、y、z 方向上的分量；σ_{xx}、σ_{yx}、σ_{zx}、σ_{xy}、σ_{yy}、σ_{zy}、σ_{xz}、σ_{yz}、σ_{zz} 为任意一点的应力分量，应力分量的第一个下标代表作用面的外法线方向，第二个下标代表应力的作用方向，应力分量间存在关系 $\sigma_{xy}=\sigma_{yx}$、$\sigma_{yz}=\sigma_{zy}$、$\sigma_{zx}=\sigma_{\sigma}$；$b_x$、$b_y$、$b_z$ 为单位体积的体积力在 x、y、z 方向上的分量。应力在微元体上的分布如图 9-1 所示。

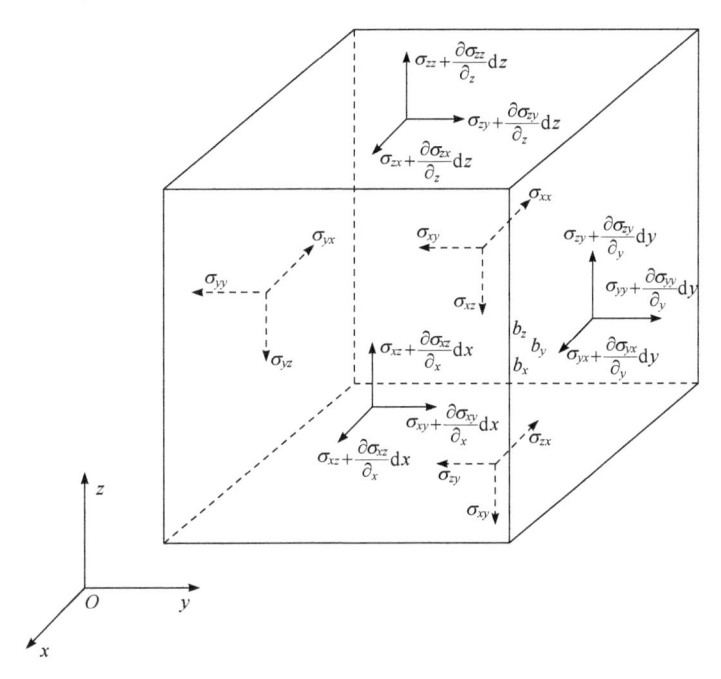

图 9-1 应力在微元体上的分布

式(9-1)的矩阵形式可表示为

$$\rho \ddot{\boldsymbol{u}} = \nabla \cdot \boldsymbol{\sigma} + \boldsymbol{b} \tag{9-2}$$

其中，加速度向量 $\ddot{\boldsymbol{u}}$、微分算子 ∇、应力矩阵 $\boldsymbol{\sigma}$ 及体积力向量 $\boldsymbol{b}$ 分别为

$$\ddot{\boldsymbol{u}} = (\ddot{u}_x, \ddot{u}_y, \ddot{u}_z) \tag{9-3}$$

$$\nabla = (\partial/\partial x, \partial/\partial y, \partial/\partial z) \tag{9-4}$$

$$\boldsymbol{\sigma} = \begin{bmatrix} \sigma_{xx} & \sigma_{xy} & \sigma_{xz} \\ \sigma_{yx} & \sigma_{yy} & \sigma_{yz} \\ \sigma_{zx} & \sigma_{zy} & \sigma_{zz} \end{bmatrix} \tag{9-5}$$

$$\boldsymbol{b} = (b_x, b_y, b_z) \tag{9-6}$$

忽略式(9-2)左端项，可得静力学问题的平衡方程为

$$\nabla \cdot \boldsymbol{\sigma} + \boldsymbol{b} = 0 \tag{9-7}$$

2. 几何方程

几何方程的矩阵形式为

$$\begin{Bmatrix} \varepsilon_{xx} \\ \varepsilon_{yy} \\ \varepsilon_{zz} \\ \varepsilon_{xy} \\ \varepsilon_{yz} \\ \varepsilon_{zx} \end{Bmatrix} = \begin{bmatrix} \partial/\partial x & 0 & 0 \\ 0 & \partial/\partial y & 0 \\ 0 & 0 & \partial/\partial z \\ \partial/\partial y & \partial/\partial x & 0 \\ 0 & \partial/\partial z & \partial/\partial y \\ \partial/\partial z & 0 & \partial/\partial x \end{bmatrix} \begin{Bmatrix} u_x \\ u_y \\ u_z \end{Bmatrix} \tag{9-8}$$

其中，ε_{xx}、ε_{yy}、ε_{zz} 为正应变；ε_{xy}、ε_{yz}、ε_{zx} 为剪应变。

3. 本构方程

平衡方程、几何方程的推导并不涉及材料性质，仅有这些方程并不能解决问题，还需要研究应力与应变对应的物理方程，即本构方程。在三维应力状态下，线弹性材料的本构关系为

$$\begin{Bmatrix} \sigma_{xx} \\ \sigma_{yy} \\ \sigma_{zz} \\ \sigma_{xy} \\ \sigma_{yz} \\ \sigma_{zx} \end{Bmatrix} = \boldsymbol{D} \begin{Bmatrix} \varepsilon_{xx} \\ \varepsilon_{yy} \\ \varepsilon_{zz} \\ \varepsilon_{xy} \\ \varepsilon_{yz} \\ \varepsilon_{zx} \end{Bmatrix} = \begin{bmatrix} c_{11} & c_{12} & c_{13} & c_{14} & c_{15} & c_{16} \\ c_{12} & c_{22} & c_{23} & c_{24} & c_{25} & c_{26} \\ c_{13} & c_{23} & c_{33} & c_{34} & c_{35} & c_{36} \\ c_{14} & c_{24} & c_{34} & c_{44} & c_{45} & c_{46} \\ c_{15} & c_{25} & c_{35} & c_{45} & c_{55} & c_{56} \\ c_{16} & c_{26} & c_{36} & c_{46} & c_{56} & c_{66} \end{bmatrix} \begin{Bmatrix} \varepsilon_{xx} \\ \varepsilon_{yy} \\ \varepsilon_{zz} \\ \varepsilon_{xy} \\ \varepsilon_{yz} \\ \varepsilon_{zx} \end{Bmatrix} \tag{9-9}$$

线弹性体在最一般的各向异性情况下，弹性矩阵 $\boldsymbol{D}$ 中独立的弹性常数共为 21 个，本节主要考虑如下三种本构关系。

1) 正交各向异性材料

这类材料存在三个相互正交的弹性对称面，此时独立的弹性常数为 9 个，木材、增强纤维复合材料等均属此类材料，若弹性主方向为坐标轴方向，则弹性矩阵为

$$\boldsymbol{D} = \begin{bmatrix} c_{11} & c_{12} & c_{13} & 0 & 0 & 0 \\ c_{12} & c_{22} & c_{23} & 0 & 0 & 0 \\ c_{13} & c_{23} & c_{33} & 0 & 0 & 0 \\ 0 & 0 & 0 & c_{44} & 0 & 0 \\ 0 & 0 & 0 & 0 & c_{55} & 0 \\ 0 & 0 & 0 & 0 & 0 & c_{66} \end{bmatrix} \tag{9-10}$$

弹性矩阵的逆矩阵为

$$\boldsymbol{D}^{-1} = \begin{bmatrix} 1/E_x & -\nu_{yx}/E_y & -\nu_{zx}/E_z & 0 & 0 & 0 \\ -\nu_{xy}/E_x & 1/E_y & -\nu_{zy}/E_z & 0 & 0 & 0 \\ -\nu_{xz}/E_x & -\nu_{yz}/E_y & 1/E_z & 0 & 0 & 0 \\ 0 & 0 & 0 & 1/G_{xy} & 0 & 0 \\ 0 & 0 & 0 & 0 & 1/G_{yz} & 0 \\ 0 & 0 & 0 & 0 & 0 & 1/G_{zx} \end{bmatrix} \quad (9\text{-}11)$$

其中，E_x、E_y 与 E_z 分别为 x、y 与 z 方向的弹性模量；G_{xy}、G_{yz} 与 G_{zx} 分别为 xy、yz 与 zx 平面的剪切模量；ν_{xy} 与 ν_{xz} 分别为 x 方向作用应力引起 y 方向和 z 方向应变的泊松比；ν_{yx}、ν_{yz} 分别为 y 方向作用应力引起 x 方向和 z 方向应变的泊松比；ν_{zx} 与 ν_{zy} 分别为 z 方向作用应力引起 x 方向和 y 方向应变的泊松比，其中

$$\nu_{yx}/E_y = \nu_{xy}/E_x, \quad \nu_{zx}/E_z = \nu_{xz}/E_x, \quad \nu_{zy}/E_z = \nu_{yz}/E_y \quad (9\text{-}12)$$

2) 横观各向同性材料

这类材料内每一点都存在一个弹性对称轴，此时独立的弹性常数为 5 个，层状的岩体结构属于此类材料，若取 z 轴与弹性对称轴一致，坐标轴 x、y 建立在各向同性平面内，弹性矩阵为

$$\boldsymbol{D} = \begin{bmatrix} c_{11} & c_{12} & c_{13} & 0 & 0 & 0 \\ c_{12} & c_{22} & c_{23} & 0 & 0 & 0 \\ c_{13} & c_{23} & c_{33} & 0 & 0 & 0 \\ 0 & 0 & 0 & (c_{11}-c_{12})/2 & 0 & 0 \\ 0 & 0 & 0 & 0 & c_{55} & 0 \\ 0 & 0 & 0 & 0 & 0 & c_{66} \end{bmatrix} \quad (9\text{-}13)$$

弹性矩阵的逆矩阵为

$$\boldsymbol{D}^{-1} = \begin{bmatrix} 1/E & -\nu/E & -\nu'/E' & 0 & 0 & 0 \\ -\nu/E_x & 1/E_y & -\nu'/E' & 0 & 0 & 0 \\ -\nu'/E' & -\nu'/E' & 1/E' & 0 & 0 & 0 \\ 0 & 0 & 0 & 1/G & 0 & 0 \\ 0 & 0 & 0 & 0 & 1/G' & 0 \\ 0 & 0 & 0 & 0 & 0 & G' \end{bmatrix} \quad (9\text{-}14)$$

其中，G、E、ν 分别为各向同性平面的剪切模量、弹性模量和泊松比；G' 为包含弹性对称轴在内的任意平面内的剪切模量；E' 为弹性对称轴方向的弹性模量；ν' 为弹性对称轴方向作用引起各向同性平面内应变的泊松比。

3) 各向同性材料

这类材料是指弹性体在各个方向上的弹性性质完全相同，此时独立的弹性常数为 3 个，弹性矩阵为

$$D = \begin{bmatrix} c_{11} & c_{12} & c_{13} & 0 & 0 & 0 \\ c_{12} & c_{22} & c_{23} & 0 & 0 & 0 \\ c_{13} & c_{23} & c_{33} & 0 & 0 & 0 \\ 0 & 0 & 0 & (c_{11}-c_{12})/2 & 0 & 0 \\ 0 & 0 & 0 & 0 & (c_{11}-c_{12})/2 & 0 \\ 0 & 0 & 0 & 0 & 0 & (c_{11}-c_{12})/2 \end{bmatrix}$$

$$= \begin{bmatrix} \lambda+2G & \lambda & \lambda & 0 & 0 & 0 \\ \lambda & \lambda+2G & \lambda & 0 & 0 & 0 \\ \lambda & \lambda & \lambda+2G & 0 & 0 & 0 \\ 0 & 0 & 0 & G & 0 & 0 \\ 0 & 0 & 0 & 0 & G & 0 \\ 0 & 0 & 0 & 0 & 0 & G \end{bmatrix} \tag{9-15}$$

其中，λ、G 为拉梅常数。

4. 边界条件

弹性力学中的边界条件有以下两种。

1) 力边界 Γ^f

已知表面上每一点的分布力 $\bar{T}_x$、$\bar{T}_y$、$\bar{T}_z$，边界外法线的方向余弦为 n_x、n_y、n_z，相应的边界条件为

$$\begin{aligned} \sigma_{xx}n_x + \sigma_{yx}n_y + \sigma_{zx}n_z &= \bar{T}_x \\ \sigma_{xy}n_x + \sigma_{yy}\sigma_y + \sigma_{zy}n_z &= \bar{T}_y \\ \sigma_{xz}n_x + \sigma_{yz}n_y + \sigma_{zz}n_z &= \bar{T}_z \end{aligned} \tag{9-16}$$

其矩阵形式为

$$\boldsymbol{n} \cdot \boldsymbol{\sigma} = \bar{\boldsymbol{T}} \tag{9-17}$$

其中

$$\bar{\boldsymbol{T}} = (\bar{T}_x, \bar{T}_y, \bar{T}_z) \tag{9-18}$$

$$\boldsymbol{n} = (n_x, n_y, n_z) \tag{9-19}$$

若 $\bar{T}_x = 0$、$\bar{T}_y = 0$、$\bar{T}_z = 0$，则为自由边界。

2) 位移边界 Γ^u

已知表面上每一点的位移约束为 $\bar{u}_x$、$\bar{u}_y$、$\bar{u}_z$，相应的边界条件见式(9-20)：

$$u_x = \bar{u}_x, \quad u_y = \bar{u}_y, \quad u_z = \bar{u}_z \tag{9-20}$$

其矩阵形式为

$$\boldsymbol{u} = \bar{\boldsymbol{u}} \tag{9-21}$$

若 $\bar{u}_x = 0$、$\bar{u}_y = 0$、$\bar{u}_z = 0$，则为固支边界。

9.1.2 声场控制方程

在声学领域内，理想、均匀、静态介质中小振幅波的经典声波动方程得到了广泛的应用，在许多基础理论声学中均能找到其推导过程。但当考虑介质的非均匀性时，例如，对于大尺度范围内的水或者空气中的声传播，由于经典声波动方程并没有考虑介质的非均匀性，因此该方程并不能满足要求。

1. 声波动方程

前提假设条件与经典声波动方程一样。需要指出的是，声波的振幅比较小，声波的各参量及它们随位置、时间的变化量都是微小量，且它们的平方项以上的微量为更高级的微量，因而可以忽略。三个基本方程(连续性方程、运动方程、状态方程)为

$$\frac{\mathrm{D}\rho}{\mathrm{D}t} + \rho \nabla \cdot \boldsymbol{u} = 0 \tag{9-22}$$

$$\rho \frac{\mathrm{D}\boldsymbol{u}}{\mathrm{D}t} + \nabla p = 0 \tag{9-23}$$

$$p = p(\rho, s) \Rightarrow \frac{\mathrm{D}p}{\mathrm{D}t} = \left(\frac{\partial p}{\partial \rho}\right)_s \frac{\mathrm{D}\rho}{\mathrm{D}t} + \left(\frac{\partial p}{\partial s}\right)_\rho \frac{\mathrm{D}s}{\mathrm{D}t} \tag{9-24}$$

基于等熵假设，式(9-24)可写为

$$\frac{\mathrm{D}s}{\mathrm{D}t} = 0, \quad \frac{\mathrm{D}p}{\mathrm{D}t} = c^2 \frac{\mathrm{D}\rho}{\mathrm{D}t}, \quad \left(\frac{\partial p}{\partial \rho}\right)_s = c^2 \tag{9-25}$$

其中，$\boldsymbol{u}(x,y,z)$ 为速度矢量；$\rho(x,y,z,t)$ 为密度；$p(x,y,z,t)$ 为压力；$c(x,y,z)$ 为声速。

叠加于平均态上的扰动组成流体的整体状态：

$$\{p, \rho, \boldsymbol{u}\} = \{p_0, \rho_0, \boldsymbol{u}_0\} + \{p_1, \rho_1, \boldsymbol{u}_1\}$$

下标 0 表示没有声扰动时的平均量，下标 1 表示发生声扰动时的扰动量。

定义算子：

$$\frac{\mathrm{D}}{\mathrm{D}t} = \frac{\partial}{\partial t} + \boldsymbol{u} \cdot \nabla, \quad \frac{\mathrm{d}}{\mathrm{d}t} = \frac{\partial}{\partial t} + \boldsymbol{u}_0 \cdot \nabla$$

基于定常假设，$\{p_0, \rho_0, \boldsymbol{u}_0\}$ 与时间无关，则连续性方程(9-22)、运动方程(9-23)、状态方程(9-24)可简化为

$$\nabla \cdot (\rho_0 \boldsymbol{u}_0) = 0 \tag{9-26}$$

$$\rho_0 \frac{\mathrm{D}\boldsymbol{u}_0}{\mathrm{D}t} + \nabla p_0 = 0 \tag{9-27}$$

$$\boldsymbol{u}_0 \cdot \nabla p_0 = c^2 \boldsymbol{u}_0 \cdot \nabla \rho_0 \tag{9-28}$$

考虑声扰动量后，连续性方程(9-22)、运动方程(9-23)、状态方程(9-24)的一级近似为

$$\frac{\mathrm{d}\rho_1}{\mathrm{d}t} + \boldsymbol{u}_1 \cdot \nabla \rho_0 + \rho_1 \nabla \cdot \boldsymbol{u}_0 + \rho_0 \nabla \cdot \boldsymbol{u}_1 = 0 \tag{9-29}$$

$$\frac{\mathrm{d}\boldsymbol{u}_1}{\mathrm{d}t} + (\boldsymbol{u}_1 \cdot \nabla)\boldsymbol{u}_0 = \frac{\rho_1}{\rho_0^2}\nabla p_0 - \frac{1}{\rho_0}\nabla p_1 \tag{9-30}$$

$$\frac{\mathrm{d}p_1}{\mathrm{d}t} + \boldsymbol{u}_1 \cdot \nabla p_0 = c^2 \left(\frac{\mathrm{d}\rho_1}{\mathrm{d}t} + \boldsymbol{u}_1 \cdot \nabla \rho_0 \right) \tag{9-31}$$

将式(9-31)代入式(9-29)，可得绝热连续方程：

$$\frac{1}{c^2}\left(\frac{\mathrm{d}p_1}{\mathrm{d}t} + \boldsymbol{u}_1 \cdot \nabla p_0\right) + \rho_1 \nabla \cdot \boldsymbol{u}_0 + \rho_0 \nabla \cdot \boldsymbol{u}_1 = 0 \tag{9-32}$$

1) 均匀流介质声波动方程

假设流场中的流速为常数，即

$$\boldsymbol{u}_0 = \mathrm{const}$$

由平均状态下的连续性方程(9-26)、运动方程(9-27)、状态方程(9-28)可得

$$p_0, \rho_0, c = \mathrm{const}$$

加入声扰动后的运动方程(9-30)可简化为

$$\frac{\mathrm{d}\boldsymbol{u}_1}{\mathrm{d}t} = -\frac{1}{\rho_0}\nabla p_1 \tag{9-33}$$

绝热连续方程(9-32)可简化为

$$\frac{1}{c^2}\frac{\mathrm{d}p_1}{\mathrm{d}t} + \rho_0 \nabla \cdot \boldsymbol{u}_1 = 0 \tag{9-34}$$

对式(9-34)两端同时取质点导数，可得

$$\frac{1}{c^2}\frac{\mathrm{d}^2 p_1}{\mathrm{d}t^2} + \rho_0 \nabla \cdot \frac{\mathrm{d}\boldsymbol{u}_1}{\mathrm{d}t} = 0 \tag{9-35}$$

对式(9-33)两端同时取散度，可得

$$\nabla \cdot \frac{\mathrm{d}\boldsymbol{u}_1}{\mathrm{d}t} = -\frac{1}{\rho_0}\nabla^2 p_1 \tag{9-36}$$

联立式(9-35)、式(9-36)可得均匀流介质中的声波动方程为

$$\begin{aligned} 0 &= \frac{1}{c^2}\frac{\mathrm{d}^2 p_1}{\mathrm{d}t^2} - \nabla^2 p_1 \\ &= \frac{1}{c^2}\frac{\partial^2 p_1}{\partial t^2} + \frac{2}{c^2}\frac{\partial (\boldsymbol{u}_0 \cdot \nabla p_1)}{\partial t} + \frac{1}{c^2}\boldsymbol{u}_0 \cdot \nabla(\boldsymbol{u}_0 \cdot \nabla p_1) - \nabla^2 p_1 \end{aligned} \tag{9-37}$$

2) 静态非均匀介质声波方程

假设流场中的流速为零，即

$$\boldsymbol{u}_0 = 0$$

平均状态下的连续性方程(9-26)与状态方程(9-28)自然满足，由运动方程(9-27)可得

$$p_0 = \text{const}$$

加入声扰动后的运动方程(9-30)可简化为

$$\frac{\partial \boldsymbol{u}_1}{\partial t} = -\frac{1}{\rho_0}\nabla p_1 \tag{9-38}$$

绝热连续方程(9-32)可简化为

$$\frac{1}{c^2}\frac{\partial p_1}{\partial t} + \rho_0 \nabla \cdot \boldsymbol{u}_1 = 0 \tag{9-39}$$

对式(9-39)两端同时取质点导数，可得

$$\frac{1}{c^2}\frac{\mathrm{d}^2 p_1}{\mathrm{d} t^2} + \rho_0 \nabla \cdot \frac{\mathrm{d}\boldsymbol{u}_1}{\mathrm{d} t} = 0 \tag{9-40}$$

对式(9-38)两端同时取散度，可得

$$\nabla \cdot \frac{\partial \boldsymbol{u}_1}{\partial t} = -\frac{1}{\rho_0}\nabla^2 p_1 \tag{9-41}$$

联立式(9-40)和式(9-41)，可得静态非均匀介质中的声波动方程为

$$\frac{1}{c^2}\frac{\partial^2 p_1}{\partial t^2} - \rho_0 \nabla \cdot \left(\frac{1}{\rho_0}\nabla p_1\right) = 0 \tag{9-42}$$

3) 静态均匀介质声波动方程

静态均匀介质声波动方程，即经典声波动方程，其假设为

$$\boldsymbol{u}_0 = 0, \quad \rho, c = \text{const}$$

直接由式(9-42)简化可得经典声波动方程为

$$\frac{1}{c^2}\frac{\partial^2 p_1}{\partial t^2} - \nabla^2 p_1 = 0 \tag{9-43}$$

4) 统一形式的声波动方程

依据绝热连续方程(9-32)、运动方程(9-30)可得一般形式的声波动方程为

$$\frac{1}{c^2}\frac{\partial^2 p_1}{\partial t^2} + \left[\nabla \cdot (\boldsymbol{u}_0 c^{-2}) + 2c^{-2}\boldsymbol{u}_0 \cdot \nabla\right]\frac{\partial p_1}{\partial t} + \frac{1}{c^2}\boldsymbol{u}_0 \cdot \nabla(\boldsymbol{u}_0 \cdot \nabla p_1) - \rho_0 \nabla \cdot \left(\frac{1}{\rho_0}\nabla p_1\right)$$
$$+ \left\{\left[\nabla \cdot (\boldsymbol{u}_0 c^{-2})\right]\boldsymbol{u}_0 - \frac{1}{\rho_0 c^2}\nabla p_0\right\}\cdot \nabla p_1 + \frac{\nabla p_0}{\rho_0}\cdot \nabla \rho_1 - \nabla \cdot [\rho_0(\boldsymbol{u}_1 \cdot \nabla)\boldsymbol{u}_0] \tag{9-44}$$
$$+ \left\{\left[\boldsymbol{u}_0 \cdot \nabla(c^{-2})\right]\nabla p_0 + (\boldsymbol{u}_0 \cdot \nabla)\nabla \rho_0 + (\boldsymbol{u}_0 \cdot \nabla \rho_0)\nabla\right\}\cdot \boldsymbol{u}_1 = 0$$

当 $\boldsymbol{u}_0, p_0 = \text{const}$ 时，由式(9-44)可得均匀流介质声波动方程(9-37)、静态非均匀介质声波动方程(9-42)、经典声波动方程(9-43)的统一表达为

$$\frac{1}{\rho_0 c^2}\frac{\partial^2 p_1}{\partial t^2} = \nabla\left(\frac{1}{\rho_0}\nabla p_1\right) - \frac{2}{\rho_0 c^2}\frac{\partial (\boldsymbol{u}_0 \cdot \nabla p_1)}{\partial t} - \frac{1}{\rho_0 c^2}\boldsymbol{u}_0 \cdot \nabla(\boldsymbol{u}_0 \cdot \nabla p_1) \tag{9-45}$$

为了表达简洁，忽略式(9-45)中变量的下标，并引入马赫数 $\boldsymbol{M} = \boldsymbol{u}_0 / c = (M_x, M_y, M_z)$，可得

$$\frac{1}{\rho c^2}\frac{\partial^2 p}{\partial t^2} = \nabla\left(\frac{1}{\rho}\nabla p\right) - 2\frac{1}{\rho c}\frac{\partial}{\partial t}(\boldsymbol{M}\cdot\nabla p) - \frac{1}{\rho}\boldsymbol{M}\cdot\nabla(\boldsymbol{M}\cdot\nabla p) \tag{9-46}$$

式(9-46)中的等式右侧第三项可展开为

$$\begin{aligned}\frac{1}{\rho}\boldsymbol{M}\cdot\nabla(\boldsymbol{M}\cdot\nabla p) &= \frac{1}{\rho}M_x^2\frac{\partial^2 p}{\partial x^2} + \frac{1}{\rho}M_y^2\frac{\partial^2 p}{\partial y^2} + \frac{1}{\rho}M_z^2\frac{\partial^2 p}{\partial z^2} \\ &\quad + 2\frac{1}{\rho}M_xM_y\frac{\partial^2 p}{\partial x\partial y} + 2\frac{1}{\rho}M_xM_z\frac{\partial^2 p}{\partial x\partial z} + 2\frac{1}{\rho}M_yM_z\frac{\partial^2 p}{\partial y\partial z} \\ &= \frac{1}{\rho}(\boldsymbol{M}\cdot\boldsymbol{D})\cdot\boldsymbol{M}\end{aligned} \tag{9-47}$$

其中

$$\boldsymbol{M} = (M_x, M_y, M_z), \quad \boldsymbol{D} = \begin{bmatrix} \dfrac{\partial^2 p}{\partial x^2} & \dfrac{\partial^2 p}{\partial x\partial y} & \dfrac{\partial^2 p}{\partial x\partial z} \\ \dfrac{\partial^2 p}{\partial x\partial y} & \dfrac{\partial^2 p}{\partial y^2} & \dfrac{\partial^2 p}{\partial y\partial z} \\ \dfrac{\partial^2 p}{\partial x\partial z} & \dfrac{\partial^2 p}{\partial y\partial z} & \dfrac{\partial^2 p}{\partial z^2} \end{bmatrix}$$

则式(9-46)可表达为

$$\frac{1}{\rho c^2}\frac{\partial^2 p}{\partial t^2} = \nabla\left(\frac{1}{\rho}\nabla p\right) - 2\frac{1}{\rho c}\frac{\partial}{\partial t}(\boldsymbol{M}\cdot\nabla p) - \frac{1}{\rho}(\boldsymbol{M}\cdot\boldsymbol{D})\cdot\boldsymbol{M} \tag{9-48}$$

当 $\boldsymbol{M} = \text{const}$ 时，$p, \rho, c = \text{const}$，式(9-48)可简化为

$$\frac{1}{c^2}\frac{\partial^2 p}{\partial t^2} = \nabla^2 p - 2\frac{1}{c}\frac{\partial}{\partial t}(\boldsymbol{M}\cdot\nabla p) - (\boldsymbol{M}\cdot\boldsymbol{D})\cdot\boldsymbol{M} \tag{9-49}$$

式(9-49)与式(9-37)等价，即均匀流介质中的声波动方程。

当 $\boldsymbol{M} = 0$ 时，$p = \text{const}$，式(9-48)可简化为

$$\frac{1}{\rho c^2}\frac{\partial^2 p}{\partial t^2} = \nabla\left(\frac{1}{\rho}\nabla p\right) \tag{9-50}$$

式(9-50)与式(9-42)等价，即静态非均匀介质中的声波动方程。

当 $\boldsymbol{M} = 0$ 时，$c = \text{const}$，式(9-48)可简化为

$$\frac{1}{c^2}\frac{\partial^2 p}{\partial t^2} - \nabla^2 p = 0 \tag{9-51}$$

式(9-51)与式(9-43)等价，即经典声波动方程。

2. 边界条件

1) 壁面边界条件

全反射边界条件有两种：一种为"绝对硬"理想边界 Γ^v。在分界面上，法向质点速度 $\boldsymbol{u} \cdot \boldsymbol{n} = 0$，即 $\nabla p \cdot \boldsymbol{n} = 0$，反射波声压与入射波声压大小相等、相位相同，所以在分界面上的合成声压为入射波声压的 2 倍。声波从空气入射到空气与水的分界面上的情况就近似于"绝对硬"的分界面；另一种为"绝对软"理想边界 Γ^p。在分界面上的合成声压 $p = 0$，而反射波声压与入射波声压大小相等、相位相反，声波从水入射到水与空气的分界面上的情况就近似于"绝对软"的分界面。

2) 吸收边界条件

吸收边界条件 Γ^b，作为对无限远处的近似，就是在边界上人工反射尽可能少，入射角为零时，具有一阶精度时的吸收边界条件为

$$\left.\frac{\partial p}{\partial x} + \frac{1}{M_x - 1}\frac{1}{c}\frac{\partial p}{\partial t}\right|_{\text{左侧}} = 0, \quad \left.\frac{\partial p}{\partial x} + \frac{1}{M_x + 1}\frac{1}{c}\frac{\partial p}{\partial t}\right|_{\text{右侧}} = 0$$
$$\left.\frac{\partial p}{\partial y} + \frac{1}{M_y + 1}\frac{1}{c}\frac{\partial p}{\partial t}\right|_{\text{上侧}} = 0, \quad \left.\frac{\partial p}{\partial y} + \frac{1}{M_y - 1}\frac{1}{c}\frac{\partial p}{\partial t}\right|_{\text{下侧}} = 0 \quad (9\text{-}52)$$

式(9-52)可归纳为

$$\frac{1}{c(1 + \boldsymbol{M} \cdot \boldsymbol{n})}\frac{\partial p}{\partial t} + \nabla p \cdot \boldsymbol{n} = 0 \quad (9\text{-}53)$$

其中，$\boldsymbol{n}$ 为边界的单位外法线矢量。若 $\boldsymbol{M} = 0$ 为在静态介质中，则式(9-53)可化为

$$\frac{1}{c}\frac{\partial p}{\partial t} + \nabla p \cdot \boldsymbol{n} = 0 \quad (9\text{-}54)$$

即静态介质中常采用的一阶 Mur 吸收边界条件。除此之外，还存在其他类型吸收边界条件，其中最常见和最有效的是完美匹配层(perfectly matched layer，PML)，在接下来的内容中会对其进行详述。

9.1.3 声固耦合方程

对于界面结构声耦合问题，在结构子域与声学子域的分界面上建立界面衔接条件：

$$-p\boldsymbol{n} = \boldsymbol{\sigma} \cdot \boldsymbol{n} \quad (9\text{-}55)$$

$$-\frac{\nabla p}{\rho_f} = \ddot{\boldsymbol{u}} \quad (9\text{-}56)$$

其中，$\boldsymbol{n}$ 为界面上指向声学子域的单位外法线矢量；p 为声学子域声压；$\boldsymbol{\sigma}$ 为结构子域内的应力张量；ρ_f 为声学子域介质密度；$\ddot{\boldsymbol{u}}$ 为结构子域内质点振动加速度。依据式(9-55)，当声波到达分界面时，声压 p 可理解为一个外力作用在结构子域的表面；同时，当弹性波到达分界面时，结构质点的振动会引起流体质点的振动，式(9-56)的形式与流体基本方程中的运动方程相同。

9.2 声振耦合计算方法

9.2.1 声辐射计算方法

研究结构振动与声辐射的常用办法有解析法、有限元法、有限体积法、边界元法、耦合的有限元法与边界元法、统计能量分析法及能量有限元法等。

1. 解析法

受数学发展水平的限制，解析法主要采用严格弹性理论及薄壳理论来解决简单结构如矩形板、球壳及圆柱壳等对称结构的振动与声辐射问题。

2. 有限元法

随着计算机技术的不断发展，数值计算法发挥着越来越大的作用，有限元法是常用的数值算法之一。有限元法的基本思想是将问题求解区域划分为有限个单元，单元之间仅靠节点连接。单元能按不同的连接方式进行组合，且单元本身可以有不同的形状，因此可以构造几何形状复杂的求解域。另外，单元内部各点的待求量可由单元节点量通过选定的函数关系差值得到。于是，节点量成为新的未知量(及自由度)，一个连续的无限自由度问题成为一个离散的有限自由度问题。由于单元形状简单，易于由能量关系或平衡关系建立节点量之间的方程式，便于将各单元方程组合在一起形成求解域的总体代数方程组，代入边界条件后即可对方程组求解。如果单元满足收敛要求，那么单元网格划分越细，计算结果越接近精确解。有限元法主要适用于分析结构在低频段的振动声辐射问题，随着计算频率的不断上升，结构和介质的离散尺度越来越小，离散单元越来越多，计算量越来越大，有限元法便不再适用。

3. 有限体积法

有限体积法首先在计算流体力学中得到应用，由于有限体积法良好的守恒性而快速发展成为计算流体力学的主要方法。国外有研究人员提出从连续介质力学的角度，对流体和固体方程进行讨论，提出一种对流体和固体都适用的方法，而有限体积法被认为是可行性很高的一种方法。首先要将整个物体划分为有限个体积单元，并建立各单元之间的连接关系；然后，在每个单元内，根据声波的传播方程和结构的振动方程，求解状态变量的变化；最后，根据单元之间的连接关系，将各个单元的状态变量进行耦合，得到整个声振耦合系统的解。有限体积法计算声振耦合问题的优点是可以直接处理空间非均匀性和复杂的结构几何形状，适用于不规则边界和多介质问题；同时，该方法可以较好地模拟声波传播和结构振动的耦合过程，对于分析复杂的声振耦合问题具有较高的精度和效率。

4. 边界元法

边界元法也是研究结构振动与声辐射的常用数值方法，它将所研究问题的微分方程转化为边界上的积分方程，然后将边界离散化成有限个单元，得到只含边界上节点未知量的方程组进行求解。边界元法和有限元法虽然都将系统离散成许多小单元，并用节点参数描述节点内分布，但二者还是有区别的。有限元法的线性方程组来源于物理微分控制方程(如拉格朗日方程、波动方程等)的近似，而边界元法的线性方程组来源于对边界条件(如边界积分方程)的近似。边界元法在计算外部无限域流体介质声场问题时，不需要对整体流体域进行离散。

5. 耦合的有限元法与边界元法

对于无界区域上的偏微分方程边值问题，耦合的有限元法与边界元法具有独到的特点和优势。因为这种方法既能发挥边界元法在处理特殊边界无界区域方面的优势，又能发挥有限元法在处理复杂有界区域方面的长处，从而在同一问题的处理中使边界元法和有限元法互相取长补短，各占优势。目前，耦合的有限元法与边界元法多用于中低频激励作用下临水复杂结构的振动声辐射研究。

6. 统计能量分析法

统计能量分析(statistical energy analysis, SEA)法最早是由 Lyon 和 Smith 提出的。他们提出了 SEA 法的基本参数，建立了模态子系统的能量平均方程，并由此奠定了 SEA 法的基础。经典 SEA 法的基本假设就是处理线性、保守、弱耦合的双振子系统在稳态激励下的动态响应。随后发展成为处理线性、保守、弱耦合系统的工程手段。Richard H. Lyon 在 1975 年出版的 *Statistical Energy Analysis of Dynamical Systems: Theory and Application* 对 SEA 早年的发展进行了总结，并预测了未来的发展方向。此后，很多学者从各自的角度出发，对 SEA 进行了研究和发展。统计能量分析，正如其名称本身所指出的那样，它最关心的物理量是能量，其他物理量如速度、声压等都从能量获得。

这种方法的最大特点是所用的物理量是空间和时间的统计平均值，用以反映结构振动和辐射声场的平均水平。SEA 法的基本参数是：结构或声空间的内耗损因子、模态密度、结构之间的耦合损耗因子。其中，耦合损耗因子是统计能量分析特有的参数，它表示结构之间、声空间之间以及结构和声空间之间由于相互耦合而产生的功率流特征。经典 SEA 法一般适用于有足够多模态的结构分析，即适用于高频分析；但对于船舶、舰艇等实际大型结构，因为其具有延展性、尺度较大、低频段模态较为密集，所以这种方法在低频分析中也有一定潜力。

7. 能量有限元法

能量有限元法的核心思路是以能量密度为控制方程的变量，视能量以波动形式在结构中传递。而且能量流动方程式类似的二阶偏微分方程很容易用现有的离散技术进行数值模拟。与传统的边界元法相比，能量有限元法忽略了表面声压和振速的相位，将能量有限元法得到的表面声能进行 1/3 频程的频率平均作为边界条件。文献指出，能量有限元法是处理高频下流固耦合问题统计能量分析的替代方法。能量有限元法是一种将有限元法与能量原理结合的数值方法。

以上方法为结构振动与声辐射分析中的几种常用方法，这些方法各有利弊，使用时原则上应依据结构的频率特性、所关心的频段范围、结构的复杂程度等因素进行合理的选择。

9.2.2 LMS Virtual.Lab 声学计算

LMS 公司作为全球最著名的振动和噪声研究及工程服务的专业公司，在声学仿真领域一直享有盛誉。至今 Virtual.Lab13 已经成功发布，可以说 LMS 的声学仿真从技术的先进性、完整性、易用性，到求解器核心的速度/精度、求解规模、数值稳定性和可靠性，以及解决问题的宽泛性、有效性等各个角度，都将声学仿真技术带入了一个崭新的阶段，其对声学仿真的最新潮流和发展方向的引领为全球所公认。

1. LMS Virtual.Lab 简介

Virtual.Lab 是由 LMS 公司开发的基于 CATIA V5 平台的集成仿真计算机辅助工程(computer aided engineering, CAE)平台，它的建模方式采用了 CATIA V5 的结构树形式，主要有声学(Acoustics)、耐久性(Durability)、多体动力学(Motion)、振动噪声(Noise & Vibration)、有限元前后处理(Structure)、优化(Optimization)等模块。在 Virtual.Lab 中可以完成从 CAD 到有限元前处理，从有限元前处理到振动，从振动到声学，从声学到优化的多功能 CAE 仿真计算。

Virtual.Lab Motion 多体动力学模块是专门为模拟机械系统的真实运动和载荷而设计的。它提供了有效的方法，可以快速创建和改进多体模型，有效地重复使用 CAD 和有限元模型，并能快速反复模拟评价多种设计选择的性能。工程师可以在早期的开发阶段利用灵活可调的模型进行概念上的运动学研究，并在后续阶段中结合实验数据进行更具体的评估。在 LMS Virtual.Lab 中为了同时进行交叉属性优化，运动结果可以很容易地用于其他仿真分析。

在 Virtual.Lab Noise & Vibration 混合建模及振动噪声模块中，可以将仿真的模态和实验模态进行相关性对比，根据实验模态结合优化模块来修正有限元模型，使计算出来的模态和实验模态从频率和振型上都接近，并可以将仿真模型和实验模型混合装配在一起。利用混合模型并根据实验相应结果进行载荷识别，得到输入点的载荷，可以做基于模态和基于传递路径的强迫响应计算，得到输出点的位移、速度和加速度，并且可以进行模态贡献量分析和传递路径分析，识别出引起振动的原因。在此基础上，可以进行基于模态和基于传递函数的快速修改预测，得到修改后的结果，评估修改的效果，提高仿真效率。

在 Virtual.Lab Acoustics 声学模块中，开创性地将 LMS Sysnoise 技术融入 Acoustics 声学分析中，LMS 已经建立了全球首个端对端的声学性能工程模拟环境，提供了声学有限元、声学边界元和声学矢量传递(AVT)计算声场的方法。声学模块还提供了其他一些特殊功能，如随机声学、传递路径分析(TPA)、气动声学、多级边界元。另外结构模块还专门为声学模块提供了网格粗化和腔体网格生成的功能，以快速建立声学模型。

Virtual.Lab Optimization 优化模块是一个公用模块，提供了一套强大的功能，用于单属性和多属性目标优化。其中一些优化算法，如梯度法、退火算法、遗传算法等，可以用于优化振动、声学、耐久性和多体动力学等模块的计算。

2. Virtual.Lab Acoustics 功能介绍

Virtual.Lab Acoustics 声学模块是集成了 Sysnoise 的基础上开发的一套专门用于声学仿真计算的工具，它可以计算辐射声场的声学响应，如声压、声强及声功率等，辐射声场可以是由结构振动引起的，可以是由声源引起的，也可以是两者都有。声学模块采用最先进的声学有限元法和声学边界元法两种数值计算方法，可以在时域内计算，也可以在频域内计算。声学模块能预测声波的辐射、散射、折射和传递，以及声载荷引起的声学响应。根据分析类型的不同，可以建立非耦合声学模型，也可以建立结构和声学耦合的模型。所建立的模型可以是封闭的，也可以是开放的，流体材料可以是均匀流体也可以是多质流体。

3. Virtual.Lab Acoustics 声学计算的基本步骤

由于声学有限元法和声学边界元法都可以建立非耦合模型和耦合模型，所以 Virtual.Lab Acoustics 的声学计算流程可以分为非耦合声学有限元、耦合声学有限元、非耦合声学边界元、耦合声学边界元。其中非耦合有限元和非耦合边界元计算流程相似，耦合有限元和耦合边界元的计算流程相似。非耦合计算流程和耦合计算流程如图 9-2 所示，其中声学网格可以在 Virtual.Lab 中完成，也可以在其他有限元软件中完成。

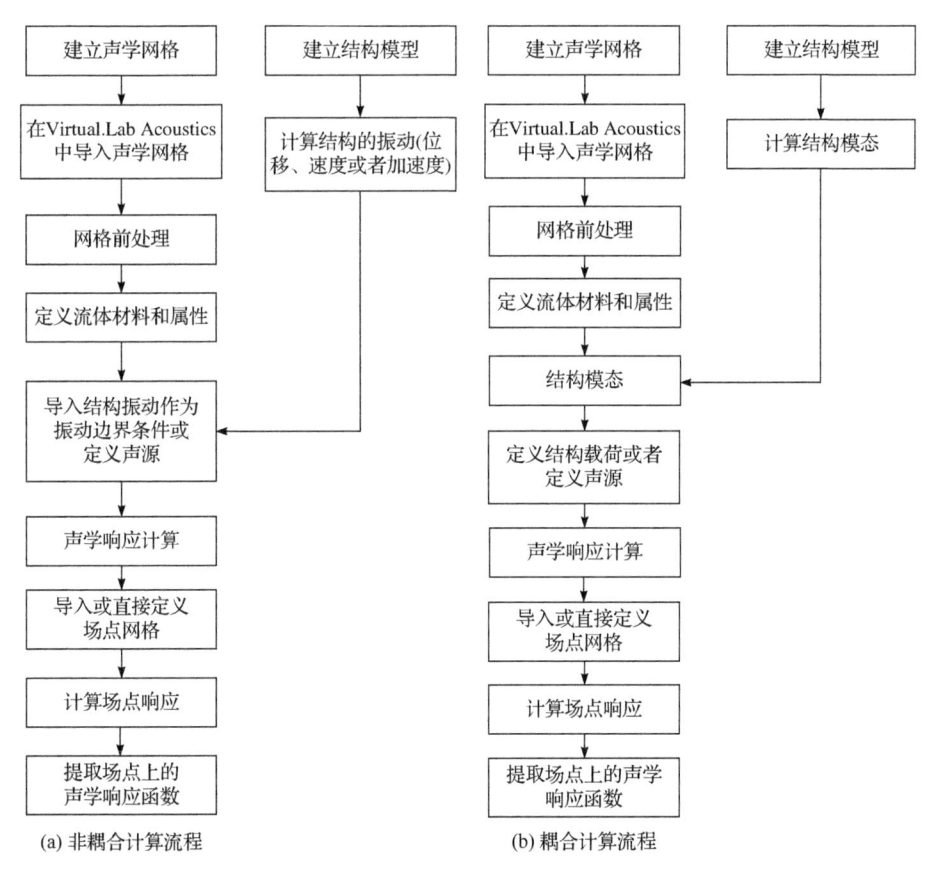

图 9-2 非耦合计算和耦合计算流程

9.2.3 声辐射计算的完美匹配层方法

1. PML 技术

PML 方法的原理是在计算区域外人工设置有限厚度的吸收外行波的介质层，完美匹配层只吸收特定方向上的波，进入 PML 吸收层的声波按照指数的形式迅速衰减，当到达吸收层的边界时，声波基本为零，并且反射波极少，因此它能最大限度地降低吸收边界上声波的反射，从而达到近似完全吸收向外传播声波的目的。从机械的角度来说，完美匹配层可以解释为各向异性的吸收介质。由于该处理方法理论上可以完全吸收以任意频率、任意角度入射的波，因而得名。

图 9-3 为 PML 模型，首先在弹性振动体外建立声学区域，即图中的 FEM 区域，之后在 FEM 区域的外侧建立 PML。

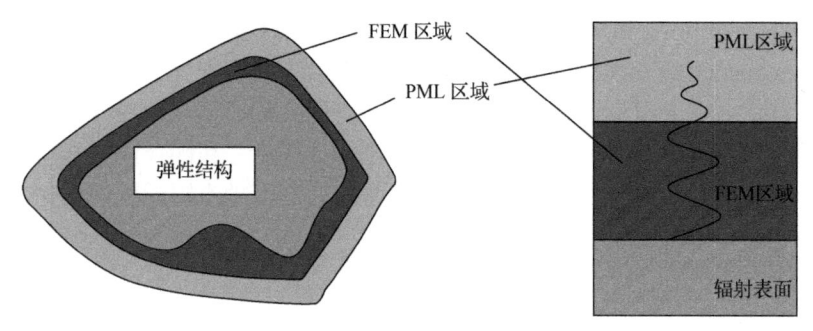

图 9-3 完美匹配层吸收边界条件(PML 模型)

需注意在前处理模型时，FEM 层和 PML 中的单元都用三维实体单元，为得到较为精确的结果，它们的单元都需满足一个波长内至少要有六个单元的尺寸要求。

对于 FEM 区域，没有特定的厚度要求，在满足外层是凸多边形的前提下，FEM 区域仅取一层单元即可，而对于 PML 区域，其模拟单元需要 4~5 层，并且要求 PML 单元层的总厚度满足：

$$t > \lambda_{\text{min\_fre}}/15$$

其中，t 为 PML 区域总厚度；$\lambda_{\text{min\_fre}}$ 为计算的下限频率对应的波长。在使用 PML 方法时还需要注意，PML 的轮廓必须是凸形的，这是因为凸形可以充分考虑两个振动物体间声波的相互作用；而对于凹形网格，PML 则会吸收振动物体的声波，所以无法考虑整个振动物体声波的相互作用。

2. AML 技术

虽然 PML 方法有众多的优点，但是一些声学工程师发现，PML 方法的计算精度与吸收层的厚度有直接关系，因为吸收系数是根据 PML 厚度而定的，如果 PML 厚度定义合适，PML 吸收效果将不够完美，在声学边界处可能会出现发散的情况，影响声学域的计算精度；同时，在声学辐射边界外人为地加上吸收层网格，也会给软件用户增加工作量。

为此，LMS Virtual.Lab 的声学研究团队在 LMS Virtual.Lab10 中又开发了 AML 自界匹配声辐射边界条件。这种方法的原理与 PML 相同，不需要人工添加吸收层网格，只要画出声学有限元声辐射边界，软件将会根据物理模型自动定义吸收层和吸收系数。这样，不仅提高了计算精度(由于人为划分吸收层网格造成的)，而且降低了工作量，不需要再多划出吸收层网格，也提高了计算机的计算速度。

图 9-4 展示了一个典型的 PML 模型，它包括声学有限元层以及吸声 PML。与 PML 方法相比，数值模拟时 AML 方法不需要建立 PML 三维单元(图中的绿色部分)，它可以自动在软件中模拟，只需建立 FEM 三维单元(图中的红色部分)，而 PML 的吸声特性在仿真时将自动体现。

图 9-4 自动匹配层技术(AML)

9.3 声振耦合应用案例

9.3.1 平板声辐射计算

以如下参数的简支矩形板为例进行分析，如图 9-5 所示。将该板置于无限大平板上，其长度 a =1.2m，宽度 b=1m，厚度 h=0.005m。板密度 ρ_s =7800kg/m³，泊松比 ν =0.3，弹性模量 E=2.16×10¹¹N/m²，空气密度 ρ_f =1.21kg/m³，水密度 ρ_f = 1000kg/m³，空气中声速 c=343m/s，水中声速 c=1500m/s，板阻尼系数 η=0.002。在 $z \geqslant 0$ 半空间内，板由于外力作用发生振动并向该半空间内辐射声功率；$z < 0$ 半空间为真空状态。设板在几何中心处受到

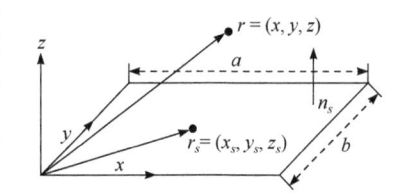

图 9-5 简支矩形板示意图

一垂直于板面的集中载荷作用，载荷的值为 1N。通过将该板位于空气和水这两种不同介质中，比较辐射效率、均方速度和辐射声功率方面的差异，如图 9-6 所示。

水载荷作用下，简支矩形板表面均方速度在非共振频率附近相比较于空气中均方速度要小。且可以看出，简支矩形板结构在水中共振频率有所降低，水中简支矩形板辐射效率也小于空气中简支矩形板辐射效率。由于水的密度远高于空气密度且水中声速为空气中声速的四倍多，因此虽然水中简支矩形板辐射效率与空气中简支矩形板辐射效率相比低很多，但在非共振频率处，水中简支矩形板辐射声功率要高于空气中简支矩形板辐射声功率。

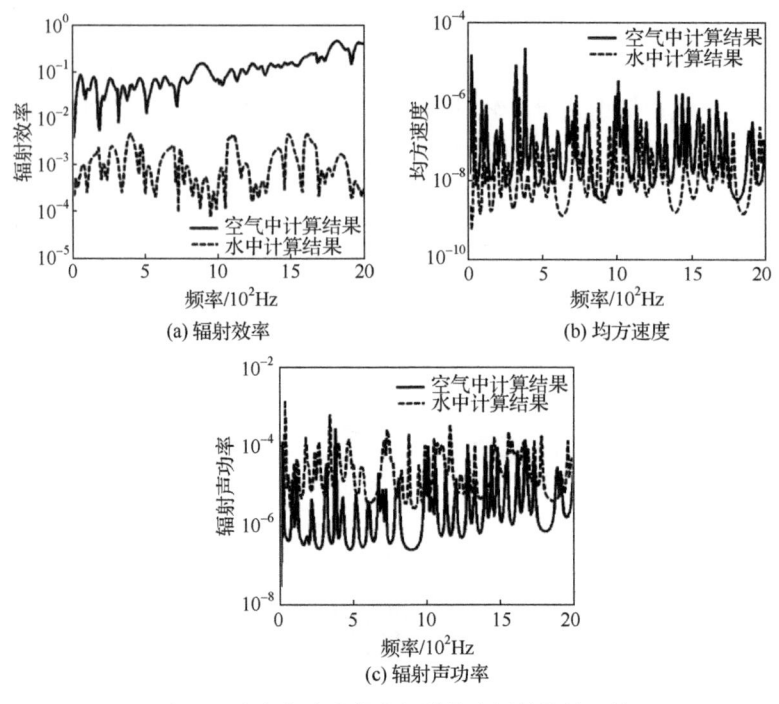

图 9-6 空气与水中简支矩形的声辐射特性比较

9.3.2 圆柱壳水下声辐射计算

本节为单层圆柱壳在空气中和水中声辐射特性计算。单层壳参数：长度 $L = 3.032$m，半径 $R=1$m，厚度 $h = 0.016$m。结构材料属性：密度 $\rho = 7860$kg/m^3，弹性模量 $E = 10^5$MPa，板阻尼系数 $\eta = 0.01$。水中流体的属性：密度 $\rho = 1000$kg/m^3，声速 $c = 1500$m/s。空气中流体的属性：密度 $\rho = 1.21$kg/m^3，声速 $c = 343$m/s。

分析在 20~10000Hz 全频段内，单层圆柱壳在垂直激励力为 1000N 时，空气中和水中的声辐射特性，模型如图 9-7 所示。

单层圆柱壳模型模态数如图 9-8 所示。

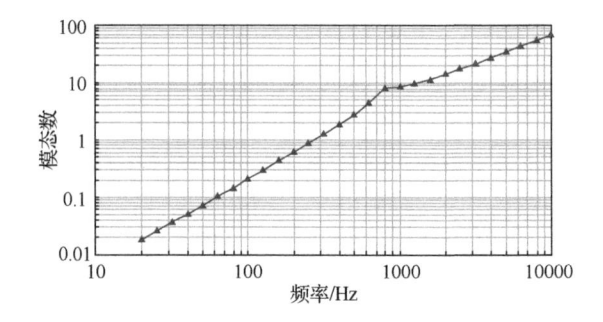

图 9-7 单层圆柱壳模型   图 9-8 单层圆柱壳模型模态数

根据子系统的划分原则，在 20~630Hz 全频段内单层圆柱壳的模态数小于 5，建立有限元模型，如图 9-9 所示。在 630~1000Hz 全频段内单层圆柱壳的模态数大于 5，建立统计能量模型，如图 9-10 所示。

图 9-9 单层圆柱壳有限元模型 　　　　　图 9-10 单层圆柱壳统计能量模型

图 9-11 是单层圆柱壳在 20～10000Hz 全频段内的空气中和水中辐射效率变化曲线、壳体的均方速度变化曲线、辐射声功率变化曲线和场点声压变化曲线。

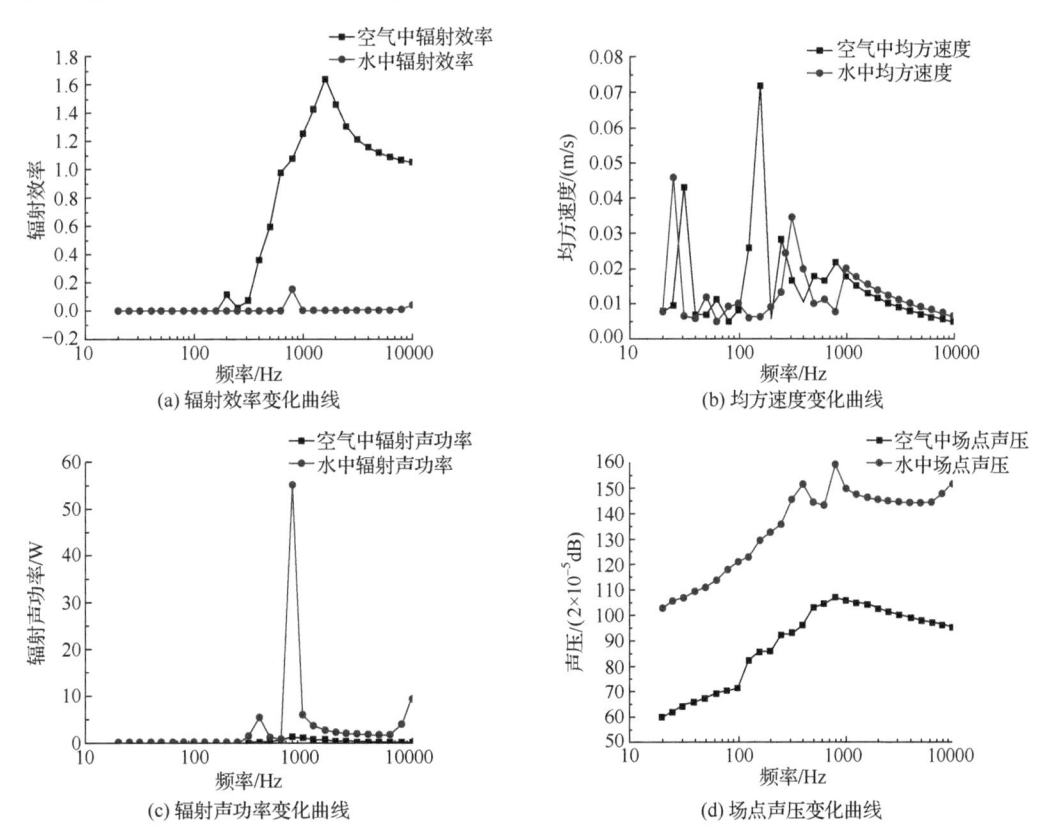

(a) 辐射效率变化曲线

(b) 均方速度变化曲线

(c) 辐射声功率变化曲线

(d) 场点声压变化曲线

图 9-11 单层圆柱壳声辐射特性曲线图

从图 9-11 中可以得出以下结论：

(1) 单层圆柱壳的辐射效率符合一般规律，在空气中时辐射效率随着频率的升高而升高，在到达临界频率时会有极大值，在过了临界频率后，辐射效率渐渐趋近 1，单层圆柱壳变成一个有效的辐射体。在水中的辐射效率也是一直在增加的，但增加十分缓慢，如果扩大测量频率范围，水中的单层圆柱壳也能成为一个有效的辐射体。

(2) 单层圆柱壳辐射声功率和均方速度在 20~630Hz 内有较多的峰值，但在 630~10000Hz 内较平缓，是因为在 20~630Hz 内采用有限元法建立模型，模态较稀疏，容易产生共振峰，而在 630~10000Hz 内采用统计能量法建立模型，模态较紧密，计算结果值为平均能量，故峰值较少。

(3) 辐射声功率开始时在水中和空气中是相差不多的，是由于在低频时流体的负载影响较大，但是在高频时流体负载影响很小，水中的均方速度比空气中大，而且水中特性阻抗比空气中大，所以高频时的辐射声功率水中比空气中的大。

(4) 空气中的场点声压变化曲线与辐射声功率相似，也存在一个临界频率，在临界频率前后，场点声压先上升后下降。水中场点声压始终大于空气中场点声压，说明水中的辐射噪声较大。

9.3.3 封闭声腔结构声耦合系统

考虑三维充液封闭声腔结构声耦合系统的瞬态响应及固有特性，几何尺寸与介质属性如图 9-12 与表 9-1 所示，结构底面固支，表面自由，当 $H = 0$ 时表示腔内只有空气，当 $H=1$ 时表示腔内充满水。

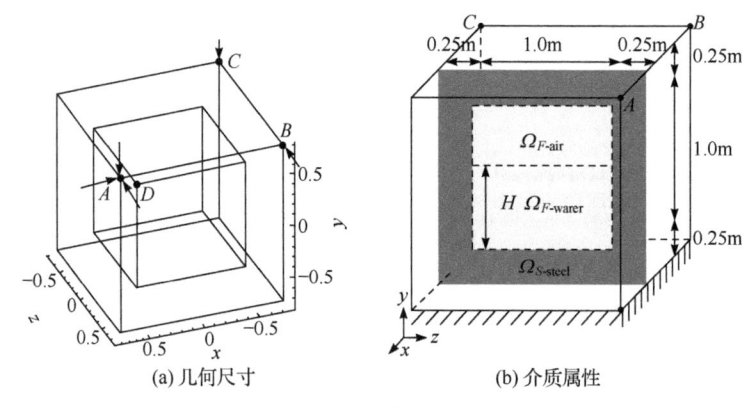

(a) 几何尺寸　　(b) 介质属性

图 9-12　立方体声腔示意图

表 9-1　封闭声腔介质属性

指标	钢	指标	空气	水
密度 ρ_s /(kg/m³)	7700.0	密度 ρ_f /(kg/m³)	1.0	1000.0
杨氏模量 E/Pa	1.44	声速 c/(m/s)	340	1430
泊松比 ν	0.35			

考虑钢结构声腔充水或充气时的耦合特性，讨论三种情况：①真空声腔；②充气声腔；③充水声腔。结构子域与流体子域的所有边均采用空间步长 $dx=0.25/6$m 均匀划分，计算域划分 326349 个四面体单元(结构子域采用 229593 个四面体单元，流体子域采用 96756 个四面体单元)。时间步长为 2.0×10^{-6}s，高斯载荷 $f(t)=-\exp(-(t-1.0\times10^{-3})^2/(10^{-3}\times1/3))$ N 作用在 A 点 $(0.75\text{m},0.75\text{m},0.75\text{m})$ 的 x、y、z 三个方向，$f(t)$ 作用在 B 点 $(-0.75\text{m},0.75\text{m},0.75\text{m})$ 的 x 方向，以及 $f(t)$ 作用在 C 点$(-0.75\text{m},0.75\text{m},-0.75\text{m})$的 y 方向。

A 点位移如图 9-13 所示，可以看出情况①处位移与情况②处吻合良好，但区别于情况③，情况③的位移小于其他两种情况，主要原因是空气的密度太小，几乎对结构没有影响，而水的密度较大，其对结构的影响不能忽略。D 点 $(0.5\text{m},0.5\text{m},0.5\text{m})$ 声压如图 9-14 所示，可以看出情况③的声压远大于情况②。

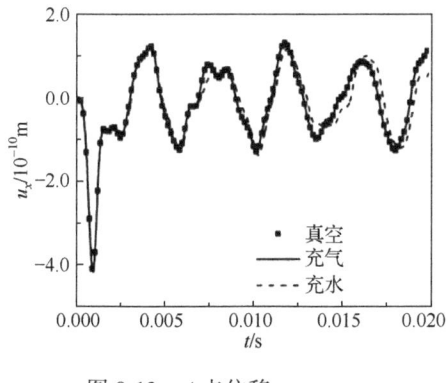

图 9-13　A 点位移 u_x

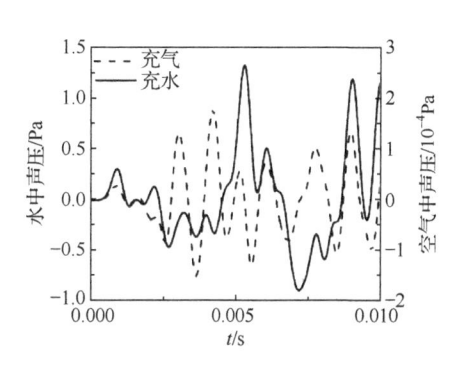

图 9-14　D 点声压

将模拟时间延长至 1.048576s，即 2^{19} 个时间步长，时域响应及频谱分别如图 9-15～图 9-17 所示，所得固有频率列于表 9-2，其中，声腔固有频率的精确解可由下式得到：

$$f_{mnk}=\frac{c}{2}\sqrt{\left(\frac{m}{A}\right)^2+\left(\frac{n}{B}\right)^2+\left(\frac{k}{C}\right)^2},\quad m,n,k=0,1,2,\cdots 且 m+n+k\neq 0$$

其中，$A=B=C=1$m。

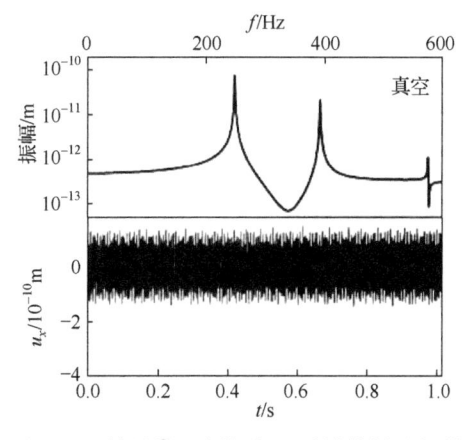

图 9-15　情况①A 点位移 u_x 时域信号及频谱

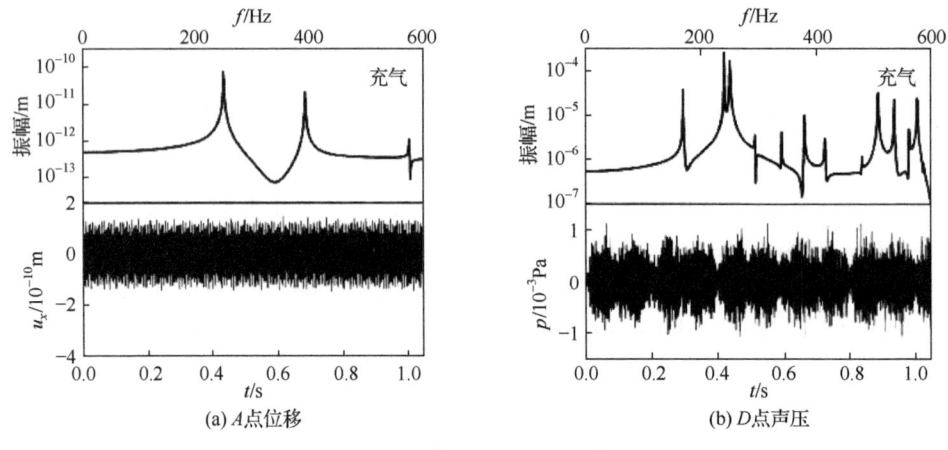

图 9-16 情况②各检测点时域信号及频谱

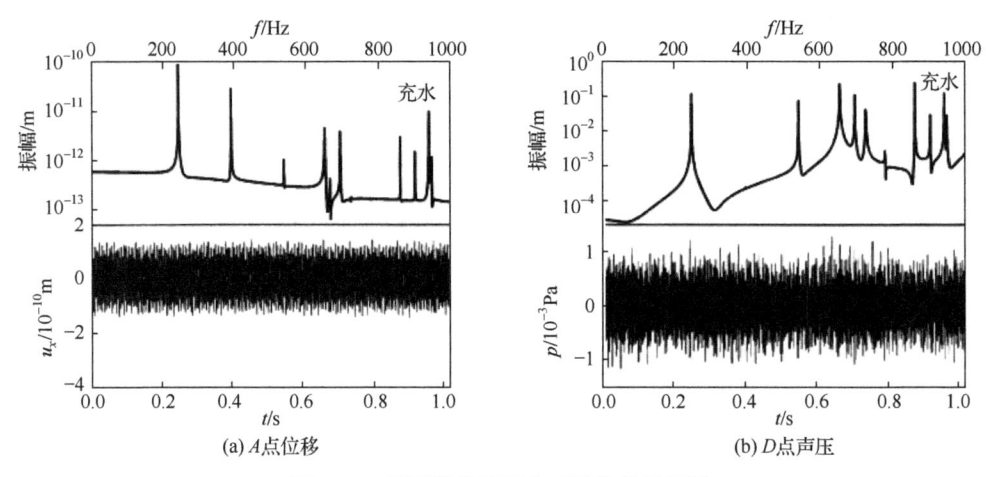

图 9-17 情况③各检测点时域信号及频谱

在对情况①和情况③的研究中，运用有限体积法和商业数值分析软件 ANSYS 进行比对验证，计算结果吻合良好。并且在考虑与空气的耦合后，结构的前三阶固有频率几乎保持不变。表 9-3 为封闭充水声腔的固有频率，计算结果与 ANSYS 吻合良好。由于水的密度与钢更加接近，二者的相互耦合也更加强烈，与充空气的情况②相比，可以看出前三阶固有频率有一定的降低。

表 9-2 不同情况下封闭声腔的固有频率及相对误差

阶次	声腔解析解	真空			空气		
		FVM/Hz	ANSYS/Hz	相对误差/%	FVM/Hz	ANSYS/Hz	相对误差/%
1	170.0				169.8	170.1	0.176
2	240.4				240.3	240.8	0.208
3	249.9	249.9	250.4	0.200	249.9	250.4	0.200
4	294.4				293.7	295.1	0.474
5	340.0				339.5	341.0	0.440

续表

阶次	声腔解析解	真空			空气		
		FVM/Hz	ANSYS/Hz	相对误差/%	FVM/Hz	ANSYS/Hz	相对误差/%
6	380.1				379.6	381.6	0.524
7		393.9	393.8	0.025	393.9	393.8	0.025
8	416.4				415.8	418.3	0.598
9	480.8				479.7	483.8	0.847
10	510.0				508.3	513.5	1.013
11	537.6				535.0	541.7	1.237
12	563.8				560.7	568.5	1.372
13					575.1	576.3	0.208

表 9-3 封闭充水声腔的固有频率及相对误差

阶次	1	2	3	4	5	6	7	8	9	10
FVM/Hz	245.1	392.9	538.8	652.3	666.6	694.3	724.8	778.2	861.1	902.2
ANSYS/Hz	245.2	393.2	539.5	653.7	668.2	695.5	725.3	778.9	863.5	905.1
相对误差/%	0.041	0.076	0.130	0.214	0.239	0.173	0.069	0.090	0.278	0.320

思考题及习题

1. 什么是声振耦合？声振耦合是用来解决什么样的问题的？
2. 声振耦合的耦合方程是什么？
3. 声振耦合的求解方式有哪些？
4. 声振耦合的求解流程是什么？
5. 有限元法与边界元法在声振耦合计算中的优缺点是什么？
6. 如何对声振耦合进行灵敏度分析？
7. 有限体积法在声振耦合算法上的优缺点？

第 10 章 力电耦合计算

力电耦合特性，即在机械载荷作用下，压电材料会产生内部电场/表面电荷，在电场作用下又会产生机械变形。压电材料或器件是力电耦合系统的关键，在能量转换器件中有着广泛应用，早期的谐振器及声波传感器能够承受的变形较小。当前越来越多的新型力电耦合软材料，如介电高弹体、电致伸缩聚合物、液晶高弹体等开始受到科学家的重视，在工程中获得了广泛应用，构建了大量计算实例。

10.1 力电耦合理论及其材料

10.1.1 力电耦合理论

力电耦合又称压电效应，在近代科学中，压电效应被严格定义为电解质在纯粹机械力作用下发生极化而在两相对表面间出现大小相等、符号相反的束缚电荷。

压电效应分为正压电效应与逆压电效应。某些电介质在沿一定方向上受到外力的作用而变形时，其内部会产生极化现象，同时在它的两个相对表面上出现正负相反的电荷。当外力去掉后，它又会恢复到不带电的状态，这种现象称为正压电效应。当作用力的方向改变时，电荷的极性也随之改变。相反，当在电介质的极化方向上施加电场时，这些电介质也会发生变形，电场去掉后，电介质的变形随之消失，这种现象称为逆压电效应，或称为电致伸缩现象。

力电耦合可以从微观、细观和宏观三个层面进行诠释。

从微观层面来说，力的产生源于电子云的交互作用，电的产生源于电子的定向流动。电子云交互的强弱制约着电子的整体定向流动，同时电子的定向流动也影响着电子云的交互。

从细观层面来说，力电耦合有两类过程：

(1) 由电场激发的不协调应变引起的不协调应力；

(2) 由电场激发的不均匀传质引起的不协调应力。

从宏观层面来说，力电耦合指由宏观力学场与电场形成的耦合场。力学场与电场的耦合可以分为单耦合和全耦合两类。对于单耦合，某一环节的耦合较强，而其他环节的耦合较弱；对于全耦合，无论是应变的表达式，还是电场的表达式，均共同取决于应力场和电位移场，无法由任何方式进行解耦求解。

压电体的力电耦合由两种机制构成：

(1) 跨越临界点的电畴翻转过程，这时电致变形与极化向量(或电位移向量)的符号无关，电致变形是极化向量的偶函数；

(2) 不跨越临界点的离子连续移动过程，这时电致变形与极化向量(或电位移向量)近似呈线性关系，称其为线性压电关系。

考虑具有线性压电、非线性电致应变和畸变过程的一般压电体，在应变张量 γ_{ij} 和电场 E_k 下，该压电体单位体积的自由能计算公式为

$$F(\gamma_{ij}, E_k) = \frac{1}{2}C_{ijkl}\gamma_{ij}\gamma_{kl} + e_{ijk}E_i\gamma_{jk} + \frac{1}{2}q_{ijkl}E_iE_j\gamma_{kl} \\ + \frac{1}{3}\omega_{ijk}E_iE_jE_k + \frac{1}{4}\xi_{ijkl}E_iE_jE_kE_l + \cdots \tag{10-1}$$

该展开式中忽略了二阶以上的应变项和四阶以上的电位移项。式中第 1 项代表弹性应变能，其中 C_{ijkl} 为四阶弹性张量，具有 Voigt 对称性；第 2 项代表压电能，其中三阶压电张量 e_{ijk} 最多具有 18 个独立常数；第 3 项代表电致应变能，其中 q_{ijkl} 为四阶电致张量，具有 Voigt 对称性；最后两项为非线性介电项，对应于非线性畸变过程。

按照常规热力学框架，可由式(10-1)求得压电体中的应力张量 σ_{ij}：

$$\sigma_{ij} = C_{ijkl}\gamma_{kl} - e_{ijk}E_k + \frac{1}{2}q_{ijkl}E_k^2 \tag{10-2}$$

其中，第 1 项代表由弹性力学中广义胡克定律给出的机械应力；第 2 项代表由于线性压电效应产生的束缚应力；第 3 项代表由于电致应变效应而产生的束缚应力。

类似还可得到压电体中的电位移向量 D_i 计算公式：

$$D_i = e_{ijk}\gamma_{jk} + q_{ijkl}E_j\gamma_{kl} + \varepsilon_{ij}E_j + \omega_{ijk}E_jE_k + \xi_{ijkl}E_jE_kE_l + \cdots \tag{10-3}$$

其中，第 1 项代表由线性压电效应给出的电位移；第 2 项代表由电致应变效应产生的电位移；第 3 项代表线性介电效应；第 4 项代表非线性介电效应。

对于每一种压电体，均有特定的、出现压电效应的温度，称其为居里温度(Curie temperature，记为 T_C)。当温度降至居里温度以下时，晶胞的极化强度在承受一定力、电载荷时会发生可逆变化，描述如下：

(1) 外加的应力使晶体结构发生变形，导致正负离子产生相对位移；

(2) 外加电场改变正负离子的相对距离，导致晶体结构的变形。

若材料中出现压电效应，则所对应的晶体点阵必然不具有中心对称性。在持续的形变过程中，正负离子的位移过程是连续的，但材料对称性却可能出现突变。在材料对称性突变的临界点，产生从顺电性到压电性的相变。由此可知，正/逆压电效应与材料本身的各向异性程度紧密相关，反过来又与压电材料的晶体结构存在关联，各向异性的程度同时又受到极化过程的影响。

压电效应的存在是晶格内原子间特殊的排列方式使材料具有应力场与电场耦合的效应。晶体在不受力时，晶格正电荷中心与负电荷中心重合，整个晶体的总电矩为零，晶体表面不带电。当晶体受力时，形变导致正、负电荷中心不再重合，导致晶体发生宏观极化，而晶体表面电荷密度等于极化强度在表面法向上的投影，因此压电材料受压力作用形变时两端面会出现异号电荷；反之，压电材料在电场中发生极化时，电荷中心的位

移导致材料变形。

所有晶体都可归属于 32 种点群，其中 11 种点群具有中心对称性，属于这 11 种点群的晶体没有极化特性。在其余 21 种不存在对称中心的点群中，除了 432 点群因为对称性很高、压电效应退化，剩下的 20 种点群都有可能产生压电效应。1894 年，德国物理学家 Woldemar Voigt 推导得出只有无对称中心的 20 种点群的晶体才可能具有压电效应。这 20 种点群分别为 1、2、m、222、$2mm$、4、$\bar{4}$、422、$4mm$、$\bar{4}2m$、3、32、$3m$、6、$\bar{6}$、622、$6mm$、$\bar{6}2m$、23、$\bar{4}3m$。

通常情况下，所考虑的压电效应均为线性耦合。当应力不太大时，由压电效应产生的极化强度与应力呈线性关系，正压电效应可以表示为

$$P_m = d_{m\beta}X_\beta = d_{mij}\varepsilon_{ij}, \quad m,i,j = 1,2,3;\ \beta = 1,2,\cdots,6 \tag{10-4}$$

$$\begin{Bmatrix} P_1 \\ P_2 \\ P_3 \end{Bmatrix} = \begin{bmatrix} d_{11} & d_{12} & d_{13} & d_{14} & d_{15} & d_{16} \\ d_{21} & d_{22} & d_{23} & d_{24} & d_{25} & d_{26} \\ d_{31} & d_{32} & d_{33} & d_{34} & d_{35} & d_{36} \end{bmatrix} \begin{Bmatrix} \sigma_1 \\ \sigma_2 \\ \sigma_3 \\ \sigma_4 \\ \sigma_5 \\ \sigma_6 \end{Bmatrix} \tag{10-5}$$

其中，d 为反映晶体压电性的物理量。由于应力 X 为二阶张量，极化强度 P 为矢量，所以 d 为三阶张量。表达式(10-5)中的下标遵从缩写规则，即

$$\begin{cases} ij \leftrightarrow \beta \\ 11 \leftrightarrow 1 \\ 22 \leftrightarrow 2 \\ 33 \leftrightarrow 3 \\ 23或32 \leftrightarrow 4 \\ 31或13 \leftrightarrow 5 \\ 12或21 \leftrightarrow 6 \end{cases}$$

最常见的压电材料是铁电体。材料的铁电性是指在一定温度范围内材料中存在两种或多种自发极化取向，并且在电场的作用下其取向可以改变。自发极化的方向又称特殊极性方向。在不具有对称中心的 20 种点群中只有以下 10 种具有特殊极性方向：1、2、m、$mm2$、4、$4mm$、3、$3m$、6、$6mm$。同时，因为原子的构型是温度的函数，极化状态会随温度的变化而变化，这种性质称为热电性。

铁电体按晶体结构可以大致分为六类：含氧八面体的铁电体、含氢键的铁电体、含氟八面体的铁电体、含其他离子集团的铁电体、铁电聚合物和铁电液晶。为数最多的铁电体为钙钛矿型铁电体，其通式为 ABO_3。

如图 10-1 所示，以钙钛矿为例，钙钛矿晶格为体心立方(bbc)结构，顶角为 A 离子，体心为 B 离子，六个面心则为 O^{2-}。钙钛矿晶体结构属于氧八面体铁电体，O^{2-} 形成以 B 离子为中心的氧八面体。$BaTiO_3$、$PbTiO_3$、$LiNbO_3$、$BiFeO_3$ 等为常见的含氧八面

体的铁电体；KDP(KH_2PO_4)、LHP($PbHPO_4$)、LDP($PbDPO_4$)等为常见的含氢键的铁电体。

对于钙钛矿(perovskite，分子式为$CaTiO_3$)一类的典型的非中心对称晶体结构，其晶体中每个晶胞的净电荷均为零。由于晶胞中的钛离子略微偏离中心，所以产生了电极性，从而使晶胞转化为有效的电偶极子。当机械应力作用在晶体上时，钛离子的位置进一步发生变化，进而改变晶体的极化强度，产生正压电效应；相反，当对晶体施加电场时，钛离子的位置会发生相对移动，从而导致晶胞变形，使其变得更接近(或偏离)正方体，这便是逆压电效应的成因。

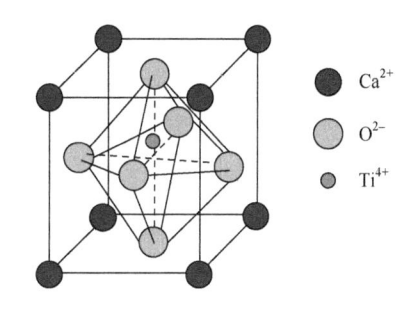

图 10-1 钙钛矿晶格结构单元

铁电体在整体上呈现自发极化状态，这意味着在晶体正、负端分别有一层正的和负的束缚电荷。束缚电荷产生的电场在晶体内部与极化反向，使静电能升高。同时，由于机械约束，自发极化的应变还将使应变能增加。静电能和应变能的降低导致晶体被分为若干个小区域。电偶极子在每个小区域内部沿同一方向，不同小区域的电偶极子方向不同。这些小区域称为电畴，畴的间界称为畴壁。电畴的稳定构型由结构总自由能取极小值的条件决定。图 10-2 为铁电材料中常见的 90°畴和 180°畴结构示意图。

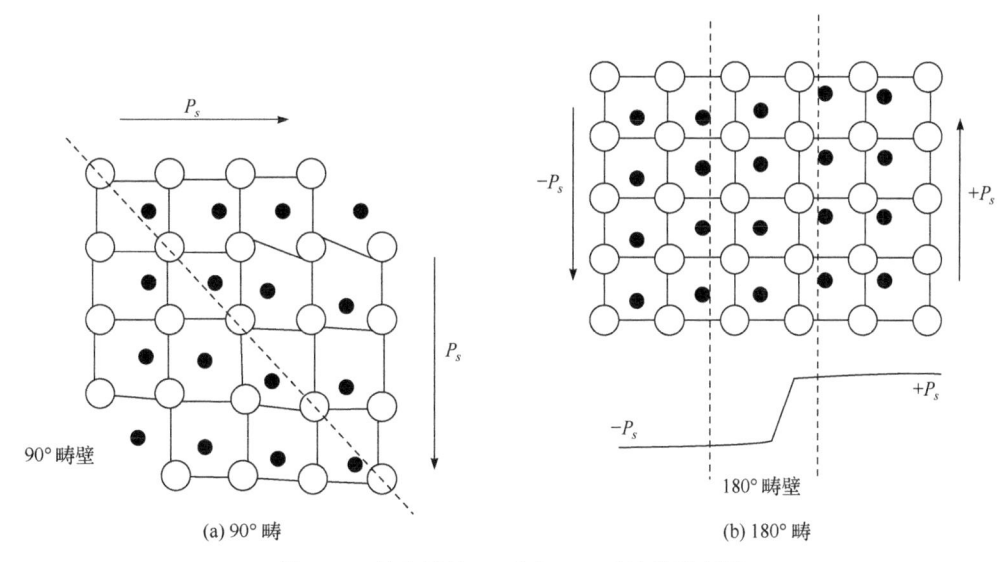

(a) 90°畴

(b) 180°畴

图 10-2 铁电材料 90°畴和 180°畴结构示意图

10.1.2 压电材料

压电材料应具备以下几个主要特性：
(1) 转换特性，即要求具有较高的压电常数 d_{33}；
(2) 机械特性，即机械强度高、刚度大；
(3) 电性能，即高电阻率和高介电常数，防止加载驱动电场时被击穿；

(4) 环境适应性，即温度和湿度稳定性好，要求具有较高的居里点，工作温度范围宽；

(5) 时间稳定性，即要求压电性能不随时间变化，增强压电材料工作稳定性和寿命。

1. 物理属性

描述晶体材料的弹性、压电、介电性质的重要参数，如介电常数、弹性系数和压电常数等，决定了压电材料的基本性能。描述交变电场中压电材料介电行为的介质损耗角正切($\tan\delta$)、描述弹性谐振时的力学性能的机械品质因数Q_m及描述谐振时的机械能与电能相互转换的机电耦合系数k等，决定了压电材料的具体应用方向。在压电材料的研究及实际应用中，以上参数都极为重要。

1) 介电常数

电介质在电场作用下会产生极化或改变极化状态，它以感应的方式传递电的作用。电介质极化的微观机理是电介质介电常数的微观解释。静态介电常数是描述电介质在静电场中极化的量化指标。对于完全各向异性的电介质，需要6个独立的介电常数，一般情况下独立的介电常数个数介于1～6个。在交变电场下测得的介电常数称为动态介电常数，动态介电常数与测量频率有关。

从微观来看，介质的极化有以下三种情况：

(1) 电子位移极化。组成介质的原子或离子，在电场作用下，原子或离子的正负电荷中心不重合，即带正电的原子核与其壳层电子的负电中心不重合，因而产生感应偶极矩。原子中价电子对电子位移极化率的贡献最大。

(2) 离子位移极化。组成介质的正负离子，在电场作用下，正负离子产生相对位移。因为正负离子的距离发生改变而产生的感应偶极矩，离子位移极化率与电子位移极化率为同一数量级。

(3) 取向极化。组成介质的分子为极性分子(即分子具有固有偶极矩)，当没有外电场作用时，这些固有偶极矩的取向是无规则的，整个介质的偶极矩之和等于零。当有外电场作用时，这些固有偶极矩将转向并沿电场方向排列，因固有偶极矩转向而在介质中产生偶极矩。取向极化对介质极化的贡献最大，但随温度升高而减小，因此压电材料中通常存在居里点。

在气体、液体和理想的完整晶体中，极化的微观机制通常为以上三种。在非晶固体、聚合物高分子和不完整的晶体中，还会出现其他更为复杂的微观极化机制，如热离子弛豫极化、空间电荷极化等典型情况。热离子弛豫极化通常存在于含有Na^+、K^+、Li^+等一价碱金属离子的无定形体玻璃电介质中，空间电荷极化是不均匀电介质(复合电介质)在电场作用下的一种主要极化形式。

2) 压电常数

压电晶体与其他晶体的主要区别在于压电晶体的介电性与弹性性质之间存在线性耦合关系，压电常数就是反映这种耦合关系的物理量。同一压电材料的正、逆压电常数相同，并且存在对应关系。与介电系数和弹性系数一样，晶体的压电常数也与晶体的对称性有关。其中，压电常数d_{33}是表征压电材料最常用的重要参数之一，一般陶瓷的压电常数越高,压电性能越好。下标中第一个数字指的是电场方向,第二个数字指的是应力或应变的方向。因此,d_{33}表示极化方向与应力方向相同时测量得到的压电常数。

3) 介质损耗

电解质晶体在外电场作用下的极化包括电子云极化、离子极化和取向极化。当外加电场作用于电解质时,介质极化强度需要经过一段时间(弛豫时间)才能达到最终值,即极化弛豫。在交变电场中,取向极化是造成晶体介质存在介质损耗的原因之一,并导致动态介电常数和静态介电常数之间不同,极化滞后引起的介质损耗会转化为热能消失。介质漏电是导致介电损耗的另一原因,同样会通过发热而消耗部分电能。显然,介质损耗越大,材料的性能就越差。因此,介质损耗是判别材料性能好坏、选择材料和制作器件的重要参数。

4) 机械品质因数

利用压电材料制作滤波器、谐振换能器和标准频率振子等器件,主要是利用压电材料的谐振效应。由于压电材料的压电效应,当对一个按一定取向和形状制成的有电极的压电晶片输入电信号时,如果信号频率与晶片的机械谐振频率一致,就会使晶片由于逆压电效应而产生机械谐振。晶片的机械谐振又可以由于正压电效应而输出电信号,这种晶片即压电振子。压电振子谐振时,要克服内摩擦而消耗能量,造成机械能的损耗。机械品质因数Q_m反映了压电振子在谐振时的损耗程度。

5) 机电耦合系数

机电耦合系数k反映了压电材料的机械能与电能之间的耦合关系,是压电材料的一个很重要的参数。由于压电振子的机械能与振子的形状和振动模式有关,所以对不同的模式有不同的耦合系数。机电耦合系数无量纲,是综合反映压电材料性能的参数。从应用的角度看,不同用途的压电材料对上述参数的要求各不相同。例如,在超高频和高频器件中使用的材料,要求介电常数和高频介质损耗要小;用作换能器材料,要求耦合系数大,声阻抗匹配要好;用作标准频率振子,则要求稳定性高,机械品质因数Q_m值高。目前,利用掺杂、取代等改性方法,已经使得压电陶瓷的性能可以大幅度调节,以适应不同应用的需要。

2. 压电材料

一般具有钙钛矿、钨青铜、铋层状等结构的材料能产生压电效应,这些材料的形状一般呈粉体、纤维状、薄膜或块状,如图10-3所示,压电材料按组成组元分为压电单晶体、压电陶瓷(压电多晶体)、压电聚合物、压电复合材料等。

1) 压电单晶体

较早使用的压电晶体有石英晶体、罗息尔盐、磷酸二氢钾(KDP)、磷酸氢二铵(ADP)、酒石酸乙烯二铵(EDT)、酒石酸二钾(DKT)和硫酸锂等,由于性能上的缺陷,仅有石英晶体仍是最重要,也是用量最大的振荡器、谐振器和窄带滤波器等频控元件的压电材料。除了石英,性能好并且使用量大的压电晶体是铌酸锂($LiNbO_3$)和钽酸锂($LiTaO_3$),它们大量地用作声表面波(SAW)器件。

压电单晶体压电性弱,介电常数很低,受切型限制存在尺寸局限,但稳定性很强,

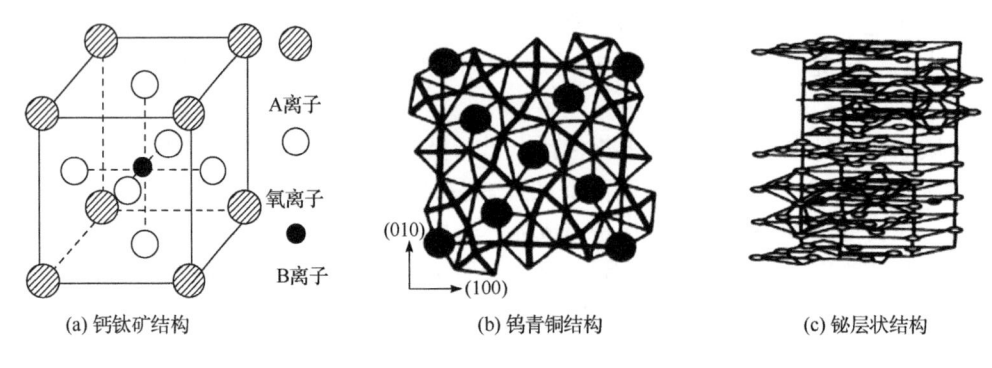

(a) 钙钛矿结构　　　　　　(b) 钨青铜结构　　　　　　(c) 铋层状结构

图 10-3　压电材料的晶体结构

机械品质因数高，多用来制作标准频率控制的振子、高选择性(多属高频狭带通)的滤波器以及高频、高温超声换能器等。

2) 压电陶瓷

与压电单晶体相比，压电陶瓷压电性强、介电常数高、可以加工成任意形状，但机械品质因数较低、电损耗较大、稳定性差，因而适合于大功率换能器和宽带滤波器等应用，但对高频、高稳定应用不理想。

$BaTiO_3$ 是最早发现的压电陶瓷，但存在谐频温度特性差的缺点。当用 Pb 和 Ca 等元素部分地取代 $BaTiO_3$ 中的 Ba，可以改进 $BaTiO_3$ 陶瓷的温度特性，故在广泛使用 PZT 压电陶瓷(锆钛酸铅压电陶瓷)的今天，仍有部分压电换能器采用改性的 $BaTiO_3$ 陶瓷。

像 $BaTiO_3$ 的单元系压电陶瓷，还有 $PbTiO_3$ 和 $PbZrO_3$ 等。$PbTiO_3$ 陶瓷是一种钙钛矿结构的材料，它具有居里温度高(490℃)、各向异性大 ($c/a = 1.064$) 和介电常数小 ($\varepsilon = 200$) 等特点。另外，它的谐频温度特性也比较好，并且频率常数比 PZT 高，所以是一种很有前途的高温高频压电材料。但是用常规方法很难获得致密的纯 $PbTiO_3$ 压电陶瓷，因为 $PbTiO_3$ 陶瓷烧结后，冷却到居里点(490℃)时易出现微裂纹，甚至破碎。所以常采用 Mn、W、Ca、Bi、La 和 Nb 对其进行改性，使其具有良好的压电性能。

PZT 压电陶瓷是压电陶瓷材料中用得最多最广的一种。PZT 的机电耦合系数高，温度稳定性好，并且有较高的居里温度(300℃)。用 Sr、Ca、Mg 等元素部分地取代 PZT 中的 Pb，或者通过添加 Nb、La、Sb、Cr、Mn 等元素改性后，可以制成许多不同用途的 PZT 型压电陶瓷。

3) 压电聚合物

与压电陶瓷和压电单晶相比，压电聚合物具有高的强度和耐冲击性，显著的低介电常数、柔性、低密度、对电压的高度敏感性、低声阻抗和机械阻抗，较高的介电击穿电压，在技术应用领域和器件配置中占有其独特的地位。以聚偏氟乙烯 (PVDF) 为代表的压电高聚合物薄膜压电性强、柔性好，特别是其声阻抗与空气、水和生物组织很接近，因此 PVDF 在许多技术领域中都有应用，特别是用于制作液体、生物体及气体的换能器，可获得比用其他压电材料制作的声阻抗匹配更好的换能器。

4) 压电复合材料

压电复合材料是由两相或多相材料复合而成的，通常见到的是由压电陶瓷(如 PZT)

和聚合物(如聚偏氟乙烯或环氧树脂)组成的两相复合材料。这种材料兼有压电陶瓷和聚合材料的优点，与传统的压电陶瓷或与压电单晶体相比，它具有更好的柔顺性和机械加工性能，克服了易碎和不易加工成形的缺点，且密度小，声速低，易与空气、水及生物组织实现声阻抗匹配。与聚合物压电材料相比，压电复合材料具有较高的压电常数和机电耦合系数，因此灵敏度很高。压电复合材料还具有单相材料所没有的新特性，例如，压电材料与磁致伸缩材料组成的复合材料具有磁电效应。

10.2 压电效应及其计算

压电效应主要描述了力学物理量和电学物理量的转换过程。压电效应中的力学物理量用应力 T 和应变 S 来描述，而电学物理量用电位移 D 和电场强度 E 来描述。压电方程组揭示了力学物理量之间和电学物理量之间的转换规律。

当有外力作用于弹性体表面时，外力并没有直接作用于物体内部的质点上，而是通过作用在相邻质点间的弹性力传递给内部质点。由此引申出弹性力学中两个重要的物理量：应力 T 和应变 S。

设弹性体内有一面积为 Δs 的单位截面，其外法线方向的单位矢量为 $\boldsymbol{n}$。

$$\lim_{\Delta s \to 0} \frac{\Delta T_n}{\Delta s} = \frac{\mathrm{d} T_n}{\mathrm{d} s} = \boldsymbol{T}_n \tag{10-6}$$

其中，$\boldsymbol{T}_n$ 为趋于零点外法线为 $\boldsymbol{n}$ 的截面上的应力，单位为 $\mathrm{N/m^2}$。

因此，在空间直角坐标系中，在 x、y、z 方向上面积元的应力分别为

$$\begin{aligned} \boldsymbol{T}_x &= \boldsymbol{i} T_{xx} + \boldsymbol{j} T_{yx} + \boldsymbol{k} T_{zx} \\ \boldsymbol{T}_y &= \boldsymbol{i} T_{xy} + \boldsymbol{j} T_{yy} + \boldsymbol{k} T_{zy} \\ \boldsymbol{T}_z &= \boldsymbol{i} T_{xz} + \boldsymbol{j} T_{yz} + \boldsymbol{k} T_{zz} \end{aligned} \tag{10-7}$$

其中，$\boldsymbol{i}$、$\boldsymbol{j}$、$\boldsymbol{k}$ 分别为 x、y、z 轴的单位矢量；T_{xx}、T_{yy}、T_{zz} 分别为垂直于作用截面的应力分量，称为正应力，其余应力分量均作用于截面内，称为切应力。

T_{xx}、T_{yy}、T_{zz} 三个应力分量可以完全确定 (x,y,z) 点的应力状态，因此式(10-7)中 9 个应力分量决定了二阶张量应力，用矩阵形式表示为

$$\boldsymbol{T} = \begin{bmatrix} T_{xx} & T_{xy} & T_{xz} \\ T_{yx} & T_{yy} & T_{yz} \\ T_{zx} & T_{zy} & T_{zz} \end{bmatrix} \tag{10-8}$$

又因应力矩阵具有对称性，故式(10-8)中只有 6 个独立量。

规定 xx 为下标 1，yy 为下标 2，zz 为下标 3，yz、zy 为下标 4，xz、zx 为下标 5，xy、yx 为下标 6，因此应力矩阵在计算时可表示为 6×1 矩阵：

$$T = \begin{bmatrix} T_1 \\ T_2 \\ T_3 \\ T_4 \\ T_5 \\ T_6 \end{bmatrix} \tag{10-9}$$

设质点的位移在空间直角坐标系中 x、y、z 方向的分量分别为 u、v、w。

如图 10-4 所示，在弹性体中取 $x\text{-}y$ 平面，P 为弹性体中的一点，$PA=\Delta x$，$PB=\Delta y$，Δx 和 Δy 是两微小线段。由于弹性体的形变，设 P、A、B 三点分别移动到 P'、A'、B'。

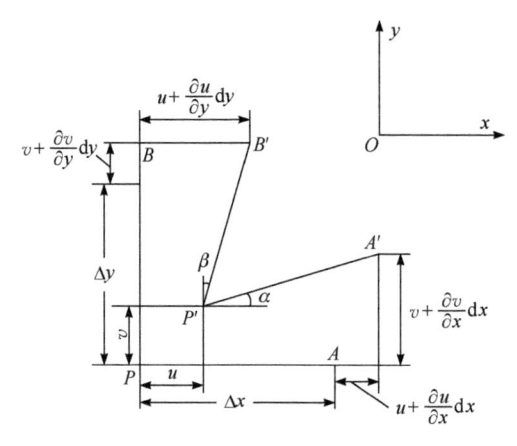

图 10-4 质点的应力变化

由图 10-4 可知，PA 线段在长度方向上的变化，即质点在 x 方向上位移的相对变化量，称为该质点在 x 方向上的正应变，单位为 1。

$$S_{xx} = \lim_{\Delta s \to 0} \frac{\left(u + \dfrac{\partial u}{\partial x}\Delta x\right) - u}{\Delta x} = \frac{\partial u}{\partial x} \tag{10-10}$$

同理，PB 线段在 y 方向上的正应变为

$$S_{yy} = \frac{\partial v}{\partial y} \tag{10-11}$$

当该质点发生正应变时，其他方向均发生了变化。质点位移前后与 x 方向的夹角，即线段 PA 相对 x 方向的偏转角度公式为

$$\alpha = \lim_{\Delta s \to 0} \frac{\left(v + \dfrac{\partial v}{\partial x}\Delta x\right) - v}{\Delta x} = \frac{\partial v}{\partial x} \tag{10-12}$$

同理，线段 PA 与 y 方向的夹角为

$$\beta = \lim_{\Delta s \to 0} \frac{\left(u + \frac{\partial v}{\partial y}\Delta y\right) - u}{\Delta y} = \frac{\partial u}{\partial y} \tag{10-13}$$

定义质点位移前后与 x 方向和 y 方向的夹角之和为切应变:

$$S_{xy} = S_{yx} = \frac{1}{2}(\alpha + \beta) = \frac{1}{2}(\beta + \alpha) = \frac{1}{2}\left(\frac{\partial v}{\partial x} + \frac{\partial u}{\partial y}\right) \tag{10-14}$$

对于 x-z 平面和 y-z 平面,同样有

$$S_{zz} = \frac{\partial w}{\partial z}$$
$$S_{yz} = S_{zy} = \frac{1}{2}\left(\frac{\partial w}{\partial y} + \frac{\partial v}{\partial z}\right) \tag{10-15}$$
$$S_{xz} = S_{zx} = \frac{1}{2}\left(\frac{\partial u}{\partial z} + \frac{\partial w}{\partial x}\right)$$

弹性体的应变用矩阵表示为

$$\boldsymbol{S} = \begin{bmatrix} S_{xx} & S_{xy} & S_{xz} \\ S_{yx} & S_{yy} & S_{yz} \\ S_{zx} & S_{zy} & S_{zz} \end{bmatrix} \tag{10-16}$$

和应力类似,应变矩阵里也只有 6 个独立量,故应变可以写为

$$\boldsymbol{S} = \begin{bmatrix} \boldsymbol{S}_1 \\ \boldsymbol{S}_2 \\ \boldsymbol{S}_3 \\ \boldsymbol{S}_4 \\ \boldsymbol{S}_5 \\ \boldsymbol{S}_6 \end{bmatrix} \tag{10-17}$$

弹性形变中,应力 $\boldsymbol{T}$ 与应变 $\boldsymbol{S}$ 之间存在线性关系,其数学表达式为

$$\begin{aligned}\boldsymbol{T}_k &= c_{kl}\boldsymbol{S}_l, \quad k,l = 1,2,\cdots,6 \\ \boldsymbol{S}_k &= s_{kl}\boldsymbol{T}_l, \quad k,l = 1,2,\cdots,6\end{aligned} \tag{10-18}$$

其中,c 和 s 分别为弹性体的劲度弹性系数和顺度弹性系数,为 6×6 矩阵,且 c 和 s 互为逆矩阵。

式(10-18)表明应力 $\boldsymbol{T}$ 与应变 $\boldsymbol{S}$ 具有线性变换关系,满足胡克定律,因此胡克定律的张量表达式为

$$\begin{bmatrix} T_1 \\ T_2 \\ T_3 \\ T_4 \\ T_5 \\ T_6 \end{bmatrix} = \begin{bmatrix} c_{11} & c_{12} & c_{13} & c_{14} & c_{15} & c_{16} \\ c_{21} & c_{22} & c_{23} & c_{24} & c_{25} & c_{26} \\ c_{31} & c_{32} & c_{33} & c_{34} & c_{35} & c_{36} \\ c_{41} & c_{42} & c_{43} & c_{44} & c_{45} & c_{46} \\ c_{51} & c_{52} & c_{53} & c_{54} & c_{55} & c_{56} \\ c_{61} & c_{62} & c_{63} & c_{64} & c_{65} & c_{66} \end{bmatrix} \begin{bmatrix} S_1 \\ S_2 \\ S_3 \\ S_4 \\ S_5 \\ S_6 \end{bmatrix} \tag{10-19}$$

$$\begin{bmatrix} S_1 \\ S_2 \\ S_3 \\ S_4 \\ S_5 \\ S_6 \end{bmatrix} = \begin{bmatrix} s_{11} & s_{12} & s_{13} & s_{14} & s_{15} & s_{16} \\ s_{21} & s_{22} & s_{23} & s_{24} & s_{25} & s_{26} \\ s_{31} & s_{32} & s_{33} & s_{34} & s_{35} & s_{36} \\ s_{41} & s_{42} & s_{43} & s_{44} & s_{45} & s_{46} \\ s_{51} & s_{52} & s_{53} & s_{54} & s_{55} & s_{56} \\ s_{61} & s_{62} & s_{63} & s_{64} & s_{65} & s_{66} \end{bmatrix} \begin{bmatrix} T_1 \\ T_2 \\ T_3 \\ T_4 \\ T_5 \\ T_6 \end{bmatrix} \tag{10-20}$$

以各向同性单晶硅为例，其劲度弹性系数矩阵和顺度弹性系数矩阵都只有 2 个独立变量，其劲度弹性系数矩阵为

$$c = \begin{bmatrix} c_{11} & c_{12} & c_{12} & 0 & 0 & 0 \\ c_{12} & c_{11} & c_{12} & 0 & 0 & 0 \\ c_{12} & c_{12} & c_{11} & 0 & 0 & 0 \\ 0 & 0 & 0 & c_{44} & 0 & 0 \\ 0 & 0 & 0 & 0 & c_{44} & 0 \\ 0 & 0 & 0 & 0 & 0 & c_{44} \end{bmatrix} \tag{10-21}$$

其中

$$c_{44} = \frac{1}{2}(c_{11} - c_{12}) \tag{10-22}$$

顺度弹性系数与劲度弹性系数的关系为

$$s_{11} = \frac{c_{11} + c_{12}}{(c_{11} - c_{12})(c_{11} + 2c_{12})} \tag{10-23}$$

$$s_{12} = \frac{-c_{12}}{(c_{11} - c_{12})(c_{11} + 2c_{12})} \tag{10-24}$$

$$s_{44} = \frac{1}{c_{44}} \tag{10-25}$$

$$s_{44} = 2(s_{11} - s_{12}) \tag{10-26}$$

在弹性体的受力分析中，s_{11}、s_{12}、s_{44} 以一种固定组合的形式存在于各个公式的推导中，有

$$Y = \frac{1}{s_{11}} \tag{10-27}$$

$$\sigma = -\frac{s_{12}}{s_{11}} \tag{10-28}$$

$$G = \frac{1}{s_{44}} = \frac{Y}{2(1+\sigma)} \tag{10-29}$$

由于各向异性弹性体的晶系不同，各个晶系的弹性矩阵都有所不同，以 PZT 为例，PZT 广泛应用于压电领域，其属于各向异性压电材料且属于六角晶系，PZT 的劲度弹性系数矩阵和顺度弹性系数矩阵有 5 个独立的常数：

$$\boldsymbol{s} = \begin{bmatrix} s_{11} & s_{12} & s_{13} & 0 & 0 & 0 \\ s_{12} & s_{11} & s_{13} & 0 & 0 & 0 \\ s_{13} & s_{13} & s_{33} & 0 & 0 & 0 \\ 0 & 0 & 0 & s_{44} & 0 & 0 \\ 0 & 0 & 0 & 0 & s_{44} & 0 \\ 0 & 0 & 0 & 0 & 0 & 2(s_{11}-s_{12}) \end{bmatrix} \tag{10-30}$$

相应地

$$c_{66} = \frac{1}{2}(c_{11} - c_{12}) \tag{10-31}$$

如图 10-5 所示，两侧平行金属电极存在均匀面电荷，且其密度分别为 $+\sigma$ 和 $-\sigma$，电场强度 $\boldsymbol{E}$ 为单侧面电荷密度与真空介电常数的比值，即

$$\boldsymbol{E}_0 = \frac{\sigma}{\varepsilon_0} \tag{10-32}$$

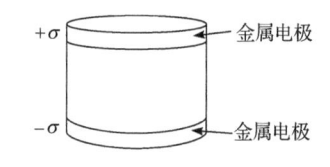

图 10-5 三维结构的平行电极板

其中，ε_0 为真空介电常数，$\varepsilon_0 = 8.854 \times 10^{-12}\,\text{F/m}$。

介电常数定义为真空介电常数与相对介电常数的乘积，即

$$\boldsymbol{\varepsilon} = \varepsilon_0 \boldsymbol{\varepsilon}_r \tag{10-33}$$

其中，$\boldsymbol{\varepsilon}_r$ 为相对介电常数矩阵。

介电常数表示电介质在电场中储存静电能的相对能力，表现为电介质在外电场中会产生感应电荷而削弱外电场。

由上述可知，当电介质存在于电场之间时，由于电介质内部发生极化，产生与外电场相反的内电场，实际电场强度会小于外电场强度，电位移 $\boldsymbol{D}$ 表征为电介质在某电场中产生极化的强化。

电场强度 $\boldsymbol{E}$ 和电位移 $\boldsymbol{D}$ 之间存在线性转换关系：

$$\boldsymbol{D}_i = \varepsilon_{ij} \cdot \boldsymbol{E}_j \quad \text{或} \quad \boldsymbol{E}_i = \beta_{ij} \cdot \boldsymbol{D}_j \tag{10-34}$$

其中，$\boldsymbol{\varepsilon} = [\varepsilon_{ij}]$ 为介电常数矩阵，$\boldsymbol{\beta} = [\beta_{ij}]$ 为介电隔离率矩阵，二者互为逆矩阵。

式(10-34)的张量表达式为

$$\begin{bmatrix} D_x \\ D_y \\ D_z \end{bmatrix} = \begin{bmatrix} \varepsilon_{11} & \varepsilon_{12} & \varepsilon_{13} \\ \varepsilon_{21} & \varepsilon_{22} & \varepsilon_{23} \\ \varepsilon_{31} & \varepsilon_{32} & \varepsilon_{33} \end{bmatrix} \begin{bmatrix} E_x \\ E_y \\ E_z \end{bmatrix}$$

$$\begin{bmatrix} E_x \\ E_y \\ E_z \end{bmatrix} = \begin{bmatrix} \beta_{11} & \beta_{12} & \beta_{13} \\ \beta_{21} & \beta_{22} & \beta_{23} \\ \beta_{31} & \beta_{32} & \beta_{33} \end{bmatrix} \begin{bmatrix} D_x \\ D_y \\ D_z \end{bmatrix}$$

(10-35)

介电常数矩阵 $\boldsymbol{\varepsilon}$ 与介电隔离率矩阵 $\boldsymbol{\beta}$ 存在各向同性与各向异性，各向同性电介质介电常数矩阵为

$$\boldsymbol{\varepsilon} = \begin{bmatrix} \varepsilon_{11} & 0 & 0 \\ 0 & \varepsilon_{11} & 0 \\ 0 & 0 & \varepsilon_{11} \end{bmatrix} \tag{10-36}$$

以各向异性六角晶系的 PZT 压电材料为例，介电常数矩阵为

$$\boldsymbol{\varepsilon} = \begin{bmatrix} \varepsilon_{11} & 0 & 0 \\ 0 & \varepsilon_{11} & 0 \\ 0 & 0 & \varepsilon_{33} \end{bmatrix} \tag{10-37}$$

压电应变常数 d 表示在恒应力条件下，单位电场强度 E 的变化引起应变 S 分量的改变量，或表示在恒电场条件下，应力 T 分量的单位变化量引起电位移 D 分量的变化量。

由此可得应变与电场强度或电位移与应力的转换关系式：

$$S = dE$$
$$D = dT \tag{10-38}$$

由式(10-38)可知，压电应变常数 d_{ij} 为 6×3 矩阵，下标 i 表示电场方向，下标 j 表示应变方向，数字 1、2、3 分别表示坐标轴 x、y、z，以六角晶系 PZT 压电材料为例，其压电应变常数仅有 3 个独立量分别为 d_{33}、d_{31} 和 d_{15}，压电应变常数矩阵为

$$d = \begin{bmatrix} 0 & 0 & 0 & 0 & d_{15} & 0 \\ 0 & 0 & 0 & d_{15} & 0 & 0 \\ d_{31} & d_{31} & d_{33} & 0 & 0 & 0 \end{bmatrix} \tag{10-39}$$

对于一块不受外电场作用的压电材料给予外力，其力学行为可用应变 S 和应力 T 描述，即

$$S_k = s_{kl} \cdot T_l \tag{10-40}$$

其力学行为也可用电位移 D 和应力 T 描述，即

$$D_i = d_{il} \cdot T_l \tag{10-41}$$

对一块不受外界机械力作用的压电材料给予外电场，其电学行为可以用应变 S 和电场强度 E 描述，即

$$S_k = d_{ik}^T \cdot E_j \quad (10\text{-}42)$$

其电学行为也可用电位移 D 和电场强度 E 描述，即

$$D_i = \varepsilon_{ij} \cdot E_j \quad (10\text{-}43)$$

将式(10-40)与式(10-42)，式(10-41)与式(10-43)表达的压电材料的电学行为和力学行为叠加，获得压电方程为

$$S_k = d_{ik}^T \cdot E_j + s_{kl} \cdot T_l, \quad i,j=1,2,3; k,l=1,2,\cdots,6 \quad (10\text{-}44)$$

$$D_i = \varepsilon_{ij} \cdot E_j + d_{ik} \cdot T_l, \quad i,j=1,2,3; k,l=1,2,\cdots,6 \quad (10\text{-}45)$$

式(10-44)与式(10-45)为第一类压电方程。

压电方程的边界调节为机械自由和电学短路，即

$$T=0, \quad E=0, \quad S \neq 0, \quad D \neq 0$$

由于压电材料的使用环境较多，因而其所处的机械边界条件和电学边界条件也较多。表 10-1 为各类机械与电学边界条件组合后的四类边界条件。

表 10-1 压电材料的四类边界条件

边界条件类型	边界条件名称	边界条件
第一类边界条件	机械自由和电学短路	$T=0, \quad E=0, \quad S \neq 0, \quad D \neq 0$
第二类边界条件	机械夹持和电学短路	$S=0, \quad E=0, \quad T \neq 0, \quad D \neq 0$
第三类边界条件	机械自由和电学开路	$T=0, \quad D=0, \quad S \neq 0, \quad E \neq 0$
第四类边界条件	机械夹持和电学开路	$S=0, \quad D=0, \quad T \neq 0, \quad E \neq 0$

第一类压电方程上述已经阐明，对于第二类压电方程，取应变 S 和电场强度 E 为自变量，应力 T 和电位移 D 为因变量，压电方程为

$$\begin{aligned} T_l &= -e_{ik}^T \cdot E_j + c_{kl}^E \cdot S_k \\ D_i &= \varepsilon_{ij}^S \cdot E_j + e_{ik} \cdot S_k \end{aligned}, \quad i,j=1,2,3; k,l=1,2,\cdots,6 \quad (10\text{-}46)$$

其中，e 为压电应力常数，表示在恒应变条件下，单位电场强度的变化量引起应力分量的变化量，或表示在恒电场条件下，应变分量的单位变化量引起电位移分量的变化量，单位为 N/(V·m) 或 C/m^2；ε^S 为恒应变下得到的介电常数，称为夹持介电常数；c^E 为恒电场下得到的劲度弹性系数，称为短路劲度弹性系数。

对于第三类压电方程，取应力 T 和电位移 D 作为自变量，应变 S 和电场强度 E 为因变量，压电方程为

$$S_k = s_{kl}^D \cdot T_l + g_{ik}^T \cdot D_i$$
$$E_j = -g_{ik} \cdot T_l + \beta_{ij}^T \cdot D_i \tag{10-47}$$

其中，$g = [g_{ik}]$ 为压电电压常数，表示在恒应力条件下，单位电位移分量的变化量引起应变分量的变化量，或表示在恒电位移条件下，应力分量的单位变化量引起电场强度分量的变化量，单位为 V·m/N 或 m²/C；$\boldsymbol{\beta}^T = \left[\beta_{ij}^T\right]$ 为恒应力下得到的介电隔离率，称为自由介电隔离率；$\boldsymbol{s}^D = \left[s_{kl}^D\right]$ 为恒电位移下得到的顺度弹性系数，称为开路顺度弹性系数。

对于第四类压电方程，取应变 S 和电位移 D 为自变量，应力 T 和电场强度 E 为因变量，压电方程为

$$T_l = c_{kl}^D \cdot S_k - h_{ik}^T \cdot D_i$$
$$E_j = -h_{ik} \cdot S_k + \beta_{ij}^S \cdot D_i \tag{10-48}$$

其中，$\boldsymbol{h}^T = \left[h_{ik}^T\right]$ 为压电劲度常数，表示在恒应变条件下，单位电位移分量的变化量引起应力分量的变化量，或表示在恒电位移条件下，应变分量的单位变化量引起电场强度分量的变化量，其单位为 V/m 或 N/C；$\boldsymbol{\beta}^S = \left[\beta_{ij}^S\right]$ 为恒应变下得到的介电隔离率，称为夹持介电隔离率；$\boldsymbol{c}^D = \left[c_{kl}^D\right]$ 为恒电位移下得到的劲度弹性系数，称为开路劲度弹性系数。

由上述分析可知，压电方程组中两个力学物理量与两个电学物理量，在电场或外力的条件下可以进行相互转化，在实际工程应用中，更多采用第一类和第二类压电方程，这是因为在第一、第二类压电方程中，电场强度 E 是因变量，电位移 D 并没有实际物理意义，电场强度 E 可以进行较为容易的控制。

力学系数 c^E、c^D、s^E、s^D，电学系数 $\boldsymbol{\varepsilon}^T$、$\boldsymbol{\varepsilon}^S$、$\boldsymbol{\beta}^T$、$\boldsymbol{\beta}^S$ 和压电系数 d、e、g、h 可以相互转换，有

$$\boldsymbol{\varepsilon}^T - \boldsymbol{\varepsilon}^S = \boldsymbol{d} \cdot \boldsymbol{e}^T = \boldsymbol{d} \cdot \boldsymbol{c}^E \cdot \boldsymbol{d}^T = \boldsymbol{e} \cdot \boldsymbol{s}^E \cdot \boldsymbol{e}^T \tag{10-49}$$

$$\boldsymbol{\beta}^S - \boldsymbol{\beta}^T = \boldsymbol{h} \cdot \boldsymbol{g}^T = \boldsymbol{g} \cdot \boldsymbol{c}^D \cdot \boldsymbol{g}^T = \boldsymbol{h} \cdot \boldsymbol{s}^E \cdot \boldsymbol{e}^T \tag{10-50}$$

$$\boldsymbol{\beta}^S = (\boldsymbol{\varepsilon}^S)^{-1} \tag{10-51}$$

$$\boldsymbol{\beta}^T = (\boldsymbol{\varepsilon}^T)^{-1} \tag{10-52}$$

$$\boldsymbol{s}^E - \boldsymbol{s}^D = \boldsymbol{d}^T \cdot \boldsymbol{g} = \boldsymbol{d}^T \cdot \boldsymbol{\beta}^T \cdot \boldsymbol{d} = \boldsymbol{g}^T \cdot \boldsymbol{\varepsilon}^T \cdot \boldsymbol{g} \tag{10-53}$$

$$\boldsymbol{c}^D - \boldsymbol{c}^E = \boldsymbol{h}^T \cdot \boldsymbol{e} = \boldsymbol{e}^T \cdot \boldsymbol{\beta}^S \cdot \boldsymbol{e} = \boldsymbol{h}^T \cdot \boldsymbol{\varepsilon}^S \cdot \boldsymbol{h} \tag{10-54}$$

$$\boldsymbol{c}^E = (\boldsymbol{s}^E)^{-1} \tag{10-55}$$

$$\boldsymbol{c}^D = (\boldsymbol{s}^D)^{-1} \tag{10-56}$$

$$\boldsymbol{d} = \boldsymbol{e} \cdot \boldsymbol{s}^E = \boldsymbol{\varepsilon}^T \cdot \boldsymbol{g} \tag{10-57}$$

$$\boldsymbol{e} = \boldsymbol{d} \cdot \boldsymbol{c}^E = \boldsymbol{\varepsilon}^T \cdot \boldsymbol{g} \tag{10-58}$$

$$g = h \cdot s^D = \beta^T \cdot d \tag{10-59}$$

$$h = g \cdot c^D = \beta^S \cdot e \tag{10-60}$$

10.3 电致伸缩效应及其计算

电致伸缩现象早已发现,但长期以来因为效应微弱而不被人们所重视。后来在一些呈现弥散性铁电相变的材料(弛豫铁电体)中发现了很强的电致伸缩现象。在约 10^6 V/m 的电场下,这些材料的电致伸缩应变可达 10^{-3} 的数量级,这与压电性很强的材料中的压电应变相近;而且因为处于顺电相,避免了与电畴运动相联系的应变滞后和剩余应变,这些特点使之进入实用化的阶段。

电致伸缩(electrostriction)是电介质(特别是铁电体)的另一种电弹效应(electro-elastic effect),电致伸缩效应与压电效应有所区别,后者表示物体的应变与电场强度(或极化强度)之间存在线性(或正比)关系;而前者表示物体的应变与电场强度(或极化强度)之间存在非线性关系,或者近似认为应变与电场强度的平方(或极化强度的平方)呈正比关系,因此电致伸缩系数是一个四阶张量。

以 $BaTiO_3$ 为例,$BaTiO_3$ 类型的铁电体或铁电陶瓷在居里点以上处于非铁电相,属于各向同性体,不存在压电效应,但存在电致伸缩效应。在居里点以下,若未经极化处理,则属于一个多畴体,体内总极化强度为零,仍属于各向同性体,不存在压电效应,但存在电致伸缩效应。

虽然电致伸缩效应通常很弱,但在某些铁电体中稍高于居里点时却相当强,而且铁电相压电常量与电致伸缩系数有关,因此研究电致伸缩也有实用和理论两方面的意义。

某些晶体在一定的温度范围内发生自发极化,而且其自发极化方向可以因外电场方向的反向而反向,晶体的这种性质称为铁电性,具有铁电性的晶体称为铁电体,该类晶体可由热运动引起自发极化,产生多畴,有居里点和电滞回线等特性,具有热释电性和铁电性。

热释电晶体除了机械应力作用引起压电效应,温度变化时的热膨胀作用使其电极化强度变化,引起自由电荷的充放电现象。热释电晶体可以分为两类,其一是自发极化不随外加电场的作用而转向;其二是自发极化可随外加电场的作用而转向,即铁电体,铁电体需要经过极化处理才能显示热释电效应和压电效应。

压电体与热释电体的区别在于压电体因为温度变化引起晶体胀缩无方向性,因此由正负电荷中心位移产生的压电晶体并不产生热释电效应,它们的联系在于虽然温度变化引起晶体胀缩无方向性,但是由于自发极化偶极矩的存在,热释电晶体具备压电效应。

10.3.1 电致伸缩系数

处理电介质平衡性质的基本理论是线性理论。该理论成立的条件是系统的状态相对其初始态的偏离较小,在特征函数对独立变量的展开式中可忽略二次以上的高次项,而在热力学量对独立变量的展开式中可以只取线性项。

考虑以温度 T、应力 X 和电场 E 为独立变量时，相应特征函数为吉布斯自由能 G，可得到弹性电介质的线性状态方程为

$$x_i = \alpha_i^E \mathrm{d}T + s_{ij}^{E,T} X_j + d_{mi}^T E_m \tag{10-61}$$

$$D_m = p_m^X \mathrm{d}T + d_{mi}^T X_i + \varepsilon_{mn}^{T,X} E_n \tag{10-62}$$

$$\mathrm{d}S = \frac{\rho c^{E,X}}{T} \mathrm{d}T + \alpha_i^E X_i + p_m^X E_m \tag{10-63}$$

方程中的系数为线性响应系数，它们是电介质物性参量。上标表明响应过程中保持不变的量。

由式(10-61)～式(10-63)可知，这些线性响应系数是特征函数展开式中二次方项的系数，表明特征函数展开式到二次方项等效于在线性范围内描写电介质，二次方项的系数就是相应的物性参量。

除电阻率ρ外的 6 个电介质物理参数，它们反映弹性电介质中 6 种线性效应，现分述为：应力 X 和应变 x 之间弹性效应用弹性顺度 s 描写；电位移 D 和电场 E 之间介电效应用电容率ε描写；应力 X(或应变 x)与电位移 D(或电场 E)之间的压电效应用压电常量 d 描写；温度 T(或熵 S)与应变 x(或应力 X)之间热膨胀效应用热胀系数 α 描写；温度 T(或熵 S)与电位移 D(或电场 E)之间热电效应用热电系数 $p_m = (\partial D_m / \partial T)$ 或电热系数 $\partial S / \partial E_m$ 描写；温度 T 与熵 S 改变量的关系用比热容 c 描写。

在式(10-61)～式(10-63)中，利用特征函数 G 的二次偏微商与微商次序无关的原理，得到

$$\left(\frac{\partial x_i}{\partial E_m}\right)_{T,X} = \left(\frac{\partial D_m}{\partial X_i}\right)_{T,E} \tag{10-64}$$

$$\left(\frac{\partial D_m}{\partial T}\right)_{T,E} = \left(\frac{\partial S}{\partial E_m}\right)_{T,X} \tag{10-65}$$

$$\left(\frac{\partial x_i}{\partial T}\right)_{X,E} = \left(\frac{\partial S}{\partial X_i}\right)_{T,E} \tag{10-66}$$

其物理意义为正效应与逆效应相等。例如，式(10-64)表示压电常量等于逆压电常量，式(10-65)表示热电系数等于电热系数。由其他特征函数出发，也可得类似关系式，它们统称为麦克斯韦关系式。

若张量对称则独立分量个数减少，热电系数是一阶张量(即矢量)，有 3 个独立分量。电容率和热胀系数都是对称二阶张量，有 6 个独立分量。压电常量是联系二阶张量(应力或应变)与一阶张量(电位移或电场)的三阶张量，因为应力和应变是对称二阶张量，故压电常量只有 18 个独立分量。弹性系数是联系两个二阶张量(应力或应变)的四阶张量，因为应力和应变都是对称二阶张量，故弹性系数只有 36 个独立分量。晶体对称性对这些张量施加了限制，使实际的分量个数减少。晶体对称性越高，独立分量的个数越少。

在特征函数的泰勒级数展开式中去掉二次以上的高次项，则得到热力学量与所选定的独立变量间的线性关系，即线性状态方程。但是电介质(特别是铁电体)一些最重要的特性(如电滞回线表示的极化与电场的关系)都是非线性的，因此有必要考虑非线性关系。

考虑具有对称中心的晶体，根据晶体物理中心对称晶体中任何以奇数阶张量表示的物理性质不能存在的理论，特征函数亥姆霍兹自由能表达式可近似认为

$$A = A_0 + \frac{1}{2}\lambda_{mn}^{X,T} D_m D_n + \frac{1}{2}c_{ij}^{D,T} x_i x_j + q_{imn}^T D_m x_i \tag{10-67}$$

式(10-67)为针对等温过程中对应应变和电位移为零的初始态的展开式。根据式(10-66)，可得出最低阶非线性项的状态方程，弹性非线性状态方程为

$$X_i = c_{ij}^D x_j + q_{imn} D_m D_n \tag{10-68}$$

若以电场和应变为独立变量，则有

$$X_i = c_{ij}^E x_j + m_{imn} E_m E_n \tag{10-69}$$

相似地，以应力和电位移为独立变量时，可得

$$x_i = s_{ij}^D X_j + Q_{imn} D_m D_n \tag{10-70}$$

以应力和电场为独立变量时，则有

$$x_i = s_{ij}^E X_j + M_{imn} E_m E_n \tag{10-71}$$

其中，q_{imn}、Q_{imn}、m_{imn}和M_{imn}都为电致伸缩系数。

将式(10-64)代入式(10-62)，式(10-65)代入式(10-63)，得出

$$\begin{aligned} Q_{imn} &= s_{ij}^D q_{jmn} \\ q_{imn} &= c_{ij}^D Q_{jmn} \\ M_{imn} &= s_{ij}^E m_{jmn} \\ m_{imn} &= c_{ij}^D M_{jmn} \end{aligned} \tag{10-72}$$

因此，电致伸缩系数是最低阶弹性非线性状态方程中的非线性响应系数。它表示应力(或应变)与电位移(或电场)二次方间的正比关系。因为应力(或应变)和电位移(或电场)分别为二阶和一阶张量，所以电致伸缩系数是四阶张量。

作为四阶张量，电致伸缩系数的存在不受晶体对称性的制约，任何点群的晶体以至非晶态都具有电致伸缩效应。晶体对称性不同时，非零分量的个数及其分布是不同的。

主要电致伸缩材料呈立方结构，例如，钙钛结构的$Pb(Mg_{1/3}Nb_{2/3})O_3$ (PMN)在室温属$m3m(O_h)$点群。立方晶系晶体电致伸缩系数有3个独立的非零分量：

$$\begin{aligned} Q_{11} &= Q_{22} = Q_{33} \\ Q_{12} &= Q_{13} = Q_{21} = Q_{23} = Q_{31} = Q_{32} \\ Q_{44} &= Q_{55} = Q_{66} \end{aligned} \tag{10-73}$$

由式(10-73)可知，在自由($X=0$)状态下，有

$$\begin{aligned} x_1 &= Q_{11}D_1^2 + Q_{12}D_2^2 + Q_{12}D_3^2 \\ x_2 &= Q_{12}D_1^2 + Q_{11}D_2^2 + Q_{12}D_3^2 \\ x_3 &= Q_{12}D_1^2 + Q_{12}D_2^2 + Q_{11}D_3^2 \\ x_4 &= Q_{44}D_2D_3 \\ x_5 &= Q_{44}D_3D_1 \\ x_6 &= Q_{44}D_1D_2 \end{aligned} \tag{10-74}$$

假设沿3个方向加电场，则有

$$\begin{aligned} Q_{11} &= x_3 / D_3^2 \quad \text{或} \quad M_{11} = x_3 / E_3^2 \\ Q_{12} &= x_2 / D_3^2 \quad \text{或} \quad M_{12} = x_2 / E_3^2 \\ Q_{44} &= x_4 / (D_2 D_3) \quad \text{或} \quad M_{44} = x_4 / (E_2 E_3) \end{aligned} \tag{10-75}$$

由此可知，只要测得有关方向的应变和电位移(或电场)，绘制应变与电位移(或电场)平方关系的曲线，即可由斜率得到电致伸缩系数。

10.3.2 电致伸缩方程

由于铁电体中机电转换过程进行较快，来不及与外界进行热量交换，因此认为机电转换过程是一个绝热过程，铁电体中各种常数的测量都是在绝热条件下进行的。

结合边界条件，通常选熵 σ、应力 T 和极化强度 P 为独立变量(或以 σ、T、E 为独立变量)比较方便，相应的热力学函数为焓 H。

以薄长片为例，设薄长片的长度沿 x 方向，厚度沿 z 方向，电极面与 z 轴垂直。相应的热力学函数焓的微分表达式为

$$x_i = s_{ij}^E X_j + M_{imn} E_m E_n \tag{10-76}$$

对于绝热过程，存在 $\mathrm{d}\sigma = 0$，则有

$$\mathrm{d}H = -S_1 \mathrm{d}T_1 - P_3 \mathrm{d}E_3 \tag{10-77}$$

相应的热力学关系为

$$\begin{aligned} S_1 &= -\left(\frac{\partial H}{\partial T_1}\right)_{P_3} \\ E_3 &= \left(\frac{\partial H}{\partial P_3}\right)_{T_1} \end{aligned} \tag{10-78}$$

其中，焓 H 为

$$H = U - \sum_{i=1}^{6} T_i S_i - \sum_{m=1}^{3} E_m P_m \tag{10-79}$$

对于薄长片的焓 $H(T_1, P_3)$ 为

$$H = U - T_1 S_1 - E_3 P_3 \tag{10-80}$$

设极化强度与电场可以表示为

$$E_3 = \frac{1}{2} A_2 P_3 + \frac{1}{4} A_4 P_3^3 + \cdots \tag{10-81}$$

则薄长片的焓 $H(T_1, P_3)$ 为

$$H(T_1, P_3) = -\frac{1}{2} s_{11}^P T_1^2 - Q_{13} T_1 P_3^2 + \left(\frac{1}{2} A_2 P_3^2 + \frac{1}{4} A_4 P_3^4 + \cdots \right) \tag{10-82}$$

$$S_1 = -\left(\frac{\partial H}{\partial T_1} \right)_{P_3} = s_{11}^P T_1 + Q_{13} P_3^2 \tag{10-83}$$

$$E_3 = \left(\frac{\partial H}{\partial P_3} \right)_{T_1} = -2 Q_{13} T_1 P_3 + \left(A_2 P_3 + A_4 P_3^3 + A_6 P_3^5 + \cdots \right) \tag{10-84}$$

令

$$\zeta_{33}^T(P) P_3 = A_2 P_3 + A_4 P_3^3 + A_6 P_3^5 + \cdots \tag{10-85}$$

其中，$\zeta_{33}^T(P) = A_2 + A_4 P_3^2 + A_6 P_3^4$ 为应力自由等效极化率的倒数，即 $1/\chi_{33}^T(P)$。

综上，薄长片的电致伸缩方程为

$$\begin{aligned} S_1 &= s_{11}^P T_1 + Q_{13} P_3^2 \\ E_3 &= \zeta_{33}^T(P) P_3 - 2 Q_{13} T_1 P_3 \end{aligned} \tag{10-86}$$

由电致伸缩方程可以看出，铁电体的应变由两部分组成，一部分为由弹性应力而产生的应变，另一部分为由介质极化而产生的电致伸缩应变。

针对薄长片，电致伸缩效应与极化强度的平方成正比，比例系数就是电致伸缩系数 Q_{13}。

若选 (S, P) 为独立变量，则薄长片的电致伸缩方程为

$$\begin{aligned} T_3 &= c_{33}^P S_3 + q_{33} P_3^2 \\ E_3 &= 2 q_{33} S_3 P_3 + \zeta_{33}^S(P) P_3 \end{aligned} \tag{10-87}$$

其中，c_{33}^P 为极化强度 P 为常数(或零)时的弹性刚度常数；q_{33} 为电致伸缩系数；$\zeta_{33}^S(P)$ 为夹持等效极化率的倒数，即 $1/\chi_{33}^S(P)$。

由式(10-82)可知，若选 (S, P) 为独立变量，则铁电体的应力由两部分组成，一部分是由应变而产生的应力，另一部分是由介质极化而产生的电致伸缩应力，对于薄长片，电致伸缩效应与极化强度的平方成正比，比例系数为电致伸缩系数 q_{33}。

铁电体的热力学函数的微分表示形式为

$$dH = -\sum_{i=1}^{6} S_i dT_i - \sum_{m=1}^{3} P_m dE_m \tag{10-88}$$

其中

$$S_i = -\left(\frac{\partial H}{\partial T_i}\right)_{E_m}, \quad i = 1,2,\cdots,6$$

$$E_m = -\left(\frac{\partial H}{\partial P_m}\right)_{T_i}, \quad m = 1,2,3 \tag{10-89}$$

若已知铁电体的焓 $H(T,P)$ 为

$$H = -\frac{1}{2}\sum_{i,j=1}^{6} s_{ij}T_iT_j - \sum_{i=1}^{6}\sum_{m,n=1}^{3} Q_{imn}T_iP_mP_n + \frac{1}{2}\sum_{m,n=1}^{3}\rho_{mn}^P(P)P_mP_n \tag{10-90}$$

其中

$$\frac{1}{2}\sum_{m,n=1}^{3}\rho_{mn}^T(P)P_mP_n = \frac{1}{2}\sum_{m,n=1}^{3}A_{mn}P_mP_n + \frac{1}{4}\sum_{m,n,k,l=1}^{6}A_{mnkl}P_mP_nP_kP_l + \cdots \tag{10-91}$$

$$S_i = \sum_{j=1}^{6} s_{ij}^P T_j + \sum_{m,n=1}^{3} Q_{imn}P_mP_n \tag{10-92}$$

$$E_m = \sum_{n=1}^{3}\rho_{mn}^T(P)P_n - \sum_{i=1}^{6}\sum_{n=1}^{3} 2Q_{imn}T_iP_n \tag{10-93}$$

选取 (S,P) 为独立变量，则电致伸缩方程为

$$T_i = \sum_{j=1}^{6} c_{ij}^P S_j + \sum_{m,n=1}^{3} q_{imn}P_mP_n$$

$$E_m = \sum_{n=1}^{3}\rho_{mn}^S(P)P_n + \sum_{i=1}^{6}\sum_{n=1}^{3} 2q_{imn}S_iP_n \tag{10-94}$$

其中，c_{ij}^P 和 s_{ij}^P 为极化强度 P 是常数(或零)时的弹性刚度常数和弹性柔顺常数；Q_{imn} 和 q_{imn} 为电致伸缩系数，它们之间的关系为

$$Q_{imn} = -\sum_{j=1}^{6} s_{ij}^P q_{imn}$$

$$q_{imn} = -\sum_{j=1}^{6} c_{ij}^P Q_{imn} \tag{10-95}$$

为了方便，常将双下标 mn 用单下标 j 表示，如表 10-2 所示。

表 10-2　下标替换表

Q_{imn}	Q_{i11}	Q_{i22}	Q_{i33}	Q_{i23}
Q_{ij}	Q_{i1}	Q_{i2}	Q_{i3}	Q_{i4}

对于 $BaTiO_3$ 类型的铁电体，未经极化处理前属于各向同性体，其弹性常数 s^P 用矩阵表示为

$$\boldsymbol{s}^{P} = \begin{bmatrix} s_{11}^{P} & s_{12}^{P} & s_{12}^{P} & 0 & 0 & 0 \\ s_{12}^{P} & s_{11}^{P} & s_{12}^{P} & 0 & 0 & 0 \\ s_{12}^{P} & s_{12}^{P} & s_{11}^{P} & 0 & 0 & 0 \\ 0 & 0 & 0 & s_{44}^{P} & 0 & 0 \\ 0 & 0 & 0 & 0 & s_{44}^{P} & 0 \\ 0 & 0 & 0 & 0 & 0 & s_{44}^{P} \end{bmatrix} \qquad (10\text{-}96)$$

电致伸缩系数 $\boldsymbol{Q}$ 用矩阵表示为

$$\boldsymbol{Q} = \begin{bmatrix} Q_{11} & Q_{12} & Q_{12} & 0 & 0 & 0 \\ Q_{12} & Q_{11} & Q_{12} & 0 & 0 & 0 \\ Q_{12} & Q_{12} & Q_{11} & 0 & 0 & 0 \\ 0 & 0 & 0 & Q_{44} & 0 & 0 \\ 0 & 0 & 0 & 0 & Q_{44} & 0 \\ 0 & 0 & 0 & 0 & 0 & Q_{44} \end{bmatrix} \qquad (10\text{-}97)$$

等效极化率倒数 $\boldsymbol{\zeta}^{T}(P)$ 用矩阵表示为

$$\boldsymbol{\zeta}^{T}(P) = \begin{bmatrix} \zeta_{11}^{T}(P) & 0 & 0 \\ 0 & \zeta_{22}^{T}(P) & 0 \\ 0 & 0 & \zeta_{33}^{T}(P) \end{bmatrix} \qquad (10\text{-}98)$$

将上述参量代入电致伸缩方程中,可得到 $BaTiO_3$ 类型的铁电体电致伸缩方程:

$$\begin{aligned}
S_1 &= s_{11}^{P}T_1 + s_{12}^{P}T_2 + s_{12}^{P}T_3 + Q_{11}P_1^2 + Q_{12}P_2^2 + Q_{12}P_3^2 \\
S_2 &= s_{12}^{P}T_1 + s_{11}^{P}T_2 + s_{12}^{P}T_3 + Q_{12}P_1^2 + Q_{11}P_2^2 + Q_{12}P_3^2 \\
S_3 &= s_{12}^{P}T_1 + s_{12}^{P}T_2 + s_{11}^{P}T_3 + Q_{12}P_1^2 + Q_{12}P_2^2 + Q_{11}P_3^2 \\
S_4 &= s_{44}^{P}T_4 + Q_{44}P_2P_3 \\
S_5 &= s_{44}^{P}T_5 + Q_{44}P_1P_3 \qquad (10\text{-}99)\\
S_6 &= s_{44}^{P}T_6 + Q_{44}P_2P_1 \\
E_1 &= \zeta_{11}^{T}(P)P_1 - 2Q_{11}T_1P_1 - 2Q_{12}T_3P_1 - 2Q_{12}T_3P_1 - 2Q_{44}T_6P_2 - 2Q_{44}T_5P_3 \\
E_2 &= \zeta_{22}^{T}(P)P_2 - 2Q_{12}T_1P_2 - 2Q_{11}T_1P_3 - 2Q_{12}T_3P_2 - 2Q_{44}T_6P_1 - 2Q_{44}T_4P_3 \\
E_3 &= \zeta_{33}^{T}(P)P_3 - 2Q_{12}T_1P_3 - 2Q_{12}T_2P_3 - 2Q_{11}T_1P_1 - 2Q_{44}T_1P_2 - 2Q_{44}T_5P_1
\end{aligned}$$

10.4 力电耦合的分子动力学算法

10.4.1 分子动力学方法简介

分子动力学(molecular dynamics,MD)模拟方法是以统计物理学为基础,以此计算经典多体系平衡和非平衡性能的方法,连续粒子按照经典牛顿力学运动,是一种重要且使用广泛的数值模拟方法,可用来研究微观尺度的物理现象。它通过使用各种力场和边界条件,模拟液体、固体或气体状态的粒子,也可构建原子、聚合物、金属和粗粒系统模型。

分子动力学是分子力学中最重要也是应用最广泛的一种方法。自 1970 年起,分子力学迅速发展,力场不断开发,随之建立起许多适用于生化分子体系、聚合物、金属与非金属材料的力场体系,使得计算复杂的系统结构、一些热力学与光谱性质的能力及准确性大为提高。分子动力学模拟为应用这些力场及根据牛顿力学原理所发展起来的计算方法,该方法最早由 Alder 于 1957 年引入分子体系。基本原理是通过牛顿经典力学计算物理系统中各个原子的运动轨迹;然后使用一定的统计方法计算出系统的力学、热力学、动力学性质。在分子动力学中,首先将由 N 个粒子构成的系统抽象成 N 个相互作用的质点,每个质点具有坐标(通常在笛卡儿坐标系中)、质量、电荷及成键方式,按目标温度根据 Boltzmann 分布随机指定各质点的初始速度;然后根据所选用的力场中的相应成键和非成键能量表达形式对质点间的相互作用能及每个质点所受的力进行计算;接着依据牛顿力学原理计算出各质点的加速度及速度,从而得到指定积分步长(time step,通常为 1fs)后各质点新的坐标和速度,这样质点就移动了,经过一定的积分步数后,质点就有了运动轨迹,设定时间间隔对轨迹进行保存;最后可以对轨迹进行各种结构、能量、热力学、动力学、力学等的分析,从而得到感兴趣的计算结果。计算容量一般为 5000 个原子、100ns。其优点在于系统中粒子的运动有正确的物理依据且准确性高,可同时获得系统的动态与热力学统计信息,并可广泛地适用于各种系统及各类特性的探讨;缺点是粒子移动时间间隔不能过长,通常为 1fs,最多 10fs,有时甚至需控制在 0.1fs。按时间步长为 1fs 计算,粒子移动 10 次模拟时间仅为 10^{-9}s,即 1ns,而对于由 3000 个原子构成的系统,通常机时需数十小时。因此,只能观察到纳秒级别的分子运动,无法有效地模拟蛋白质分子的折叠,模拟蛋白质分子的折叠通常需几秒。尽管如此,对纳米尺度的系统进行纳秒级别的模拟,分子动力学有着无可比拟的优势。分子动力学模拟的计算技巧经过许多改进现已日趋成熟。由于其计算能力强,能满足各类问题的需求,因此有许多使用方便的分子动力学模拟商业化计算软件陆续问世,例如,世界上最大的分子模拟软件制造商 Accelry 公司推出的著名软件 Cerius 和更加大众化的 MS(Material Studio)。

分子动力学方法可以以微观角度模拟整个系统,或通过后期借助可视化软件,观察模拟过程中微观结构的演化行为。同时,也可以模拟实验方法中材料结构在特殊条件或方法受限的情况,该方法是对实验方法的一种补充和完善,二者可配合使用,使得人们对材料结构在宏观和微观方面的变化有更加深入的了解。科技和计算机水平的提高,对分子动力学的发展起到了很大的推动作用。同时,伴随着科学研究深度和广度的扩展,原子间作用力的势函数被广泛地开发出来,这使得该方法在纳米材料领域研究中得到了广泛的应用。特别地,分子动力学方法在微观结构研究中显示出极大的优势,大量的计算模拟实例证明,运用分子动力学方法,可以解决裂纹扩展、位错滑移、固液相变以及界面等问题,并可以获得较好的模拟结果,且与实验观察的结果非常相近或一致。在先进国家的学校、工厂、医院等的实验室中,这些商业化的计算软件已成为不可缺少的重要研究工具。分子动力学主要应用于平衡态模拟,经改进后也可应用于非平衡态过程,主要应用领域包括液体、固体材料、分子生物学和制药。

10.4.2 分子动力学方法发展

分子动力学作为一种计算机模拟手段,已在材料设计、纳米摩擦学、固体力学、高分子等领域得到应用。分子动力学模拟已从传统的经典分子动力学发展为多体分子动力学(many body molecular dynamics, MBMD)、可变电荷分子动力学(variable charge molecular dynamics, VCMD)、紧束缚分子动力学(tight binding molecular dynamics, TBMD)、密度泛函分子动力学(density functional molecular dynamics, DFMD)等。为了克服传统分子动力学可移植性差这一缺陷,人们直接从量子力学出发来获取原子间的相互作用,如密度泛函分子动力学、第一性原理分子动力学等。由于分子动力学方法本身的限制,再加上计算机硬件的发展赶不上人们对运算速度的要求,要求解复杂的问题会遇到很多困难,要想像有限元数值模拟方法一样得到广泛应用,成为一种得到工程实际应用的并为普通人所能掌握的一种数值运算手段还有一段距离,还有很多工作要做。寻找扩大计算规模的运行算法是以后的重要研究方向,人们已在降低运算规模的线性规划(linear programming, LP)算法研究方面取得了重要进展。同时采用并行计算来提高求解问题的规模,即通过并行处理器解决计算效率的问题。随着计算机软件的发展,廉价的高性能微处理器和高速网络技术及开放的系统并行软件的出现,采用微机集群进行计算,可显著提高运算速度,速度最高的微机集群已达每秒 11 万亿次浮点运算。对算法效率进行优化的只有一些探索性工作,如冰冻原子法,但该方法目前用于材料的变形分析,还不能用于热力学分析。由于分子动力学本身被所模拟的时间尺度、空间尺度所限,为了扩大求解问题的规模,人们提出了多尺度的概念,提出构建基于各种尺度耦合的方法,即将适用于各种尺度的方法组合在一起,这是个急需解决的课题,例如,基于有限元与分子动力学相结合的方法。杨卫建立了宏观、细观、微观三重嵌套模型用于描述裂尖断裂。Abranam 结合从头算法,提出宏观/原子/从头算分子动力学方法,有效地对分子动力学的数据进行后处理,是一个重要的研究方向。对数据进行后处理,获取有用的信息也是一个很烦琐的工作。现有的一些分子动力学软件功能不够强大,只是偏重某一行业,通用性不高,还有一些软件为自由软件,可维护性不强。还没有出现集建模、求解、后处理于一体的分子动力学软件。将虚拟现实(virtual reality, VR)技术引入分子动力学当中,可以对模拟结果进行动态显示及结构预测。应用 VR 技术,将有助于深入理解固体中界面的结合强度运动、流体中原子的运动。

10.4.3 压电材料分子动力学研究现状

压电效应是 1880 年由 Curie 等发现的。他们在研究热电性与晶体对称性关系时,发现压力可产生电效应,即在某些晶体的特定方向加压力时,相应的面上出现正或负的电荷,而且电荷密度与压力大小成比例,这就是正压电效应。

当压电晶体在外力作用下发生变形时,在它的某些相对应的表面上产生异号电荷,这种没有电场作用，只是由于形变产生的极化现象称为正压电效应；当对压电晶体施加一定电场时，它不仅产生极化，同时还发生形变，这种由电场产生形变的现象称为逆压电效应。通常将正压电效应与逆压电效应都简称为压电效应。压电材料是一种能够实现机械能与电能之间相互转换的机敏材料。由它制成的传感器、滤波器、延迟器和致动器等关键的功能元件已经在电子技术、医疗设备和机械工程等现代工业的各个领域中得到了广泛的应用。近年来，压电材料的研究应用得到极大的发展。国内外通过第一原理计算方法或从头开始计算方法来研究压电晶体的性质，研究方向集中在势函数、晶格结构性质和热力学性质方面，通过分子动力学模拟研究压电材料主要在以下几个方面：

(1) 分子动力学在 SiO_2 晶体力学行为研究中的应用；
(2) 分子动力学在钙钛矿($CaTiO_3$)晶体力学行为研究中的应用；
(3) 分子动力学在 PVDF 晶体力学行为研究中的应用。

10.4.4 分子动力学方法原理

分子动力学方法是一种确定性模拟方法，这种方法广泛地用于经典多粒子体系的研究中。该方法按该体系内部的内禀动力学规律来计算并确定位形的转变。它首先需要建立一组分子的运动方程，并通过直接对系统中的一个个分子运动方程进行数值求解，得到每个时刻各个分子的坐标与动量，即在相空间的运动轨迹，再利用统计计算方法得到多体系统的静态和动态特性，从而得到系统的宏观性质。

由于分子动力学模拟具有沟通宏观特性与微观结构的作用，特别是对于许多在理论分析和实验观察上都难以了解的现象可以做出一定的微观解释，并可以模拟一些极端条件下的微观现象，所以得到广泛应用，被公认为是理论和实验观测相联系的第三种科学手段。

假设一个运动系统中有 N 个粒子，系统的总能量由系统分子的动能和系统的总势能构成。这些粒子的运动可以相互作用叠加，并遵循经典的牛顿运动定律。

分子动力学方法的数值积分计算是基于牛顿方程的。假设一个原子 i 根据经典力学方法计算受力，如果 U_{ij} 是 i、j 原子之间的势函数，那么原子 i 的受力是

$$F_i = -\nabla_i \sum_{j=1}^{N} U_{ij} \tag{10-100}$$

由式(10-100)可求得原子 i 的加速度为

$$a_i = \frac{F_i}{m_i} = \frac{d}{dt}v_i = \frac{d^2}{dt^2}r_i \tag{10-101}$$

首先，计算特定势函数下系统中各原子的力，并求出其加速度。然后根据给定的初始位置和速度建立牛顿运动方程组，并进行数值求解。基于获得的加速度更新下一时刻的位置和坐标，迭代地重复这个过程，就可获得这些粒子的运动轨迹。此时，统计力学在原子微观性质的表征与宏观物理性质之间建立了桥梁，可获得所需的热力学和结构信息。

10.4.5 边界条件及初始条件

有限尺寸和无限尺寸在模拟仿真中有不同的影响。然而，对于有限大小能够模拟无限大小模型的问题，目前还没有标准答案。分子动力学模拟是基于一种假设，认为反应在类似的容器中发生，将容器壁当成一个刚性的边界，原子从容器中跑出，并与容器壁发生碰撞。选择边界条件对于微观尺寸材料来讲，可以准确获得分子动力学模拟结果。通常，边界条件有两种，即周期性边界条件和非周期性边界条件。周期性边界条件是最小的单元，该最小单元通过复制和围绕，最终形成一个无限的系统，可用数学方程表示为

$$A(r) = A(r+nL), \quad n = n_1, n_2, \cdots \tag{10-102}$$

其中，L 为元胞长度，n 为任意的常数。周期性边界条件的使用，确保了恒定的粒子密度。假设一粒子从元胞的一个面离开，则其影像粒子将从相对位置移动到元胞中，以保证粒子总数不变。通过最近镜像方法，计算系统中分子间作用力，由于原子只与最近邻或最近镜像原子产生相互作用，因此需要使用截断半径方法计算非键合力的远程效应，有效避免重复计算粒子的受力，可以保证结果的准确性。在模拟过程中，当分子间距离大于截断半径时，认为无相互影响，且截断半径最大值只能小于等于元胞长度的一半，即 $r_{\max} \leqslant L/2$。

通常，通过设定体系的初始条件，如原子速度、初始位置、积分步长等，求解牛顿方程，得到所需参数。每个原子的坐标位置可通过实验数据和理论模型结构获得。然而，上述两种方法获得的系统能量和结构，均不是最稳定状态。因此，需要通过优化达到稳定状态。目前，主要有两种有效的优化方法：共轭梯度法和最速下降法。使用最低能量结构作为模拟的起点可以减少高能量效应的产生。选择一个与高斯分布相匹配的随机数，乘以平均速率，可以获得与 Maxwell-Boltzmann 分布一致的初始速度，这个分布可以表示为

$$p(v_a) = \left(\frac{m}{2\pi k_B T}\right)^{1/2} \exp\left(-\frac{1}{2}\frac{mv_a^2}{k_B T}\right), \quad a = x, y, z \tag{10-103}$$

10.4.6 常用系综

分子动力学分子模拟方法主要依靠牛顿力学来模拟分子体系的运动，以在分子体系的不同状态构成的系综中抽取样本，从而计算体系的构型积分，以构型积分的结果为基础进一步计算体系的热力学和其他宏观性质。

系综是指在一定的宏观约束条件下，大量性质和结构完全相同、处于各种运动状态、各自独立的系统的集合，全称为统计系综。系综是用统计方法描述热力学系统的统计规律性时引入的一个基本概念；它是统计理论的一种表述方式，系综理论使统计物理成为普遍的微观统计理论；系综并不是实际的物体，构成系综的系统才是实际的物体。

根据宏观约束条件，系综可分为以下几种：正则系综、微正则系综、等温等压系综和巨正则系综等。

正则系综全称应为"宏观正则系综"，表示具有确定的粒子数、体积、温度。正则系综是蒙特卡罗方法模拟处理的典型代表。假定 N 个粒子处在体积为 V 的盒子内，将

其埋入恒温的热浴中。此时，总能量和系统压强可能在某一平均值附近起伏变化。平衡体系代表封闭系统，是与大热源热接触平衡的恒温系统。正则系综的特征函数是亥姆霍兹自由能。

微正则系综表示具有确定的粒子数、体积、总能量。微正则系综广泛应用在分子动力学模拟中。假定 N 个粒子处在体积为 V 的盒子内，并固定总能量。此时，系综的温度和系统压强可能在某一平均值附近起伏变化。平衡体系为孤立系统，与外界既无能量交换，也无粒子交换。微正则系综的特征函数是熵。

等温等压系综表示确定的粒子数、压强、温度，一般是在蒙特卡罗模拟中实现的。其总能量和系统体积可以变化。体系是可移动系统壁情况下的恒温热浴，特征函数是古布斯自由能。

巨正则系综表示具有确定的体积、温度和化学势。巨正则系综通常是蒙特卡罗模拟的对象和手段。此时系统能量、压强和粒子数会在某一平均值附近有一个起伏变化。体系是一个开放系统，特征函数是马休函数。

10.4.7 系统控制和调节方法

系统控制和调节也是仿真中非常重要的一步。对于系统温度和压力控制方法，在大多数情况下，研究的对象通常保持恒定的温度，所以可以假定整个模拟系统处于非常大的恒温热浴中，即与外界保持能量的传递和交换，以维持系统温度恒定。目前，常用的温度控制方法有三种，即速度标定法、Anderson 热浴法和 Nose-Hoover 热浴法。

(1) 速度标定法是最简单的方法之一。简单地说，在计算的每一步中，都必须重新标定系统中粒子的速度。随后对系统的能量进行动态调整，直到达到预期的状态，但这种方法有时会引发速度产生很大的变化，所以在实际应用中存在一定的局限性。

(2) Anderson 热浴法和 Nose-Hoover 热浴法具有相似之处，均通过耦合整个系统和具有固定温度的热浴系统，来控制和调节温度。不同的是，前者的耦合热浴是利用随机选择的粒子，在随机力的作用下，表示耦合状态；后者是利用时间积分，更新原子的速度和位置。所以，基于 Nose-Hoover 热浴法表现出的准确性，本节采用此法进行温度调控。压力调节方法：在等压模拟的过程中，要调节和控制压力，以保持模拟系综的压力。本节采用的是 Berendsen 方法，该方法类似于热浴方法，假设系统和压力浴耦合模拟原晶胞体积的变化，其计算公式为

$$\lambda = 1 - \beta \frac{\Delta t}{\tau_p}(P - P_{\text{bath}}) \tag{10-104}$$

其中，λ 为标度因子；τ_p 为体系的耦合参数；P 和 P_{bath} 分别为体系的真实压力和压浴压力。

10.4.8 分子动力学模拟相关细节

1. 初始条件

分子动力学模拟的过程就是对系统微分方程组做数值求解，首先需要知道粒子的初

始位置和速度的数值，不同的算法要求不同的初始条件。

例如，Verlet 方法需要两组坐标来启动计算：一组是零时刻的坐标，另一组是前进一个时间步长时的坐标，或者是一组零时刻的速度值。但是，一般来说，系统的初始条件都是不可能知道的。表面上看这是一个难题，实际上，精确选择待求系统的初始条件是没有什么意义的，因为模拟时间足够长时，系统就会忘掉初始条件。但是初始条件的合理选择可以加快系统趋于平衡。

常用的初始条件可以选择为：

(1) 令初始位置在差分划分网格的格子上，初始速度则从玻尔兹曼分布随机抽样得到；

(2) 令初始位置随机地偏离差分划分网格的格子，初始速度为零；

(3) 令初始位置随机地偏离差分划分网格的格子，初始速度从玻尔兹曼分布随机抽样得到。

2. 边界条件

为了将分子动力学元胞有限立方体内的模拟，扩展到真实大系统的模拟，通常采用周期性边界条件。采用这种边界条件，可以消除引入元胞后的表面效应，构造出一个准无穷大的体积来更精确地代表宏观系统。

实际上，这里做了一个假定，即让这个小体积元胞镶嵌在一个无穷大的大块物质之中。周期性边界条件的数学表示形式为

$$\lambda = 1 - \beta \frac{\Delta t}{\tau_p}(P - P_{\text{bath}})A(x) = A(x+nL), \quad n = n_1, n_2, n_3 \tag{10-105}$$

其中，A 为任意的可观测量；n_1、n_2、n_3 为任意整数。这个边界条件就是命令基本分子动力学元胞完全等同地重复无穷多次。

周期性边界条件通过模拟相对小数量的原子来研究物质的宏观物理性质。沿着所有方向的原子元胞的影像提供了周期性的排列。对于二维的粒子，每个元胞包括 8 个近邻原子，而对于三维则有 26 个最近邻胞，影像包中的原子坐标可以通过加上或减去包边长的正整数倍得到，如果一个原子在模拟中离开这个包，就等于它的影像原子从反方向进入这个包。由于包中的原子数目可以保持为一常值，对于某些模拟，在所有方向都用周期性边界条件是不合适的。例如，在研究表面的分子吸附时，在与表面垂直的方向上不能用周期性边界条件，而在平行于表面的两个方向，需要应用周期性边界条件。

周期性边界条件已经广泛应用于计算机模拟中，但是它有一些缺点，如长波涨落的抑制、虚假的时间周期性。从波动的角度来看，波长是一个完整波周期的长度。在周期性边界条件下，模拟的体系大小(即元胞长度)限制了可能存在的波动模式。因此，周期性元胞的限制使它不可能得到波长大于元胞长度的波动。这在一定情况下引起一些问题，如接近液气临界点。系统的相互作用程很重要。对于短程势，元胞的尺寸应该大于 $6a_0$ (a_0 为晶格常数)，而对于长程静电相互作用，必须考虑到长程有序带来的误差。这可以将模拟不同的元胞形状和尺寸得到的结果作为经验的估计。有些系统用非周期性边界条件，如液滴或者原子团簇，本身就含有界面；非均匀系统或处在非平衡的系统，也

有可能用非周期性边界条件。

有时，我们仅对系统的一部分感兴趣，如表面应用自由边界条件，而内部可以应用周期性边界条件。有时，又需要用到固定的边界条件，如在单向加载的模拟中；还有时要采用以上介绍的几种边界条件的结合，这就是混合边界条件。在具体的应用中要根据模拟的对象和目的来选定合适的边界条件。

10.4.9 典型分子动力学模拟步骤

一个典型分子动力学模拟步骤如下：
(1) 给定原子的初始空间位置；
(2) 给定原子初始速度；
(3) 根据选定的势函数求解各个粒子所受到的作用力和加速度；
(4) 根据所用的积分算法来求解牛顿运动方程，给出下一时刻的位置和速度；
(5) 输出相关物理量，若系统达到平衡状态，则开始抽样并进行累积，以做统计平均；若没达到设定的步数，则返回步骤(3)，开始 $t+\Delta t$ 时刻的计算。

如此重复循环，直到模拟达到设定的步数。

10.4.10 钛酸钡晶体压电常数的分子动力学模拟

1. 模型的建立

初始构型按理想晶格排列，如图 10-6 所示，为 BaTiO$_3$ 单晶模拟模型。离子按照四方晶系结构排布，初始速度由初始温度下的 Maxwell-Boltzmann 分布随机得到，体系初始温度设定为 298K。电场对离子的作用力表示为 $F_i=q_iE$。其中 q_i 为离子 i 所带的电荷，E 为电场强度。电场的方向始终沿着坐标系的 x 方向作用。x、y、z 方向均采用位移约束边界条件以模拟有限长度的力学行为。时间步长取为 0.5fs，每次模拟 20000步，总时间为 10ps，截断半径取 2A_3。

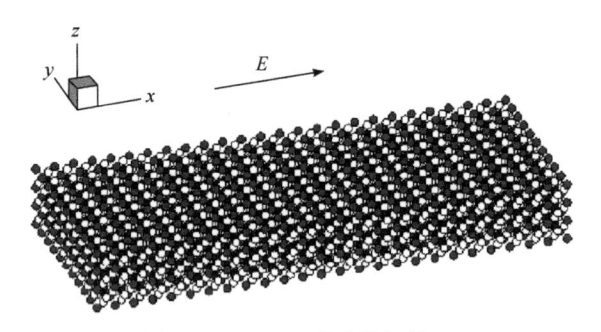

图 10-6 BaTiO$_3$ 单晶模拟模型

2. 模拟过程

先在 298K 下，将系统自由弛豫 20000 步，达到能量最低的稳定状态，得到自由态的 BaTiO$_3$ 单晶模型。然后约束边界离子沿边界法线方向的位移，对模型施加轴向电场。设定电场增量，逐步增加，在每一电场增量步下充分弛豫 20000 步以模拟准静态过程，得到模型的平均截面积和端面离子受到的作用力，以求得端面离子所受应力，即得到准静态下的应力-场强关系。

3. 模拟结果及讨论

在自由弛豫过程中，势能在初始几步有逐渐降低的趋势，之后快速上升。在百步左右，势能曲线逐渐振荡，并慢慢降低，达到稳定状态，如图10-7所示。

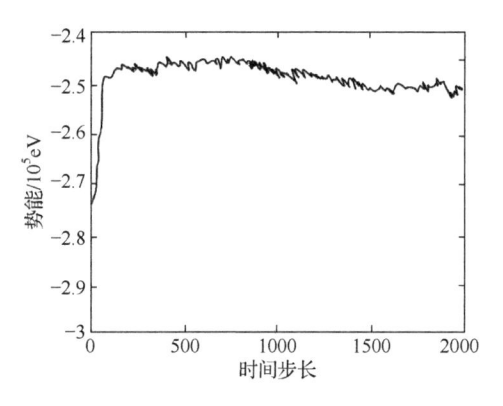

图 10-7 弛豫过程势能变化曲线

图 10-8 绘制了 BaTiO$_3$ 单晶在外加电场逐步增加条件下的应力-场强曲线。纵坐标为 BaTiO$_3$ 单晶板 x 方向所受到的应力，横坐标代表所施加的外加电场场强。x 方向为单晶板的[001]晶向，温度设定为 298K。初始外电场场强为 $1.1×10^5$kV/m，增量为 $0.1×10^5$kV/m。可以看出应力-场强呈近似线性关系。通过最小二乘拟合场强应力数据得到等效压电应力常数 e_{33} 为 2.34072C/m^2。

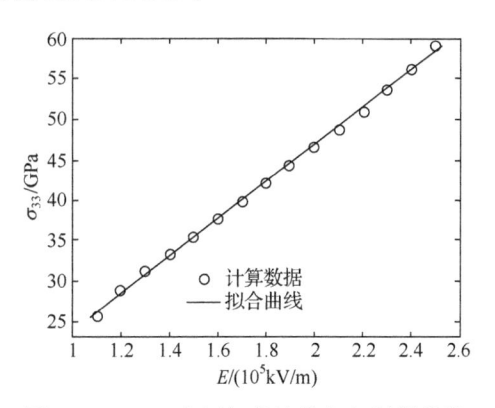

图 10-8 298K 电场加载过程应力-场强曲线

生成纳米阵列尺寸为 $25A_1×10A_2×3A_3$（A_1、A_2、A_3 分别为[100]、[010]、[001]三个晶向的晶格常数），坐标轴 x 方向为单晶板的[100]晶向。在相同电场加载环境下，得到等效压电应力常数 e_{31} 随场强变化曲线，并与 e_{33} 进行比较，如图 10-9 所示。e_{33} 在 2.31~2.40C/m^2 狭窄的区间波动，e_{31} 从 1.49C/m^2 逐渐上升到 1.96C/m^2，随电场变化的趋势比较明显。e_{33} 与 e_{31} 比值为 1.179～1.610。由 Berlincourt 给出的室温下单畴钛酸钡单晶压电、介电与力学参数，可以推导出 e_{33} 与 e_{31} 的实验值分别为 3.95C/m^2 和 2.69C/m^2。由表 10-3 可知，e_{33} 与 e_{31} 的模拟值比实验值小，大约为实验值的 60%，但其比值与实验结果相差不大。

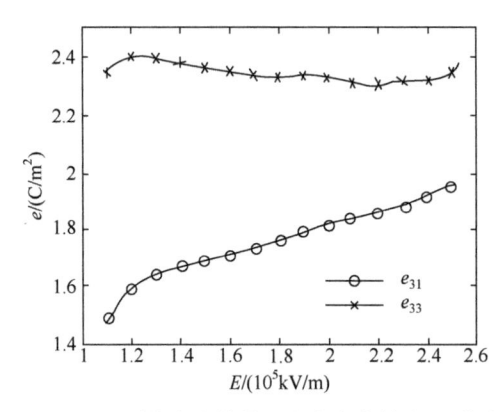

图 10-9 不同晶向的等效压电应力常数-场强曲线

表 10-3 实验结果与模拟结果对比

项目	模拟值	实验值	比值(模拟/实验)
e_{33}	2.31～2.40	3.95	0.585～0.608
e_{31}	1.49～1.96	2.69	0.554～0.729
e_{33}/e_{31}	1.179～1.610	1.468	

进一步研究了温度对等效压电应力常数的影响。图 10-10 给出了等效压电应力常数 e_{33} 随系统温度变化的曲线。电场强度控制在 51.0×10kV/cm。由于钛酸钡在高于 120℃ 时属立方晶系点群 *m3m*；温度在 5～120℃，它将变成点群 *4mm* 的四角铁电相；温度在 −90～5℃时又变成 *2mm* 点群(正交晶系)的铁电相。由图可以看出，从 200～280K，即 −73～7℃，等效压电应力常数 e_{33} 逐步上升；在 280～340K，即 7～67℃，e_{33} 保持不变，

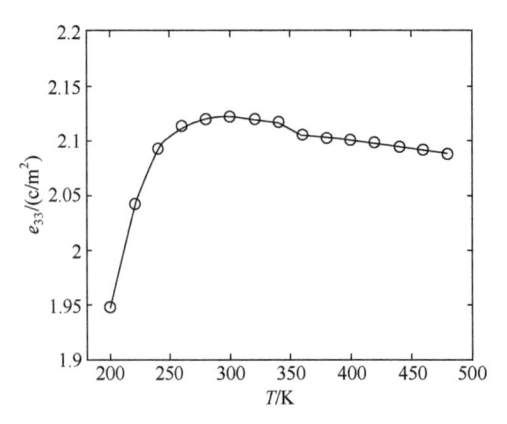

图 10-10 等效压电应力常数 e_{33} 随系统温度的变化情况

之后缓慢降低。在-100~25℃，在相同电场作用下，材料应变随温度上升而增大，反映材料内部作用增强。这与上升段的变化情况是一致的。但是随着温度的继续升高，$BaTiO_3$ 晶体结构转变为立方晶系点群 $m3m$，e_{33} 逐渐降低。

研究通过分子动力学方法对 $BaTiO_3$ 单晶压电力学行为进行了模拟计算，调温技术采用 Nose-Hoover 热浴，数值积分方法采用 Verlet 蛙跳法的速度形式，采用位移约束边界条件以模拟有限长度的力学行为，施加外电场作用，模拟了钛酸钡纳米晶体板的单向电场加载下应力变化过程，研究了外电场、温度等对钛酸钡单晶等效压电应力常数的影响，给出了应力-场强曲线，并做出了合理解释，得出如下结论：

(1) 在一定温度下，[001]晶向的应力和场强呈近似的线性关系；

(2) 在相同电场加载下，比较纳米尺度下的等效压电应力常数，比相应的宏观材料参数小，表现了一定的尺度效应，但不同晶向等效压电应力常数的比值差别不大；

(3) 在一定范围内，随着温度的变化，等效压电应力常数 e_{33} 随温度的变化大体符合晶系变化规律。

10.5 力电耦合算例

10.5.1 压电复合材料性能分析

1. 1-3 型压电复合材料简介

1-3 型压电复合材料是由一维的压电陶瓷柱平行地排列于三维连通的聚合物中而构成的具有压电效应的两相压电复合材料。在 1-3 型压电复合材料中，由于聚合物相的柔顺性远比压电陶瓷相的好，因此当 1-3 型压电复合材料受到外力作用时，作用于聚合物相的应力将传递给压电陶瓷相，造成压电陶瓷相的应力放大；同时由于聚合物相的介电常数极低，整个压电复合材料的介电常数大幅下降。这两个因素综合作用的结果使压电复合材料的压电系数 e 得到了大幅度的提高，同时由于聚合物的加入，压电复合材料的柔顺性也得到了显著的改善，从而使材料的综合性能得到了很大的提高。在 1-3 型压电复合材料中，压电陶瓷体积百分含量 v 是影响其性能的一个重要参数。大量的实验结果表明，随着压电陶瓷体积百分含量 v 的增大，压电复合材料的压电常数线性增大，当 $v>40\%$ 时，增幅将逐渐趋于平缓并接近于压电陶瓷的压电常数；而压电复合材料的介电常数 k 随着 v 的增大而几乎线性增大，这是由于压电陶瓷的介电常数远大于聚合物的介电常数。

2. 模型及本构关系

自从单胞模型可以描述含周期性均匀分布孔洞的材料的细观结构与宏观性能二者之间的关系后，这种方法已经广泛应用于模拟和研究含夹杂或孔洞的压电陶瓷的宏观性能。Sareni、Pastor、Poizat、Sester 分别用单胞元方法研究了 1-3 型和 0-3 型压电复合材料的有效介电、弹性和压电性能。在本节中，基于均匀化理论，运用单胞法分析 1-3 型压电复合材料的有效性能，其中夹杂(孔洞)为第二相，压电材料为基体相。研究如

图 10-11(a)所示的一种 1-3 型压电复合材料，一维的圆柱夹杂平行地排列于三维的基体中，因为极化的压电材料的横观各向同性，现在主要考虑横观各向同性的压电复合材料，假定 z 方向为极化方向，则 x-y 平面是横观各向同性面，研究 x-z 平面的力电耦合现象。如图 10-11(b)所示，嵌入在基体中的夹杂呈可重复性周期排列，本节所要用到的单胞就是图中的 RVE，本节是在有限元软件上进行网格划分的，所用单元是分析耦合问题的四节点单元，该模型共有 267 个单元，284 个节点，852 个自由度，具体的单元划分如图 10-12 所示。

(a) 1-3型压电复合材料　　　　(b) 可重复性正方形RVE

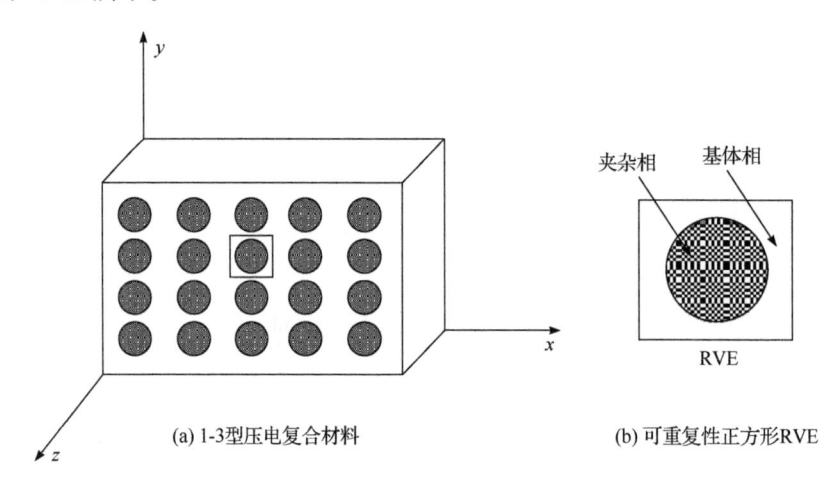

图 10-11　1-3 型压电复合材料和可重复性正方形 RVE

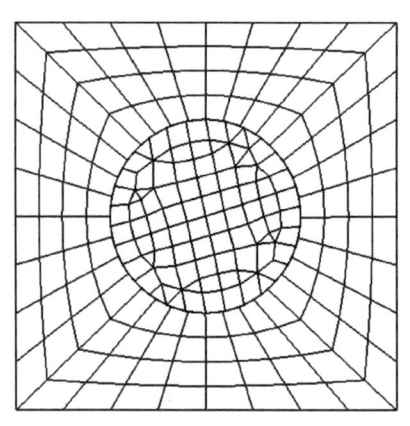

图 10-12　RVE 的有限元初始网格图

则压电线性理论的基本耦合公式为

$$\sigma_p = C_{pq}\varepsilon_q - e_{kp}E_k, \quad D_i = e_{iq}\varepsilon_q + k_{ik}E_k \tag{10-106}$$

这个压电耦合公式也可以用矩阵表示为

$$\boldsymbol{\sigma} = \boldsymbol{C}\boldsymbol{\varepsilon} - \boldsymbol{e}^{\mathrm{T}}\boldsymbol{E}, \quad \boldsymbol{D} = \boldsymbol{e}\boldsymbol{\varepsilon} + \boldsymbol{k}\boldsymbol{E} \tag{10-107}$$

其中，$\boldsymbol{\sigma}$ 为应力向量；$\boldsymbol{D}$ 为电位移向量；$\boldsymbol{\varepsilon}$ 为应变向量；$\boldsymbol{E}$ 为电场强度向量；$\boldsymbol{C}$ 为刚度矩阵；$\boldsymbol{e}$ 为压电系数矩阵；$\boldsymbol{k}$ 为介电常数矩阵。

平面应变的本构方程表示为

$$\begin{Bmatrix} \sigma_1 \\ \sigma_3 \\ \sigma_5 \\ D_1 \\ D_3 \end{Bmatrix} = \begin{bmatrix} C_{11} & C_{13} & 0 & 0 & e_{31} \\ C_{13} & C_{33} & 0 & 0 & e_{33} \\ 0 & 0 & C_{55} & e_{15} & 0 \\ 0 & 0 & e_{15} & -k_{11} & 0 \\ e_{31} & e_{33} & 0 & 0 & -k_{33} \end{bmatrix} \begin{Bmatrix} \varepsilon_1 \\ \varepsilon_3 \\ \varepsilon_5 \\ -E_1 \\ -E_3 \end{Bmatrix}$$

(10-108)

简化为

$$\boldsymbol{\Pi} = \boldsymbol{Z}\boldsymbol{X}$$
$$\boldsymbol{\Pi} = \boldsymbol{\Pi}_i^\mathrm{T} = \{\sigma_1 \quad \sigma_3 \quad \sigma_5 \quad D_1 \quad D_3\}^\mathrm{T}$$
$$\boldsymbol{X} = \boldsymbol{X}_i^\mathrm{T} = \{\varepsilon_1 \quad \varepsilon_3 \quad \varepsilon_5 \quad -E_1 \quad -E_3\}^\mathrm{T}$$

(10-109)

其中，$\boldsymbol{Z}$ 为材料常数矩阵，应用第 4 章中推导出来的有限元方程，用 Fortran 语言编写有限元程序，可以计算压电复合材料的有效性能 Z^*。

3. 数值算例

例 10-1 在本算例分析中，选择压电材料作为压电复合材料的基体相，改变嵌入基体中的夹杂相，分别选用刚性材料和压电材料作为夹杂相。此外，在两相材料相同的情况下，改变夹杂相的形状，就是选用如图 10-11 所示的模型，分别为圆形和椭圆形两种形状的夹杂。改变圆形的半径，得到一系列夹杂相的体分比；然后在给定夹杂相体分比的情况下，改变椭圆形夹杂的长短轴比 a/b。运行程序计算压电复合材料的有效性能，研究有效性能与夹杂相体分比和椭圆形长短轴比 a/b 之间的关系。

4. 刚性夹杂

选用如图 10-11 所示的模型，其中刚性夹杂相材料的弹性模量非常大，其值的 10^3 倍等于基体相材料的弹性模量值，通过改变夹杂相的大小，计算出压电复合材料的弹性常数、压电常数和介电常数，并计算这些值分别与基体相弹性常数、压电常数和介电常数的比值，研究这些比值与夹杂相体分比之间的关系，基体相选用压电陶瓷材料 $BaTiO_3$，它的材料常数与刚性夹杂的材料常数如表 10-4 所示，运行程序得到的压电复合材料的有效性能结果见表 10-5。将求得的有效性能做归一化处理，下面各图中上标 0 表示基体相的材料常数。

表 10-4　压电复合材料两相材料常数表

材料	弹性常数/GPa				压电常数/(C/m²)			介电常数/(10^{-9}C²/(N·m²))	
	C_{11}	C_{13}	C_{33}	C_{55}	e_{15}	e_{31}	e_{33}	k_{11}	k_{33}
基体相	166	78	166	43	11.6	−4.4	18.6	11.2	12.6
夹杂相	166000	78000	166000	43000	0	0	0	0.05	0.03

表 10-5　压电复合材料有效性能表 1

体分比 v_2	弹性常数/GPa				压电常数/(C/m²)			介电常数/(10^{-9}C²/(N·m²))	
	C_{11}	C_{13}	C_{33}	C_{55}	e_{15}	e_{31}	e_{33}	k_{11}	k_{33}
0.07	184	93	184	43.4	11.04	−4.2	16.7	10.3	12.5
0.125	203	102	203	47.3	10.4	−4	16	9.06	12.1
0.28	278	122	277.3	61	9.0	−3.7	14.5	6.63	11.7
0.4	340	135	342	74	8.3	−3.62	13.3	5.3	10.6
0.5	470	152	472	96	7.6	−3.6	11.6	4.1	9.1

很明显，从图 10-13 中可以看到，压电基体相通过刚体材料的增强，归一化弹性模量随着夹杂相体分比 v_2 的增加显著增大，本节方法得到的归一化弹性模量 C_{11}^*/C_{11}^0 与边界元法的结果对比，二者的结果非常接近。

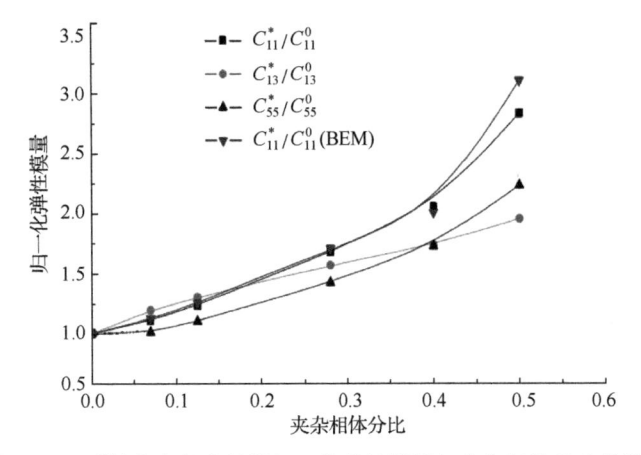

图 10-13　刚性夹杂复合材料归一化弹性模量与夹杂相体分比的关系

如图 10-14 和图 10-15 所示，归一化压电模量、归一化介电模量随着夹杂相体分比的增大而减小，这是由于刚体材料中的压电常数和介电常数都接近于零，随着刚体材料

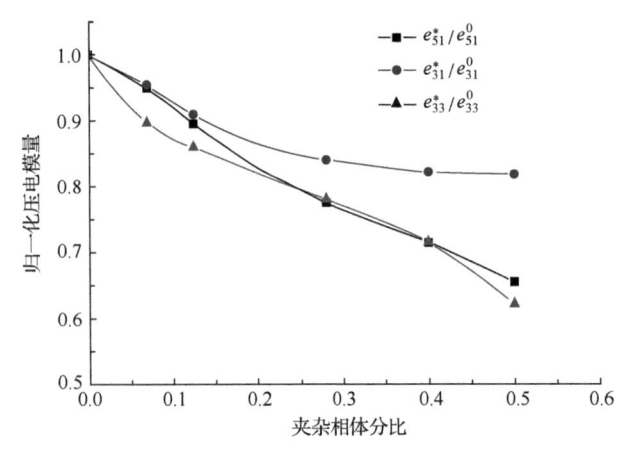

图 10-14　刚性夹杂复合材料归一化压电模量与夹杂相体分比的关系

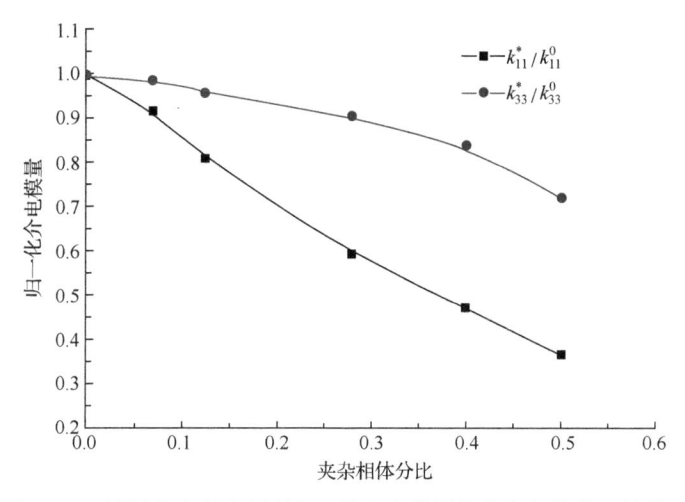

图 10-15 刚性夹杂复合材料归一化介电模量与夹杂相体分比的关系

的增强，基体中压电模量和介电模量的影响渐渐变弱。

例 10-2 选取 RVE 模型，其中椭圆形是刚性夹杂相，本算例中压电复合材料中的两相材料常数与例 10-1 相同，在刚性夹杂相体分比 $v_2=0.1925$ 的情况下，改变椭圆形长短轴比 a/b，计算压电复合材料的有效性能，研究椭圆形长短轴比 a/b 对有效性能的影响。运行程序得到的有效性能结果如表 10-6 所示。

表 10-6 压电复合材料有效性能表 2

长短轴比 a/b	弹性常数/GPa				压电常数/(C/m²)			介电常数/(10^{-9}C²/(N·m²))	
	C_{11}	C_{13}	C_{33}	C_{55}	e_{15}	e_{31}	e_{33}	k_{11}	k_{33}
1	230	101.5	230	59.6	10.8	−4.9	15.3	9.18	10.06
2	273	102	273.8	57.4	11.2	−5.45	14.4	9.06	9.97
3	779	107.7	778	56.5	11.6	−5.5	13.0	8.7	10.09

由图 10-16 可以看出，在给定刚性夹杂相体分比的情况下，归一化弹性模量 C_{11}^*/C_{11}^0 随着椭圆形夹杂长短轴比 a/b 值的增大明显增大，即 a/b 的值从 1 增加到 4 时，C_{11}^*/C_{11}^0 的值从 1.4 增大到 4.5。归一化弹性模量 C_{13}^*/C_{13}^0 和 C_{55}^*/C_{55}^0 则随着 a/b 值的增大基本上保持不变。这表明给定椭圆形刚性夹杂相体分比，改变其长短轴比，对压电复合材料的有效弹性模量影响差异很大。

由图 10-17 和图 10-18 可以看出，归一化压电模量 e_{31}^*/e_{31}^0 和 e_{33}^*/e_{33}^0 随着 a/b 值的增大，一个递增，一个递减；而归一化介电模量 k_{11}^*/k_{11}^0 下降趋势很明显。其他的归一化压电模量、归一化介电模量的变化都很小。总的来说，给定刚性夹杂相的体分比，改变椭圆形 a/b 值，对压电复合材料的有效压电性能和有效介电性能的改变不是很大，从图 10-18 中可以看到，a/b 从 1 增加到 4 时，变化很明显的 k_{11}^*/k_{11}^0 减小了不到 0.05，这对有效介电性能 k_{11}^* 的影响微乎其微。

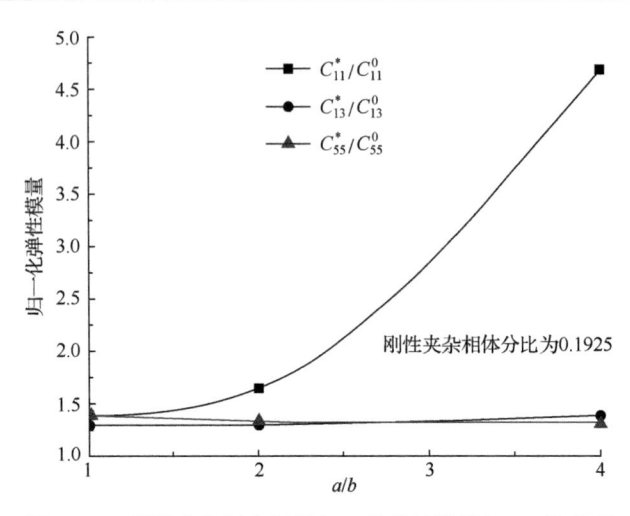

图 10-16 刚性夹杂复合材料归一化弹性模量与 a/b 的关系

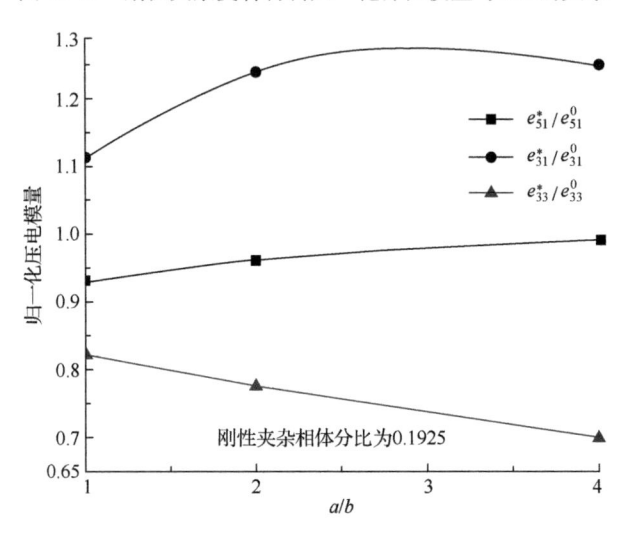

图 10-17 刚性夹杂复合材料归一化压电模量与 a/b 的关系

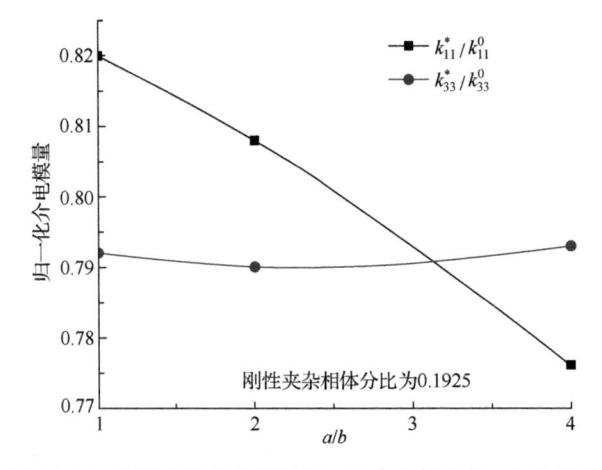

图 10-18 刚性夹杂复合材料归一化介电模量与 a/b 的关系

10.5.2 孔洞对电致伸缩材料蠕变特性的影响

1. 含孔洞缺陷电致伸缩材料孔边应力场

先给出含孔洞缺陷电致伸缩材料孔边应力场的分布情况，选取电致伸缩材料 PMN-PT 作为算例，椭圆长半轴 a=0.01m。为了考查 Maxwell 应力对不同尺寸椭圆的影响，选取短半轴与长半轴之比 b/a=1/2，无穷远处电场沿板厚方向垂直加载，其大小 E_2^∞ =1V/m、0.75V/m、0.5V/m，所得椭圆孔周环向应力分布如图 10-19 所示。

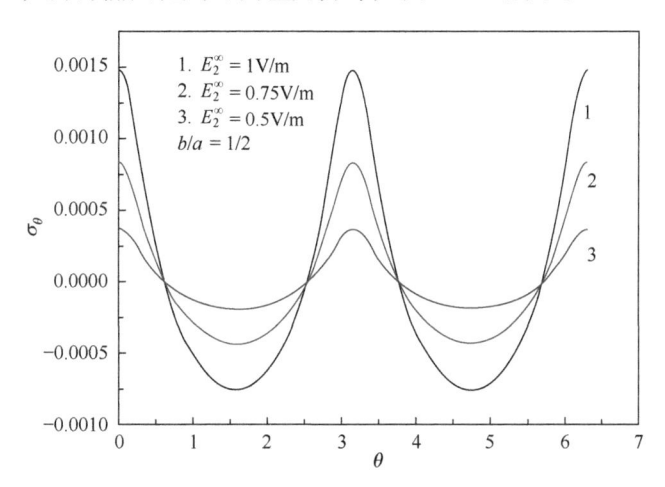

图 10-19　b/a=1/2 时不同外加电场作用下椭圆孔周环向应力分布

图 10-19 显示，电致伸缩基体中孔洞表面的环向应力与外加电场呈正比例增长，即外加电场越大，孔周环向应力也越大。其中在椭圆孔的长轴两端点处环向应力出现正的最大值，在其短轴的两端点处环向应力出现负的最大值。这说明电致伸缩材料在受到外加电场作用时其孔洞缺陷端部会产生一定的应力集中，且外加电场越大，应力集中程度越高。对于本节中的含孔洞缺陷的电致伸缩材料，从图中得到在 $\theta=\pi/2$ 处为拐点，故有 $\partial\sigma_\theta/\partial\theta=0$。所以认为电致伸缩材料孔洞表面基体没有迁移。但是环向应力的二阶导数是可求的，因此可以研究电致伸缩材料孔洞表面基体的蠕变情况。

2. 含孔洞缺陷电致伸缩材料基体的蠕变特性

假设电致伸缩材料为各向同性，取 x-y 平面为对象，研究电致伸缩材料平面问题。在远端电或机械载荷作用下，一般情况下，表面扩散速度远大于晶内或体内扩散速度，所以一般只考虑表面扩散机制所产生的蠕变变形，可以得到含孔洞缺陷的压电基体的蠕变速率：

$$\dot{\varepsilon} = \frac{V_n^A}{L} = -\frac{\Omega D_i}{LkT}\left(\gamma_D \frac{\partial^2 k}{\partial s^2} - \frac{\partial^2 W}{\partial s^2}\right)\bigg|_A \tag{10-110}$$

对于含孔洞缺陷的电致伸缩材料，在受到外加电场作用下由电致应力应变产生的弹性应变能密度 $W_E = 0.5(\sigma_x\varepsilon_x + \sigma_y\varepsilon_y)$，只要得到含孔洞电致伸缩材料孔周应力分布的解析解，即可得到椭圆孔端点 A 处的正应力密度梯度和应变能密度梯度。应力场在前面的分析中已经给出。由于孔边无应力作用，故由机械应力产生的孔边正应力为零，且由外加电场产生的 Maxwell 应力在孔边为固定值，所以在上面蠕变速率的解析式中总正应力密度梯度项 $\dfrac{\partial^2 W}{\partial s^2}$ 为零，下面分析的重点为对应变能密度梯度项的分析与求解。

为了更好地分析各个参数对蠕变速率的影响，同时也能简化计算，进一步对式(10-110)进行一些简化：引入孔洞的体积分数 $H_V = \pi\rho^2/(4L^2)$，以及无量纲化的载荷参数 $\varLambda = \left(\rho\varepsilon_m E_2^2\right)/\gamma_D$。

得到无量纲化的电致伸缩基体蠕变速率：

$$\dot{\bar{\varepsilon}}_y = \left(\frac{H_V}{\pi}\right)^{\frac{1}{2}}\left\{\frac{3}{\varLambda}\left[1 - \frac{(1-m)^2}{(1+m)^2}\right]\left(\frac{1-m}{1+m}\right)^{\frac{3}{2}} + \frac{\partial^2 W}{\partial\theta^2}\Big/\left[\varepsilon_m\left(E_2^2\right)^2\right]\right\}\Bigg|_A \quad (10\text{-}111)$$

其中，应变能密度梯度项 $\dfrac{\partial^2 W}{\partial \theta^2}$ 也是无法给出简洁的解析解，故代入具体数值，通过计算可以得到问题的数值解。设各向同性电致伸缩材料参数为

$$\begin{aligned}&E = 281\text{GPa}, \quad \nu = 0.26\\ &a_1 = 2.704\times10^{-5}\text{F/m}, \quad a_2 = -4.899\times10^{-6}\text{F/m}\end{aligned} \quad (10\text{-}112)$$

对不同形状的孔洞对应电致伸缩材料受不同大小的外加电场载荷进行多次计算，得到结果如图 10-20 和图 10-21 所示。

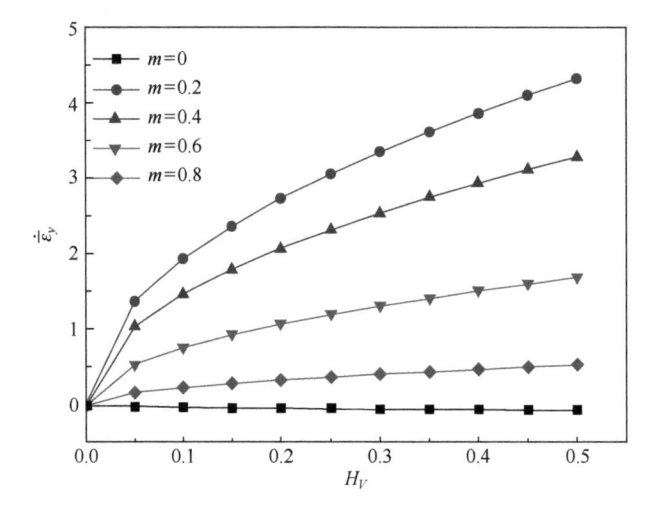

图 10-20　$\varLambda = 1/12$，$E_2^\infty = 1\text{V/m}$ 时不同形状参数 m 下电致伸缩基体的蠕变速率随体积分数的变化

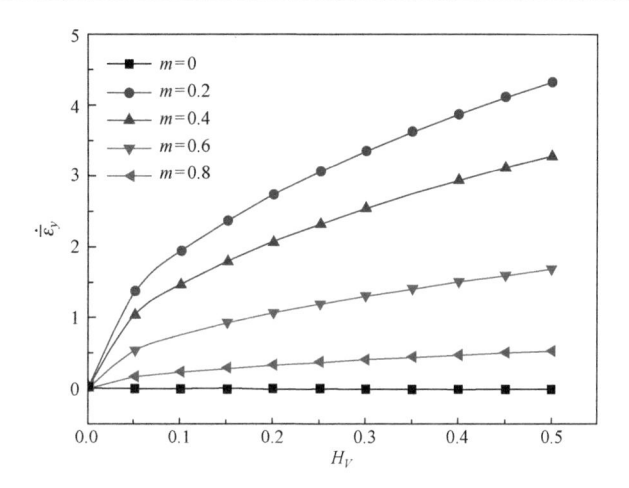

图 10-21　$\Lambda=1/12$，$E_2^\infty=0.5\text{V/m}$ 时不同形状参数 m 下电致伸缩基体的蠕变速率随体积分数的变化

图 10-20 和图 10-21 描述的是外加电场分别取为 1V/m 和 0.5V/m 时，不同形状参数的孔洞对应电致伸缩基体的蠕变速率随体积分数 H_V 的变化情况。从图中可以得到，形状参数 $m=0$，即孔洞为圆时对应的电致伸缩基体的蠕变速率为负值，整体来看，基体蠕变速率的数值随着体积分数 H_V 的增大而增大。除 $m=0$ 外，其他形状的孔洞对应电致伸缩基体的蠕变速率随孔洞形状参数的增大而减小，即主轴沿 x 方向的孔洞越扁，电致伸缩基体的蠕变速率越快。比较两图，当外加电场的变化对电致伸缩基体的蠕变速率的影响不大，只使得 $m=0$ 时电致伸缩基体的蠕变速率有明显改变。这是因为当孔洞为圆形时，即 $m=0$，基体蠕变速率中曲率密度梯度项为零，此时基体蠕变速率仅由应变能密度梯度项构成，因而可以得出结论，外加电场对基体蠕变速率的影响主要体现在电致应变能密度梯度上。

单列出含有形状参数 $m=0.2$ 的孔洞的电致伸缩材料，分析它在受到外加电场作用下，分别取不同的无量纲化载荷值时基体的蠕变速率随体积分数的变化情况如图 10-22 所示。从图中可以看出电致伸缩基体的蠕变速率随无量纲化载荷的增大而减小。从数值分析中发现，这个算例中无量纲化参数的取值使得含孔洞电致伸缩基体的蠕变速率中曲率的密度梯度项起主要作用，因此无量纲化载荷的变化能使蠕变速率明显变化，其随着无量纲化载荷的增大而减小。而从上面的分析可以得出，外加电场对基体蠕变速率的影响主要体现在应变能密度梯度上，为了不使此处曲率项取值问题掩盖外加电场产生的应变能密度梯度的相应机制，下面单独拿出应变能密度梯度项出来讨论，即忽略曲率项，只考虑由电致应变能密度梯度构成的蠕变速率的影响。根据前面的推导，去掉公式中曲率密度梯度一项，得到由应变能密度梯度引起的蠕变速率，可以改写为

$$\dot{\bar{\varepsilon}}_W = \left(\frac{H_V}{\pi}\right)^{\frac{1}{2}} \left\{ \frac{\partial^2 W}{\partial \theta^2} \bigg/ \left[\varepsilon_m \left(E_2^\infty\right)^2\right] \right\}\bigg|_A \tag{10-113}$$

按照式(10-113)进行求解，数值计算结果显示如图 10-23 所示。

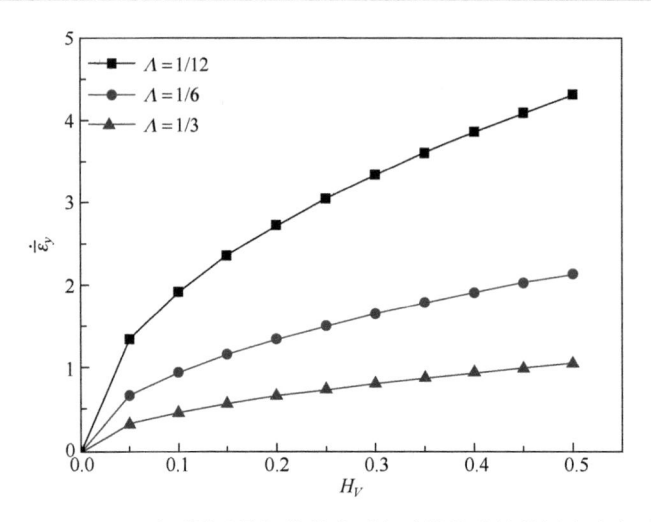

图 10-22　$E_2^\infty = 1\text{V/m}$，$m = 0.2$ 时不同无量纲化载荷下电致伸缩基体的蠕变速率随体积分数的变化

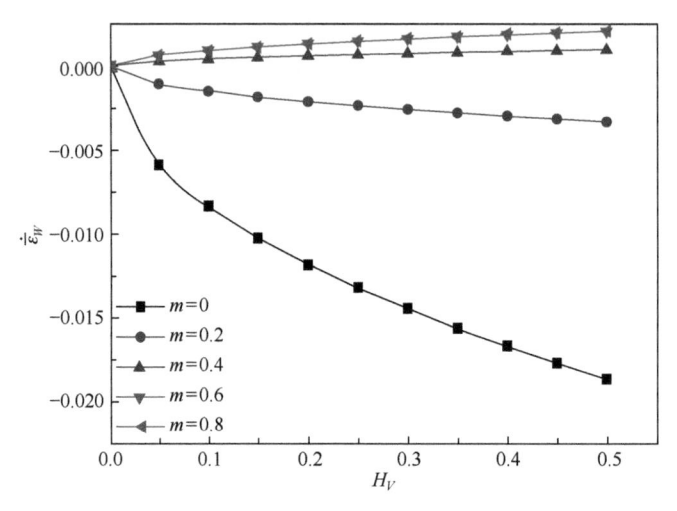

图 10-23　$E_2^\infty = 0.5\text{V/m}$ 时不同形状参数下电致伸缩基体只考虑应变能密度梯度的蠕变速率随体积分数的变化

单独考虑应变能密度梯度的电致伸缩基体蠕变速率随体积分数的变化情况如图 10-23 所示，其中外加电场取为固定值 $E_2^\infty = 0.5\text{V/m}$，孔洞的形状参数 m 取不同值 0、0.2、0.4、0.6、0.8，发现 $m=0$ 和 $m=0.2$ 时，只含应变能密度梯度项的电致伸缩基体的蠕变速率为负值，而其余为正值，且蠕变速率均随着体积分数的增大而增大。并且 $m=0.6$ 和 $m=0.8$ 时基体的蠕变速率大小趋于一致。

图 10-24 描述了当固定孔洞的形状参数 $m=0.2$ 时，不同外加电场作用下，无限大电致伸缩基体蠕变速率随体积分数的变化情况。从中可以看出，由外加电场引起的电致应变能密度梯度随外加电场的增大而增大，相对应的基体的蠕变速率也增大。

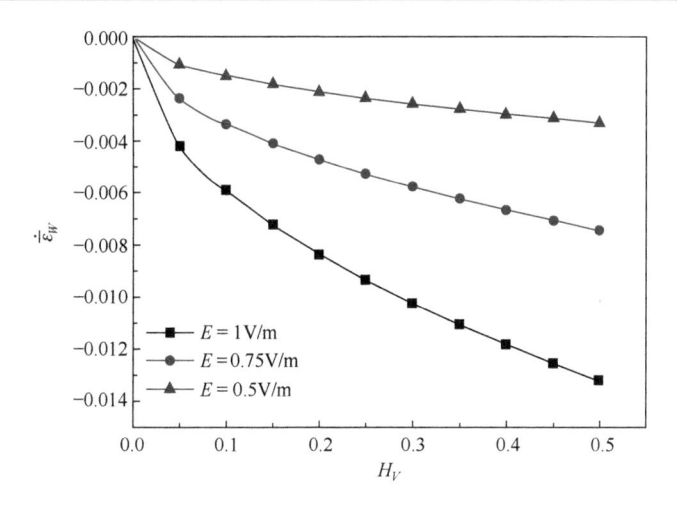

图 10-24　$m=0.2$ 时不同外加电场下电致伸缩基体只考虑应变能密度梯度的蠕变速率随体积分数的变化

思考题及习题

1. 什么是压电效应？
2. 什么是电致伸缩效应？
3. 分子动力学方法的原理是什么？
4. 典型分子动力学模拟步骤是什么？

第 11 章　电磁耦合计算

11.1　电磁感应现象

电磁感应现象是法拉第于 1831 年 8 月发现的,他将两个线圈绕在一个铁环上,线圈 A 接直流电源,线圈 B 接电流表。他发现,当线圈 A 的电路接通或断开的瞬间,线圈 B 中产生瞬时电流。且铁环并不是必需的,拿走铁环,继续实验,上述现象仍然发生,只是线圈 B 中的电流弱些。因此,他将这种现象定名为"电磁感应现象",并概括了可以产生感应电流的五种类型:变化的电流、变化的磁场、运动的恒定电流、运动的磁铁、在磁场中运动的导体。

电磁感应现象又称磁电感应现象,其理论定义:闭合电路的磁通量发生变化,闭合电路中就有电流产生。这种现象称为电磁感应现象,所产生的电流称为感应电流。

磁通量是指在磁感应强度为 B 的匀强磁场中,有一个与磁场方向垂直、面积为 S 的平面,将磁感应强度 B 与面积 S 的乘积,称为穿过这个平面的磁通量,简称磁通,用 ϕ 表示,此时磁通计算为 $\phi = B \cdot S$。

由于磁感应强度是一种场量,因此通常以磁感线形象地描绘磁场分布,曲线上每一点的切线方向都和这点的磁场方向一致,磁感应强度的方向与该点的磁力线切线方向相同,而磁感线的疏密程度表示磁感应强度的大小。在磁场中某处垂直于磁场方向选取一个平面,可用穿过该平面单位面积的磁感线条数来表示磁感线的疏密程度。垂直穿过该单位面积的磁感线条数越多,磁感线就越密,磁感应强度就越大,反之亦然。规定垂直穿过单位面积的磁感线条数等于该处的磁感应强度的大小。穿过某个面的磁通可理解为穿过该面的磁感线条数。

磁感线是人为假设的曲线。磁感线有无数条,且是立体的,所有的磁感线都不交叉,且总是从 N 极出发,进入邻近的 S 极。

磁感线是一种闭合的曲线,遵循磁通连续定理,即由任一闭合面穿出的净磁通等于零,即穿出的磁通等于穿入的磁通,而其代数和为零,用公式表示为

$$\nabla \cdot B = 0 \tag{11-1}$$

即表示为磁场中任一点的磁通密度的散度必为零,即磁场为无散场。

显然,某非均匀磁场的面元 dS 的磁通 $d\phi$ 的计算公式为

$$d\phi = dB \cdot dS \cdot \cos\theta \tag{11-2}$$

其中,θ 为面元 dS 的法线方向 n 与磁感应强度 dB 的夹角。磁通是标量,$\theta < 90°$ 时为正值,$\theta > 90°$ 时为负值。通过任意闭合曲面的磁通等于通过构成它的那些面元的磁通的代数和,即对于闭合曲面,通常取它的外法线矢量(指向外部空间)为正。因此,在一般

情况下，磁通是通过磁场在曲面面积上的积分定义的。

因此，电磁感应现象发生的条件是闭合回路包络面上对磁感应强度的面积分。显然电磁感应产生的方式可以总结为三种：包络面积 S 的变化、磁感应强度 B 的变化和夹角 θ 的变化。

图 11-1 显示的是由包络面积的变化导致的电磁感应现象。

此时包络面积 S 变化导致磁通变化时，可以理解为图 11-1 的形式，其计算公式为

$$\Delta \phi = BS_2 - BS_1 = BL(x_2 - x_1) = BLv \tag{11-3}$$

其中，S_1 和 S_2 分别为 t 时刻和 $t+1$ 时刻包络面积；L 为有效长度。

对于夹角 θ 变化导致磁通变化时，可以理解为图 11-2 的形式。

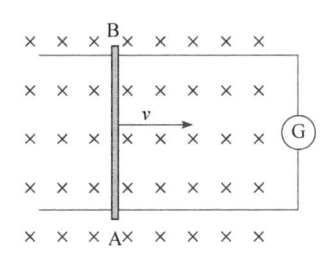

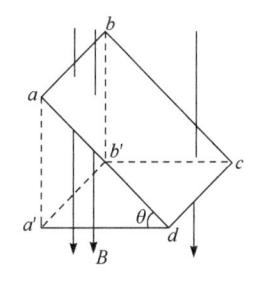

图 11-1 包络面积导致磁通变化示意图　　图 11-2 夹角导致磁通变化示意图

而对于磁感应强度 B 变化导致磁通变化同理：

$$\Delta \phi = SB_2 - SB_1 = \Delta B \cdot S \tag{11-4}$$

在实际情况下磁感应强度的变化通常为产生磁场的激励电流变化、磁场发生源与闭合回路的距离和介质的磁导率变化三种情况。

因此，电磁感应产生的电动势分为动生电动势和感生电动势。

动生电动势：动生电动势产生的条件为闭合回路和穿过闭合电路的磁通发生变化。产生动生电动势的那部分做切割磁力线运动的导体就相当于电源。

理论和实践表明，长度为 L 的导体，以速度 v 在磁感应强度为 B 的匀强磁场中做切割磁感线运动时，在 B、L、v 互相垂直的情况下导体中产生的感应电动势的大小为 $E = BLv$。

电磁感应现象中产生的电动势，常用符号 E 表示。当穿过某一不闭合线圈的磁通发生变化时，线圈中虽无感应电流，但感应电动势依旧存在。当一段导体在匀强磁场中做匀速切割磁感线运动时，不论电路是否闭合，感应电动势的大小只与磁感应强度 B、导体长度 L、切割速度 v 及 v 和 B 方向间夹角 θ 的正弦值成正比，即 $E = BLv\sin\theta$（θ 为 B、L、v 三者间通过互相转化两两垂直所得的角）。

在导体棒不切割磁感线，但闭合回路中有磁通变化时，同样能产生感应电流。

在回路没有闭合，但导体棒切割磁感线时，虽不产生感应电流，但有电动势。因为导体棒做切割磁感线运动时，内部的大量自由电子有速度，便会受到洛伦兹力，向导体棒某一端偏移，直到两端积累足够电荷，电场力可以平衡磁场力，于是两端产生电势差。

感生电动势：变化的磁场在其周围空间激发感生电场(又称有旋电场)，这种感生电场迫使导体内的电荷做定向移动而形成感生电动势。

感生电场在闭合导体回路 L 中产生的感生电动势为

$$\varepsilon = \iint_S \frac{\partial E}{\partial t} \mathrm{d}S \tag{11-5}$$

式中，E 是有旋电场的场强，即单位正电荷所受有旋电场的作用力。

感生电场的成因由麦克斯韦提出：变化的磁场在其周围空间激发一种新的电场，称为感生电场或涡旋电场。处于电场中的电荷会受到感生电场力的作用，感生电场力是产生电动势的非静电力。

需要注意的是，感应电场的存在与是否存在闭合电路无关。

变化的磁场周围所产生的电场与电荷周围的静电场的区别是：静电场由电荷激发，而磁场周围的电场是由变化的磁场激发的。

静电场的电场线不闭合，总是出发于正电荷，终止于负电荷，且单位正电荷在电场中沿闭合电路运动一周时，电场力所做的功为零。而变化的磁场周围的电场中，电场线是闭合曲线，没有终点与起点，这种情况与磁场中的磁感线类似，所以单位正电荷在此电场中沿闭合电路运动一周时，电场力所做的功不为零。

需要注意的是，当磁感应强度、面积和夹角同时发生变化时，仅判断 t 时刻的磁通和 $t+1$ 时刻的磁通是否有变化。

因此，对于电磁感应现象的应用有很多，如发电机发电。

绝大部分发电机均是利用导线切割磁力线感应出电势的电磁感应原理，如图 11-3 所示。

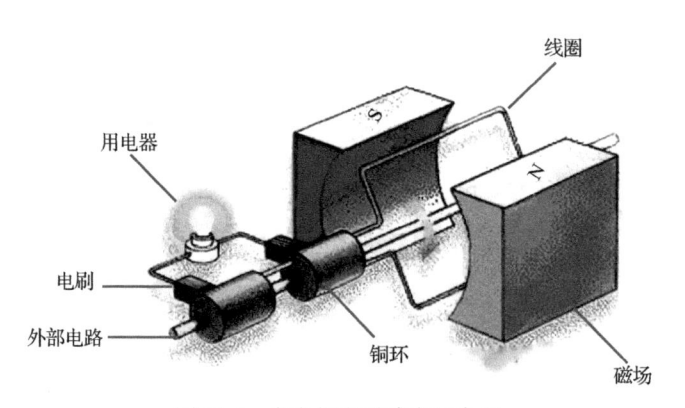

图 11-3　发电机电磁感应示意图

同步发电机由定子和转子两部分组成，定子是发出电力的电枢，转子是磁极。定子由电枢铁心、均匀排放的三相绕组、机座和端盖等组成。转子通常为隐极式，由励磁绕组、铁心和轴、护环、中心环等组成。转子的励磁绕组通入直流电流，产生接近于正弦分布的磁场(称为转子磁场)，其有效励磁磁通与静止的电枢绕组相交链。

同步发电机的能量转换：同步电机作为发电机运行时，是通过原动力机械将机械能输入同步电机，在原动力机拖动下运转，成为发电机，将机械能转变为电能，或将其他形式的能转变成电能。

原动机拖动转子旋转时，就得到一个旋转磁场。一旦原动机将转子带动到同步转速 n 时，转子磁场以转速 n 旋转，在气隙中便形成了一个圆形的旋转磁场。

三相交变电动势的产生：发电机定子铁心内嵌放如同三相异步电机定子绕组式的对称绕组。转子磁场旋转时，该磁场与定子绕组有相对运动，并以同步转速相对切割定子三相对称绕组，在定子绕组中感应出三相对称的电动势 e_{U0}、e_{V0}、e_{W0}，即

$$e_{U0} = E_m\sin(\omega t)$$
$$e_{V0} = E_m\sin(\omega t - 120°)$$
$$e_{W0} = E_m\sin(\omega t - 240°)$$
(11-6)

同样利用导线切割磁力线感应的异步发电机如图 11-4 所示。

旋转磁场不断切割转子中的闭合导体，产生感应电动势和感应电流，再由转子中的感应电流和旋转磁场相互作用产生电磁转矩，使得转子随着旋转磁场的方向同向运转。在异步电机中，为保持旋转磁场始终切割转子导体产生感应电流，转子转速大于旋转磁场的速度，而在异步电动机中转子转速小于旋转磁场的速度。

相比于切割磁感线的方式，磁场改变从而产生电磁感应发电的方式在近期受到较为广泛的关注。

超磁致伸缩的发电方式是通过振动改变特定的超磁致伸缩材料内部的磁化强度，从而使得磁通发生变化进而发电。

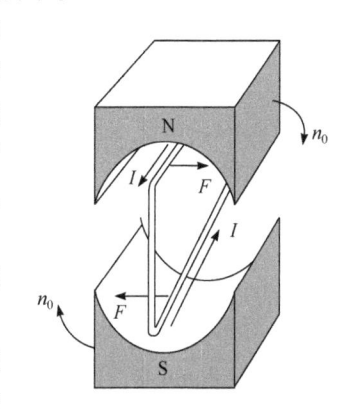

图 11-4 异步发电机电磁感应示意图

在外界压应力作用下或形状的变化，都会导致超磁致伸缩棒或片的内部磁场分布发生改变，即其磁通发生了改变。如果超磁致伸缩棒外部有感应线圈，就会产生感应电动势，利用该效应可以研制压力传感器、振动发电机等。

超磁致伸缩材料内部的磁畴在负载和预应力共同作用下会发生偏转，从而导致其磁化强度 M 和磁感应强度 B 发生变化，磁畴的偏转角度越大或偏转的数目越多，则逆效应越明显。与致动器类似，超磁致伸缩振动发电机的偏置条件也很重要，这是由 Terfenol-D(铽镝铁合金)的特性决定的。沿着 Terfenol-D 最大伸长方向提供静磁场，一般由永磁体或直流偏置线圈提供，磁场大小由 Terfenol-D 的平均工作点决定，一般为 Terfenol-D 最大伸长量的一半处对应的偏置磁场大小，这可以最大限度地保证 Terfenol-D 工作的线性度，并可使得磁致伸缩系数达到最大值。此外，一定大小的预应力也是必需的，可以保证 Terfenol-D 工作在需要的位移曲线上，并防止其受到拉应力。

预应力使得初始方向与施力方向相平行的磁畴数目减少，所以预应力越大，在外界应力作用下超磁致伸缩材料内的磁化强度变化越小，相应的磁通变化越少，因此预应力不能太大。在磁致伸缩曲线斜率最大的上升段，在外界应力的作用下，偏转的磁畴数目较多，偏转角度较大，因此所施加的偏置磁场大小应该在这个区域内，但偏置磁场不宜过大，否则超磁致伸缩材料将主要表现为焦耳效应。

由于偏置磁场保持不变，要计算外界振动压应力激励下 Terfenol-D 棒中磁通的变化规律，首先需要明确 Terfenol-D 棒中磁化强度与压应力及磁场强度之间的关系。

根据电磁感应定律，当线圈中的磁通发生变化时会在线圈中产生感应电动势。同样，在外界压应力的作用下，超磁致伸缩材料内部的磁感应强度会发生改变，从而磁通量也发生变化。因此，基于这两方面因素对超磁致伸缩振动发电的数学模型进行推导。

若不考虑温度变化的影响，则沿着 Terfenol-D 棒的轴线方向，磁感应强度 B 和应变 ε 可由压磁方程表示。

Terfenol-D 合金是一种新型的稀土超磁致伸缩材料，当 Terfenol-D 合金元件置于一个磁场中时，其室温下磁致伸缩应变量之大是以往任何场致伸缩材料所无法比拟的，其尺寸的变化比其他所有的应变材料都要大，这种变化可以使一些精密机械运动得以实现。Terfenol-D 合金开始主要用于制作海军声呐，目前已广泛应用于多个领域。将它放到磁场中，它比传统的镍钴(Ni-Co)等磁致伸缩合金的应变量大几十倍，是电致伸缩材料的 5 倍以上，可高效地实现电能转换成机械能，传输出巨大的能量；于 $10^{-5}\sim10^{-6}$ s 的极短时间内，精密、稳定地形成与磁场静态、动态特性相匹配的无滞后型响应，其响应稳定，速度敏捷，这也是 Terfenol-D 合金元件的重要特性，从而使它在工业的科技开发中作为执行元件、控制元件、敏感元件得到了越来越广泛的应用，举例如下。

(1) Terfenol-D 合金在声学领域的应用成果之一是平板扬声器技术。平板扬声器具有优异的频响特性和音质，可以产生 360°的声场，穿越任何硬质平面，开辟了设计各种新型扬声器的应用空间。

(2) Terfenol-D 合金可以作为大功率超声波换能器和次声波换能器的核心器件，其能量密度是压电陶瓷材料的 16~25 倍，是解决如超声清洗等传统超声应用领域中输出功率不足问题的必选材料。

(3) 将 Terfenol-D 合金功能元件用于微位移机构，可以快速、精确、稳定地控制复杂的位移运动。在机器人准确的关节控制，机床部件的精密位移控制，成形加工机床的伺服刀架控制，机构传动误差和刀具磨损的补偿控制，电力分配系统中开关、继电器的强力触头控制，激光镜、望远镜、电子显微镜的精细聚焦等控制中，可显著地优化结构、改善性能、提高效率、降低损耗。

(4) 在用 Terfenol-D 合金元件驱动的线性马达、伺服阀、强力液压泵、精密输液泵(医用)、高速阀门、燃油喷射系统(汽车发动机)等装置中进行随机控制，可有效地提高它们的自动化程度，简化液压控制系统，达到高效节能、安全可靠的目的。

(5) 利用 Terfenol-D 合金元件的即时响应特性，可有效地控制机械系统的振动，达到消振、降噪的目的。反之，利用 Terfenol-D 合金元件的可控特性，可改善振动工艺过程(抛光、振动切削)，提高产品质量和生产效率。

Terfenol-D 的性能参数如下：

磁致伸缩系数 ≥1000ppm；

抗拉强度 ≥25MPa；

热膨胀系数为 $(8\sim12)\times10^{-6}\mathrm{°C}^{-1}$；

杨氏弹性模量为 $(2.5\sim6.5)\times10^{10}\mathrm{N/m}^2$；

抗压强度≥260MPa；

居里温度380℃；

使用温度-40～150℃；

能量密度14～25kJ/m³；

精度10^{-1}～10^{-3}μs；

密度9.25g/cm³；

响应速度<1μs；

响应频带1～10^4Hz。

因此，在不考虑温度变化的条件下，Terfenol-D合金的磁感应强度由式(11-7)与式(11-8)给出：

$$B = d\sigma + \mu^\sigma \tag{11-7}$$

$$\varepsilon = S^H\sigma + dH \tag{11-8}$$

其中，S^H为Terfenol-D棒轴向的柔顺系数；d为轴向的压磁系数；σ为受到的轴向应力；μ^σ为轴向的磁导率；H为轴向的磁场强度。Terfenol-D棒内的磁感应强度分别由应力和磁场产生。

因此，根据电磁学原理，在Terfenol-D棒中磁场强度与磁化强度之间的关系可以表示为

$$\mu^\sigma H = \mu_0(H_i + M) \tag{11-9}$$

$$H_i = H_0 + H_g \tag{11-10}$$

其中，μ_0为真空磁导率，$\mu_0 = 4\pi \times 10^{-7} H/M$，$M$为Terfenol-D棒内的磁化强度；$H_0$为外加偏置磁场强度；$H_g$为感应电流产生的磁场强度。

综上，Terfenol-D棒中的磁感应强度可表示为

$$B = d\sigma + \mu_0(H_i + M) \tag{11-11}$$

由法拉第电磁感应定律可知，感应线圈两端的感应电动势与磁通的变化率成正比：

$$u(t) = -N\frac{d\phi}{dt} \tag{11-12}$$

其中，N为感应线圈的匝数；ϕ为感应线圈内部通过的磁通，并且每一匝感应线圈中的磁通变化规律一致。

Terfenol-D的磁导率约是真空磁导率的9倍，较线圈骨架和空气的磁导率高，若不考虑漏磁通，并且认为Terfenol-D棒内部的磁感应强度B沿着轴向均匀分布，则感应线圈内部的磁通$\phi = BA$，这里A为Terfenol-D棒的截面积。线圈上的感应电动势可表示为

$$u(t) = -NA\frac{dB}{dt} \tag{11-13}$$

$$u(t) = -NA\left[\sigma\frac{\partial d}{\partial t} + d\frac{d\sigma}{dt} + \mu_0\left(\frac{dH_i}{dt} + \frac{dM}{dt}\right)\right] \tag{11-14}$$

在偏置条件一定的情况下，压磁系数d基本不变，为简化模型，认为d为常数。当

感应线圈置于开路状态或感应电流远小于偏置电流时,感应电流产生的磁场 H_g 可忽略不计。Terfenol-D 棒中的磁场强度为 $H_i = H_0$。采用磁机械耦合模型,根据磁感应强度 M 与输入应力 σ 之间的关系,建立输入机械振动与输出开路电动势之间的数学模型:

$$u(t) = -NA\left(d + \frac{\partial M}{\partial \sigma}\right)\frac{\mathrm{d}\sigma}{\mathrm{d}t} \tag{11-15}$$

通过式(11-15)可以得到在正弦激振下对应的感应电动势曲线如图 11-5 和图 11-6 所示。

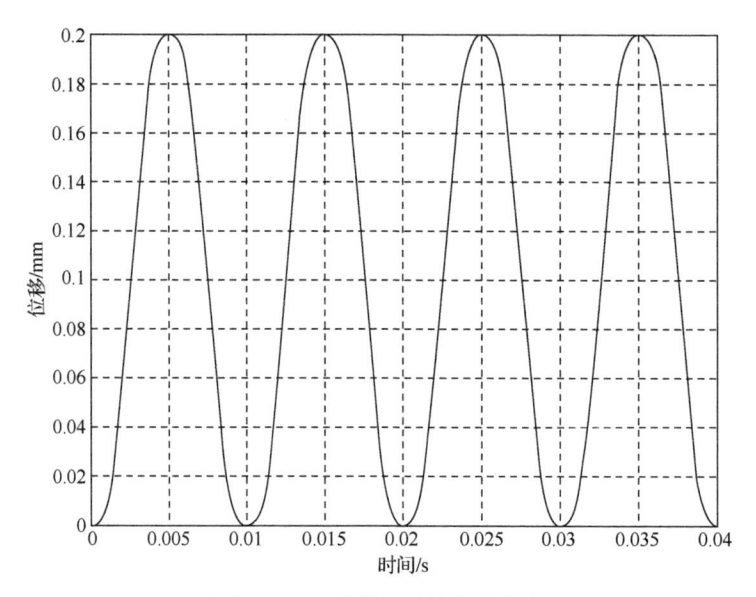

图 11-5 正弦激振下的位移曲线

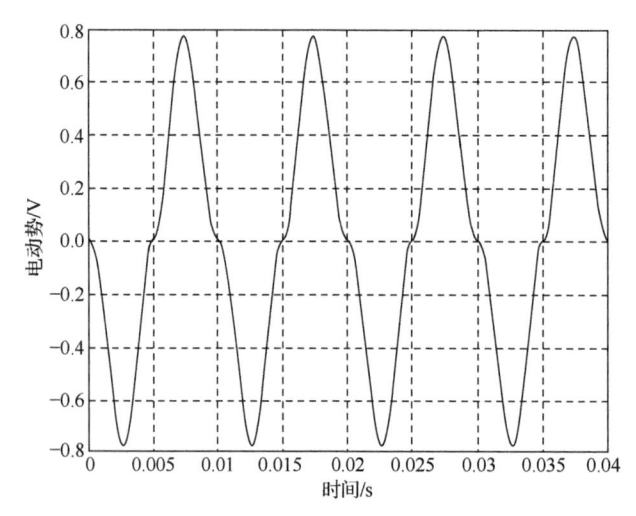

图 11-6 对应的输出电动势

电磁感应也应用于电磁感应加热。电磁感应加热也称为电磁加热,即电磁加热技术,电磁加热的原理是通过电子线路板组成部分产生交变磁场,当将含铁质容器放置上面时,容器表面即切割交变磁力线在容器底部金属部分产生交变的电流(即涡流),涡流使容器底部的载流子高速无规则运动，载流子与原子互相碰撞、摩擦而产生热能，从而起到加热物品的效果。因为是铁制容器自身发热，所以热转化率特别高，最高可达到 95%，是将电能转化为磁能，使被加热钢体表面产生感应涡流的一种加热方式。这种方式从根本上解决了电热片、电热圈等电阻式通过热传导方式加热产生的热效率低下的问题，如图 11-7 所示。

在电磁感应加热中，趋肤效应、邻近效应和圆环效应是影响电流在回路中分布的主要因素。

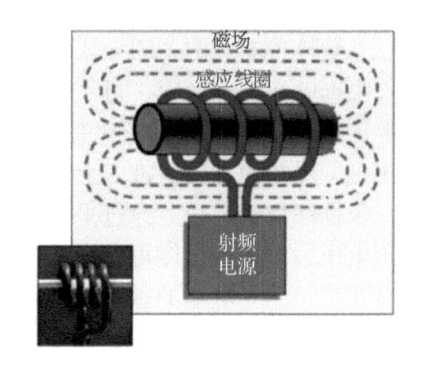

图 11-7 电磁感应加热示意图

趋肤效应是指导线通过交流电时，因导线的内部和边缘部分所交链的磁通不同，致使导线表面上的电流产生不均匀分布，相当于导线有效截面减小的现象。

导体中的交变电流在趋近导体表面处电流密度增大。在直长导体的截面上，恒定的电流是均匀分布的。对于交变电流，导体中出现自感电动势抵抗电流的通过。这个电动势的大小正比于导体单位时间所切割的磁通。以圆形截面的导体为例，越靠近导体中心处，受到外面磁力线产生的自感电动势越大；越靠近表面处则不受其内部磁力线消长的影响，因而自感电动势较小，这就导致趋近导体表面处电流密度较大。由于自感电动势随着频率的提高而增加，趋肤效应也随着频率提高而更为显著。趋肤效应使导体中通过电流时的有效截面积减小，从而使其有效电阻变大。趋肤效应还可用电磁波向导体中透入的过程加以说明。电磁波向导体内部透入时，因为能量损失而逐渐衰减。波幅衰减为表面波幅 1/e 的深度称为交变电磁场对导体的透入深度。

邻近效应是指当高频电流在两导体中彼此反向流动或在一个往复导体中流动时，电流会集中于导体邻近侧流动的一种特殊的物理现象。

邻近效应的形成如图 11-8 所示。在两个平行导体中分别有电流流过，电流的方向

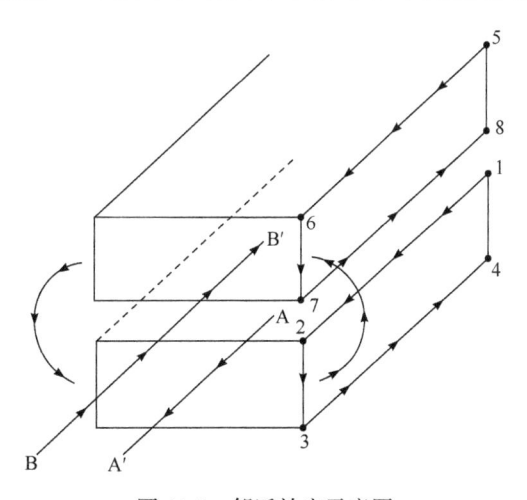

图 11-8 邻近效应示意图

相反(A 和 B)。为了使分析简化，假设图中两个导体的横截面为很窄的矩形，距离较近，且导体可能是两个圆导线也可能是变压器绕组中两个紧密相邻的导线层。

根据电流的磁效应，对于下面的导体，周围产生磁场，磁力线从其侧面 1、2、3、4 穿出后进入上面导体的侧面，然后从对面穿出，最后又向下回到下面的导体。根据右手定则，磁场的方向是进入上面导体侧面的 5、6、7、8 方向。

根据法拉第定律，穿过平面 5、6、7、8 的可变磁场将位于该平面的任何导体上感应出电压。由楞次定律可得，感应电压的方向应为该电压产生的电流形成的磁场能抵消原有产生该感生电流的磁场。因此，平面 5、6、7、8 上的电流方向应该是逆时针的。平面的下层电流方向(7→8)与上面导体的主电流方向(B→B′)相同，有增强主电流的趋势；而平面的上层电流方向(5→6)与主电流方向相反，有减弱主电流的趋势。上述这个现象会发生在任何经过导体且与平面 5、6、7、8 平行的平面上。

这样导致的后果是：沿着上导体的下表面有涡流径向流动，方向是从 7→8，然后它会沿着导体的上表面返回，但在上表面的涡流被主电流抵消了。下导体的情况与此相同，在下导体的上表面有涡流径向流动，此涡流增强了上表面流过的主电流，但在导体的下表面，由于涡流方向与主电流方向相反，涡流被主电流抵消了。

因此，两个导体上的电流被限制在两者接触面表层的一部分上，与趋肤效应一样，表面的厚度与频率有关。

圆环效应(图 11-9)是交流电通过圆环形线圈时，最大的电流密度出现在线圈导体内侧的现象。

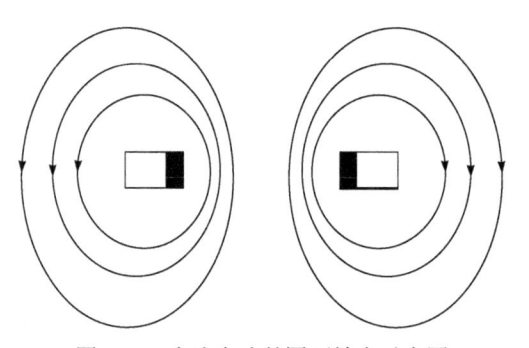

图 11-9 交流电流的圆环效应示意图

如果将直导体弯成圆环形，磁力线也相应随之变化，磁力线在圆环的内侧密集，外侧则疏散，这时有一部分磁力线将穿过圆环内侧的截面。通过分析可知，导体截面外侧的电流线交链较多的磁通，因此感应电场也强，电源电场与感应电场合成总电场，则内侧电场强，外侧电场弱，在这种总电场作用下，导体内侧电流的密度大，外侧电流的密度小。圆环效应的产生原理也可解释为两半圆环的导线，一端连在一起，另外两端通入大小相等、方向相反的交变电流所产生的邻近效应。在实际应用中，使用感应器内环加热工件。

电磁感应加热是这三种效应的综合，感应器两端施以交流电后，产生交变磁场，感应器本身表现为圆环效应，感应器与金属间为邻近效应，被加热金属表现为趋肤效应。

11.2 电磁感应定律

电磁感应定律中电动势的方向可以通过楞次定律或右手定则来确定。右手定则：伸平右手使拇指与四指垂直，手心向着磁场的N极，拇指的方向与导体运动的方向一致，四指所指的方向即为导体中感应电流的方向(感应电动势的方向与感应电流的方向相同)。

楞次定律指出：感应电流的磁场要阻碍原磁通的变化。简而言之，就是磁通变大，产生的电流有让其变小的趋势；而磁通变小，产生的电流有让其变大的趋势。正如勒夏特列原理是化学领域的惯性定理，楞次定律正是电磁领域的惯性定理。勒夏特列原理、牛顿第一定律、楞次定律在本质上是一样的，同属惯性定律。

如果感应电流是由组成回路的导体做切割磁感线运动而产生的，那么楞次定律可具体表述为："运动导体上的感应电流所受的磁场力(安培力)总是反抗(或阻碍)导体的运动。"不妨称这个表述为力表述，这里感应电流的"效果"是受到磁场力；而产生感应电流的"原因"是导体做切割磁感线的运动。

从楞次定律的上述表述可见，楞次定律并没有直接指出感应电流的方向，它只是概括了确定感应电流方向的原则，给出了确定感应电流的程序。要真正掌握它，必须要求对表述的含义有正确的理解，并熟练掌握电流的磁场及电流在磁场中受力的规律。

以"通量表述"为例，要点是感应电流的磁通反抗引起感应电流的原磁通的变化，而不是反抗原磁通。如果原磁通是增加的，那么感应电流的磁通要反抗原磁通的增加，就一定与原磁通的方向相反；如果原磁通减小，那么感应电流的磁通要反抗原磁通的减小，就一定与原磁通的方向相同。在正确领会定律的上述含义以后，就可按以下程序应用楞次定律判断感应电流的方向：穿过回路的原磁通的方向，以及它是增加还是减小；根据楞次定律表述的上述含义确定回路中感应电流在该回路中产生的磁通的方向；根据回路电流在回路内部产生磁场方向的规律(右手螺旋法则，即安培定则)，由感应电流的磁通方向确定感应电流的方向。

以力表述为例，其要点是感应电流在磁场中所受的安培力的方向，总是与导体运动的方向成钝角，从而阻碍导体的运动。因此，应用它来确定感应电流的程序如下：明确磁场 B 的方向和导体运动的方向；根据楞次定律的上述含义明确感应电流受安培力的方向；根据安培力的规律确定感应电流的方向。

在1834年发表楞次定律时并无磁通这一概念(磁通概念是韦伯提出来的)，因此楞次定律不可能具有现今的表述形式。楞次是在综合法拉第电磁感应原理(发电机原理)和安培力原理的基础上，以"电动机发电机原理"的形式提出这个定律的。

楞次定律可以有不同的表述方式，但各种表述的实质相同，楞次定律的实质是：产生感应电流的过程必须遵守能量守恒定律，如果感应电流的方向违背楞次定律规定的原则，那么永动机就是可以制成的。下面分别就三种情况进行说明。

(1) 如果感应电流在回路中产生的磁通加强引起感应电流的原磁通变化，那么一经出现感应电流，引起感应电流的磁通变化将得到加强，于是感应电流进一步增加，磁通变化也进一步加强。感应电流在如此循环过程中不断增加直至无限。这样便可从最初磁通微小的变化中(并在这种变化停止以后)得到无限大的感应电流,这显然是违反能量守恒定律的。楞次定律指出这是不可能的,感应电流的磁通必须反抗引起它的磁通变化,感应电流具有的以及消耗的能量,必须从引起磁通变化的外界获取。要在回路中维持一定的感应电流,外界必须消耗一定的能量。如果磁通的变化是由外磁场的变化引起的,那么要抵消从无到有地建立感应电流的过程中感应电流在回路中的磁通,以保持回路中有一定的磁通变化率,产生外磁场的励磁电流就必须不断增加与之相应的能量,这只能从外界不断地补充。

(2) 如果由组成回路的导体做切割磁感线运动而产生的感应电流在磁场中所受的力(安培力)方向与运动方向相同,那么感应电流所受的磁场力就会加快导体切割磁感线的运动,从而又增大感应电流。如此循环,导体的运动将不断加速,动能不断增大,电流的能量和在电路中损耗的焦耳热都不断增大,却不需外界做功,这显然是违背能量守恒定律的。楞次定律指出这是不可能的,感应电流所受的安培力必须阻碍导体的运动,因此要维持导体以一定速度做切割磁感线运动,在回路中产生一定的感应电流,外界必然反抗作用于感应电流的安培力做功。

(3) 如果发电机转子绕组上感应电流的方向,与做同样转动的电动机转子绕组上的电流方向相同,那么发电机转子绕组一经转动,产生的感应电流立即成为电动机电流,绕组将加速转动,结果感应电流进一步加强,转动进一步加速。如此循环,这个机器既是发电机,可输出越来越大的电能,又是电动机,可以对外做功,而不花任何代价,这显然是破坏能量守恒定律的永动机。楞次定律指出这是不可能的,发电机转子上感应电流的方向应与转子做同样运动的电机电流的方向相反。

综上所述,楞次定律的任何表述,都是与能量守恒定律相一致的。概括各种表述"感应电流的效果总是反抗产生感应电流的原因",实质就是产生感应电流的过程必须遵守能量守恒定律。

在前面提到过电磁感应加热中交变磁场最终产生热的实际理论为焦耳-楞次定律。

实验证明当电流过导体时,由于自由电子的碰撞,导体的温度会升高。这是导体吸收的电能转换成为热能的缘故,这种现象称为电流的热效应。

1841年,英国物理学家詹姆斯·焦耳发现载流导体中产生的热量 Q(称为焦耳热)与电流 I 的平方、导体的电阻 R 和通电时间 t 成比例。而在1842年时,楞次也独立发现上述的关系,因此也称为焦耳-楞次定律。

电流通过导体时所产生的热量与电流强度的平方、导体本身的电阻以及电流通过的时间成正比,其数学表达式为 $Q = I^2 Rt$,其中 Q 为电流通过导体所产生的热量,I 为通过导体的电流,R 为导体的电阻。因此,如果将电磁感应加热中被加热的物体认为是一个短路的闭合回路,显然由于电磁感应产生的电流根据焦耳-楞次定律全部用于发热,且其电阻只与材料本身及其结构相关。

与传统的电磁感应不同,霍尔效应定义了磁场和感应电压之间的关系,当电流通过一个位于磁场中的导体时,磁场会对导体中的电子产生一个垂直于电子运动方向上的作用力,从而在垂直于导体与磁感线的两个方向上产生电势差。

虽然这个效应多年前就已经被人们知道并理解,但基于霍尔效应的传感器在材料工艺获得重大进展前并不实用,直到出现了高强度的恒定磁体和工作于小电压输出的信号调节电路。根据设计和配置的不同,霍尔效应传感器可以作为开/关传感器或者线性传感器。

在半导体上外加与电流方向垂直的磁场,会使得半导体中的电子与空穴受到不同方向的洛伦兹力而在不同方向上聚集,在聚集起来的电子与空穴之间会产生电场,电场力与洛伦兹力产生平衡之后,不再聚集,此时电场将会使后来的电子和空穴受到电场力的作用而平衡掉磁场对其产生的洛伦兹力,使得后来的电子和空穴能顺利通过不会偏移,这个现象称为霍尔效应。而产生的内建电压称为霍尔电压。

洛伦兹力指运动电荷在磁场中所受到的力,即磁场对运动电荷的作用力。洛伦兹力的公式为 $F=QvB$。从阴极发射出来的电子束,在阴极和阳极间的高电压作用下,轰击到长条形的荧光屏上激发出荧光,可以在示波器上显示出电子束运动的径迹。实验表明,在没有外磁场时,电子束是沿直线前进的。如果将射线管放在蹄形磁铁的两极间,荧光屏上显示的电子束运动的径迹就发生了弯曲,其受力表达式为

$$F = q(E + v \times B) \tag{11-16}$$

其中,F 为总力;q 为带电粒子的电荷量;E 为电场强度;v 为带电粒子的速度;B 为磁感应强度。

洛伦兹力定律是一个基本公理,不是从其他理论推导出来的定律,而是由多次重复完成的实验所得到的同样的结果。

正电荷感受到电场的作用,会朝着电场的方向加速;但是感受到磁场的作用,按照左手定则,正电荷会朝着垂直于速度 v 和磁感应强度 B 的方向弯曲(详细地说,应用左手定则,当四指指向电流方向,磁感线穿过手心时,大拇指方向为洛伦兹力方向)。

方程中 qE 项是电场力项,$qv \times B$ 项是磁场力项(即洛伦兹力项)。处于磁场内的载电导线感受到的磁场力就是该洛伦兹力的磁场力分量,积分形式为

$$F = \int_V (pE + J \times B) \mathrm{d}r \tag{11-17}$$

其中,V 为积分的体积;p 为电荷密度;J 为电流密度;$\mathrm{d}r$ 为微小体元素。

显然由于洛伦兹力由速度 v 和磁感应强度 B 的叉乘得到,洛伦兹力始终垂直于速度 v,因此洛伦兹力并不会做功。

洛伦兹力既适用于宏观电荷,也适用于微观电荷粒子。电流元在磁场中所受安培力就是其中运动电荷所受洛伦兹力的宏观表现。导体回路在恒定磁场中运动,使其中磁通变化而产生的动生电动势也是洛伦兹力的结果,洛伦兹力是产生动生电动势的非静电力。

宏观上洛伦兹力表现为安培力,有 $F=BIL$,微观上 $F=NBqv$。

为简易地判断洛伦兹力方向,通常以左手定则进行判断。将左手掌摊平,让磁感线穿过手掌心,四指表示正电荷运动方向,则和四指垂直的大拇指所指方向即为洛伦兹力的方向。但须注意,若运动电荷是正的,则大拇指的指向即为洛伦兹力的方向。反之,如果运动电荷是负的,仍用四指表示电荷运动方向,那么大拇指指向的反方向为洛伦兹力方向。

另一种对负电荷应用左手定则的方法是认为负电荷相当于反向运动的正电荷，用四指表示负电荷运动的反方向，那么大拇指的指向就是洛伦兹力方向。

大部分传感器的原理基于电磁感应定律和霍尔效应，如图 11-10 所示。

传感器工作时，转子与被测设备同轴连接。当被测设备静止时，转子的永磁磁钢形成的磁场虽然与定子绕组匝链，但由于磁场幅值恒定，定子绕组中无法产生感应电动势，霍尔元件中不存在控制电流，即使转子磁场对霍尔元件产生作用，霍尔元件也无法产生霍尔电势。当被测设备转动时，带动转子一同旋转，转子的永磁磁钢形成的磁场与定子绕组存在相对运动，定子绕组中产生与旋转角速度呈对应关系的感应电动势，则霍尔元件中产生相应的控制电流。与此同时，转子的永磁磁钢的磁场同样对霍尔元件产生作用，霍尔元件产生对应的霍尔电势，其中共有四片霍尔元件。

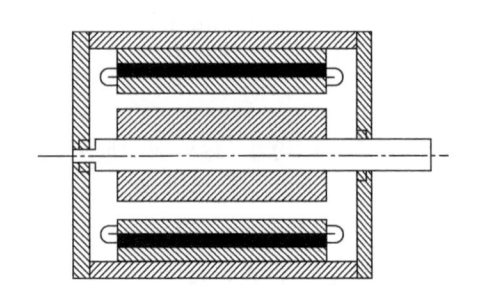

图 11-10 旋转角速度传感器示意图

显然结合流体和电磁感应定律同样能检测难以发现的故障和故障位置。在《基于涡街电磁感应原理的钠中气泡探测器的信号处理方法研究与系统研制》一文中研究了一种依靠流体本身产生的绕流脱体等，使整个导电液体切割磁感线，从而产生感应电动势，如图 11-11 所示。

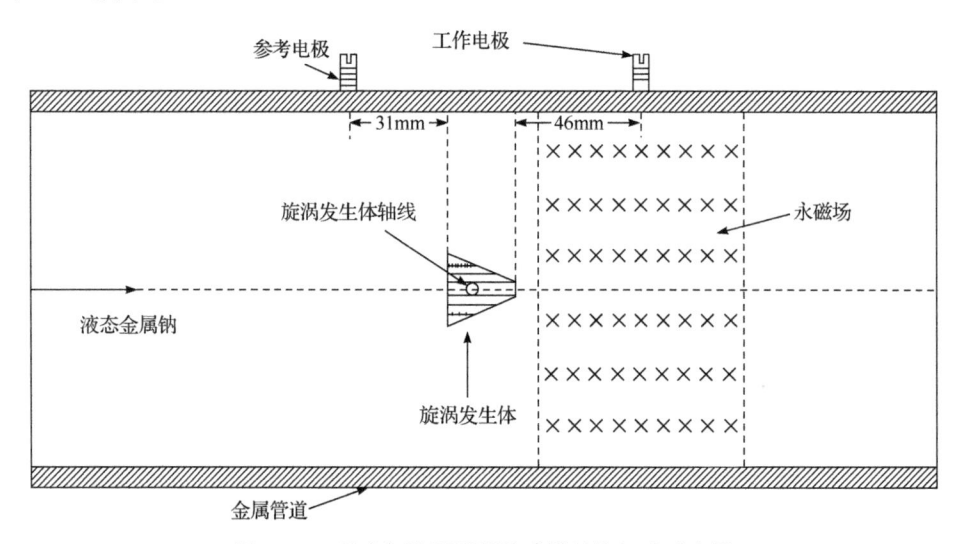

图 11-11 钠中气泡探测器传感器结构组成示意图

电磁学检测泄漏技术又分为电磁感应原理检测泄漏技术和涡街电磁感应原理检测泄漏技术。电磁感应原理检测泄漏技术使用涡流型流量计检测液态金属中是否有空隙来判断蒸汽发生器是否发生了泄漏。但是相关文献是使用表面刻有均匀槽型的铝棒进行模拟实验的，而液态金属钠与气体密度相差很大，很难出现均匀分布的情况。因此，使用涡流型流量计检测蒸汽发生器泄漏的可靠性仍有待验证。

第 11 章 电磁耦合计算

涡街电磁感应原理检测泄漏技术利用电磁式涡街流量计检测流动的液态金属钠中是否有气泡，以此判断蒸汽发生器是否发生了泄漏。所以，基于涡街电磁感应原理的电磁式涡街流量计在用于探测液态金属钠中是否含有气泡时，也称为钠中气泡探测器。钠中气泡探测器是由传感器和变送器组成的，其中的传感器将导电液体的状态信息转换成电信号，变送器提取传感器输出电信号中的有用信号，并采用一定的信号处理方法处理传感器输出的电信号，从而得到导电液体的状态信息。

根据导电液体在磁场中流动时电荷转移的分析过程，可以将导电液体在磁场中运动时的等效电路模型看成干电池模型。磁场和流动的导电液体相互作用实现了电荷的搬运，产生的感应电动势信号相当于干电池的输出电压，导电液体的内阻相当于干电池的内阻。所以，与导电液体接触的管道可以视为外电路，则导电液体在电路中的等效电路模型与跟导电液体直接接触的管道电阻和采集感应电动势调理电路的输入电阻连接的示意图如图 11-12 所示。图中，U 表示运动的导电液体切割永磁场时产生的感应电动势；r 表示导电液体的内阻，由导电液体的电导率决定；R_o 表示管道电阻；R_i 表示采集感应电动势调理电路的输入电阻。可见，a 和 b 两点之间的电压值就是调理电路所能采集到的电压的有效值。

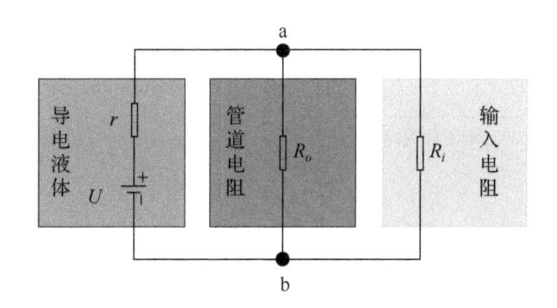

图 11-12 导电液体的等效电路模型

在管道雷诺数 Re 达到一定数值的情况下，流过非流线型柱体的流体因边界层的不稳定性，很容易发生分离而形成旋涡。于是，随着流体的连续运动，在旋涡发生体下游的两侧形成了交替的、方向相反的、有规律的旋涡列。当在旋涡发生体下游区域加上方向平行于旋涡中心线的永磁场时，导电液体沿管道方向流动时会与永磁场相互作用产生感应电动势信号。为了弄清楚导电液体与永磁场相互作用时电荷转移的情况，需分别从整体和局部进行分析。

从整体看，就是不考虑导电液体中旋涡的情况。那么管道内的导电液体全部都在沿着流动的方向做切割磁感线运动，这样就会在竖直方向(既垂直于磁场方向又垂直于导电液体流动的方向)上产生幅值，以及与导电液体流速成正比的感应电动势，称为电磁信号。电磁信号产生的原理和电磁流量计工作的原理完全相同。

从局部看，就是分析导电液体中的旋涡与永磁场相互作用时的情况。为了便于分析工作，将旋涡发生体看成由无数个封闭的圆环组成，则同一个旋涡上的所有圆环的旋转方向相同。那么，只要对其中的一个圆环与磁场相互作用的规律进行研究，就可以揭示旋涡与永磁场相互作用时电荷转移的情况。沿着圆环运动的带电粒子是有两个自由度的，所以当旋涡切割永磁场时，在竖直方向和水平方向上(垂直于磁场方向但平行于导电液体流动的方向)都会发生电荷转移的现象。但是，带电粒子在竖直方向上的运动，会出现电荷抵消的情况，无论是对电磁信号还是对涡街信号都没有实质的贡献，所以不予研究。因此，这里主要研究旋涡切割永磁场时，电荷在水平方向分量上的转移情况。当磁场方向垂直于纸面向里时，带电粒子会受到洛伦兹力的作用，根据左手定则，可以判断出带电粒子在水平方向分量上运动的情况。

可见，旋涡发生体引起的旋涡和磁场配合实现了搬运带电粒子的功能。由于液态金属钠中仅有电子导电，下面分析导电液体中电子转移的情况。

当靠近管道上方一列相邻两个旋涡的中心连线的中点位于工作电极的正下方时，导电液体中带负电的粒子会向工作电极所在的位置转移，使工作电极的电位处于涡街信号的极小值点，此时旋涡与工作电极的位置关系如图 11-13 所示。极小值点是指一个完整信号周期中的波谷。图中，"×"表示磁场方向垂直纸面向内，带箭头的圆形表示组成旋涡的一个圆环，箭头的方向表示旋涡的旋向，空心箭头表示带负电的粒子的运动方向。

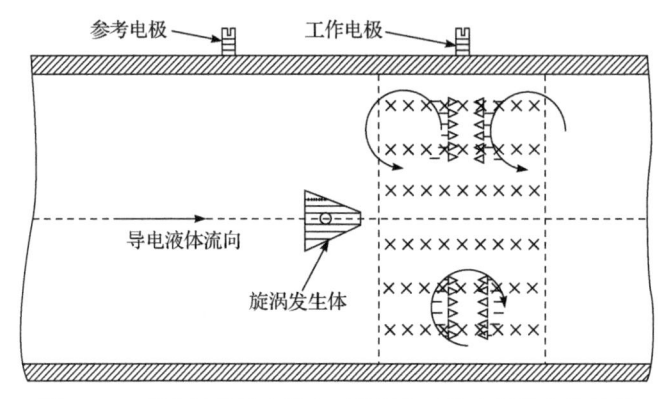

图 11-13　涡街信号极小值点时旋涡与工作电极的位置关系

当靠近管道上方一列的旋涡中心位于工作电极的正下方时，带负电的粒子会向远离工作电极的方向运动，使工作电极的电位处于涡街信号的极大值点，此时旋涡与工作电极的位置关系如图 11-14 所示。极大值点是指一个完整信号周期中的波峰点。图中，"×"

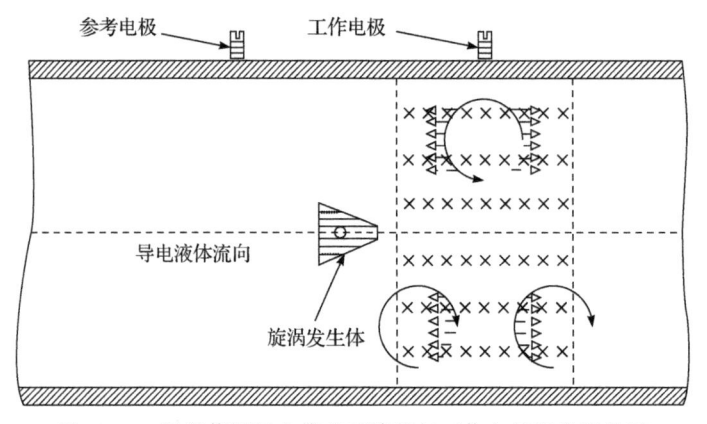

图 11-14　涡街信号极大值点时旋涡与工作电极的位置关系

表示磁场方向垂直于纸面向内，带箭头的圆形表示组成旋涡的一个圆环，箭头的方向表示旋涡的旋向，空心箭头表示带负电的粒子的运动方向。

随着旋涡沿管道方向的移动，工作电极会交替出现涡街信号的极小值点和极大值点，形成一定频率的涡街信号。由于参考电极不受电荷转移的影响，所以可以借助于参考电极和工作电极配合工作采集沿管道运动的旋涡因切割磁场而产生的涡街信号。

由上述电磁信号和涡街信号各自产生的机理可知，在产生电磁信号时，切割磁感线的导体有效长度等于管道的内径，而在产生涡街信号时，切割磁感线的导体有效长度等于旋涡的直径。由于管道的内径明显大于旋涡的直径，所以对于相同大小的气泡，其更容易对涡街信号产生影响。除此之外，电磁信号是直流信号，涡街信号是交流信号，特征更明显，更有利于信号的提取。因此，确定采用涡街信号来识别导电液体中是否含有气泡。

单相导电液体的涡街信号频率 f 与管道中液体的平均流速 v 之间的关系为

$$f = Sr \frac{v}{md} \tag{11-18}$$

其中，Sr 为斯特劳哈尔数，表征非定常运动惯性力与惯性力之比；v 为测量管道内流体的流速；d 为旋涡发生体迎流面的特征宽度；m 为旋涡发生体两侧的弓形面积之和与管道的横截面积之比。

假设测量管道内径为 D，设测量管道内流体的瞬时体积流量为 q_v，钠中气泡探测器用于测量单相液体的仪表系数为 k，则

$$q_v = \pi \left(\frac{D}{2}\right)^2 v = \frac{\pi D^2}{4Sr} mdf = \frac{f}{k} \tag{11-19}$$

当管道雷诺数在一定的范围内时，仪表系数 k 可视为常数，由标定实验得到。可知，管道内的实时流量与反映流量的涡街信号频率 f 呈正比关系。

对于楞次定律，在非特殊条件下，感应电流的效果的确是反抗产生感应电流的原因。然而，在 2020 年的文章"superconductors and Lenz's law"中的现象，超导线圈中的感应电流在相互作用期间并不总是与磁体的运动相反。相反，在相互作用的特定部分，感应电流有助于磁体的运动。当涉及超导体时，这一发现可能需要对楞次定律的上述解释进行修正。

实验中在磁体通过原点后，预计力不会从向上变为向下。这与 Al 和 Cu 环的实验结果完全不同。更重要的是，这一现象违反了"由于磁场的变化或运动而在电路中感应出的电流被定向成与磁通量的变化相反，并施加与运动相反的机械力"的说法，这是对楞次定律的一种广为接受的解释。

实验的结果如图 11-15 所示。在使用 Al 环的实验中，当磁铁以恒定速度接近 Al 环时，达到 $x \approx -45\text{mm}$，检测到向上的力。当磁体达到 $x \approx -12\text{mm}$ 时，该力达到最大值 0.055N 后，随着磁铁继续前进，该力减小，但其方向保持不变。当 $x = 0\text{mm}$ 时，该力达到最小值。应该指出，最小值理论上为零。实验中测得的非零值认为是由磁铁和 Al 环的尺寸效应导致的。经过原点后，磁铁继续面对向上的力。在图中，描述力的曲线几

乎与通过 $x=0$mm 的垂直线对称。力在 $x \approx 12$mm 和 $x \approx -12$mm 这些位置达到最大值，$I \times B$ 变为最大。在本实验中观察到的磁体在其运动的整个过程中受到反作用力的事实与楞次定律的解释一致，由于磁场的变化或运动而在电路中感应的电流被定向为与磁场的变化方向相反，并施加与运动相反的机械力。

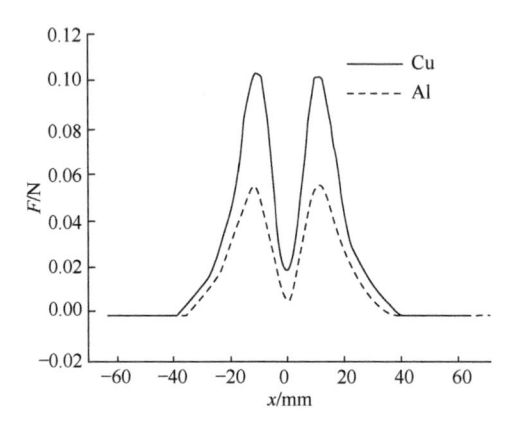

图 11-15 Cu 和 Al 在非超导下楞次定律产生的力

而在图 11-16 和图 11-17 中，显然在磁体通过原点后，预计力不会从向上变为向下。这与 Al 环和 Cu 环的实验结果完全不同。且无论是 Gd-123 线圈还是 Bi-2223 线圈的差别仅是力的微小差距。

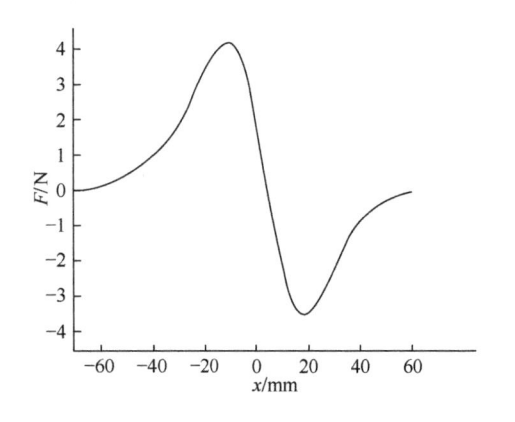

图 11-16 Gd-123 超导受力图 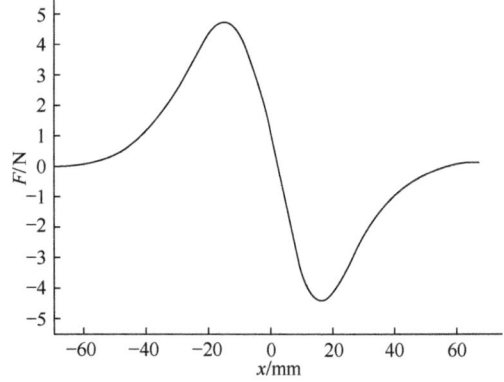　　　　图 11-17 Bi-2223 超导受力图

电流曲线表明，一旦磁体和超导线圈之间的相互作用开始，线圈中就会出现感应电流。随着磁体向线圈的几何中心移动，电流增加，并在中心处达到最大值。在磁体离开中心并继续向下移动后，线圈中的电流衰减，但保持相同的方向，直到磁体的位移稍微超过 45mm，此时电流曲线与 x 轴相交。

这里对此的解释是，在超导线圈中形成准持续电流之后，磁体和超导线圈之间的电磁感应停止，或者可以说准持续电流将线圈与磁体隔离。因此，超导线圈不再瞬时响应外部磁场的变化，楞次定律不再适用。

图 11-18 中的电流曲线基本上关于 $x = 0$mm 的垂直线对称。考虑到在原点两侧的每

个匹配位移位置，磁铁上力的大小大致相等(参见图 11-16、图 11-17)。在这种情况下，电流减小的主要原因是驱动磁体向下运动过程中所做的功。另外，关于图 11-18 中 $x = 0$mm 线对称的电流曲线和关于原点对称的力曲线的小偏差是由一些次要因素引起的。

即使磁场在磁体通过原点后改变了其相对于线圈的方向，由于超导线圈的零电阻，超导线圈上没有建立反电动势(否则，图 11-18 中的电流曲线的形状和图 11-16、图 11-17 的力曲线的形状将根本不同)。这相当于说，在这些实验中，准持续电流防止磁体和超导线圈进一步电磁感应，或者在磁体通过原点后，准持续电流将线圈与磁体隔离。所有的实验结果还可得出，超导线圈在实验过程中从未淬火，这证实了线圈所暴露的磁场在测试过程中始终低于高温超导带的上临界场 H_c。

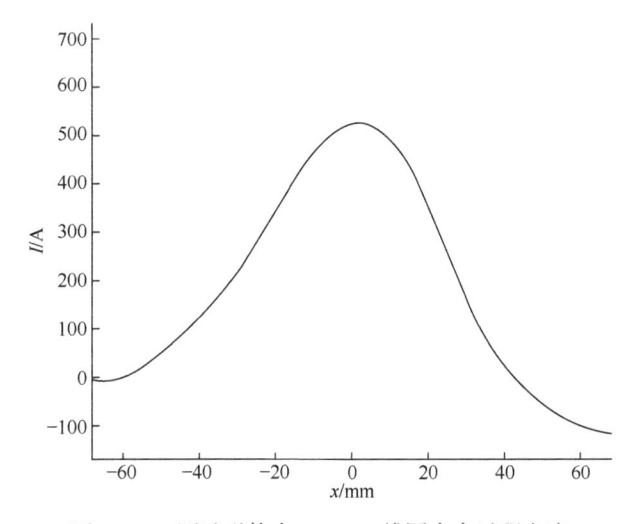

图 11-18　测试磁体中 Bi-2223 线圈中全过程电流

超导体的独特特性，即零电阻和迈斯纳效应，决定了实验的结果。当磁体靠近时，迈斯纳效应在超导线圈中引发电流。然后，当磁体到达线圈中心时，感应电流达到最大值。之后，超导线圈中将保持准持续电流一段时间。这种准持续电流使得磁体和超导线圈之间的相互作用行为与磁体和正常导体之间的相互影响有根本不同。

11.3　电磁耦合现象

电磁耦合又称互感耦合，它是由于两个电路之间存在互感，一个电路的电流变化通过互感影响另一个电路。两个或两个以上的电路元件或电网络的输入与输出之间存在紧密配合与相互影响，并通过相互作用从一侧向另一侧传输能量。即变化的电场会产生磁场，而变化的磁场又会变成电场，磁场和电场相辅相生，相互影响即为电磁耦合。

图 11-19(a)为相互邻近的两个线圈 I、II，N_1 和 N_2 分别表示两线圈的匝数。当线圈 I 有电流 i_1 通过时，产生自感磁通 Φ_{11} 和自感磁链 $\Psi_{11} = N_1\Phi_{11}$。Φ_{11} 的一部分穿过了线圈 II，这一部分磁通称为互感磁通 Φ_{21}。同样，在图 11-19(b)中，当线圈 II 通有电流 i_2 时，它产生的自感磁通 Φ_{22} 的一部分穿过了线圈 I，称为互感磁通 Φ_{12}。这种由于一个线圈通

过电流所产生的磁通穿过另一个线圈的现象称为磁耦合。当 i_1、i_2 变化时，引起 Φ_{21}、Φ_{12} 变化，导致线圈 I 与 II 产生互感电压，这就是互感现象。

如图 11-19(a)所示线圈 II 中，设 Φ_{21} 穿过线圈 II 的所有各匝，则线圈 II 的互感磁链 $\Psi_{21} = N_2\Phi_{21}$。由于 Ψ_{21} 是由线圈 I 中的电流 i_1 产生的，因此 Ψ_{21} 是 i_1 的函数。当线圈周围空间是非铁磁性物质时，Ψ_{21} 和 i_1 成正比。若磁通与电流的参考方向符合右手螺旋定则，则 $\Psi_{21} = M_{21}i_1$。其中 M_{21} 称为线圈 I 对线圈 II 的互感系数，简称互感。

同理，在图 11-19(b)中，互感磁链 $\Psi_{12} = N_1\Phi_{12}$ 是由线圈 II 中的电流 i_2 产生的，因此 $\Psi_{12} = M_{12}i_2$，M_{12} 称为线圈 II 对线圈 I 的互感。

(a) 线圈I对线圈II的互感示意图　　(b) 线圈II对线圈I的互感示意图

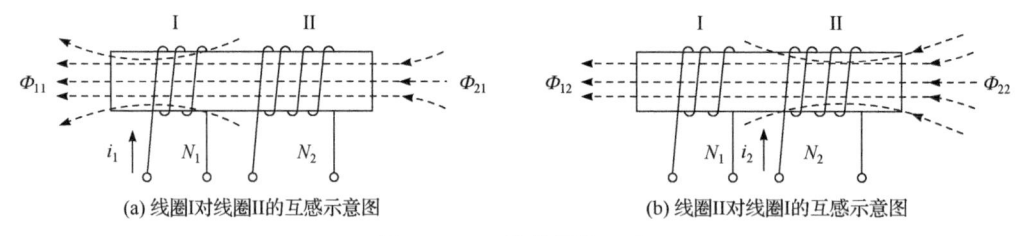

图 11-19　两个线圈的互感

可以证明，$M_{12} = M_{21}$，当只有两个线圈时，可略去下标，用 M 表示，即

$$M = M_{21} = M_{12} = \frac{\Psi_{21}}{i_1} = \frac{\Psi_{12}}{i_2} \tag{11-20}$$

工程中常用的耦合系数 k 表示两个线圈磁耦合的紧密程度，耦合系数定义为

$$k = \frac{M}{\sqrt{L_1 L_2}} \tag{11-21}$$

由于互感磁通是自感磁通的一部分，所以 $k \leqslant 1$，当 k 约为零时，为弱耦合；k 近似为 1 时，为强耦合；$k = 1$ 时，称两个线圈为全耦合，此时的自感磁通全部为互感磁通。

两个线圈之间的耦合程度或耦合系数的大小与线圈的结构、两个线圈的相互位置，以及周围磁介质的性质有关。

耦合系数：在电路中，为表示元件间耦合的松紧程度，将两电感元件间实际的互感(绝对值)与其最大极限值之比定义为耦合系数。

为了有效地传输功率，采用紧密耦合，k 值接近于 1，而在无线电和通信方面，要求适当的、较松的耦合时，就需要调节两个线圈的相互位置。有时为了避免耦合作用，就应合理布置线圈的位置，使之远离，或使两线圈的轴线相互垂直，或采用磁屏蔽方法等。

若两个线圈靠得很近或紧密地缠绕在一起，如图 11-20(a)所示，则 k 值可能接近于 1。反之，如果它们相隔很远，或者如图 11-20(b)中所示的两个线圈的轴线相互垂直。当线圈 I 所产生的磁通不穿过线圈 II，而线圈 II 所产生的磁通穿过线圈 I 时，线圈上半部和线圈下半部磁通的方向正好相反，其互感作用相互抵消，则 k 值就很小，甚至可能接近于零。由此可见，改变或调整它们的相互位置可以改变耦合系数的大小，当 L_1、L_2 一定时，也就相应地改变互感系数 M 的大小。应用这种原理可以制作可变电感器。

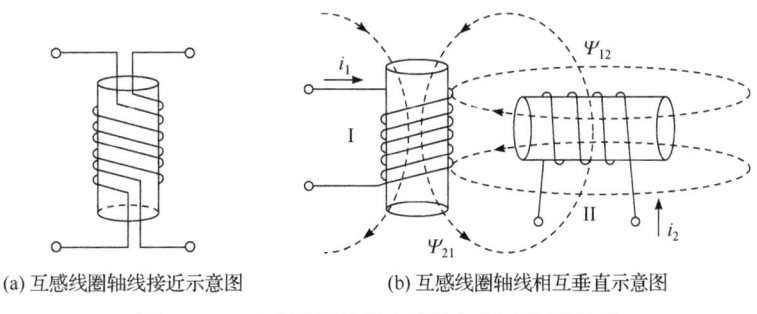

(a) 互感线圈轴线接近示意图　　　(b) 互感线圈轴线相互垂直示意图

图 11-20　互感线圈的耦合系数与相互位置关系

(1) 互感系数 M 既小于或等于两个线圈自感的几何平均值，又小于或等于两个线圈自感的算术平均值。

(2) 顺接时的等效电感大于反接时的等效电感，当外加相同正弦电压时，顺接时的电流小于反接时的电流，这一结论有助于判断同名端。因此，可以通过实验测出自感系数 $L_{顺}$ 和 $L_{反}$，进而可求两线圈互感系数 M。

存在耦合电路就有存在解耦的方法，以没有互感的等效电路代替原来有互感的电路，这种方法称为互感消去法，又称去耦等效变换。

设互感为 M 的两耦合电感具有公共的连接点(假设其同名端相连)且连接点处仅含有三条支路，则其去耦规则为：含有耦合电感的两条支路各增加一个电感量为 $-M$ 的附加电感；不含耦合电感的另一条支路增加一个电感量为 $-M$ 的附加电感。

若耦合电感的非同名端相连，则只需将上述规则的附加电感量 $\pm M$ 分别改变其符号即可；若连接处仅含两条支路，则只需对两耦合电感增加一个附加电感；若连接处含有多条支路，则可以通过节点分裂，化成一个在形式上仅含三条支路的节点。

在电路中，若含有多个电感的多重耦合，可以只对其中某一个或某几个互感进行去耦变换；保持其他耦合不变，则变换后的电路与原电路等效。即多重耦合电感在去耦变换时具有相对的独立性。

两线圈因变化的互感磁通而产生的感应电动势或电压称为互感电动势或互感电压，如图 11-21 所示。线圈 I 中的电流 i_1 变动时，在线圈 II 中产生了变化的互感磁链 Ψ_{21}，而 Ψ_{21} 的变化将在线圈 II 中产生互感电压 u_{M2}。选择电流 i_1 与 Ψ_{21}、u_{M2} 与 Ψ_{21} 的参考方向都符合右手螺旋定则时，有以下关系式：

$$u_{M2} = \frac{\mathrm{d}\Psi_{21}}{\mathrm{d}t} = M\frac{\mathrm{d}i_1}{\mathrm{d}t} \tag{11-22}$$

(a) 线圈I对线圈II的互感电压示意图　　　(b) 线圈II对线圈I的互感电压示意图

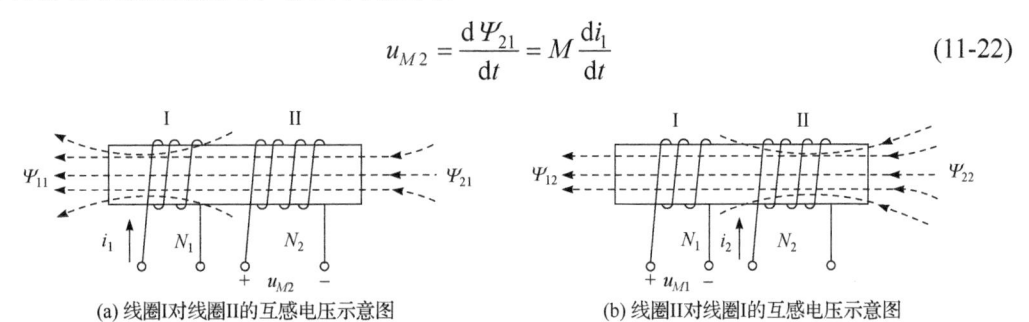

图 11-21　互感线圈的电压

同理，当线圈 II 中的电流 i_2 变动时，在线圈 I 中也会产生互感电压 u_{M1}，当 i_2 与 Ψ_{12}、Ψ_{12} 与 u_{M1} 的参考方向均符合右手螺旋定则时，有以下关系式：

$$u_{M1} = \frac{d\Psi_{12}}{dt} = M\frac{di_2}{dt} \tag{11-23}$$

当两线圈中通入正弦交流电流时，互感电压与互感电流的相量关系表示为

$$\begin{aligned}\dot{U}_{M2} &= j\omega M \dot{i}_1 = jX_M \dot{i}_1 \\ \dot{U}_{M1} &= j\omega M \dot{i}_2 = jX_M \dot{i}_2\end{aligned} \tag{11-24}$$

式中，$X_M = \omega M$ 具有电抗的性质，称为互感电抗，单位与自感电抗相同，为 Ω。

在工程中，对于两个或两个以上有电磁耦合的线圈，常常要知道互感电压的极性。例如，LC 正弦振荡器中，必须正确地连接互感线圈的极性，才会产生振荡。互感电压的极性与电流(或磁通)的参考方向及线圈的绕向有关，但在实际情况下，线圈往往是密封的，看不到绕向，并且在电路图中绘出线圈的绕向较为不便，采用标记同名端的方法可解决这一问题。

工程上将两个线圈通入电流，按右手螺旋定则产生相同方向的磁通时，两个线圈的电流流入端称为同名端，用符号"·"或"*"等标记。如图 11-22 所示，线圈 I 的"1"端与线圈 II 的"2"端(1'与 2')为同名端。采用同名端标记后，就可以不用画出线圈的绕向，如图 11-22(a)所示的两个互感线圈可用如图 11-22(b)所示的互感电路符号表示。

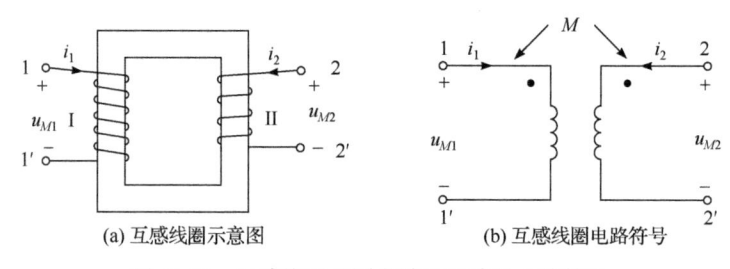

图 11-22 互感线圈的同名端及互感的电路符号

采用同名端标记后，互感电压的方向可以由电流对同名端的方向确定，即互感电压与产生它的电流对同名端的参考方向一致。图 11-22(b)中，线圈 I 中的电流 i_1 是由同名端流向非同名端；在线圈 II 中产生的互感电压 u_{M2} 也是由同名端指向非同名端。

根据耦合电感的同相耦合和反相耦合，电感的串联也有两种方式，即正向串联和反向串联。

对于正向串联，当电流 $\dot{I}$ 从两个线圈的同名端流入时，产生的互感电压与自感电压同方向的串联接法称为正向串联，简称正串或顺串，如图 11-23 所示。

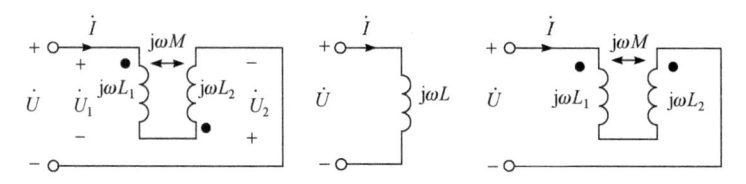

图 11-23 正向串联示意图

第 11 章 电磁耦合计算

耦合电路的正向串联可以等效于一个电感为 $L_1 + L_2 + 2M$ 的电感。拓展到相量电路模型中，即正向串联等效阻抗为

$$Z_{eq} = j\omega(L_1 + L_2 + 2M) \tag{11-25}$$

当电流 i 从两个线圈的异名端流入时，产生的互感电压与自感电压反方向的串联接法称为反向串联，简称反串或反接。

可以使用等效的思想来得到反向串联的等效电感：假设有互感系数为 $-M$ 的耦合电感正向串联，则有等效电感 $L_1 + L_2 - 2M$。其等效阻抗为

$$Z_{eq} = j\omega(L_1 + L_2 - 2M) \tag{11-26}$$

而对于耦合电感的并联则分为同侧和异侧。将具有磁耦合关系的互感线圈的同名端连接在同一个节点上，称为同侧并联电路，如图 11-24 所示。

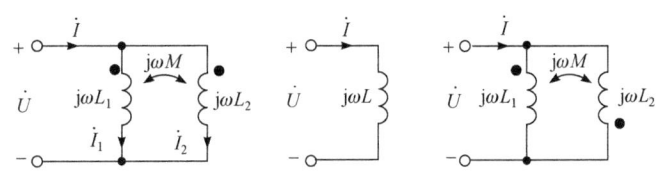

图 11-24 同侧并联示意图

对同侧并联电路进行分析，考虑到电感伏安特性表示电流时比较麻烦，因此拓展到正弦交流稳态电路中，假设有两个电感 L_1、L_2，则有

$$\begin{aligned}\dot{U} &= j\omega M\dot{I} + j\omega(L_1 - M)\dot{I}_1 \\ \dot{U} &= j\omega M\dot{I} + j\omega(L_2 - M)\dot{I}_2\end{aligned} \tag{11-27}$$

即可以将 M 看成电流 I_1、I_2 共同流过的公共支路的电感，并将 L_1 和 L_2 用 $L_1 - M$ 和 $L_2 - M$ 替代。

同理将具有磁耦合关系的互感线圈的异名端连接在同一个节点上，称为异侧并联电路。

同样是将 $-M$ 看成电流 I_1、I_2 共同流过的公共支路的电感，并将 L_1 和 L_2 用 $L_1 + M$ 和 $L_2 + M$ 替代。

变压器的应用便是基于电磁耦合现象。而为了使研究方便，很多学者通过下述条件将变压器视为理想变压器：

(1) 变压器导线电阻的铜耗及铁心的铁耗远小于变压器所传输的功率，即变压器本身无损耗；

(2) 铁心的磁性材料具有高磁导率，漏磁通可忽略不计，线圈间视为全耦合，即耦合系数 $k=1$；

(3) 变压器的匝数足够多，自感系数与互感系数可视作无穷大，但 $\sqrt{\dfrac{L_1}{L_2}} = \dfrac{N_1}{N_2} = n$ 保持不变。

理想变压器一次和二次电压关系和电流关系完全受匝数比 n 的约束，n 为理想变压

器的唯一参数，与频率无关。理想变压器的作用是按照匝数比 n 来变换电压、电流混合阻抗的。

现在国内外大部分学者将电磁感应耦合现象应用于无线传能的研究和应用中。

感应耦合电能传输技术简称为 ICPT 技术，是基于电磁感应及耦合原理，综合利用现代电力电子电能变换技术、磁场耦合技术及大功率高频电能变换技术(包括谐振变换技术和电磁兼容技术等)，借助现代控制理论和策略，实现用电设备以非接触方式从电网获取电能的一种新型的电能传输模式，其能量传输示意图如图 11-25 所示。

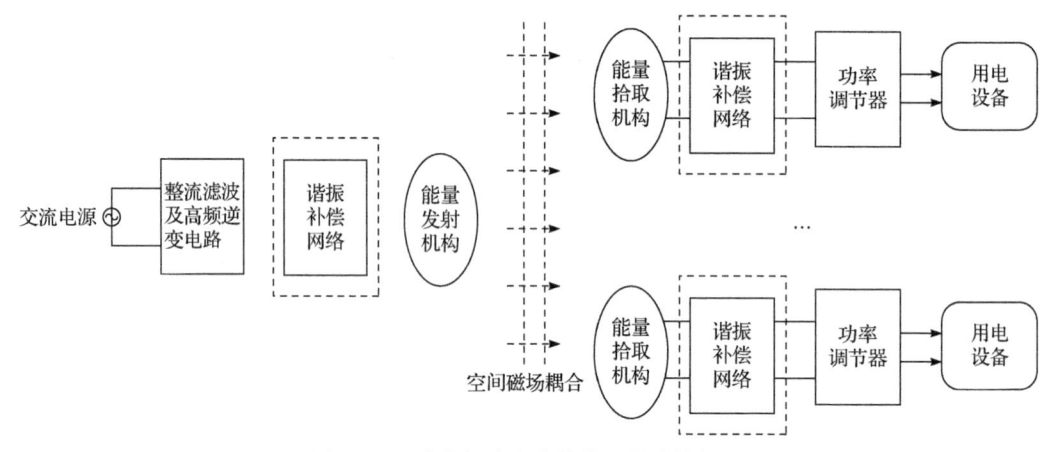

图 11-25 感应耦合电能传输系统结构框图

其工作原理为：工频交流电源经过整流滤波成直流电源，再通过逆变装置将直流逆变成高频交流，高频交变电流流经能量发射机构时向外界发射电磁能量，在电磁感应原理的作用下，能量拾取机构中便产生相应频率的感应电流，经过功率调节装置的调节后向电气设备提供电能。其能量拾取机构可以为多个拾取结构，从而实现能量的一对多传输。

感应耦合电能传输系统能够实现电能的非接触传递，主要是以原边能量发射机构中的高频交流电向副边能量拾取机构通过空气气隙辐射电磁波的形式实现的，这点与传统电压器的工作原理相同，但与传统变压器的主要区别是：感应耦合电能传输系统的原边能量发射机构与副边能量拾取机构之间有较大的空气磁路，甚至在某些结构的感应耦合电能传输系统中，原边和副边结构是两个没有加入磁芯的空心线圈，因此其磁阻远远大于传统变压器磁芯的磁阻，磁路的磁动势降主要分布在空气磁路上。为了实现电能的高功率传输，就需要增加原边能量发射机构的电流，但这一措施必将导致电磁机构体积、成本、重量的增加和电能传输效率的降低。因此，为了提高系统的功率传输密度、减少磁芯的体积、提高电能传输的效率，通常采用的方法是提高磁能转换机构的电流频率，这种技术已经在目前的开关电源技术中得到了广泛的应用。

根据这一原理，在传统的直接将交流电输入变压器环节之前，加入了整流和高频逆变电路，将工频交流电转化为高频交流电，实现了能量传输的高频化；同时为了减小系统的无功功率、提高系统的功率传输能力，需要对原边和副边能量发射机构和能量拾取机构的线圈励磁电感进行补偿，从而实现系统的最大化能量传输。

感应耦合电能传输系统中有三个关键技术：高频电能变换技术、谐振补偿技术和电磁感应耦合技术。

在感应耦合电能传输系统中，高频电能变换环节主要担负着为产生功率磁场的(导轨)线圈提供稳定高频电流的任务，即将 50Hz 工频交流电源，经过该变换电路变换后给功率磁场激励线圈(导轨)提供 10～100kHz 高频正弦波电流。作为系统高频电磁能转换的关键环节，该部分的工作效率、稳定性及可靠性直接决定整个系统的工作性能。在一般大功率应用中，对该环节主要有以下要求：保证稳定功率传输，输出给励磁线圈(导轨)的励磁电流，其频率及幅值应保持恒定，同时对负载变化及参数漂移具有鲁棒稳定性；为提高系统整体效率及可靠性，该能量变换部分的损耗、电压(电流)瞬变率应控制在很低的水平；为减小电磁场激励线圈趋肤损耗及对环境的电磁干扰，输出高频电流应是具有较低波形畸变度的正弦波电流。

感应耦合电能传输系统通过原副边电感之间的耦合，虽然实现了电能的非接触传输，消除了传统接触式电能传输存在的缺点，但同时由于自身结构的固有特点，系统磁路耦合机构的漏磁很多，系统中的无功功率太大，从而严重限制了系统的功率传输能力和传输效率。众所周知，谐振补偿技术能够有效补偿电能传输网络中的无功功率，而且能够减少电源变压器的电压和电流应力，减少甚至消除整体系统中的无功功率，提高功率传输的能力和效率，因此为了提高磁路属于松耦合结构感应耦合电能传输系统的功率传输能力和效率，需要对感应耦合电能传输系统耦合环节的初级和次级电感进行补偿。通常在一侧进行补偿的电路称为单谐振补偿，而在两侧同时进行补偿的电路称为多谐振补偿，已有研究资料表明，多谐振补偿在提高和感应耦合电能传输系统功率传输能力效率方面比单谐振补偿更具有优势。多谐振补偿分为 PS、PP、SS、SP 四种拓扑结构(其中，第一个 P 表示原边采用并联补偿，S 表示串联补偿；第二个 P 表示副边采用并联补偿，S 表示串联补偿)，原边采用并联补偿技术的为电流型感应耦合电能传输系统，原边采用串联补偿的是电压型感应耦合电能传输系统。

电磁感应耦合机构是感应耦合电能传输系统中最核心的部分，它是实现电能非接触传输的基础。感应耦合电能传输系统电磁感应耦合机构根据适用条件和环境的不同，有多种耦合方式。由于原边线圈通入了高频交变电流，这种高频交变电流流经能量发射线圈时便向外界发射电磁能量，在电磁感应原理的作用下，能量接收线圈中产生的相应频率的感应电流，从而实现能量的非接触传输。

显然感应耦合电能传输系统的电磁机构在原理上与常见的变压器基本相似，但与传统变压器不同的是，传统变压器属于紧耦合模型，而且由于磁芯的高磁导率和低磁阻，磁通主要分布于铁心部分，漏磁很少，耦合程度很高；而感应耦合电能传输系统的磁路属于松耦合模型，原副边线圈之间气隙很大，磁通除了在原副边之间流通，有相当一部分磁通消耗在空气磁路部分，由于空气部分的低磁导率和高磁阻，所以漏磁很多，耦合程度较低；这严重影响了系统的功率传输能力，并极大地降低了能量传输的效率。

影响系统功率传输特性的因素主要集中在以下几个方面：高频逆变电路和功率调节器的开关管耐压和耐流特性、磁能变换部分的磁路机构功率能力，以及谐振补偿电路参数选取等。但由于逆变工作方式众多，谐振拓扑结构多样，磁路耦合机构也不尽相同，从而造成系统结构选取困难，能效特性分析复杂。但通过对感应耦合电能传输系统整体电路的工作原理、工作特性和结构的分析，可以将影响系统功率传输能力的因素大致归纳为四个方面，即器件、磁芯结构、导线材料及电路结构的选型，如图 11-26 所示。

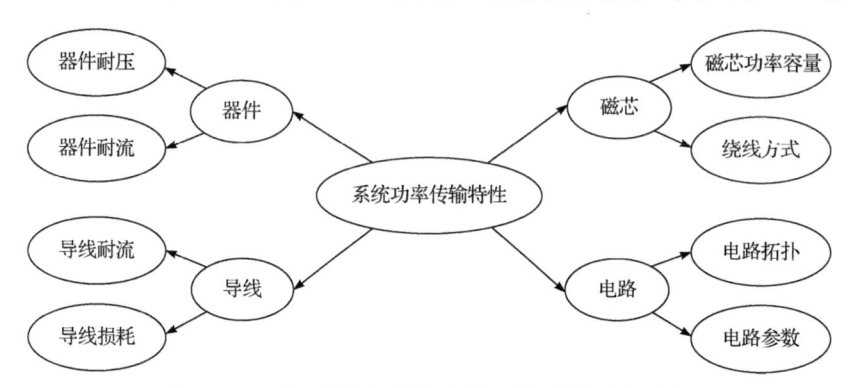

图 11-26 感应耦合电能传输系统功率传输能力分析

无线电能传输，简称 WPT(wireless power transfer)技术，其技术分类如图 11-27 所示。

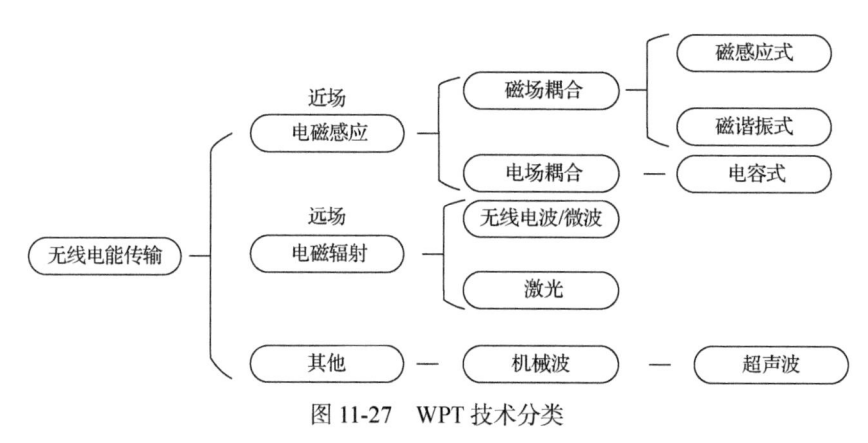

图 11-27 WPT 技术分类

无线电波/微波(radio frequency, RF/microwave)属于远场的电磁辐射式传能，其优点是传输距离远，但传输效率很低，而且在大功率传输时会有放射性的辐射，对人体有害；超声波式(ultrasonic)属于机械波，传输效率低；激光式(laser)的传输距离远，没有放射性的辐射，但只能点对点传输，而且容易受到位置变化等环境因素的影响；电容式(capactive coupling)的耦合结构简单，但传输距离很近，对器件的耐压要求很高；磁感应式(magnetically coupled inductive, MCI)和磁谐振式(magnetically coupled resonant, MCR)基于电磁感应原理，传输效率高，但只能工作在近场区域，传输距离比电磁辐射式传能差。显然感应耦合电能传输属于磁感应式传能。

磁耦合谐振式 WPT 技术是利用谐振原理，以磁场为载体将能量从一个谐振器转移到另外一个谐振器上，理论上未被负载吸收的能量会在谐振器中持续振荡，并不会被消耗，因此可获得很高的传输效率。然而，在实际情况中，磁耦合谐振式 WPT 系统包含高频逆变、谐振补偿、磁场耦合、整流转换等多个环节，具有多个损耗参数，且不同参数之间相互耦合、相互制约，使得 WPT 系统的实际效率较低。为了提升传输效率，需要建立 WPT 系统的模型并对其传输机理进行深入分析。通过引入谐振原理，磁耦合谐振式 WPT 系统的传输距离得到了显著的提升，如图 11-28 所示。

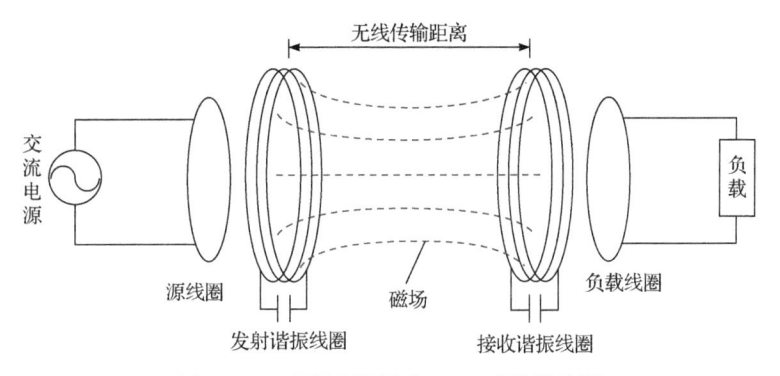

图 11-28 磁耦合谐振式 WPT 系统结构图

耦合模理论方法利用耦合模方程对谐振物体的特性进行分析，该方法对能量在强耦合体之间传输给出了很直观的解释，在分析磁耦合谐振式 WPT 系统的稳态响应时，该方法是一种简单又精确的方法。代表性的工作包括 Soljacic 等提出的 WPT 系统耦合模理论模型，建立的 WPT 系统的能量方程为

$$\frac{\mathrm{d}a_1(t)}{\mathrm{d}t} = (\mathrm{j}\omega_1 - \Gamma_1)a_1(t) + \mathrm{j}Ka_2(t) + F_s(t)$$
$$\frac{\mathrm{d}a_2(t)}{\mathrm{d}t} = (\mathrm{j}\omega_2 - \Gamma_2 - \Gamma_L)a_2(t) + \mathrm{j}Ka_1(t)$$
(11-28)

其中，$a_1(t)$ 和 $a_2(t)$ 分别为发射、接收线圈中场的振幅；ω_1 和 ω_2 分别为发射、接收线圈的角频率；Γ_1 和 Γ_2 分别为发射、接收线圈的损耗系数；Γ_L 为负载损耗系数；K 为两线圈的耦合系数；$F_s(t)$ 为激励信号。

根据 $a_1(t)$ 和 $a_2(t)$ 可计算得到磁耦合谐振式 WPT 系统的传输效率和负载功率表达式，进一步可得出：当发射线圈角频率 ω_1、接收线圈角频率 ω_2 与激励信号频率 ω 保持一致时，WPT 系统可获得最高传输效率。耦合模理论方法在描述 WPT 系统的能量流动时具有一定的优势，但无法用于分析具有扰动的 WPT 系统，且耦合模参数的测量十分困难。

在实际应用中，磁耦合谐振式 WPT 系统常表现出复杂的特性，对磁耦合谐振式 WPT 系统的传输特性开展研究，深入揭示其谐振机理，是使 WPT 系统获得高传输效率的关键。当前，对磁耦合谐振式 WPT 系统传输特性的研究主要包括频率特性研究、距离特性研究、阻抗特性研究等。

研究者对磁耦合谐振式 WPT 系统的频率特性展开了研究，基于集总参数电路模型分析了 WPT 系统的谐振频率点，研究发现 WPT 系统可能存在多个谐振频率点，并且 WPT 系统中包含的线圈数越多，其可能存在的谐振频率点越多；并对 WPT 系统的距离特性进行了分析，得到 WPT 系统的传输效率、输出功率对传输距离的变化十分敏感，并且表现出非线性特性。例如，随着线圈间距的增大，WPT 系统的输出功率先增大再迅速衰减。因此，发射、接收线圈之间的距离并不是越近越好，而是存在一个最优传输距离使 WPT 系统的输出功率最大。

同样，WPT 系统的阻抗特性也受到广泛关注，发现了 WPT 系统发射回路与接收回路同时发生谐振的条件，进而分析了 WPT 系统中串联谐振和并联谐振的区别。

在磁耦合谐振式 WPT 系统中，反映阻抗特性的参数主要包括电源内阻 R_s、负载阻抗 Z_d、输入阻抗 Z_{in}、输出阻抗 Z_{out}。

理想电源只对外输出功率，而自身不消耗功率。然而，在实际情况中，高频功率电源自身会消耗部分功率，因此将电源内部消耗功率的部分视为一个电阻 R_s，即为电源内阻。

负载是整个 WPT 系统的终端，用于消耗功率。在许多情况下，负载阻抗可视为一个复阻抗 Z_d，包含电阻成分 R_d 和电抗成分 X_d，因此可将负载阻抗表示为

$$Z_d = R_d + \mathrm{j}X_d \tag{11-29}$$

输入阻抗 Z_{in} 表示的是在端口 1 处，从电源看向负载方向的等效阻抗；输出阻抗 Z_{out} 表示的是在端口 4 处，从负载看向电源方向的等效阻抗(此时将电源置零)，上述阻抗示意图由图 11-29 给出。

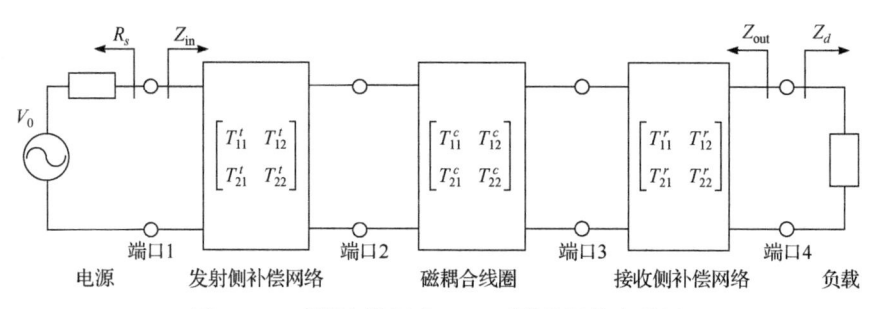

图 11-29 磁耦合谐振式 WPT 系统的阻抗参数图

反映能效特性的参数主要包括电源资用功率 P_v、电源输出功率 P_s、负载功率 P_d、传输效率 η、功率增益 G。

交流电源可输出的最大功率通常是确定的，根据最大功率传输定理，当交流电源所接负载的阻抗等于电源阻抗的共轭值时，电源输出的功率最大，此功率称为电源资用功率 P_v。电源输出功率是 WPT 系统输入端口(端口 1)处测得的视在功率，计算公式为

$$P_s = |U_s I_s| = \left| \frac{V_0^2 Z_{in}}{(R_s + Z_{in})^2} \right| \tag{11-30}$$

式中，U_s 和 I_s 分别为 WPT 系统端口 1 处测得的电压和电流；V_0 为电源的开路电压；R_s 为电源内阻；Z_{in} 为 WPT 系统的输入阻抗。负载功率是 WPT 系统输出端口(端口 4)处测得的有功功率，它表示负载实际消耗的功率，计算公式为

$$P_d = I_d^2 R_d = \left| \frac{(T_{21}Z_{in} - T_{11})^2 V_0^2}{(T_{12}T_{21} - T_{11}T_{22})^2 (R_s + Z_{in})^2} \right| R_d \tag{11-31}$$

式中，I_d 为 WPT 系统端口 4 处测得的电流；T_{11}、T_{12}、T_{21}、T_{22} 为 WPT 系统的传输参

量；R_d 为负载阻抗的实部。这些功率参数由图 11-30 给出。

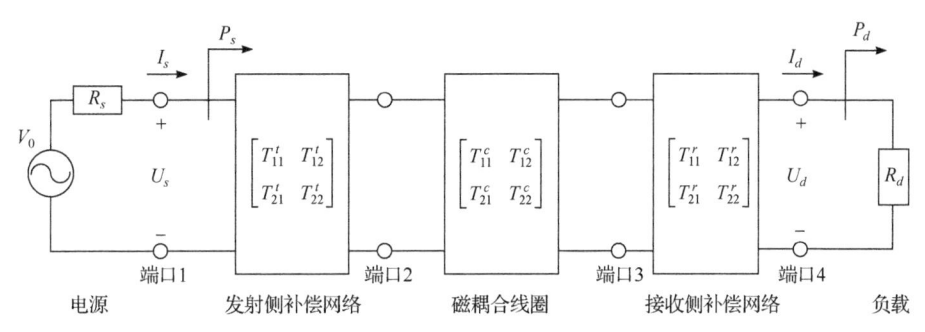

图 11-30 磁耦合谐振式 WPT 系统的功率参数图

11.4 互感与自感

11.4.1 互感

1. 互感原理

如图 11-31 所示，当线圈 1 中的电流变化时，所激发的变化磁场会在它邻近的另一线圈 2 中产生感应电动势；同样，线圈 2 中的电流变化时，也会在线圈 1 中产生感应电动势。这种现象称为互感现象，所产生的感应电动势称为互感电动势。显然，一个线圈中的互感电动势不仅与另一线圈中电流变化率有关，而且与两个线圈的结构及它们之间的相对位置有关。设线圈 1 所激发的磁场通过线圈 2 的磁通匝链数为 Ψ_{12}，按照毕奥-萨伐尔定律，Ψ_{12} 与线圈 1 中的电流 I_1 成正比：

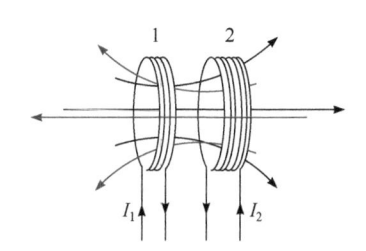

图 11-31 两线圈之间的互感

$$\Psi_{12} = M_{12} I_1 \tag{11-32}$$

同理，设线圈 2 激发的磁场通过线圈 1 的磁通匝链数为 Ψ_{21}，则有

$$\Psi_{21} = M_{21} I_2 \tag{11-33}$$

式(11-32)和式(11-33)中的 M_{12} 和 M_{21} 是比例系数，它们由线圈的几何形状、大小、匝数及线圈之间的相对位置决定，而与线圈中的电流无关。

当线圈 1 中的电流 I_1 改变时，通过线圈 2 的磁通匝链数将发生变化。按照法拉第定律，在线圈 2 中产生的感应电动势为

$$E_2 = -\frac{\mathrm{d}\Psi_{12}}{\mathrm{d}t} = -M_{12}\frac{\mathrm{d}I_1}{\mathrm{d}t} \tag{11-34}$$

同理，线圈 2 中的电流 I_2 改变时，在线圈 1 中产生的感应电动势为

$$E_1 = -\frac{\mathrm{d}\Psi_{21}}{\mathrm{d}t} = -M_{21}\frac{\mathrm{d}I_2}{\mathrm{d}t} \tag{11-35}$$

由式(11-34)和式(11-35)可以看出，比例系数 M_{12} 和 M_{21} 越大，则互感电动势越大，互感现象越强。M_{12} 和 M_{21} 称为互感系数，简称互感。

可以证明，M_{12} 和 M_{21} 是相等的，即

$$M_{12} = M_{21} = \frac{\mu_0}{4\pi} \oint\oint \frac{d\ell_1 \times d\ell_1}{\gamma_{12}} = M \tag{11-36}$$

从而可以不再区分它是哪一个线圈对哪一个线圈的互感系数。

上面的式(11-32)和式(11-33)，或者式(11-34)和式(11-35)给出了互感的两种定义。由式(11-34)和式(11-35)的定义，两个线圈的互感 M，在数值上等于当其中一个线圈中电流变化率为 1 单位时，在另一个线圈中产生的感应电动势。由式(11-32)和式(11-33)的定义，两个线圈的互感 M，在数值上等于其中一个线圈中的单位电流产生的磁场通过另一个线圈的磁通匝链数。

互感的单位由互感的两种定义规定。在 MKSA 单位制中，互感的单位是 H(亨利)。由式(11-32)或式(11-33)可得

$$1H = \frac{1Wb}{1A} \tag{11-37}$$

按式(11-34)或式(11-35)则有

$$1H = \frac{1V \times 1s}{1A} \tag{11-38}$$

不难验证，两者是一致的。互感的单位有时也用 mH (毫亨)和 μH (微亨，$1mH = 10^{-3}$ H，$1\mu H = 10^{-6} H$)。

互感系数的计算一般都比较复杂，实际中常采用实验的方法来测定。互感在电工、无线电技术中应用得很广泛，互感线圈能够使能量或信号由一个线圈方便地传递到另一个线圈。电工、无线电技术中使用的各种变压器(电力变压器，中周变压器，输出、输入变压器等)都是互感器件。

在某些问题中互感常常是有害的，例如，有线电话往往会由两路电话之间的互感而引起串音，无线电设备中也往往会由于导线间或器件间的互感而妨害正常工作，在这种情况下就需要设法避免互感的干扰。

2. 耦合系数

因为互感磁通只是自感磁通的一部分，故必有 $0 \leqslant \Phi_{21}/\Phi_{11} \leqslant 1$，$0 \leqslant \Phi_{12}/\Phi_{22} \leqslant 1$，而且当两个线圈靠得越近时，这两个比值就越接近于 1；相反，当两个线圈离得越远时，这两个比值就越小，最小值为零。因此，这两个比值能够用来说明两个线圈之间耦合的松紧程度。耦合系数就是用来表征两个线圈耦合的松紧程度的指标，用 k 表示，其定义为

$$k = \frac{M}{\sqrt{L_1 L_2}} = \sqrt{\frac{\Phi_{21}\Phi_{12}}{\Phi_{11}\Phi_{22}}} \tag{11-39}$$

由于只有部分磁通相互交链，耦合系数 k 总是小于 1。k 值的大小取决于两个线圈

的相对位置及磁介质的性质。若两个线圈紧密地缠绕在一起，如图 11-32(a)所示，则 k 值就接近于 1，即两线圈全耦合(perfect coupling)；若两线圈相距较远，或线圈的轴线相互垂直放置，如图 11-32(b)所示，则 k 值就很小，甚至可能接近于零，即两线圈无耦合。

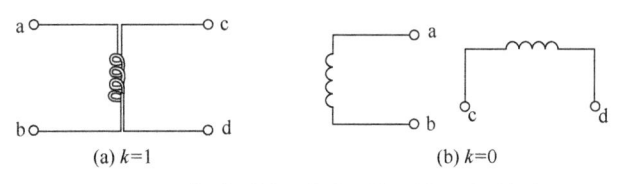

图 11-32 耦合系数 k 与线圈相对位置的关系

当 $k=0$ 时，两线圈之间不存在磁耦合；当 $k<0.01$ 时，为极弱耦合；当 $0.01<k<0.05$ 时，为弱耦合；当 $0.05<k<0.9$ 时，为强耦合；当 $0.9<k<1$ 时，为极强耦合；当 $k=1$ 时，为全耦合。

3. 互感电压

由于磁场是有方向的，如果有两个线圈，它们相互耦合，当在两个线圈中同时通以电流时，此时两电流所产生的自感磁通与互感磁通可能是互相加强的，也可能是互相削弱的，判定方法主要由两个线圈中所通电流的参考方向和两个线圈的缠绕方向共同确定。

例如，在图 11-33(a)中，两个电流所产生的自感磁通与互感磁通是互相加强的。在图 11-33(b)中，自感磁通与互感磁通则是互相削弱的，这是因为两个电流的参考方向与图 11-33(a)相比是相反了(这两个线圈的缠绕方向仍没有变)；在图 11-33(c)中，两个电流所产生的自感磁通与互感磁通也是互相削弱的，这是因为两个电流的参考方向与图 11-33(a)相比虽然相同，但两个线圈的缠绕方向变了。

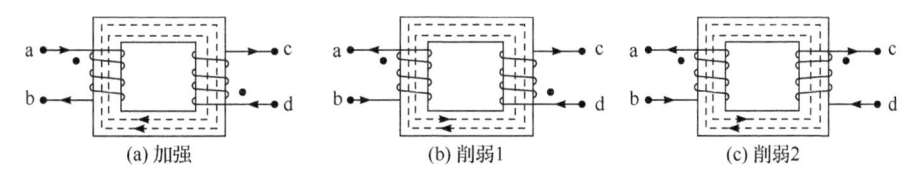

图 11-33 同名端(自感磁通与互感磁通的相互影响)

如果已知磁耦合线圈的绕行方向和相对位置，那么耦合线圈的同名端通过定义很容易来判定。但实际的耦合线圈，其绕行方向和相对位置一般很难看得出来，同名端就不能轻易被识别。在实际应用时，一般用实验方法来进行同名端的判定。通常使用的实验电路如图 11-34 所示，图中 U_s 为直流电源电压，V 为直流电压表。由于开关闭合和断开瞬间会产生较高的感应电压，所以一般应选择较大量程，以免烧坏表头。在开关闭合瞬间，电流 i_1 经图示方向流入线圈 1 的 a，若此时直流电压表指针正偏，

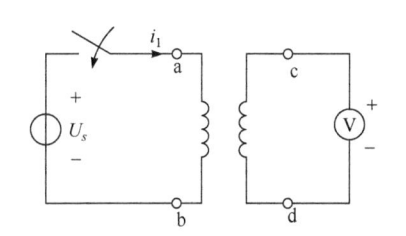

图 11-34 同名端实验判断电路

则电压表正极所接线圈 2 的端钮 c 与 a 为同名端，反之，电压表指针反偏则电压表负极所接线圈 2 的端钮 d 与 a 为同名端。

图 11-34 中，线圈 1 中的电流 i_1 变化，Φ_{21}(或 Ψ_{21})也变化，根据电磁感应定律，会在线圈 2 中产生互感电压 u_{21}。同理线圈 2 中的电流 i_2 变化，Φ_{12}(或 Ψ_{12})也变化，会在线圈 1 中产生互感电压 u_{12}。若选择互感电压的参考方向与互感磁通的参考方向符合右手螺旋法则，则根据电磁感应定律，结合式(11-32)和式(11-33)，有

$$u_{21} = \frac{d\Psi_{21}}{dt} = M\frac{di_1}{dt} \tag{11-40}$$

$$u_{12} = \frac{d\Psi_{12}}{dt} = M\frac{di_2}{dt} \tag{11-41}$$

由式(11-40)和式(11-41)可以看出，互感电压的大小与电流的变化率有关。当 $di/dt > 0$ 时，互感电压为正，表示互感电压的实际方向与参考方向一致；当 $di/dt < 0$ 时，互感电压为负，表示互感电压的实际方向与参考方向相反。当线圈中通过的电流 i_1、i_2 为正弦交流电时，互感电压可用相量表示，即式(11-40)和式(11-41)，可表示为

$$\dot{U}_{21} = j\omega M\dot{I}_1 = jX_M\dot{I}_1, \quad \dot{U}_{12} = j\omega M\dot{I}_2 = jX_M\dot{I}_2 \tag{11-42}$$

其中，$X_M = \omega M$ 称为互感抗，Ω。

当两个互感线圈的同名端确定后，习惯选法是选择互感电压的参考方向与产生它的电流的参考方向对同名端一致，即电流从一个线圈的有标记端(或无标记端)流入，那么该电流产生的互感电压的"+"极性选定在另一个线圈的有标记端(或无标记端)。例如，在图 11-35(a)中，电流 i_2 从 c 端流入，则互感电压 u_{12} 的"+"极性选定在与 c 端为同名端的 a 端；而在图 11-35(b)中，电流 i_2 从 c 端流入，则互感电压 u_{12} 的"+"极性选定在与 c 端为同名端的 b 端。此时有

$$u_{12} = M\frac{di_2}{dt} \tag{11-43}$$

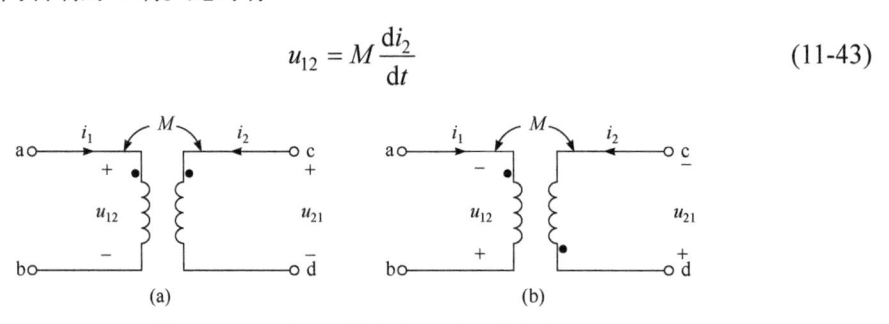

图 11-35 互感电压参考方向的习惯选法

即当同名端确定后，按习惯选法选定互感电压的参考方向，即 u_{12}、u_{21} 分别与 i_2、i_1 的参考方向的选择与同名端一致，式(11-40)、式(11-41)及其相量表示式成立。

在互感电路中，每个线圈的端电压均由自感磁链产生的自感电压和互感磁链产生的互感电压组成，是自感电压与互感电压的代数和，即

$$u_1 = \pm L_1\frac{di_1}{dt} \pm M\frac{di_2}{dt} \tag{11-44}$$

$$u_2 = \pm L_2 \frac{di_2}{dt} \pm M \frac{di_1}{dt} \tag{11-45}$$

当 i_1 与 i_2 为正弦交流电时，耦合线圈的端电压与电流的关系可用相量表示为

$$\dot{U}_1 = \pm j\omega L_1 \dot{I}_1 \pm j\omega M \dot{I}_2 \tag{11-46}$$

$$\dot{U}_2 = \pm j\omega L_2 \dot{I}_2 \pm j\omega M \dot{I}_1 \tag{11-47}$$

式(11-44)~式(11-47)中自感电压前的正负号取决于本端口电压与自感电压的参考方向(自感电压与电流为关联参考方向)是否一致，两者一致时取正号，不一致取负号；互感电压前的正负号取决于同名端的位置和端口电压的参考极性，若变化电流是从有标记端(或无标记端)流入的，则它产生的互感电压的"+"极性选定在另一线圈的有标记端(或无标记端)，当该互感电压的极性与其端口电压的参考极性一致时取正号，否则取负号。

11.4.2 自感

1. 自感原理

当线圈中的电流变化时，它所激发的磁场通过线圈自身的磁通(或磁通匝链数)也在变化，使线圈自身产生感应电动势。这种因线圈中电流变化而在线圈自身所引起的感应现象称为自感现象，所产生的电动势称为自感电动势。

自感现象可以通过下述实验观察。如图 11-36(a)所示的电路中，S_1 和 S_2 是两个相同的灯泡，L 是一个线圈，实验前调节电阻器 R 使它的电阻等于线圈的内阻。在接通开关 K 的瞬间，观察到灯 S_1 比 S_2 先亮过一段时间后两个灯泡才达到同样的亮度。这个实验现象可以解释为：当接通开关 K 时，电路中的电流由零开始增加，在 S_2 支路中，电流的变化使线圈中产生自感电动势，按照楞次定律，自感电动势阻碍电流增加，因此在 S_2 支路中电流的增大要比没有自感线圈的 S_1 支路来得缓慢些。于是灯泡 S_2 也比 S_1 亮得迟缓些。在如图 11-36(b)所示的电路中可以观察切断电路时的自感现象。当迅速将开关 K 断开时，可以看到灯泡并不立即熄灭。这是因为当切断电源时，在线圈中产生感应电动势。这时，虽然电源已切断，但线圈 L 和灯泡 S 组成了闭合回路，感应电动势在这个回路中引起感应电流。为了让演示效果突出，取线圈的内阻比灯泡 S 的电阻小得多，以便使断开之前线圈中原有电流较大，从而使 K 断开的瞬间通过 S 放电的电流较大，结果 S 熄灭前会突然闪亮一下。

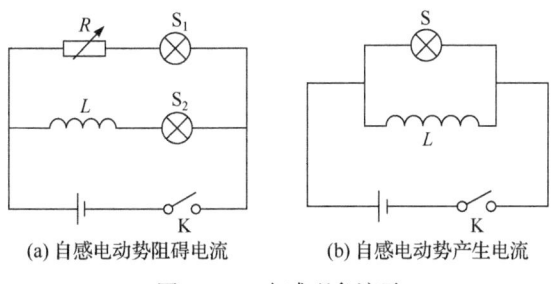

(a) 自感电动势阻碍电流　　(b) 自感电动势产生电流

图 11-36　自感现象演示

下面讨论自感现象的规律，线圈中的电流所激发的磁感应强度与电流成正比，因此通过线圈的磁通匝链数也正比于线圈中的电流，即

$$\psi = LI \tag{11-48}$$

其中，L 为比例系数，与线圈中电流无关，仅由线圈的大小、几何形状及匝数决定。当线圈中的电流改变时，ψ 也随之改变，按照法拉第定律，线圈中产生的自感电动势为

$$E = -L\frac{dI}{dt} \tag{11-49}$$

由式(11-49)可以看出，对于相同的电流变化率，比例系数 L 越大的线圈所产生的自感电动势越大，即自感作用越强。比例系数 L 称为自感系数，简称自感。分别与式(11-48)和式(11-49)对应，也有自感的两种定义。据式(11-48)，自感在数值上等于线圈中电流为 1 单位时通过线圈自身的磁通匝链数；或者，据式(11-49)，自感在数值上等于线圈中电流变化率为 1 单位时，在该线圈中产生的感应电动势。

自感系数的单位与互感系数的单位相同，在 MKSA 单位制中也是 H 或 mH、μH 等。当线圈中电流为 1A，通过线圈自身的磁通匝链数为 1Wb 时，线圈的自感为 1H；或者当线圈内电流的变化率为 1A/s，而线圈自身引起的感应电动势为 1V 时，线圈的自感为 1H。

自感系数的计算方法一般也比较复杂，实际中常采用实验的方法来测定，简单的情形可以根据毕奥-萨伐尔定律和式(11-48)来计算。

自感现象在电子、无线电技术中应用也很广泛，利用线圈具有阻碍电流变化的特性，可以稳定电路中的电流；无线电设备中常以它和电容器的组合构成谐振电路或滤波器等。

在某些情况下发生的自感现象是非常有害的，例如，具有大自感线圈的电路断开时，由于电路中的电流变化很快，在电路中会产生很大的自感电动势，以致击穿线圈本身的绝缘保护，或者在电闸断开的间隙中产生强烈的电弧可能烧坏电闸开关。这些问题在实际中需要设法避免。

两个线圈之间的互感系数与其各自的自感系数有一定的联系。当两个线圈中每一个线圈所产生的磁通对于每一匝来说都相等，并且全部穿过另一个线圈的每一匝，这种情形称为无漏磁。将两个线圈密排并缠在一起就能做到这一点。在这种情形互感系数与各自的自感系数之间的关系比较简单。设线圈 1 的匝数为 N_1，所产生的磁通为 ϕ_1，线圈 2 的匝数为 N_2，所产生的磁通为 ϕ_2。由式(11-32)、式(11-33)和式(11-36)，可得

$$M = \frac{N_1\phi_{21}}{I_2} = \frac{N_2\phi_{12}}{I_1} \tag{11-50}$$

$$L_1 = \frac{N_1\phi_1}{I_1} \tag{11-51}$$

$$L_2 = \frac{N_2\phi_2}{I_2} \tag{11-52}$$

由于无漏磁，$\phi_{12}=\phi_1$、$\phi_{21}=\phi_2$，有 $M=\dfrac{N_2\phi_1}{I_1}$ 且 $M=\dfrac{N_1\phi_2}{I_2}$。将两式相乘，再将各因子重新排列，得

$$M^2=\frac{N_2\phi_1}{I_1}\times\frac{N_1\phi_2}{I_2}=L_1L_2 \tag{11-53}$$

则

$$M=\sqrt{L_1L_2}$$

在有漏磁的情况下，M 要比 $\sqrt{L_1L_2}$ 小。

2. 线圈串联的自感系数

将两个线圈串联起来看成一个线圈，它有一定的总自感，在一般的情形下，总自感的数值并不等于两个线圈各自自感的和，还必须注意到两个线圈之间的互感。如图 11-37(a)所示，考虑两个线圈，设线圈 1 的自感为 L_1，线圈 2 的自感为 L_2，两个线圈的互感为 M。用不同的连接方式将线圈串联起来会有不同的总自感。

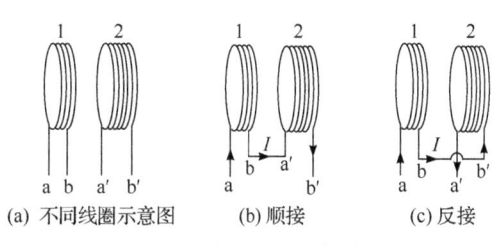

图 11-37 两个线圈的顺接与反接

图 11-37(b)表示的是顺接情形，两线圈首尾 a′、b 相连。设线圈通以图示的电流 I，并且使电流随时间增加，则在线圈 1 中产生自感电动势 E_1 和线圈 2 对线圈 1 的互感电动势 E_{21}。这两个电动势方向相同并与电流的方向相反。因此，在线圈 1 中的电动势是两者之和，为

$$E_1+E_{21}=-\left(L_1\frac{\mathrm{d}I}{\mathrm{d}t}+M\frac{\mathrm{d}I}{\mathrm{d}t}\right) \tag{11-54}$$

同样，在线圈 2 中产生自感电动势 E_2 和线圈 1 对线圈 2 的互感电动势 E_{12}。这两个电动势方向相同，并与电流的方向相反。因此，在线圈 2 中的电动势为

$$E_2+E_{12}=-\left(L_2\frac{\mathrm{d}I}{\mathrm{d}t}+M\frac{\mathrm{d}I}{\mathrm{d}t}\right) \tag{11-55}$$

由于 E_1+E_{21} 和 E_2+E_{12} 的方向相同，因此在串联线圈中的总感应电动势为

$$E=E_1+E_{21}+E_2+E_{12}=-\left(L_1\frac{\mathrm{d}I}{\mathrm{d}t}+M\frac{\mathrm{d}I}{\mathrm{d}t}+L_2\frac{\mathrm{d}I}{\mathrm{d}t}+M\frac{\mathrm{d}I}{\mathrm{d}t}\right) \tag{11-56}$$

顺接串联线圈的总自感为

$$L = L_1 + L_2 + 2M \tag{11-57}$$

图 11-37(c)表示反接情形,两线圈尾 b′、b 相连。当线圈通以图示的电流并且使电流随时间增加,则在线圈 1 中产生的互感电动势 E_{21} 与自感电动势 E_1 方向相反,在线圈 2 中产生的互感电动势 E_{12} 与自感电动势 E_2 的方向相反。因此,总的感应电动势为

$$E = E_1 - E_{21} + E_2 - E_{12} = -\left(L_1 \frac{\mathrm{d}I}{\mathrm{d}t} + L_2 \frac{\mathrm{d}I}{\mathrm{d}t} - 2M \frac{\mathrm{d}I}{\mathrm{d}t}\right) \tag{11-58}$$

反接串联线圈的总自感为

$$L = L_1 + L_2 - 2M \tag{11-59}$$

考虑两个特殊情形:第一,当两个线圈制作或放置使得它们各自产生的磁通不穿过另一线圈时,两个线圈的互感系数为零,这时串联线圈的自感系数就是两个线圈自感系数之和。第二,当两无漏磁的线圈顺接时,总自感为

$$L = L_1 + L_2 + 2\sqrt{L_1 L_2} \tag{11-60}$$

当它们反接时,总自感为

$$L = L_1 + L_2 - 2\sqrt{L_1 L_2} \tag{11-61}$$

电容器充电后储存一定的能量。当电容器两极板之间电压为 U 时,电容器所储存的电能为

$$W_e = \frac{1}{2}CU \tag{11-62}$$

其中,C 为电容器的电容。现在指出,一个通电的线圈也会储存一定的能量,其所储存的磁能可以通过电流建立过程中抵抗感应电动势做功来计算。先考虑一个线圈的情形。当线圈与电源接通时,由于自感现象,电路中的电流 $i(t)$ 并不立刻由 0 变到稳定值 1,而要经过一段时间。在这段时间内电路中的电流在增大,因而有反方向的自感电动势存在,外电源的电动势 E 不仅要供给电路中产生焦耳热的能量,而且还要反抗自感电动势 E_L 做功。

下面计算在电路中建立电流 I 的过程中,电源的电动势所做的这部分额外的功。在时间 $\mathrm{d}t$ 内,电源的电动势反抗自感电动势所做的功为 $\mathrm{d}A = -E_L i \mathrm{d}t$,式中 $i = i(t)$ 为电流的瞬时值,而 E_L 为

$$E_L = -L\frac{\mathrm{d}I}{\mathrm{d}t} \tag{11-63}$$

因此,$\mathrm{d}A = Li\mathrm{d}i$。

在建立电流的整个过程中,电源的电动势反抗自感电动势所做的功为

$$A = \int \mathrm{d}A = \int_0^I Li\mathrm{d}i = \frac{1}{2}LI^2 \tag{11-64}$$

这部分功以能量的形式储存在线圈内。当切断电源时电流由稳定值 1 减小到 0，线圈中产生与电流方向相同的自感电动势。线圈中原已储存起来的能量通过自感电动势做功全部释放出来。自感电动势在电流减小的整个过程中所做的功是

$$A' = \int E_L i \mathrm{d}i = -\int_I^0 L i \mathrm{d}i = \frac{1}{2}LI^2 \tag{11-65}$$

这就表明自感线圈能够储能，在一个自感系数为 L 的线圈中建立强度为 I 的电流，线圈中所储存的能量是

$$W_L = \frac{1}{2}LI^2 \tag{11-66}$$

放电时这部分能量又全部释放出来，这部分能量称为自感磁能。自感磁能的公式与电容器的电能公式在形式上很相似。

下面用类似的方法计算互感磁能。若有两个相邻的线圈 1 和 2，在其中分别有电流 I_1 和 I_2。在建立电流的过程中，电源的电动势除了供给线圈中产生焦耳热的能量和抵抗自感电动势做功，还要抵抗互感电动势做功。在两个线圈建立电流的过程中，抵抗互感电动势所做的总功为

$$\begin{aligned} A &= A_1 + A_2 = -\int_0^\infty E_{21} i_1 \mathrm{d}t - \int_0^\infty E_{12} i_2 \mathrm{d}t \\ &= \int_0^\infty \left(M_{21} i_1 \frac{\mathrm{d}i_2}{\mathrm{d}t} + M_{12} i_2 \frac{\mathrm{d}i_1}{\mathrm{d}t} \right) \mathrm{d}t = M_{12} \int_0^\infty \frac{\mathrm{d}(i_1 i_2)}{\mathrm{d}t} \mathrm{d}t \\ &= M_{12} \int_0^{I_1 I_2} \mathrm{d}(i_1 i_2) = M_{12} I_1 I_2 \end{aligned} \tag{11-67}$$

和自感情形一样，两个线圈中电源抵抗互感电动势所做的这部分额外的功，也以磁能的形式储存起来。一旦电流终止，这部分磁能便通过互感电动势做功全部释放出来。由此可见，当两个线圈中各自建立了电流 I_1 和 I_2 后，除了每个线圈中各自储存有自感磁能 $W_1 = \frac{1}{2} L_1 I_1^2$ 和 $W_2 = \frac{1}{2} L_2 I_2^2$，在它们之间还储存有另一部分磁能 $W_{12} = M_{12} I_1 I_2$。W_{12} 称为线圈 1、2 的互感磁能。

应该注意，自感磁能不可能是负的，但互感磁能则不一定，它可能为正，也可能为负。综上所述，两个相邻的载流线圈所储存的总磁能为

$$W_m = W_1 + W_2 + W_{12} = \frac{1}{2} L_1 I_1^2 + \frac{1}{2} L_2 I_2^2 + M_{12} I_1 I_2 \tag{11-68}$$

若写成对称形式，则有

$$W_m = \frac{1}{2} L_1 I_1^2 + \frac{1}{2} L_2 I_2^2 + \frac{1}{2} M_{12} I_1 I_2 + \frac{1}{2} M_{21} I_1 I_2 \tag{11-69}$$

将式(11-69)推广到 k 个线圈的普遍情形，则有

$$W_m = \frac{1}{2}\sum_{i=1}^{k} L_i I_i^2 + \frac{1}{2}i = \sum_{i=1, i\neq j}^{k} M_{ij} I_i I_j \tag{11-70}$$

其中，L_i 为第 i 个线圈的自感系数；M_{ij} 为线圈 i、j 之间的互感系数。

3. 铁心磁化过程对线圈电感的影响

线圈是电工装备中相当重要且广泛应用的一种。线圈一般是由屏蔽罩、绕组、骨架、封装材料、磁心或铁心等组成的，电感线圈根据有无铁心又分为空心电感线圈与铁心电感线圈。空心电感线圈指的是在特定模具上绕好后再脱去模具，且各个线圈之间的距离固定，其一般包括绕组、封装材料和绝缘介质，并多用于高频电路、电子、电气、无线电中。铁心电感线圈是绕制好的空心线圈套在铁心上，从而形成的电感器，铁心多采用锰锌铁氧体系列或镍锌铁氧体系列等材料，它的形状各异，有工字形、帽形、柱形、E 字形、罐形等多种形状，也有铁心材料为硅钢片、其他铁合金等，其外形多为 E 字形。

空心圆柱线圈在电气工程、无线电等领域中有着广泛的应用。在使用时，常常需要计算线圈的各种相关参数，尤其是线圈的电感值，对于电路中的电流值起决定性的作用。电感是自感和互感的总称。在不存在磁介质空心电感线圈的情形下，电感值的大小取决于线圈的尺寸大小和形状。线圈中储存的能量和线圈之间的作用力等问题都与电感息息相关。

在用交流伏安法测量无铁心的单个线圈的电感时发现，去掉铁心后线圈的电感非常小，然而单个铁心线圈的电感非常明显，铁心可以使线圈的电感值增大。铁心是与线圈配合产生磁场的导磁部件，通电后将铁心磁化形成电磁铁，铁心可以加强线圈内的磁感应强度。铁心材料主要有硅钢片、坡莫合金等，其外形多为 E 字形。

对于空气、真空，铁心硅钢片叠成的磁导率非常高，其相对磁导率可以达到好几千到上万。在相同的电流下，加了铁心的线圈，产生的磁场是空心线圈的成千上万倍。或者说要产生同样的磁场，用铁心线圈的体积可以比空心线圈的大大减小，需要通过的电流也可以大大减小。

如果不用铁心这类高磁导率的材料，变压器、电机等体积将会大到难以想象，效率将会低到失去使用价值，因此铁心的作用非常重要，研究铁心对线圈电感的影响是非常有意义的。

铁心一般由磁导率极高的铁磁介质构成，铁磁介质按其磁特性分为三类：顺磁质、抗磁质与铁磁质。顺磁质、抗磁质与铁磁质的磁化特性有很大不同，可合称为非铁磁质。非铁磁质又根据磁化方向的不同分为各向同性非铁磁质与各向异性非铁磁质。一般来说，对于非铁磁质，磁导率不会随着电流的变化而变化，但是对于铁磁质，铁磁质的磁导率会随着电流的变化而变化，由于铁磁质的磁化是非线性的，所以磁导率随电流的变化也是非线性的，不同的铁心对于线圈电感的影响也不同。因此，在研究铁心对电感线圈电感值的影响时要区分开来。首先要确定铁心的材料属于哪一种磁介质，然后查表

或实验获得铁心的磁化曲线,根据磁化曲线再获得铁心的相对磁导率。

对于空心的电感,已知线圈的体积、单位长度的匝数,则线圈内部磁感应强度 B 为

$$B = \mu_0 nI \tag{11-71}$$

其中,μ_0 为真空磁导率;I 为通过线圈的电流强度。

设线圈的横截面积为 S,则每匝的自感磁通为

$$\phi_{自} = BS = \mu_0 nIS \tag{11-72}$$

线圈的自感磁链为

$$\psi_{自} = N\phi_{自} = nl\phi_{自} = \mu_0 n^2 lSI \tag{11-73}$$

其中,l 为线圈的长度;lS 为线圈的体积 τ。

所以线圈的自感系数为

$$L = \frac{\psi_{自}}{I} = \mu_0 n^2 \tau \tag{11-74}$$

可见对于空心线圈的自感系数,只取决于线圈本身的因素(单位长度的匝数 n 及体积 τ),而与先前通过的电流强度无关。

对于铁心线圈,线圈内部充满了磁介质,已知线圈的传导电流强度为 I_0,单位长度匝数为 n,磁介质的绝对磁导率为 μ,由安培环路定律得线圈内部的磁场强度为

$$H = nI_0 \tag{11-75}$$

则磁感应强度的大小为

$$B = \mu nI_0 \tag{11-76}$$

线圈每匝的自感磁通为

$$\phi_{自} = BS = \mu nI_0 S \tag{11-77}$$

其中,S 为线圈的横截面积。整个线圈的自感磁链为

$$\psi_{自} = N\phi_{自} = nl\phi_{自} = \mu n^2 \tau I_0 \tag{11-78}$$

其中,τ 为线圈的体积。所以,充满磁介质后的电感线圈的自感系数为

$$L = \mu n^2 \tau \tag{11-79}$$

由式(11-74)与式(11-79)相比较可知,充满磁介质后的线圈的自感系数是空心线圈的自感系数的 $\mu/\mu_0 = \mu_r$ 倍。当线圈内的磁介质为非铁磁质时,也就是说铁心的相对磁导率为常数时,铁心线圈的自感系数不会随着电流的变化而变化,但是当线圈内的磁介质为非线性的铁磁质时,铁心的相对磁导率是与 H 相对应的,也就是与电流相对应,铁心的自感系数会随着电流的变化而变化。

4. 铁心电感的非线性

铁心电感,泛指电感元件磁介质为电工软铁、硅钢片等铁心介质的电感线圈。因为

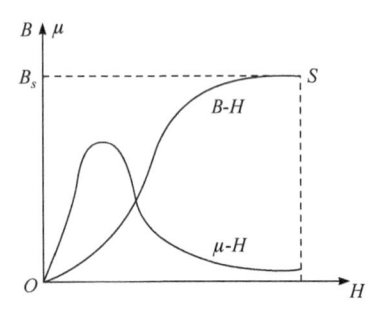

图 11-38 磁化曲线与 μ-H 曲线

实验中所用的线圈含有铁心，故线圈产生的电感不同于空心电感。铁心可以使线圈的电感量增大，但也带来了铁心线圈电感量非线性的问题。铁磁质的非线性由铁磁质的磁化曲线来反映，如图 11-38 所示。

由数学知识可知，从图 11-38 的 B-H 曲线上任何一点到原点的直线斜率就代表了该铁心在该磁化状态下的磁导率 μ，由于磁化曲线不是线性的，当 H 的数值由零开始增加时，μ 值由某一数值起始开始增加，然后接近某一最大值 $\mu_{\max}$；当 H 增加到特定值时，由于磁化接近饱和，μ 值急剧减小。由于 μ 与 H 有关，有铁磁质的线圈的自感和互感都与 H 有关，或者说它们都与励磁电流有关。由图 11-38 的 μ-H 曲线可以看出，对于铁磁质材料，电磁感应强度 B 随着 H，即电流的变化而非线性变化，同样 μ 值也随着电流的变化而非线性变化，当 H 增大时，μ 值先是增大，然后减小。正是由于铁磁质的这种 μ 值随着电流的变化的非线性变化，使得铁心的应用十分广泛。对于同一铁心，要想得到小的电感值，只要通入小的电流值就能得到，同样，通入大的电流值，可以得到相当大的 μ 值，但是当电流大到一定程度后，μ 又会减小。也就是说，在低电流与高电流情况下，都能得到小的电感值。这样就使得线圈在电器的应用中非常灵活。在铁心给应用带来方便的同时，也给理论计算带来了一定的难度。有些由多线圈组合形成的电器中，单个线圈的自感系数虽然是按上述规律变化的，但是铁心给各个线圈之间的互感带来的规律却很难找出，也就是在这种情况下，一般的小电流测出的线圈之间的互感与实际应用中的大电流情况下有着很大的不同，在理论计算中就不能代入实验测量值。

5. 铁心电感与空心电感的区别

空心线圈电感量的大小，主要取决于线圈的匝数、几何形状、线圈的结构尺寸、导线直径、线圈厚度等，因此空心线圈的电感为常数，而铁心线圈的电感不为常数。铁心电感与空心电感的实质性差别主要在于铁心具有非线性特性，因此铁心电感是一种可变电感，即电感的数值会随磁化电流的不同而变化。铁心的电阻率低，只要磁通一发生变化，铁心中就会产生涡流。

对于铁心的非线性，可以将铁心电感当成电流的函数来考虑，于是对于铁心电感的测量一定要在额定电流下进行才有意义。至于铁心中的涡流则可看成一种阻尼线圈，它对电感的主要影响是：当磁通衰减时会吸收电感中释放出来的能量。当铁心是由硅钢片叠装成时，产生的涡流较小，其影响可以忽略。

6. 线圈连接方式和铁心间隙对电感的影响

理论表明，当两无漏磁的线圈串联顺接时，总自感为

$$L = L_1 + L_2 + 2\sqrt{L_1 L_2} \tag{11-80}$$

当它们串联反接时，总自感为

$$L = L_1 + L_2 - 2\sqrt{L_1 L_2} \tag{11-81}$$

由式(11-81)可知，线圈反接可以减小其电感。若两线圈制作工艺完全相同，又不考虑漏磁，则它们反接的电感值应为零。

线圈并联也分为顺接和反接两种，对其分别进行讨论，两无漏磁的线圈并联顺接时总自感为

$$L = \frac{L_1 L_2 - M^2}{L_1^2 + L_2^2 - 2M} \tag{11-82}$$

当它们并联反接时，总自感为

$$L = \frac{L_1 L_2 - M^2}{L_1^2 + L_2^2 + 2M} \tag{11-83}$$

在 RLC 振荡回路里经常分析线圈电感变化对电流的影响，由振荡电路原理得放电电流随时间的变化关系为

$$i = \frac{dq}{dt} = A e^{\left(\frac{R}{2L} + \sqrt{\frac{R^2}{4L^2} - \frac{1}{LC}}\right)t} + B e^{\left(\frac{R}{2L} - \sqrt{\frac{R^2}{4L^2} - \frac{1}{LC}}\right)t} \tag{11-84}$$

由式(11-84)可知，电感对脉冲电流强度影响较大，电感越大，脉冲电流强度越小。实验和工程设计中应尽可能地减小回路中的电感。线圈的长度代表了电感的大小，当线圈制作完毕后，其长度一定，电感值无法减小，减小电感值只能通过其连接方法。

测量电感有交流伏安法和交流电桥法两种方法，交流伏安法原理简单、操作方便，故选用此法测量。用交流伏安法测线圈的电感的原理如图 11-39 所示。

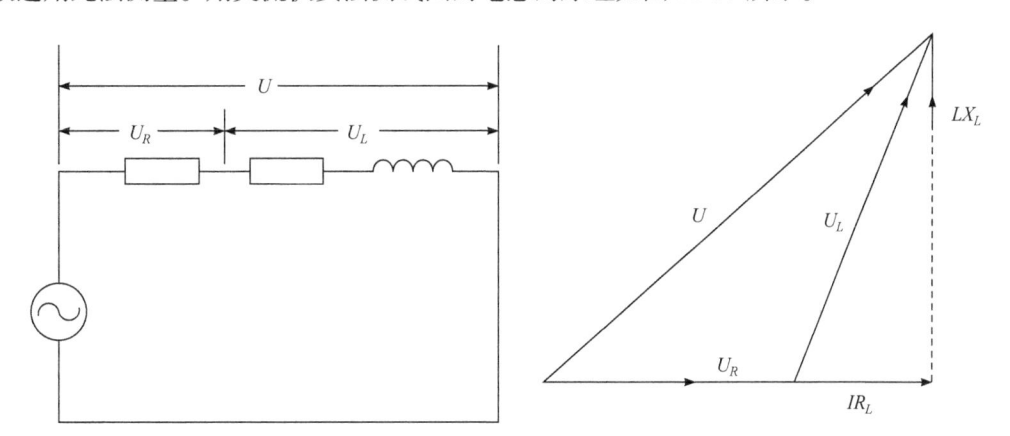

图 11-39 线圈电感测量原理图

将电阻 R 及待测电感 L 串联在交流电路中，其中 R 为已知电阻。一个实际电感元件总可以看成理想电感 L_x 及损耗电阻 R_L 的串联。用晶体毫伏表分别测电阻 R、待测电感 L 两端电压 U_R、U_L，以及总电压 U。

利用图 11-39 的矢量图得

$$(U_R + IR_L^2) + (IX_L)^2 = U^2$$
$$(IR_L)^2 + (IX_L)^2 = U_L^2 \qquad (11\text{-}85)$$

其中，I 为通过 R 和 L_x 的电流；X_L 为感抗。由式(11-85)消去 LX_L 得出

$$R_L = \frac{U^2 - U_R^2 - U_L^2}{2U_R I} \qquad (11\text{-}86)$$

则有

$$X_L = \frac{\sqrt{\left[(U_R + U_L)^2 - U^2\right]\left[U^2 - (U_R - U_L)^2\right]}}{2U_R I} \qquad (11\text{-}87)$$

其中，I 可由 $I = \dfrac{U_R}{R}$ 算出。再根据 X_L 值和交流电压频率计算出 L_x 的电感：

$$L_x = \frac{X_L}{2\pi f} \qquad (11\text{-}88)$$

测出各未知量后用式(11-87)和式(11-88)联立来计算电感。电感计算公式为

$$L_x = \frac{R\sqrt{\left[U^2 - (U_R - U_L)^2\right]\left[(U_R + U_L)^2 - U^2\right]}}{4\pi f U_R^2} \qquad (11\text{-}89)$$

当待测样品为空心线圈时，此种方法的测量准确度与电表及线路本身的误差有关。但是，铁心线圈不仅包含线圈直流电阻，而且还包含磁滞损耗、涡流损耗所构成的等效电阻。理论表明磁滞损耗、涡流损耗的大小与电流有关，所以由式(11-89)计算出的 L_x 尚有某种程度的不准确性。

11.5 似稳电路和暂态过程

11.5.1 似稳电路

1. 似稳电磁场条件

一般来说，与变化的磁场伴随的电场是随时间变化的，在变化的电场作用下形成的电流也是随时间变化的，是非稳恒的电流。欧姆定律的微分形式对非稳恒电流仍然成立，即

$$J = \sigma E \qquad (11\text{-}90)$$

其中，E 为总电场，即 $E = E_{静} + E_{旋} + K$，所以有

$$J = \sigma(E_{静} + E_{旋} + K) \qquad (11\text{-}91)$$

此时，$\oiint J dS \neq 0$，因此基尔霍夫第一定律不再适用。

若交流电的频率过高，电路中将产生涡旋电场，则 $\oint E dl \neq 0$，因此基尔霍夫第二定律不再适用，甚至连电压概念都不再适用。

稳恒电流的闭合性要求在没有分支的电路中，通过导线的任何截面的电流都相等，然而这一结论对于可变电流不再成立。因为电场和磁场是以有限速度传播的，在同一时刻，电路上各点的场，并非由同一时刻场源的电荷分布和电流分布确定。

设场从源点传播到 P_1 点和传播到 P_2 点的时间差为 Δt，T 为电场随时间变化的周期，当 $\Delta t \ll T$ 时，电路在每一时刻的场源与场分布近似为一个稳恒的场源与场分布，$\Delta t \ll T$ 称为似稳条件。满足似稳条件不同时刻的场源与场分布近似为稳恒场源与场分布。

由于这种变化，缓慢的电场和磁场在任何时刻的分布都可近似看成稳恒的磁场和电场，如图 11-40 所示，故称这样的场为似稳场，在似稳条件下作用的电流称为似稳电流。

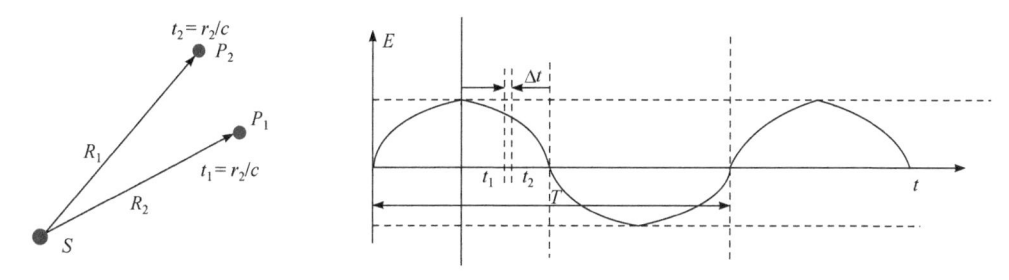

图 11-40　似稳场中电磁场在两点的时间差与周期

对于似稳电流的瞬时值，有关直流电路的基本概念、电路规律仍然有效。似稳电流与稳恒电流一样，任何时刻无分支的线路上各个截面的电流相等，电流线连续地通过导体内部，不会在导体的表面上终止。以同样的方式激发磁场，可以用毕奥-萨伐尔定律计算磁场，服从安培环路定律。

随时间变化的电荷激发的电场也是随时间变化的，它是一种随时间变化的静态场，在任何时刻，这种电场的旋度为零，因而仍然是一种有势场，不过是随着时间变化的有势场。但是，由于趋肤效应的存在，电流密度在导体截面上的分布并不均匀，导线表面的电流密度较大，导线中心处的电流密度则较小，这一点与稳恒电流是不同的。但是当似稳电流随时间变化比较缓慢、导线又比较细时，趋肤效应也可以忽略。

2. 似稳电磁场

时变电磁场之所以比静态场复杂，关键在于时变磁场与时变电场的互相激发会造成电磁波。电磁波的传播速度虽然很高(光速)，但毕竟有限，因此从一点传到另一点需要时间，这就导致推迟效应。例如，在一个运动的带电粒子激发的电磁场中，为了求得场点在时刻 t 的 $E(t)$ 和 $B(t)$，必须知道粒子在稍前的某时刻 t' 的状态(位置、速度和加速度)，这就是推迟效应。

电偶极振子的场是推迟效应的又一例子。请特别注意对静态场成立的库仑定律(点电荷的电场公式)及毕奥-萨伐尔定律(电流元的磁场公式)对时变电磁场都不成立，场点

在时刻 t 的 $E(t)$ 和 $B(t)$ 的计算要比静态场复杂得多。然而，若场点与电偶极振子的距离足够小，则推迟效应可以忽略。这时可近似认为场点在时刻 t 的场由源点在同一时刻的状态(电流密度 $i(t)$ 及电偶极矩 $p(t)$)按毕奥-萨伐尔定律和库仑定律决定，问题就可大为简化，这种近似称为似稳近似。一般来说，如果在所关心的空间范围内可以忽略推迟效应，也就是说，如果该范围内的 $E(t)$ 和 $B(t)$ 可由时刻 t 的电荷密度 $\rho(t)$ 和电流密度 $i(t)$ 按库仑定律和毕奥-萨伐尔定律决定，该范围内的电磁场就称为似稳电磁场，或说该范围内的电磁场处于似稳状态。似稳状态并非静(稳)态，它随时间而变(在这个意义上一点也不静)。所以称为似稳状态，是因为它没有推迟效应，场点在时刻 t 的场量 $E(t)$ 和 $B(t)$ 由空间各处的源量 $\rho(t)$ 和 $i(t)$ 在时刻 t 的值按库仑和毕奥-萨伐尔定律决定。仍以电偶极振子的近区场为例，其电场和磁场的表达式为

$$E(r,\theta,t) = \frac{\rho(t)}{4\pi\varepsilon_0 r^3}(2e_r\cos\theta + e_\theta\sin\theta) \tag{11-92}$$

$$B(r,\theta,t) = \frac{\mu_0}{4\pi}\frac{i(t)l \times e_r}{r^2} \tag{11-93}$$

式(11-92)与静电偶极子的 E 的表达式(库仑定律的产物)一样，式(11-93)与恒定电流源的 B 的表达式(毕奥-萨伐尔定律的产物)一样。如果说还有什么不同，那就是式(11-92)和式(11-93)中代表场的量 E、B 和代表源的量 ρ、i 后面都在括号内注以 t。场量 E、B 含 t 说明这不是静态场，但重要的是每一时刻的 E、B 表达式(场与源的关系)都与静态场一样(因此，作者认为最好称这种场为准静态场。事实上，这种场的英语名称正是 quasi-static field 或 quasi-steady field，直译就是准静态场。不过，由于历史原因，"似稳场"的称谓在汉语教材中相当流行，只好沿用。假若有这样一种"照相机"，它所拍出的"照片"能反映电荷密度 ρ、电流密度 J、电场 E 和磁场 B 在同一时刻的空间分布(能捕获 ρ、J、E、B 的即时信息)，那么如果将一张用这种"照相机"对非似稳场所拍的"照片"放在你面前，你会发现 E、B 与 ρ、J 的关系不同于静态场中的关系，据此可以肯定这不是静态场。但是，如果看到的是一张对似稳场(准静态场)所拍的"照片"，将无从分辨这个场究竟是静态场还是(非静态的)似稳场。

与似稳电磁场相伴的电路称为似稳电路，与交流电路相伴的电磁场是时变电磁场(其实就是电磁波，其频率与电流的频率相等)。但是，只要交变电流的频率 f 足够低，以致其相应的波长 λ ($\lambda = cf$) 远大于电路的尺度 l (即 $\lambda \gg l$)，则电磁场的波动性很不明显，可近似看成似稳电磁场。中国、俄罗斯等国的工频是 50Hz(美洲大陆和日本是 60Hz)，相应的 $\lambda = 6 \times 10^6$m 远大于通常电路的尺度，因此通常电路在工频下可以很好地看成似稳电路。然而，当频率高达 300MHz 时 λ 仅为 1m，将通常电路看成似稳电路就可能出现可察觉的误差，频率再高误差还要更大。不过，无论如何，似稳电路具有非常重要的实用价值，暂态电路(电路的暂态过程)及交流电路都属于似稳电路的范畴，而且它们几乎都是集中参量电路。难道还有不是集中参量电路的似稳电路吗？当然有，在讨论远程输电时，虽然仍然忽略输电线的分布电感和电容，但并未忽略其分布电阻，因为正是为了减小它的能耗才使用高压输电方式。此外，短波收音机的尺度虽然远小于波长(10~

50m)，可看成似稳电路，但机内两条导线(甚至两个焊点)之间的分布电容却往往不能忽略，所以不能看成集中参量电路。然而，在大多数情况下忽略分布参量(或者将它的影响粗略地归结为某些附加集中参量(如潜布电容)的影响)仍可取得相当准确或者大致可用的结果，因而往往可以只关心简单得多的集中参量电路。集中参量电路是这样一种电路：首先，它的尺度远小于波长，即 $l \ll \lambda$ (因而是似稳电路)；其次，电路参量电阻 R、电容 C、自感 L 和互感 M 只集中在相应的元件(纯电阻、纯电容、纯自感和纯互感)中，通常遇到的各种工频供电用电设备及大多数电子仪器所涉及的都是集中参量的似稳电路。

非似稳电路之所以复杂，原因之一是同一支路的各个截面可以有不同的电流。如图 11-41 所示，例如，在远程平行双输电线的情况下，若线长与波长有相同的数量级，则计算表明同一时刻每根线上各截面的电流 $i(x)$ 随线长 x 的变化如图 11-41(a)所示。从物理上考虑，由麦克斯韦方程可知，作为传导电流 i 和位移电流 $i_{位}$ 之和的全电流 $i_{全} = i_{位}$ 总是闭合的(是指相应的全电流密度 $J_{全}$ 满足 $\oiint J_{全} \mathrm{d}S = 0$，因而 $J_{全}$ 既无起点又无止点)。一根传输线的两个截面 S_1 和 S_2 所围出的导线段与另一根传输线的对应段之间存在分布电容，如图 11-41(b)所示，S_1 和 S_2 的传导电流 i_1 和 i_2 之所以不等，就是因为有位移电流流过分布电容，如图 11-41(c)所示。分布电容的 $i_{位}$ 是导致同一导线各截面传导电流不等的根本原因。既然集中参量电路已经忽略分布电容，同一导线各截面的电流必定(近似)相等，因此仍然可以像直流电路那样谈及每一支路的电流。串有电容器的支路的传导电流在电容器内部是中断的(由 $i_{位}$ 补上)，但流进电容器的电流等于从电容器流出的电流，所以串有电容器的支路也仍然只有一个电流。利用这一理论不难看出基尔霍夫第一定律也近似适用于集中参量电路，即流进和流出一个节点的电流代数和近似为零。

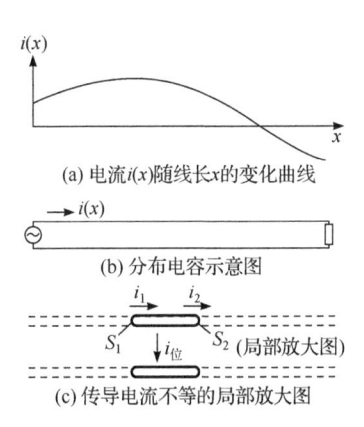

图 11-41 远程输电线间的分布电容使线上各截面有不同的电流

3. 似稳电路方程

电磁场理论与电路理论都可以用来研究电路系统中所发生的物理过程。前者是逐点研究电路系统中发生的物理过程；后者则是将一区域中场量的表现总和，用表征电路性质的物理量代替，在不考虑物理过程的电磁波动性质时，将这个系统作为电路来处理。这就可以由似稳电磁场的理论得到似稳电路方程。

以 RLC 串联并与另一个接有交流电源的 R'、L' 的耦合电路(图 11-42)为例，导出似稳电路方程。

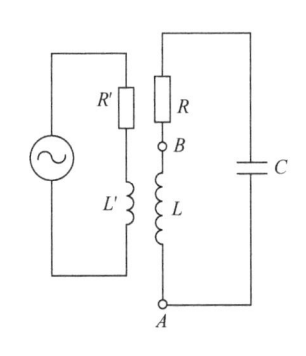

图 11-42 耦合电路

由于线圈处同时存在着无旋电场 E_s (又称纵场)和有旋的

感应电场 E_i，所以线圈处的电场 E 可以看成这两种场的叠加，即

$$E = E_s + E_i \tag{11-94}$$

它们分别满足：

$$\begin{aligned}
\nabla \cdot E_s &= \frac{\rho}{\varepsilon_0} \\
\nabla \times E_s &= 0 \\
\nabla \cdot E_i &= 0 \\
\nabla \times E_i &= -\frac{\partial B}{\partial t}
\end{aligned} \tag{11-95}$$

在似稳情况下，纵场是主要的，故 $E \approx E_s$；仅在电感线圈内才考虑横场的作用，线圈 L 中的感应电动势为

$$\varepsilon_L = \int E \mathrm{d}l \approx \int E_i \mathrm{d}l \tag{11-96}$$

其中，l 为沿着线圈 L 的全部路径。一般线圈都绕得很密，每一圈可以看成一个圆，共有 N 圈，那么根据电磁感应定律，可得

$$\varepsilon_L = -\frac{\mathrm{d}\Phi}{\mathrm{d}t} = -N \frac{\mathrm{d}}{\mathrm{d}t} \int B \mathrm{d}S \tag{11-97}$$

其中，Φ 为通过线圈 L 的总磁通，它由两部分组成：一部分是线圈 L 本身电流 I 的磁场的通量；另一部分则是线圈 L' 中电流 I' 的磁场对 Φ 的贡献。Φ 与瞬时的电流 I 和 I' 的关系为

$$\Phi = LI + MI' \tag{11-98}$$

式中，M 为线圈 L 与 L' 间的互感系数。若两个线圈的形状、大小、圈数及相对位置都不改变，M 是个常数，则有

$$\varepsilon_L = -L \frac{\mathrm{d}I}{\mathrm{d}t} - M \frac{\mathrm{d}I'}{\mathrm{d}t} \tag{11-99}$$

在电容器中，电场主要由极板上的电荷产生，电路其他部分上的电荷在电容器中产生的电场可忽略不计，两极板间的电势差与极板上的电容 Q 成正比，其比例系数为电容器的电容 C，即

$$\Delta \varphi = \frac{Q}{C} \tag{11-100}$$

从 A 点开始，沿顺时针方向，RLC 电路中电场 E 的环量为

$$\oint_l E \mathrm{d}l = \int_A^B E \mathrm{d}l + \int_{BR} E \mathrm{d}l + \int_{RCA} E \mathrm{d}l \tag{11-101}$$

若不计线圈 L 的电阻，则它两端的电势差与感应电动势 ε_L 的关系为

$$\int_A^B E \mathrm{d}l = -\varepsilon_L \tag{11-102}$$

电场沿电阻 R 的线积分为

$$\int_{BR} E dl = \int \frac{1}{\sigma} j dl = \int \frac{I}{\sigma S} dl = RI \quad (11\text{-}103)$$

于是有

$$\oint E dl = -\varepsilon_L + RI + \frac{Q}{C} = L\frac{dI}{dt} + M\frac{dI'}{dt} + RI + \frac{Q}{C} \quad (11\text{-}104)$$

因为积分在线圈 L 外面进行，$\oint E dl = 0$，所以可得

$$L\frac{dI}{dt} + M\frac{dI'}{dt} + RI + \frac{Q}{C} = 0 \quad (11\text{-}105)$$

对图 11-42 中左边的回路，如不计线圈 L′ 的电阻，可以得到

$$L\frac{dI'}{dt} + M\frac{dI}{dt} - \varepsilon = 0 \quad (11\text{-}106)$$

根据电荷守恒定律，可得

$$I = \frac{dQ}{dt} \quad (11\text{-}107)$$

式(11-103)～式(11-105)即为常用的似稳电路方程。

11.5.2 暂态过程

自感有阻碍电流变化的作用。因此，有自感的电路当接通或断开电源时，电压发生突变。但电流不可能立即达到稳定值，而要经过一个变化过程逐渐达到稳定值，这个变化过程称为暂态过程。

1. RL 电路的暂态过程

一个由自感为 L 的线圈和阻值为 R 的电阻串联而成的 RL 电路如图 11-43 所示。当将开关 K 投向 1 触头接通电源后(电源电动势为 E，内阻可忽略)，由于自感的作用，电流将经历从零逐渐增大到稳定值的过程，电流的变化将使电路中产生反抗电流增加的自感电动势：

$$E_L = -L\frac{di}{dt} \quad (11\text{-}108)$$

选择电路的正方向(即电动势和电流的正向)如图 11-43 所示，由闭合电路的欧姆定律得

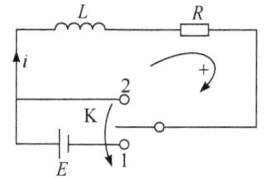

图 11-43 RL 电路

$$E - L\frac{di}{dt} = iR \quad (11\text{-}109)$$

则 $L\frac{di}{dt} + iR = E$。

式(11-109)为 RL 电路中瞬时电流 i 满足的微分方程，用分离变量法求解此微分方程。式(11-109)可写为

$$\frac{\mathrm{d}i}{i-\dfrac{E}{R}} = -\frac{R}{L}\mathrm{d}t \tag{11-110}$$

两边积分，得出

$$\ln\left(i-\frac{E}{R}\right) = -\frac{R}{L}\mathrm{d}t + C' \tag{11-111}$$

$$i - \frac{E}{R} = \mathrm{e}^{-\frac{R}{L}\mathrm{d}t + C'} = C\mathrm{e}^{-\frac{R}{L}t} \tag{11-112}$$

其中，C' 为积分常量，$C = \mathrm{e}^{C'}$，它的值由初始条件决定，选电源与电路刚接通瞬间作为时间零点，由于接通电源前电路中无电流，而自感电路中又不允许电流发生突变(否则自感电动势将为无限大，由 $E_L = -L\dfrac{\mathrm{d}i}{\mathrm{d}t}$ 很容易看出这一点)，所以 $t=0$ 时 i 应等于零，将此条件代入式(11-111)得出

$$C = -\frac{E}{R} \tag{11-113}$$

代入式(11-112)，得

$$i = \frac{E}{R}\left(1 - \mathrm{e}^{-\frac{R}{L}\mathrm{d}t}\right) \tag{11-114}$$

这就是接通电源后，RL 电路中电流与时间的关系式，绘制 $i\text{-}t$ 曲线如图 11-44 所示，可以看出电流从零增加到稳定值 E/R，或快或慢都要经历一个暂态过程。自感 L 与电阻 R 的比值 L/R 决定 RL 电路中电流增长的快慢。L/R 值小，电流增长快；L/R 值大，则电流增长慢，而 L/R 具有时间的量纲，所以将 L/R 称为 RL 电路的时间常数，用 τ 表示，即 $\tau \equiv L/R$。由式(11-112)可以算出，当 $t = \tau$ 时有

$$i = \frac{E}{R}(1 - \mathrm{e}^{-1}) = 0.632\frac{E}{R} \tag{11-115}$$

即 τ 等于电流从零增加到稳定值 63.2%所需的时间。同样由式(11-114)，可以算出当 $t = 5\tau$ 时 $i = 0.933 E/R$，即经过 5τ 的时间可以认为暂态过程基本结束，所以时间常数 L/R 是标志 RL 电路过渡过程持续时间长短的特征量。

当如图 11-44 所示电路中电流已达稳定值 E/R 后，将开关 K 从 1 迅速投向 2，这时电路中只存在自感电动势 E_L，仍选如图 11-43 所示的电路正方向，由闭合电路欧姆定律可得电路中电流 i 满足的微分方程为

$$-L\frac{\mathrm{d}i}{\mathrm{d}t} = iR \tag{11-116}$$

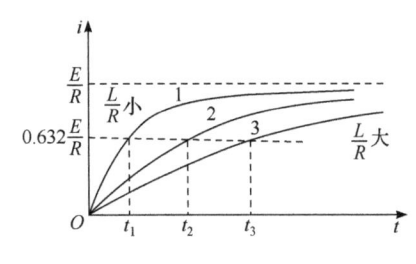

图 11-44 不同 L/R 值的电流增长曲线

其解为

$$i = C'' e^{-\frac{R}{L}t} \tag{11-117}$$

C'' 可由起始条件决定，选开关 K 投向 2 瞬间作为计时起点，同样是电流不能突变的理由，$t=0$ 时 $i = E/R$，代入式(11-116)，可得 $C'' = E/R$，这样式(11-117)可写为

$$i = \frac{E}{R} e^{-\frac{R}{L}t} \tag{11-118}$$

这就是 RL 电路中断开电源且被一导线短接后电路中电流随时间变化的关系式。绘制 i-t 曲线如图 11-45 所示，它表明 RL 电路断开电源，且被导线短接后，电流按指数规律下降，且下降的快慢也是由时间常数 L/R 决定的。$t = 5\tau$ 时，电流下降到初始值 E/R 的 36.8%。

总之，不论是接通或是断开电源，RL 电路的电流都不能突变，而要经历一个暂态过程才能趋于稳定。电流变化的快慢或者说暂态过程持续时间的短长，由电路中自感与电阻的比值 L/R 决定。L/R 小则电流变化快，暂态过程持续时间短，反之，L/R 大则电流变化慢，暂态过程持续时间长。

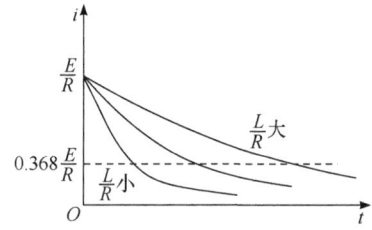

图 11-45 不同 L/R 的电流衰减曲线

2. RC 电路的暂态过程

一个由电容量为 C 的电容器和阻值为 R 的电阻串联而成的 RC 电路如图 11-46 所示。设在接通电源前电容器极板上不带电，将开关 K 投向 1，在电源作用下电容器开始充电。设在 t 时刻电容器两极板上带有的电量分别为 q 和$-q$，此时电路中沿回路正向的电流为 i。根据闭合电路中总的电动势应该等于总的电势降落，有

$$E = \frac{q}{C} + iR \tag{11-119}$$

由于

$$i = \frac{\mathrm{d}q}{\mathrm{d}t} \tag{11-120}$$

则充电过程中 q 满足的微分方程为

$$E = \frac{q}{C} + R\frac{\mathrm{d}q}{\mathrm{d}t} \tag{11-121}$$

同样用分离变量法，利用初始条件 $t = 0$ 时 $q = 0$ 不难解得

$$q = EC\left(1 - e^{-\frac{t}{RC}}\right) \tag{11-122}$$

可以看出，电容器上带电量增长的快慢由电路中电阻和电容的乘积 RC 决定，RC 值小，电量增长快，RC 值大，电量增长慢。q-t 曲线如图 11-47 所示，乘积 RC 具有时间的量纲，称为 RC 电路的时间常数，用 τ 表示，即 $\tau \equiv RC$。例如，对 $C=1\mu F$、$R=10k\Omega$ 的 RC

电路，时间常数 $\tau = 10 \times 10^3 \Omega \times 1 \times 10^{-6} \mathrm{F} = 0.01 \mathrm{s}$。$\tau$ 的物理意义与 RL 电路中的情况类似。

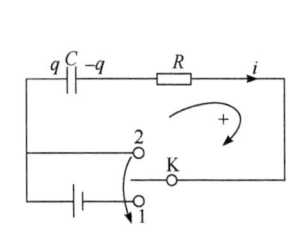

图 11-46　RC 电路

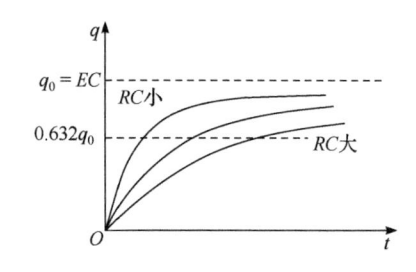

图 11-47　不同 RC 值的电量增长曲线

将式(11-121)两边对时间 t 求导，可得

$$i = \frac{E}{R} \mathrm{e}^{-\frac{t}{RC}} \tag{11-123}$$

这就是 RC 电路充电过程电流随时间变化的关系式。

将图 11-46 电路中开关由 1 投向 2，电容器即通过电阻 R 放电。放电过程中 q 满足的微分方程为

$$\frac{q}{C} + \frac{\mathrm{d}q}{\mathrm{d}t} R = 0 \tag{11-124}$$

解此微分方程，再根据初始条件 $t = 0$ 时 $q_0 = CE$，可得

$$q = CE \mathrm{e}^{-\frac{t}{RC}} \tag{11-125}$$

q-t 曲线如图 11-48 所示，可以看出 RC 电路中放电过程电容器带电量下降的快慢也是由时间常数 RC 决定的。电容器带电量变化的快慢由时间常数 RC 决定，τ 小电量变化快，τ 大电量变化慢。

将 RL 电路与 RC 电路加以比较。应该注意到，RL 电路中电流不能突变(原因前面已介绍)，而 RC 电路中电流可以突变(如电容器充电过程一旦接通电源电流就从零突变到 E/R)，但电容器上的电量不能突变，这是两种暂态过程的不同点。

3. RLC 电路的暂态过程

在如图 11-49 所示的电路中，先将开关 K 投向触点 1，使电容器充电到电压 U_0，然

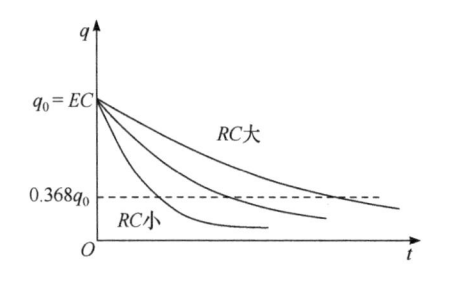

图 11-48　不同 RC 值的电量衰减曲线

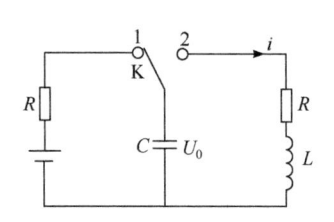

图 11-49　RLC 电路

后(即 $t=0$ 时)将开关 K 投向触点 2，电容器开始放电，电路中电场的能量和磁场的能量相互转换，一直到全部能量通过电阻变成热能而耗尽为止。这一过程称为 RLC 电路的暂态过程，这一过程中任意时刻有

$$U_L + U_R + U_C = 0 \tag{11-126}$$

又因为 $U_L = L\dfrac{\mathrm{d}i}{\mathrm{d}t}$，$U_R = Ri$，式(11-126)可写为

$$L\dfrac{\mathrm{d}i}{\mathrm{d}t} + Ri + U_C = 0 \tag{11-127}$$

将 $i = \dfrac{\mathrm{d}q}{\mathrm{d}t} = C\dfrac{\mathrm{d}U_C}{\mathrm{d}t}$ 代入式(11-126)和式(11-127)可得 RLC 电路放电过程的微分方程为

$$\dfrac{\mathrm{d}^2 q}{\mathrm{d}t^2} + \dfrac{R}{L}\dfrac{\mathrm{d}q}{\mathrm{d}t} + \dfrac{1}{LC}q = 0 \tag{11-128}$$

令 $\gamma = \dfrac{R}{2L}$，$\omega_0^2 = \dfrac{1}{LC}$，电路的微分方程变为

$$\dfrac{\mathrm{d}^2 q}{\mathrm{d}t^2} + 2\gamma\dfrac{\mathrm{d}q}{\mathrm{d}t} + \omega_0^2 = 0 \tag{11-129}$$

其中，γ 为 RLC 电路的阻尼系数；ω_0 为 RLC 电路的谐振角频率。此二阶线性常系数微分方程的解与 γ 和 ω_0 有密切关系，不同阻尼系数下电量衰减情况如图 11-50 所示。

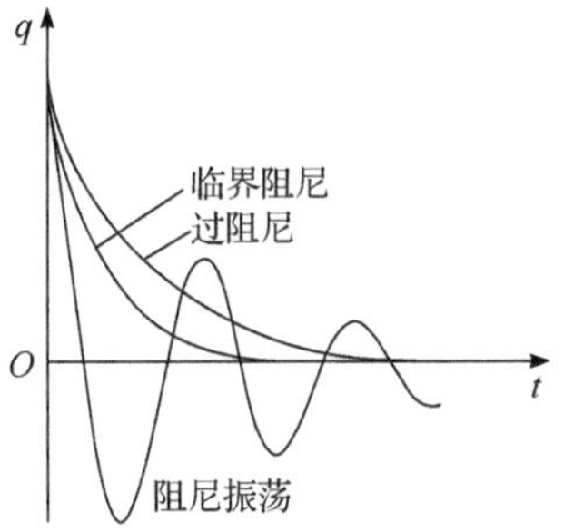

(1) 当 $\gamma^2 > \omega_0^2$，即 $R > 2\sqrt{\dfrac{L}{C}}$ 时，电路为过阻尼情况。若令 $\beta = \sqrt{\gamma^2 - \omega_0^2}$，式(11-129)的通解为

$$q = \mathrm{e}^{-\gamma t}\left(A\mathrm{e}^{\beta t} + B\mathrm{e}^{-\beta t}\right) \tag{11-130}$$

其中，A、B 是由初始条件决定的常量。这种工作状态为过阻尼非振荡状态。

图 11-50 不同阻尼系数下电量衰减曲线

(2) 当 $\gamma^2 = \omega_0^2$，即 $R = 2\sqrt{\dfrac{L}{C}}$ 时，电路为临界阻尼情况。式(11-129)的通解为

$$q = (A' + B't)\mathrm{e}^{-\gamma t} \tag{11-131}$$

其中，A'、B' 是由初始条件决定的常量，这种工作状态是非振荡过程。

(3) 当 $\gamma^2 < \omega_0^2$，即 $R < 2\sqrt{\dfrac{L}{C}}$ 时，电路为欠阻尼情况。式(11-129)的通解为

$$q = \mathrm{e}^{-\gamma t}\left(A''\mathrm{e}^{\mathrm{j}\omega t} + B''\mathrm{e}^{\mathrm{j}\omega t}\right) \tag{11-132}$$

其中，A''、B'' 是由初始条件决定的常量，若用另外两个常量 K 和 φ 代替 A'' 和 B''，则有

$$K = 2\sqrt{A''B''}$$
$$\varphi = \frac{1}{2\mathrm{j}}\ln\frac{A''}{B''} \tag{11-133}$$

或

$$A'' = \frac{K}{2}\mathrm{e}^{\mathrm{j}\varphi}$$
$$B'' = \frac{K}{2}\mathrm{e}^{-\mathrm{j}\varphi} \tag{11-134}$$

则式(11-129)可改为

$$q = \mathrm{e}^{-\gamma t}\frac{K}{2}\left[\mathrm{e}^{\mathrm{j}(\omega t+\varphi)} + \mathrm{e}^{-\mathrm{j}(\omega t+\varphi)}\right] = K\mathrm{e}^{-\gamma t}\cos(\omega t+\varphi) \tag{11-135}$$

此解是振幅按指数规律衰减的振荡形式，其振荡角频率为

$$\omega = \sqrt{\omega_0^2 - \gamma^2} = \sqrt{\frac{1}{LC} - \frac{R^2}{4L^2}} \tag{11-136}$$

RLC 串联电路的暂态过程存在上述三种不同的情况，完全取决于电路的参数 R、L、C 的数值大小，其性质与初始激励无关。当 $R < 2\sqrt{\frac{L}{C}}$ 时，电路产生等幅振荡过程，其振荡角频率 ω 小于电路的谐振角频率 $\omega_0 = \sqrt{\frac{1}{LC}}$。若改变 R、L 及 C 的数值，就可以改变 ω 的大小，如增大电容 C 或者增大电阻 R，都将使振荡角频率 ω 降低，使振荡周期增大，当电阻增大到临界电阻，即 $R = 2\sqrt{\frac{L}{C}}$ 时，有 $\omega = 0$，这时，电路就由振荡过程转变为非振荡性的衰减了。

电路中存在着电阻，在整个振荡过程中，电阻在不断地消耗能量，致使电场能量和磁场能量不断减少。因此，振荡的幅值必然是衰减的，其衰减的规律是随 $\mathrm{e}^{-\gamma t}$ 而变化的，其衰减的快慢取决于阻尼系数 $\gamma(\gamma = R/(2L)$，R 越小，L 越大，则衰减得越慢。如果电路中的电阻等于零，那么 $\gamma = 0$，这时电路进行等幅振荡，而且振荡角频率 ω 就等于电路的谐振角频率 ω_0。当然，这只是一种理想情况，实际的电路总有一定的电阻，因此要维持等幅振荡，必须从外部补充一定的能量才能实现。

11.6 无刷双馈电机的电磁耦合现象

11.6.1 无刷双馈电机的基本结构

1. 定子结构

相比于传统的交流电机，无刷双馈电机(brushless doubly fed machine, BDFM)拥有无电刷滑环、运行可靠性高等优点，但在电机结构和运行原理上也具有明显差异。BDFM

定子铁心中所嵌绕组的数量通常为一套或两套，可依此将 BDFM 的定子结构分为两类。其中，定子铁心中仅含一套绕组的结构称为定子单绕组结构，该结构通过巧妙的设计使得一套绕组从不同端口观察可见不同的绕组极对数，可理解为一套绕组实现两套绕组的效果；定子铁心中含有两套绕组的结构称为定子双绕组结构。定子单绕组结构的优点是材料利用率较高，嵌线相对简单，但当定子两套绕组极对数比较大时，设计合理的定子单绕组结构变得十分困难。相比而言，定子双绕组结构对于两套绕组的结构可采取独立设计原则，因此在方案的制订上也有更多的选择空间，这也使得双定子绕组结构成为目前 BDFM 最常见的定子结构。但无论定子采用单绕组结构还是双绕组结构，其目的都是产生两个极对数不同的磁场，因此通常给两套绕组单独供电，BDFM 的定子绕组馈电示意图如图 11-51 所示。

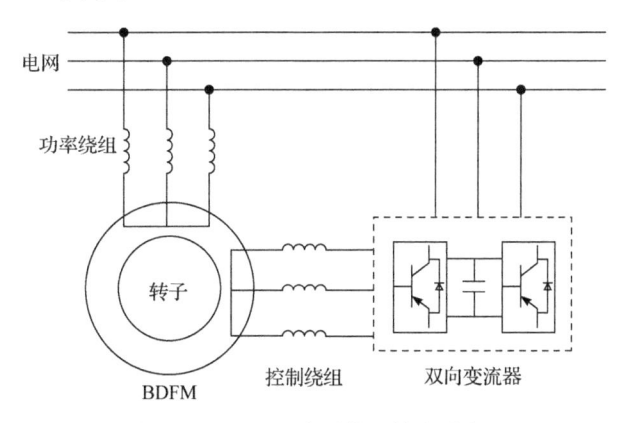

图 11-51　BDFM 定子绕组馈电示意图

图 11-51 中与电网直接相连的定子绕组实现从电网吸收和回馈能量的作用，另一套绕组经过双向变流器与电网相连，实现对 BDFM 运行状态的控制作用。这两套定子绕组分别称为功率绕组和控制绕组。

2. 转子结构

1) 笼型转子

相比于其他转子类型，笼型转子在启动和异步运行能力方面具有优势，且制造工艺简单、坚实牢固。以四极笼型转子为例，常见的笼型转子结构可分为六种，如图 11-52 所示。根据转子绕组节距可分为两大类：同心式结构和等距式结构。其中，同心式结构由多组同心式短路回路串联或者并联构成，相比于常规的笼型转子拥有特殊的导条端部联结型式，但绕组分布系数低，谐波含量高；等距式结构具有公共端环和独立叠式转子导体回路，转子电阻和漏电抗小，效率较高。

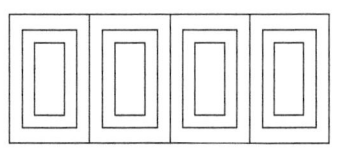

(a) 无公共笼条无公共端环　　　　(b) 有公共笼条但无公共端环

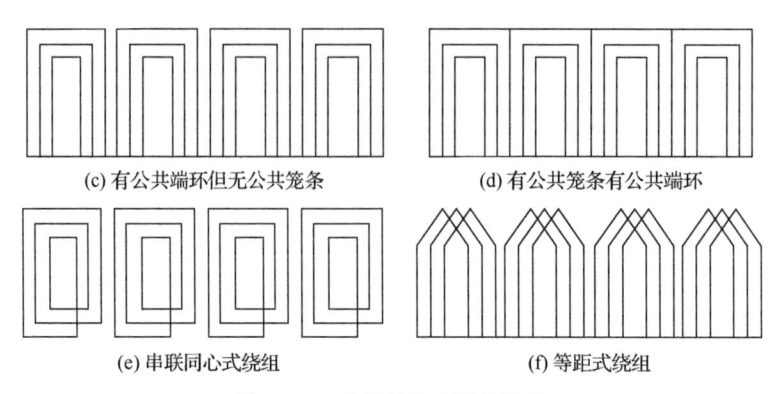

(c) 有公共端环但无公共笼条　　(d) 有公共笼条有公共端环

(e) 串联同心式绕组　　(f) 等距式绕组

图 11-52　常见的笼型转子结构

一种混联式笼型转子结构如图 11-53(a)所示。可见该转子铁心上共开有 32 个槽，这些槽根据转子绕组的联结型式分为 4 个独立的单元，称为转子巢。其中每个转子巢内最外层的短路回路与次外层的短路回路串联，最内层的短路回路与次内层的短路回路串联，图中以粗实线和细虚线作为区分。在并联同心式的转子绕组结构中，各个短路回路在相同磁场条件下所感生的电流幅值通常因为短路回路跨距的不同，从最内层向最外层呈梯度分布，而采用局部串联式设计则可缩小各个短路回路间的感生电流幅值差异，从而达到平衡转子绕组磁动势分布、削弱高次谐波磁场、降低电机发热、提高电机运行效率的目的，其单个巢的磁动势分布如图 11-53(b)所示。

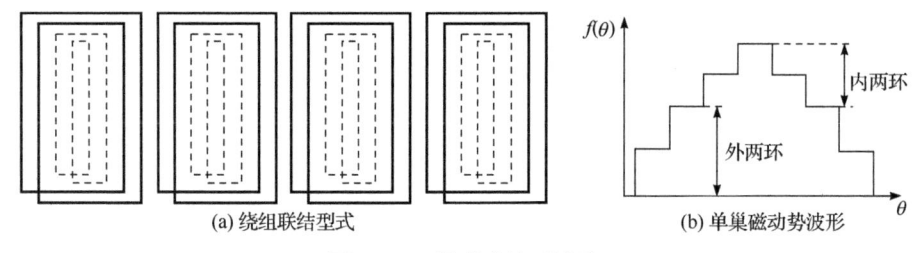

(a) 绕组联结型式　　(b) 单巢磁动势波形

图 11-53　混联式笼型转子

2) 磁阻型转子

磁阻型转子一般采用凸极结构，或者通过磁障的设置限定磁场分布规律，这种结构在转子铁心上不需要绕制绕组，因此加工简便，制造成本相对较低。而目前 BDFM 常用的磁阻型转子结构可分为普通凸极、铁心轴向叠片及铁心径向叠片三大类。

普通凸极磁阻转子结构如图 11-54(a)所示，其结构最简单，但磁场调制效果在几种磁阻型转子结构中是最差的。在普通凸极磁阻转子的基础上，发展出了轴向叠片磁障转子结构(图 11-54(b))，以及 ALA 转子结构(图 11-54(c))，相比于普通凸极磁阻转子，这两种转子结构拥有更好的磁场调制效果。一方面 ALA 转子增加了凸极比，致使效果的提升尤为明显，然而另一方面该转子结构对涡流的抑制效果不足，这部分损耗会增加电机温升和降低电机效率。径向叠片磁障转子结构如图 11-54(d)所示，虽涡流损耗较小，磁场调制效果好，但采用径向叠片的方式降低了转子铁心的连接强度。

(a) 普通凸极磁阻　　(b) 轴向叠片磁障　　(c) ALA　　(d) 径向叠片磁障

图 11-54　常见的磁阻型转子

3) 绕线式转子

绕线式转子顾名思义，转子采用隐极结构且铁心上缠有绕组，但不同于笼型转子结构的短路回路设计，绕线式转子通常采用特殊的绕组联结方式实现磁场变换极对数的调制效果，如图 11-55 所示。而这种特殊的绕组联结方式一方面降低了转子磁场的谐波含量，提高了电机效率，但另一方面其复杂的绕制方式也增加了转子的制造难度。

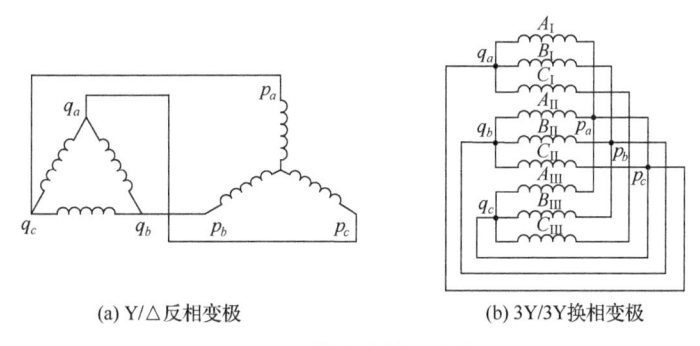

(a) Y/△反相变极　　(b) 3Y/3Y换相变极

图 11-55　绕线式转子接线图

电磁耦合现象，是指两个电气系统通过耦合磁场实现能量传递的物理现象，而量化这种现象强弱的物理量则是耦合电感值的大小。

11.6.2　无刷双馈电机的数学模型

1. 隐极转子无刷双馈电机静止三相坐标系下的数学模型

对于 BDFM，隐极转子可分为笼型转子和绕线式转子两种结构，这两种结构具有相似的数学模型，以笼型转子 BDFM 为例。在假设磁路线性的条件下，数学模型中电机各绕组的自阻抗及绕组间的互阻抗均为与电流无关的项，可得到其电压方程：

$$\begin{bmatrix} \boldsymbol{u}_p \\ \boldsymbol{u}_c \\ \boldsymbol{u}_r \end{bmatrix} = \begin{bmatrix} \boldsymbol{Z}_p & \boldsymbol{Z}_r & \boldsymbol{Z}_r \\ \boldsymbol{Z}_{pc}^\mathrm{T} & \boldsymbol{Z}_c & \boldsymbol{Z}_{rr} \\ \boldsymbol{Z}_{pr}^\mathrm{T} & \boldsymbol{Z}_{cr}^\mathrm{T} & \boldsymbol{Z}_r \end{bmatrix} \cdot \begin{bmatrix} \boldsymbol{i}_p \\ \boldsymbol{i}_c \\ \boldsymbol{i}_r \end{bmatrix} = \begin{bmatrix} \boldsymbol{R}_p & 0 & 0 \\ 0 & \boldsymbol{R}_c & 0 \\ 0 & 0 & \boldsymbol{R}_r \end{bmatrix} \cdot \begin{bmatrix} \boldsymbol{i}_p \\ \boldsymbol{i}_c \\ \boldsymbol{i}_r \end{bmatrix}$$

$$+ \frac{\mathrm{d}}{\mathrm{d}t} \begin{bmatrix} \boldsymbol{L}_p & \boldsymbol{M}_{pc} & \boldsymbol{M}_r \\ \boldsymbol{M}_{pc}^\mathrm{T} & \boldsymbol{L}_c & \boldsymbol{M}_r \\ \boldsymbol{M}_{pr}^\mathrm{T} & \boldsymbol{M}_{cr}^\mathrm{T} & \boldsymbol{L}_r \end{bmatrix} \begin{bmatrix} \boldsymbol{i}_p \\ \boldsymbol{i}_c \\ \boldsymbol{i}_r \end{bmatrix}$$

(11-137)

其中，u_p、u_c 和 u_r 分别为定子功率绕组三相电压向量、定子控制绕组三相电压向量和转子各回路电压向量，由于转子采用短路回路设计，因此 u_r 为零向量；i_p、i_c 和 i_r 分别为定子功率绕组三相电流向量、定子控制绕组三相电流向量和转子各回路电流向量；R_p、R_c 和 R_r 分别为定子功率绕组三相电阻矩阵、定子控制绕组三相电阻矩阵和转子各回路电阻矩阵，均为单位矩阵；$Z_p(Z_c)$ 和 $L_p(L_c)$ 分别为定子功率绕组(控制绕组)的自阻抗矩阵和自感矩阵；$Z_{pr}(M_{pr})$ 和 $Z_{cr}(M_{cr})$ 分别为定子功率绕组(控制绕组)三相绕组与转子各回路的互阻抗(互感)组成的矩阵；上标 T 代表转置。

磁链矩阵为

$$\begin{bmatrix} \boldsymbol{\Psi}_p \\ \boldsymbol{\Psi}_c \\ \boldsymbol{\Psi}_r \end{bmatrix} = \begin{bmatrix} \boldsymbol{L}_p & \boldsymbol{M}_{pc} & \boldsymbol{M}_r \\ \boldsymbol{M}_{pc}^{\mathrm{T}} & \boldsymbol{L}_c & \boldsymbol{M}_c \\ \boldsymbol{M}_r^{\mathrm{T}} & \boldsymbol{M}_c^{\mathrm{T}} & \boldsymbol{L}_r \end{bmatrix} \begin{bmatrix} \boldsymbol{i}_p \\ \boldsymbol{i}_c \\ \boldsymbol{i}_r \end{bmatrix} \tag{11-138}$$

其中，$\boldsymbol{\Psi}_p$、$\boldsymbol{\Psi}_c$ 和 $\boldsymbol{\Psi}_r$ 分别为定子功率绕组、定子控制绕组和转子绕组的磁链矩阵。

定子功率绕组的自感矩阵为

$$\boldsymbol{L}_p = \begin{bmatrix} L_p + L_{p\sigma} & -0.5L_p & -0.5L_p \\ -0.5L_p & L_p + L_{p\sigma} & -0.5L_p \\ -0.5L_p & -0.5L_p & L_p + L_{p\sigma} \end{bmatrix} \tag{11-139}$$

其中，L_p 为功率绕组一相激励电感；$L_{p\sigma}$ 为功率绕组一相漏电感。L_p、$L_{p\sigma}$ 为定值。

同理，定子控制绕组的自感矩阵为

$$\boldsymbol{L}_c = \begin{bmatrix} L_c + L_{c\sigma} & -0.5L_c & -0.5L_c \\ -0.5L_c & L_c + L_{c\sigma} & -0.5L_c \\ -0.5L_c & -0.5L_c & L_c + L_{c\sigma} \end{bmatrix} \tag{11-140}$$

其中，L_c 为控制绕组一相激励电感；$L_{c\sigma}$ 为控制绕组一相漏电感；L_c、$L_{c\sigma}$ 为定值。根据笼型转子 BDFM 的结构，可知其转子巢个数为 p_r。每个转子巢又由 N_r 个转子短路环组成。因此，转子绕组的电感矩阵可分为 $p_r \times p_r$ 个转子巢阻抗矩阵：

$$\boldsymbol{L}_r = \begin{bmatrix} L_{11} & \cdots & L_{1pr} \\ \vdots & L_{ij} & \vdots \\ L_{pr1} & \cdots & L_{prpr} \end{bmatrix} \tag{11-141}$$

其中，$\boldsymbol{L}_{ij}$ 为一个 $N_r \times N_r$ 的子矩阵，表示转子绕组中第 i 个转子巢与第 j 个转子巢各个短路环之间的互感组成的矩阵，其中的各个元素均为定值。

定子功率绕组和转子绕组之间的互感矩阵可表示为

$$\boldsymbol{M}_{pr} = \begin{bmatrix} M_{pr1} & M_{pr2} & \cdots & M_{prpr} \end{bmatrix} \tag{11-142}$$

其中，每一个电感子矩阵均为$3\times N_r$阶，由定子功率绕组三相和转子巢中各个短路环的互感组成，其中的各个元素均为关于θ_r的函数。

同理，定子控制绕组和转子绕组之间的互感矩阵可表示为

$$\boldsymbol{M}_{cr} = \begin{bmatrix} M_{cr1} & M_{cr2} & \cdots & M_{crpr} \end{bmatrix} \quad (11\text{-}143)$$

其中，每一个电感子矩阵均为$3\times N_r$阶，由定子控制绕组三相和转子巢中各个短路环的互感组成，其中的各个元素均为关于θ_r的函数。

$$\boldsymbol{T}_e = \begin{bmatrix} \boldsymbol{i}_p^\mathrm{T} & \boldsymbol{i}_c^\mathrm{T} \end{bmatrix} \frac{\partial}{\partial \theta_r} \begin{bmatrix} \boldsymbol{M}_{pr} \\ \boldsymbol{M}_{cr} \end{bmatrix} \boldsymbol{i}_r = \boldsymbol{i}_p^\mathrm{T} \frac{\partial \boldsymbol{M}_{pr}}{\partial \theta_r} \boldsymbol{i}_r + \boldsymbol{i}_c^\mathrm{T} \frac{\partial M_{cr}}{\partial \theta_r} \boldsymbol{i}_r \quad (11\text{-}144)$$

由式(11-143)可知，笼型转子 BDFM 的电磁转矩大小由定转子电流大小$\boldsymbol{i}_p$、$\boldsymbol{i}_c$和$\boldsymbol{i}_r$及定转子互感$\boldsymbol{M}_{pr}$和$\boldsymbol{M}_{cr}$对θ_r的偏导数共同决定。机械运动方程为

$$J \frac{\mathrm{d}\omega_r}{\mathrm{d}t} = \boldsymbol{T}_e - \boldsymbol{T}_L - \zeta \omega_r \quad (11\text{-}145)$$

其中，J为转子的转动惯量；ω_r为转子的机械角速度；$\boldsymbol{T}_e$为电磁转矩；$\boldsymbol{T}_L$为负载转矩；ζ为阻尼系数。

2. 凸极转子无刷双馈电机静止三相坐标系下的数学模型

与隐极转子 BDFM 不同，凸极转子 BDFM 往往没有转子绕组，导致其电压方程不存在转子绕组电压、电流项，因此其数学模型的阶数将会少于隐极转子BDFM，使得两种不同转子结构的 BDFM 具有不同形式的数学模型。以磁阻型转子为例，其电压方程为

$$\begin{bmatrix} \boldsymbol{u}_p \\ \boldsymbol{u}_c \end{bmatrix} = \begin{bmatrix} \boldsymbol{Z}_p & \boldsymbol{Z}_{pc} \\ \boldsymbol{Z}_{pc}^\mathrm{T} & \boldsymbol{Z}_c \end{bmatrix} \begin{bmatrix} \boldsymbol{i}_p \\ \boldsymbol{i}_c \end{bmatrix} = \begin{bmatrix} \boldsymbol{R}_p & 0 \\ 0 & \boldsymbol{R}_c \end{bmatrix} \begin{bmatrix} \boldsymbol{i}_p \\ \boldsymbol{i}_c \end{bmatrix} + \frac{\mathrm{d}}{\mathrm{d}t} \begin{bmatrix} \boldsymbol{L}_p & \boldsymbol{M}_{pc} \\ \boldsymbol{M}_{pc}^\mathrm{T} & \boldsymbol{L}_c \end{bmatrix} \begin{bmatrix} \boldsymbol{i}_p \\ \boldsymbol{i}_c \end{bmatrix} \quad (11\text{-}146)$$

不同于式(11-138)、式(11-145)中的$\boldsymbol{L}_p$、$\boldsymbol{L}_c$和$\boldsymbol{M}_p$受转子位置角θ_r变化而引起的气隙磁路变化的影响，因此这些矩阵中的各元素均是关于θ_r的函数的矩阵。其中除了随θ_r变化的交流分量，还应当包含与θ_r无关的直流分量。

磁链方程为

$$\begin{bmatrix} \boldsymbol{\Psi}_p \\ \boldsymbol{\Psi}_c \end{bmatrix} = \begin{bmatrix} \boldsymbol{L}_p & \boldsymbol{M}_{pc} \\ \boldsymbol{M}_w^\mathrm{T} & \boldsymbol{L}_c \end{bmatrix} \begin{bmatrix} \boldsymbol{i}_p \\ \boldsymbol{i}_c \end{bmatrix} \quad (11\text{-}147)$$

利用磁共能和虚位移法，可求得电磁转矩：

$$\boldsymbol{T}_e = \begin{bmatrix} \boldsymbol{i}_p^\mathrm{T} & \boldsymbol{i}_c^\mathrm{T} \end{bmatrix} \frac{\partial}{\partial \theta_r} \begin{bmatrix} \boldsymbol{L}_p & \boldsymbol{M}_{pc} \\ \boldsymbol{M}_{pc}^\mathrm{T} & \boldsymbol{L}_c \end{bmatrix} \begin{bmatrix} \boldsymbol{i}_p \\ \boldsymbol{i}_c \end{bmatrix} \quad (11\text{-}148)$$

磁阻型转子 BDFM 的电磁转矩大小由定转子电流大小$\boldsymbol{i}_p$和$\boldsymbol{i}_c$，定子两套绕组之间的耦合电感$\boldsymbol{M}_{pc}$，功率绕组和控制绕组的自感矩阵$\boldsymbol{L}_p$、$\boldsymbol{L}_c$对θ_r的偏导数共同决定。凸

极转子 BDFM 和隐极转子 BDFM 具有相同的机械运动方程，在此不再赘述。

3. 无刷双馈电机中的特殊电磁耦合现象

前面分别给出了隐极转子 BDFM 和凸极转子 BDFM 的数学模型。其中电压方程和磁链方程中的各个电感参数清楚地反映了 BDFM 各相绕组之间的电磁耦合现象。不难看出，BDFM 的数学模型中存在两套系统，一套是定子功率绕组和转子组成的功率系统，另一套是定子控制绕组和转子形成的控制系统，两套系统之间存在相互耦合的电磁现象。

然而，其中存在着一种特殊的电磁耦合现象——定子两套绕组相间的电磁耦合，这是一种 BDFM 独有的电磁耦合现象。

对比两种转子结构 BDFM 的数学模型，可见描述定子功率绕组和控制绕组自建耦合现象的互感矩阵 $\boldsymbol{M}_{pc}$ 在两个数学模型中具有不同的数学形式。隐极转子 BDFM 的 $\boldsymbol{M}_{pc}$ 为一恒定矩阵，其矩阵中的各元素不会随转子位置角 θ_r 的变化而发生变化。但是凸极转子 BDFM 的 $\boldsymbol{M}_{pc}$ 中的各元素则均是关于转子位置角 θ_r 的函数。下面分别对两种转子结构 BDFM 的 $\boldsymbol{M}_{pc}$ 进行分析。

1) 隐极转子 BDFM

在隐极转子 BDFM 的数学模型中，转子绕组对磁场的作用由转子侧的所有电感参数单独予以考虑。因此，$\boldsymbol{M}_{pc}$ 表示定子功率绕组和控制绕组在忽略转子绕组下各相之间的互感组成的互感矩阵，反映了功率绕组和控制绕组在不经过转子的作用下分别直接与对方绕组产生电磁耦合现象，简称为直接耦合现象，对应的电感称为直接耦合电感。

隐极转子 BDFM 的电磁转矩计算公式中不包含该互感矩阵。即隐极转子 BDFM 的 $\boldsymbol{M}_{pc}$ 不参与机电能量转换。在目前使用的笼型和绕线式转子 BDFM 的数学模型中，均忽略了这种直接耦合现象，且通常认为耦合电感矩阵 $\boldsymbol{M}_{pc}=0$。

2) 凸极转子 BDFM

凸极转子由于其特殊的机械结构导致气隙长度不等，在转子旋转的过程中，气隙磁导也会随之变化。因此，$\boldsymbol{M}_{pc}$ 中的各元素也就变成关于转子位置角 θ_r 的函数。不同于隐极转子结构，凸极转子 BDFM 数学模型中的 $\boldsymbol{M}_{pc}$ 实际上考虑了转子磁场调制效果。有学者对多台磁阻转子 BDFM 的定子两套绕组相间耦合电感进行了计算，发现该电感是随转子旋转而变化的物理量，且可分解得到恒定不变的直流分量。由式(11-147)可见，参与机电能量转换的部分为 $\boldsymbol{M}_{pc}$ 中各元素的交流分量，而直流分量对机电能量转换没有贡献。采用与隐极转子 BDFM 相同的定义，定义凸极转子 BDFM 的 $\boldsymbol{M}_{pc}$ 中的各元素直流分量为直接耦合电感，反映的是定子两套绕组的直接耦合现象。而目前所使用的磁阻转子 BDFM 数学模型，均忽略了 $\boldsymbol{M}_{pc}$ 中各元素的直流分量。

11.6.3 无刷双馈电机定子绕组间的直接耦合电感分析

BDFM 的机电能量转换是由定子两套绕组形成的两个磁场在转子的介入下相互耦合实现的。但通过定子两套绕组电磁耦合现象的分析，可知两者相间可能存在直接耦合现象。如果出现这种情况，那么定子两套绕组相间就可能会因为不平衡的感应电动势而产生环流，从而增加绕组的铜耗和发热，降低 BDFM 的效率。

为了深入探究直接耦合现象的存在机理和影响因素，本节首先仅考虑定子基波磁场，利用绕组函数法计算 BDFM 定子两套绕组相间的直接耦合电感；其次，考虑高次谐波的影响，进一步分析两套绕组极对数的选择对定子绕组相间直接耦合电感的影响；在此基础上，以一台对极混联式笼型转子 BDFM 为例进行具体分析。研究 BDFM 定子绕组相间直接耦合电感的相关理论，为抑制和消除 BDFM 定子绕组直接耦合现象提供理论支撑，从而提高 BDFM 效率。

1. 定子绕组相间直接耦合电感的理论分析

如果已知电机某相绕组通电产生的磁动势和气隙磁导，根据电感的基本概念，便可求出电机的气隙磁通，再根据绕组的空间分布规律，求得各绕组与其匝链的磁链，最终得到相应的电感参数。在绕组函数法进行电感参数计算时，为简化计算，要对模型进行一些假设处理：

(1) 绕组函数法作为一种解析法，无法考虑定转子铁心磁路的饱和影响，因此认为铁心为理想铁磁材料，既不饱和，同时磁导率又无穷大；

(2) 由于电机铁心开槽会造成气隙磁路分布不均匀，增大部分位置的气隙长度，因此为消除这种影响，气隙一律采用等效长度计算。

对于如图 11-56 所示的一台隐极交流电机结构示意图，根据安培环路定律，磁场强度沿闭合路径的线积分值等于该闭合路径所包围的所有电流的代数和，即式(11-149)：

$$\oint_{abcda} H \cdot dl = \sum i(\theta) \tag{11-149}$$

其中，$i(\theta)$ 为磁回路包含的电流沿气隙圆周的分布函数；H 为磁场强度。

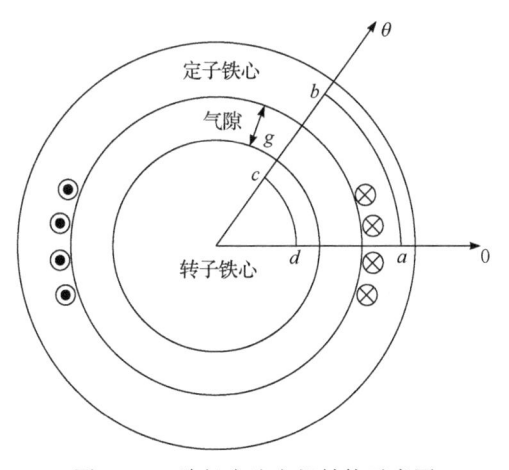

图 11-56 隐极交流电机结构示意图

在忽略磁路饱和，且认为铁心磁导率为无穷大的情况下，ab 段和 cd 段的磁压降可忽略不计，因此式(11-149)可化简为

$$H(\theta)g + H(0)g = \sum i(\theta) \tag{11-150}$$

对式(11-150)沿整个气隙圆周进行积分，得

$$g\left[\int_0^{2\pi} H(\theta)\mathrm{d}\theta + 2\pi \cdot H(0)\right] = \int_0^{2\pi}\sum i(\theta)\mathrm{d}\theta \tag{11-151}$$

沿定子内圆一周建立一个圆柱面，由高斯定理可知，穿过此圆柱面的总磁通为零，即

$$L_{ef}\int_0^{2\pi}\mu_0 H(\theta)\cdot R_{i1}\mathrm{d}\theta = 0 \tag{11-152}$$

因此，$H(\theta)$ 从 0 到 2π 的积分值为零，可进一步求得 $H(0)$ 为

$$H(0) = \frac{1}{2\pi}\int_0^{2\pi}\sum i(\theta)\mathrm{d}\theta \tag{11-153}$$

定义 $n(\theta) = \sum i(\theta)/i$ 为绕组分布函数，并将式(11-152)代入式(11-150)得

$$F(\theta) = \left(n(\theta) - \frac{1}{2\pi}\int_0^{2\pi}\sum n(\theta)\mathrm{d}\theta\right)\cdot i = [n(\theta) - \overline{n}(\theta)]\cdot i = N(\theta)\cdot i \tag{11-154}$$

其中，$F(\theta)$ 为磁动势沿气隙圆周的分布函数；$n(\theta)$ 为绕组分布函数 $n(\theta)$ 在 $0\sim 2\pi$ 的平均值；$N(\theta)$ 为绕组系数。

根据以上对绕组函数的定义，不难得到单个线圈的绕组函数，如图 11-57(a)所示，由于忽略铁心磁路饱和，因此可采用叠加原理得到一相绕组的绕组函数。图 11-57(b)给出了单相绕组的绕组函数示意图。图 11-57 中，w_c 为线圈匝数，y_1 为线圈节距，θ_0 为线圈起始边的机械位置角。

(a) 单个线圈绕组函数 (b) 单相绕组的绕组函数

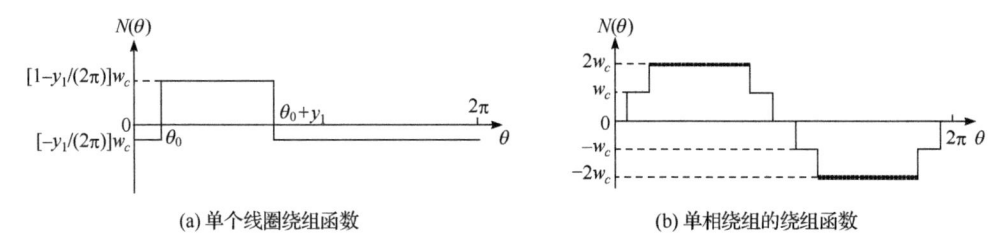

图 11-57 绕组函数示意图

根据电感的定义，在不考虑气隙偏心的情况下，利用绕组函数易得到隐极电机任意两相绕组的电感计算公式：

$$\begin{aligned}M_{ij} &= \frac{\psi_{ij}}{i} = \frac{\int_0^{2\pi} N_i(\theta)B_\delta(\theta)\mathrm{d}S}{i} = \frac{\int_0^{2\pi} N_i(\theta)\dfrac{\mu_0 N_j(\theta)\cdot i}{g}\mathrm{d}S}{i}\\ &= \frac{\mu_0 R L_{ef}}{g}\int_0^{2\pi} N_i(\theta)N_j(\theta)\mathrm{d}\theta\end{aligned} \tag{11-155}$$

其中，$B_\delta(\theta)$ 为电机气隙磁通密度沿气隙圆周的分布函数；R 为气隙平均半径；$N_i(\theta)$、$N_j(\theta)$ 分别为第 i 相绕组和第 j 相绕组的绕组函数，当 $i=j$ 时，可计算绕组的自感。

对于凸极电机，在不考虑气隙偏心的情况下，气隙长度 $g(\theta)$ 是一个随转子位置角 θ 变化的函数。任意两相绕组的电感计算公式为

$$M_{ij} = \frac{\psi_{ij}}{i} = \frac{\int_0^{2\pi} N_i(\theta) B_\delta(\theta) \mathrm{d}S}{i} = \int_0^{2\pi} N_i(\theta) \frac{\mu_0 N_j(\theta) \cdot i}{g(\theta)} \mathrm{d}S$$
$$= RL_{ef} \int_0^{2\pi} \lambda_g(\theta) N_i(\theta) N_j(\theta) \mathrm{d}\theta \tag{11-156}$$

其中，$\lambda_g(\theta) = \mu_0/g(\theta)$ 为沿气隙圆周的气隙比磁导函数。

2. 仅考虑定子基波磁场

1) 隐极转子结构

隐极转子结构包括笼型转子和绕线式转子，由前面对 BDFM 磁场调制机理的分析可知，这类转子结构 BDFM 的机电能量转换是通过定子一套绕组磁场在转子绕组中感应电流产生的谐波磁场和另一套绕组磁场相互耦合实现的。不考虑转子短路绕组感应电流的调制效果，此时定子两套绕组相间的电感值不参与机电能量转换，该电感反映的是定子两个励磁磁场直接耦合的情况，这种情况可能造成能量损失，因此希望降低甚至避免两套定子绕组的直接耦合现象。

对于常规型式的 p 对极整数槽绕组，单层绕组和双层绕组每相分别有 p 个和 $2p$ 个线圈组，故以相绕组的轴线为坐标原点，得一相绕组的绕组函数为

$$N_\Phi(\theta) = \sum_{v=1}^{\infty} \frac{2n_\varphi}{\pi v} k_{wv} \cos(vp\theta) \tag{11-157}$$

其中，n_φ 为每相串联匝数，对于单层绕组 $n_\varphi = pqw_c/a$，对于双层绕组 $n_\varphi = 2pqw_c a$，q 为每极每相槽数，a 为绕组并联支路数；k_{wv} 为 v 次谐波的绕组因数，其值 $k_{wv} = \sin(vy_1/\tau) \cdot \{\sin(0.5vq\alpha)/[q \cdot \sin(0.5v\alpha)]\}$，$y_1$ 为相绕组的第一节距，τ 为极距，α 为槽距电角度。

BDFM 定子绕组认为是三相对称绕组，如果只考虑其基波分量，忽略其他谐波分量，对于三相功率绕组，其基波绕组函数为

$$N_{pA}(\theta) = \frac{2n_p}{\pi} k_{pw} \cos(p_p \theta)$$
$$N_{pB}(\theta) = \frac{2n_p}{\pi} k_{pw} \cos(p_p \theta - 120°) \tag{11-158}$$
$$N_{pC}(\theta) = \frac{2n_p}{\pi} k_{pw} \cos(p_p \theta - 240°)$$

其中，n_p 为功率绕组一相串联匝数；k_{pw} 为功率绕组的绕组因数。对于三相控制绕组，其基波绕组函数为

$$N_{cA}(\theta) = \frac{2n_c}{\pi} k_{cw} \cos(p_c(\theta - \theta_c))$$

$$N_{cB}(\theta) = \frac{2n_c}{\pi} k_{cw} \cos(p_c(\theta - \theta_c) - 120°) \quad (11\text{-}159)$$

$$N_{cC}(\theta) = \frac{2n_c}{\pi} k_{cw} \cos(p_c(\theta - \theta_c) - 240°)$$

其中，n_c 为控制绕组一相串联匝数；k_{cw} 为控制绕组的绕组因数。

根据式(11-155)，可推导出功率绕组和控制绕组 A 相间互感解析式：

$$\begin{aligned} M_{pAcA} &= \frac{\mu_0 R L_{ef}}{g} \int_0^{2\pi} N_{pA}(\theta) N_{cA}(\theta) \mathrm{d}\theta \\ &= \frac{\mu_0 R L_{ef}}{g} \int_0^{2\pi} \left(\frac{2n_p}{\pi} k_{pw} \cos(p_p \theta)\right) \cdot \left(\frac{2n_c}{\pi} k_{cw} \cos(p_c(\theta - \theta_c))\right) \mathrm{d}\theta \quad (11\text{-}160) \\ &= \frac{4\mu_0 R L_{ef} n_p n_c k_{pw} k_{cw}}{g\pi^2} \int_0^{2\pi} \left(\cos(p_p \theta) \cos(p_c(\theta - \theta_c))\right) \mathrm{d}\theta = 0 \end{aligned}$$

由三角函数的正交性不难看出，功率绕组 A 相和控制绕组 A 相的互感为零，同理也可推导出功率绕组和控制绕组各相间的互感值均为零。因此，在仅考虑磁场基波的情况下，BDFM 定子两套绕组相间不存在直接耦合电感的情况。

2) 凸极转子结构

凸极转子结构通常包括磁障转子和混合型转子。与隐极结构的磁场调制机理不同，凸极转子结构 BDFM 则是通过转子凸极结构设计从而改变气隙比磁导的，限定气隙磁场沿气隙的分布规律，产生想要的谐波从而进行磁场调制。因此，凸极转子 BDFM 的磁场调制效果与气隙比磁导函数的设计有很大关联。

对于凸极转子结构 BDFM，理想气隙比磁导函数如图 11-58 所示，其波形为余弦函数，其中包含直流分量，以及极对数为 p_r 的基波分量：

$$\lambda_g(\theta) = \lambda_{g0} + \lambda_{g1} \cos(p_r(\theta - \theta_r)) \quad (11\text{-}161)$$

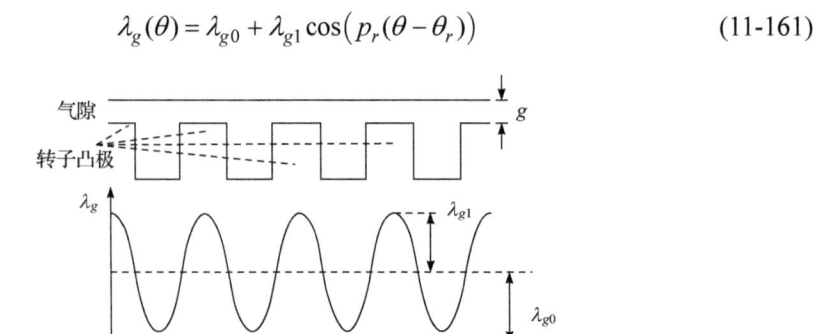

图 11-58 凸极转子理想气隙比磁导函数

其中，$\lambda_{g0}=\dfrac{1}{2\pi}\int_0^{2\pi}\dfrac{\mu_0}{g}\mathrm{d}\theta$ 为气隙比磁导的平均分量系数；λ_{g1} 为气隙比磁导波基波分量系数；θ_r 为转子轴线相对于定子参考坐标系的机械夹角。

将式(11-160)代入式(11-156)，可推导出功率绕组和控制绕组 A 相间互感解析式：

$$\begin{aligned}M_{pAcA}&=RL_{ef}\int_0^{2\pi}\lambda_g(\theta)N_{pA}(\theta)N_{cA}(\theta)\mathrm{d}\theta\\&=RL_{ef}\int_0^{2\pi}\left[\left(\lambda_{g0}+\lambda_{g1}\cos(p_r(\theta-\theta_r))\right)\dfrac{2n_p}{\pi}k_{pw}\cdot\dfrac{2n_c}{\pi}k_{cw}\cos(p_c(\theta-\theta_c))\right]\mathrm{d}\theta\\&=\dfrac{4RL_{ef}n_pn_ck_{pw}k_{cw}}{\pi^2}\left(\lambda_{g0}\int_0^{2\pi}\cos(p_p\theta)\cdot\cos(p_c(\theta-\theta_c))\mathrm{d}\theta\right.\\&\left.\quad+\lambda_{g1}\int_0^{2\pi}\cos(p_r(\theta-\theta_r))\cdot\cos(p_p\theta)\cdot\cos(p_c(\theta-\theta_c))\mathrm{d}\theta\right)\end{aligned}\quad(11\text{-}162)$$

由于在计算凸极转子 BDFM 定子两套绕组的互感时，无法忽略转子的特殊结构导致的气隙非均匀分布，即转子的磁场调制效果，因此不同于隐极转子结构 BDFM，该电感不直接代表两套绕组的直接耦合电感。但由式(11-160)可见，对于凸极转子 BDFM，定子两套绕组相间互感可分为两个部分：

$\lambda_{g0}\dfrac{4RL_{ef}n_pn_ck_{pw}k_{cw}}{\pi^2}\int_0^{2\pi}\cos(p_p\theta)\cdot\cos(p_c(\theta-\theta_c))\mathrm{d}\theta$ 这部分电感为定值，不随转子位置角 θ_r 的变化发生改变，这部分电感对电磁转矩无贡献，不参与机电能量转换，因此这部分电感为定子两套绕组相间直接耦合电感，其值越小越好。与隐极转子结构 BDFM 类似，根据三角函数正交性可得其值也为零，因此在仅考虑基波磁场的情况下定子两套绕组相间不存在直接耦合关系。

$\lambda_{g1}\dfrac{4RL_{ef}n_pn_ck_{pw}k_{cw}}{\pi^2}\int_0^{2\pi}\cos(p_r(\theta-\theta_r))\cdot\cos(p_p\theta)\cdot\cos(p_c(\theta-\theta_c))\mathrm{d}\theta$ 这部分电感是 θ_r 的函数，它随定转子相对位置的变化而变化。这部分电感为电机提供电磁转矩，承担着实现机电能量转换的重要作用，因此希望该电感值越大越好。

通常的分析一般到此为止，认为通过电机本体设计可削弱磁场高次谐波，对于两套绕组产生的谐波磁场之间的相互影响讨论甚少。

3. 考虑谐波磁场的影响

以功率绕组 A 相轴线为坐标原点，将定子两套绕组各相的绕组函数进行傅里叶分解，得到其傅里叶级数表达式。

功率绕组三相绕组函数为式(11-163)~式(11-165)。

A 相：

$$N_{pA}(\theta) = \sum_{v=1}^{\infty} \frac{2n_p}{\pi v} k_{pwv} \cos(v p_p \theta) \tag{11-163}$$

B 相：

$$N_{pB}(\theta) = \sum_{v=1}^{\infty} \frac{2n_p}{\pi v} k_{pwv} \cos\left(v p_p \left(\theta - \frac{120°}{p_p}\right)\right) \tag{11-164}$$

C 相：

$$N_{pC}(\theta) = \sum_{v=1}^{\infty} \frac{2n_p}{\pi v} k_{pwv} \cos\left(v p_p \left(\theta - \frac{240°}{p_p}\right)\right) \tag{11-165}$$

控制绕组三相绕组函数为式(11-166)~式(11-168)。

A 相：

$$N_{cA}(\theta) = \sum_{\gamma=1}^{\infty} \frac{2n_c}{\pi \gamma} k_{cw\gamma} \cos\left(\gamma p_c (\theta - \theta_c)\right) \tag{11-166}$$

B 相：

$$N_{cB}(\theta) = \sum_{\gamma=1}^{\infty} \frac{2n_c}{\pi \gamma} k_{cw\gamma} \cos\left(\gamma p_c \left(\theta - \theta_c - \frac{120°}{p_c}\right)\right) \tag{11-167}$$

C 相：

$$N_{cC}(\theta) = \sum_{\gamma=1}^{\infty} \frac{2n_c}{\pi \gamma} k_{cw\gamma} \cos\left(\gamma p_c \left(\theta - \theta_c - \frac{240°}{p_c}\right)\right) \tag{11-168}$$

隐极转子结构 BDFM 的功率绕组 A 相和控制绕组 A 相互感可根据式(11-150)得，即

$$M_{pAcA} = \frac{\mu_0 R L_{ef}}{g} \int_0^{2\pi} N_{pA}(\theta) N_{cA}(\theta) \mathrm{d}\theta \tag{11-169}$$

凸极转子结构 BDFM 功率绕组 A 相和控制绕组 A 相互感可根据式(11-151)和式(11-160)共同得到，即

$$M_{pAcA} = R L_{ef} \int_0^{2\pi} \left(\lambda_{g0} + \lambda_{g1} \cos\left(p_r(\theta - \theta_{\mathrm{sr}})\right)\right) \cdot N_{pA}(\theta) N_{cA}(\theta) \mathrm{d}\theta \tag{11-170}$$

由前面的分析可知，式(11-169)中直接耦合电感为

$$M_{pAcA} = R L_{ef} \lambda_{g0} \int_0^{2\pi} N_{pA}(\theta) N_{cA}(\theta) \mathrm{d}\theta \tag{11-171}$$

由式(11-161)和式(11-170)可知，无论是凸极转子结构还是隐极转子结构，其两套绕组相间的直接耦合电感具有类似的形式，仅在气隙比磁导的计算不同。因此，通过引入

一个系数 λ_g，该系数对隐极转子和凸极转子分别取不同的值，从而可对隐极和凸极两种转子结构情况进行统一分析。

将式(11-163)和式(11-166)代入式(11-171)得到式(11-172)的 A 相直接耦合电感为

$$\begin{aligned}M_{pAcA} &= RL_{ef}\lambda_g \int_0^{2\pi} N_{pA}(\theta)N_{cA}(\theta)\mathrm{d}\theta \\ &= RL_{ef}\lambda_g \int_0^{2\pi}\left(\sum_{v=1}^{\infty}\frac{2n_p}{\pi v}k_{pwv}\cos(vp_p\theta)\right)\left(\sum_{\gamma=1}^{\infty}\frac{2n_c}{\pi \gamma}k_{cw\gamma}\cos(\gamma p_c(\theta-\theta_c))\right)\mathrm{d}\theta \\ &= \frac{4\lambda_g n_p n_c RL_{ef}}{\pi}\int_0^{2\pi}\left(\sum_{v=1}^{\infty}\frac{1}{v}k_{pwv}\cos(vp_p\theta)\right)\left(\sum_{\gamma=1}^{\infty}\frac{1}{\gamma}k_{cw\gamma}\cos(\gamma p_c(\theta-\theta_c))\right)\mathrm{d}\theta \\ &= \frac{4\lambda_g n_p n_c RL_{ef}}{\pi}\int_0^{2\pi}\sum_{v=1}^{\infty}\sum_{\gamma=1}^{\infty}\left(\frac{1}{v}k_{pwv}\cos(vp_p\theta)\cdot\frac{1}{\gamma}k_{cw\gamma}\cos(\gamma p_c(\theta-\theta_c))\right)\mathrm{d}\theta\end{aligned}$$

(11-172)

其中，对于隐极转子结构，$\lambda_g = \mu_0 / g$；对于凸极转子结构，λ_g 等于气隙比磁导的平均分量系数 λ_{g0}。

利用积化和差公式，进一步化简式(11-172)，得

$$\begin{aligned}M_{pAcA} &= \frac{4\lambda_g n_p n_c RL_{ef}}{\pi}\sum_{v=1}^{\infty}\sum_{\gamma=1}^{\infty}\int_0^{2\pi}\frac{1}{\gamma v}k_{pwv}k_{cw\gamma}\left(\cos(vp_p\theta)\cos(\gamma p_c(\theta-\theta_c))\right)\mathrm{d}\theta \\ &= \frac{2\lambda_g n_p n_c RL_{ef}}{\pi}\sum_{v=1}^{\infty}\sum_{\gamma=1}^{\infty}\int_0^{2\pi}\frac{1}{\gamma v}k_{pwv}k_{cw\gamma}\left(\int_0^{2\pi}\cos\left(vp_p\theta+\gamma p_c(\theta-\theta_c)\right)\mathrm{d}\theta\right. \\ &\quad \left.+\int_0^{2\pi}\cos\left(vp_p\theta-\gamma p_c(\theta-\theta_c)\right)\mathrm{d}\theta\right)\mathrm{d}\theta\end{aligned}$$

(11-173)

根据三角函数在一个周期内的积分值为零不难得出，当且仅当 $vp_p = \gamma p_c$ 时，$M_{pAcA} \neq 0$，此时 M_{pAcA} 化简为

$$\begin{aligned}M_{pAcA} &= \frac{2\lambda_g n_p n_c RL_{ef}}{\pi}\sum_{vp_p=\gamma p_c}\frac{1}{\gamma v}k_{pwv}k_{cw\gamma}\int_0^{2\pi}\cos\gamma\cdot p_c\theta_c\mathrm{d}\theta \\ &= 4\lambda_g n_p n_c RL_{ef}\sum_{vp_p=\gamma p_c}\frac{1}{\gamma v}k_{pwv}k_{cw\gamma}\cos\gamma\cdot p_c\theta_c\end{aligned}$$

(11-174)

由于绕组函数具有半波对称性，因此谐波磁场仅含有奇数次谐波，即 $v,\gamma = 2k-1$，$k = 0,1,2,\cdots$。因此，按照定子两套绕组极对数的不同情况，分别进行讨论。

1) 功率绕组和控制绕组的极对数均为奇数

令 $v = mp_c$，$\gamma = mp_p$，$m = 1,3,5,\cdots$，则 $vp_p = mp_c p_p$，$\gamma p_c = mp_p p_c$ 满足条件 $vp_p = \gamma p_c$，因此当功率绕组和控制绕组的极对数均为奇数时，两套绕组的相间必存在耦合电感。

2) 功率绕组和控制绕组的极对数为一奇一偶

假设功率绕组的极对数为奇数,控制绕组的极对数为偶数。由于谐波次数 v、γ 均为奇数,vp_p 为两个奇数相乘,其结果必为奇数;γp_c 为一奇一偶相乘,其结果必为偶数,因此无法满足条件 $vp_p = \gamma p_c$,此时,两套绕组的相间不存在耦合电感。反之,功率绕组的极对数为偶数,控制绕组的极对数为奇数时结果也是这样。

3) 功率绕组和控制绕组的极对数均为偶数

假设 $p_p = 2^m(2a-1)$,$p_c = 2^n(2b-1)$,$m > n = 1,2,\cdots,a$,$b = 1,2,\cdots$,根据功率绕组和控制绕组极对数不相等的原则,可分为以下几种情况。

(1) 当 $a = b$ 时,$p_p = 2^m(2a-1)$,$p_c = 2^n(2a-1)$,$m > n = 1,2,\cdots$,此时两套绕组的极对数的比值 $p_p/p_c = 2^{m-n}$ 为整数,而 γ/v 不为整数,因此无法满足条件 $vp_p = \gamma p_c$,两套绕组相间不存在直接耦合电感。

(2) 当 $m = n$ 时,$p_p = 2^m(2a-1)$,$p_c = 2^m(2b-1)$,$a > b = 1,2,\cdots$,此时两套绕组极对数的比值 $p_p/p_c = (2a-1)/(2b-1)$,令 $v = k(2b-1)$,$\gamma = k(2a-1)$,$k = 1,3,5,\cdots$,则 $vp_p = k2^m(2b-1)(2a-1)$,$\gamma p_c = k2^m(2a-1)(2b-1)$,满足条件 $vp_p = \gamma p_c$,此时两套绕组的相间必存在耦合电感。

(3) 当 $m \neq n$,且 $a \neq b$ 时,两套绕组的极对数的比值 $p_p/p_c = 2^{m-n}(2a-1)/(2b-1)$,要使条件 $vp_p = \gamma p_c$ 成立,则需 $2^{m-n}(2a-1)v = (2b-1)\gamma$,由于 γ、v 均为偶数,因此等式无法成立,故此时两套绕组的相间不存在耦合电感。

综上所述,当且仅当定子两套绕组极对数之比可化简为两个奇数之比时,两套绕组相间会存在耦合电感,否则不存在。

思考题及习题

1. 什么是电磁感应现象?
2. 请解释电磁感应定律。
3. 什么是动生电动势和感生电动势?
4. 请解释互感和自感的区别。
5. 什么是似稳电路和暂态过程?
6. 请解释什么是无刷双馈电机的电磁耦合现象。

参 考 文 献

白杨, 汪鸿振. 2003. 声学-结构设计灵敏度分析[J]. 振动与冲击, 22(3): 43-45.
曹鸣. 2007. 钛酸钡晶体压电常数的分子动力学模拟[D]. 武汉: 华中科技大学.
陈文仙, 陈乾宏, 张惠娟. 2015. 电磁共振式无线电能传输系统距离特性的分析[J]. 电力系统自动化, 39(8): 98-104.
丁渭平. 2000. 车射结构低频声学分析理论及设计方法研究[D]. 西安: 西安交通大学.
冯康. 1965. 基于变分原理的差分格式[J]. 应用数学与计算数学, 2 (4): 238-262.
郭正. 2002. 包含运动边界的多体非定常流场数值模拟方法研究[D]. 长沙: 中国人民解放军国防科学技术大学.
郝鹏. 2012. 石墨烯力电耦合力学性质的模拟研究[D]. 兰州: 兰州大学.
何琳. 2006. 声学理论与工程应用[M]. 北京: 科学出版社.
贾瑞皋, 薛庆忠. 2003. 电磁学[M]. 北京: 高等教育出版社.
贾文超. 2016. 基于双向流固耦合的平板及翼型涡激振动特性研究[D]. 武汉: 华中科技大学.
雷晓珊. 2019. 基于动网格技术的不同风速下运动帆翼的空气动力性能研究[D]. 武汉: 武汉体育学院.
黎胜. 2001. 水下结构声辐射和声传输的数值分析及主动控制模拟研究[D]. 大连: 大连理工大学.
黎胜, 赵德有. 2000. 用边界元法计算结构振动辐射声场[J]. 大连理工大学学报, 40(4): 391-394.
黎胜, 赵德有. 2001. 用有限元/边界元方法进行结构声辐射的模态分析[J]. 声学学报, 26(2): 174-179.
李小瑜, 傅志方. 1989. 结构振动辐射声场的预估——边界积分方程中奇异积分的间接处理[J]. 振动工程学报, 2(1): 59-65.
梁灿彬, 秦光戎, 梁竹健. 2004. 普通物理学教程: 电磁学[M]. 2 版. 北京: 高等教育出版社.
梁亮文. 2009. 低雷诺数下圆柱横向受迫振荡和涡激运动的数值分析[D]. 上海: 上海交通大学.
刘宾. 2009. 铁心磁化过程对线圈电感影响的研究[D]. 西安: 西北大学.
刘孝敏, 张炎清. 1995. 小变形三维粘弹性问题的有限元方法[J]. 中国科学技术大学学报, 25(1): 1-17.
陆昌根. 2014. 流体力学中的数值计算方法[M]. 北京: 科学出版社.
毛钧杰, 何建国. 1998. 电磁场理论[M]. 长沙: 国防科技大学出版社.
明平剑, 张文平. 2015. 计算多物理场: 有限体积方法应用[M]. 北京: 北京航空航天大学出版社.
秦瑶. 2014. 尺度效应下压电和电致伸材料中孔洞迁移及对力学特性的影响[D]. 上海: 上海交通大学.
石焕文. 2004. 裂纹及水介质对薄板振动和辐射声场特征的影响[D]. 西安: 陕西师范大学.
宋学官, 蔡林, 张华. 2012. ANSYS 流固耦合分析与工程实例[M]. 北京: 中国水利水电出版社.
孙进才, 斯蒂姆森. 1987. 复杂结构的辐射噪声预测和结构阻尼处理[J]. 西北工业大学学报, 5(3): 247-255.
孙培德, 杨东全, 陈奕柏. 2007. 多物理场耦合模型及数值模拟导论[M]. 北京: 中国科学技术出版社.
谭琳静. 2017. 未来你有可能穿上"隐形披风"[N]. 长沙晚报网.
唐家鹏. 2013. FLUENT 14.0 超级学习手册[M]. 北京: 人民邮电出版社.
唐志峰, 吕福在, 项占琴. 2007. 影响超磁致伸缩执行器中逆效应性能的主要因素[J]. 机械工程学报, 43(12): 133-136, 143.
王斌. 2020. 无刷双馈电机电磁耦合现象分析及饱和电感的快速算法[D]. 重庆: 重庆大学.
王博文, 曹淑瑛, 黄文美. 2008. 磁致伸缩材料与器件[M]. 北京: 冶金工业出版社.
王成恩. 2011. 面向科学计算的网格划分与可视化技术[M]. 北京: 科学出版社.
王丹, 陈予恕. 2013. 流固耦合问题研究方法综述[C]. 全国非线性动力学和运动稳定性学术会议, 北京.
王刚, 安琳. 2012. COMSOL Multiphysics 工程实践与理论仿真: 多物理场数值分析技术[M]. 北京: 电子工业出版社.

王海明. 2006. 压电复合材料的有效性能分析[D]. 北京: 北京工业大学.
王秀平. 2007. 无刷双馈电机耦合能力研究与仿真软件开发[D]. 沈阳: 沈阳工业大学.
王宗田. 1990. 电动力学[M]. 长春: 东北师范大学出版社.
吴青萍, 沈凯. 2019. 电路基础[M]. 4 版. 北京: 北京理工大学出版社.
吴云峰. 2009. 双向流固耦合两种计算方法的比较[D]. 天津: 天津大学.
肖峻, 杨洪平. 2012. 电磁场的基本方程及其定解条件[J]. 电气电子教学学报, 34(2): 50-52.
谢处方, 饶克谨. 2003. 电磁场与电磁波[M]. 4 版. 北京: 高等教育出版社.
谢干权. 1975. 三维弹性问题的有限单元法[J]. 数学的实践与认识, (1): 28-41.
徐张明, 汪玉, 华宏星, 等. 2002. 船舶结构的建模及水下振动和辐射噪声的 FEM/BEM 计算[J]. 船舶力学, 6(4): 89-95.
杨儒贵. 2003. 电磁场与电磁波[M]. 北京: 高等教育出版社.
叶邦角. 2014. 电磁学[M]. 合肥: 中国科学技术大学出版社.
殷开梁. 2006. 分子动力学模拟的若干基础应用和理论[D]. 杭州: 浙江大学.
余爱萍, 张重超, 骆振黄. 1991. 瞬态声振耦合问题的边界元分析及实验研究[J]. 固体力学学报, 12(1): 13-22.
翟渊, 孙跃, 戴欣, 等. 2012. 磁共振模式无线电能传输系统建模与分析[J]. 中国电机工程学报, 32(12): 155-160.
张楚华, 琚亚平. 2016. 流体机械内流理论与计算[M]. 北京: 机械工业出版社.
张来平, 常兴华, 赵钟, 等. 2017. 计算流体力学网格生成技术[M]. 北京: 科学出版社.
张群, 岑松. 2016. 多物理场仿真: 数值方法及工程应用[M]. 北京: 清华大学出版社.
赵键, 汪鸿振, 朱物华. 1989. 边界元法计算已知振速封闭面的声辐射[J]. 声学学报, 14(4): 250-257.
赵江, 俞建峰, 楼琦. 2019. 基于流固耦合的 T 型管振动特性分析[J]. 振动与冲击, 38(22): 117-123, 170.
赵凯华, 陈熙谋. 2006. 新概念物理教程电磁学[M]. 北京: 高等教育出版社.
赵志高, 黄其柏, 何锃. 2008. 基于有限元边界元方法的薄板声辐射分析[J]. 噪声与振动控制, 28(1): 39-43.
中国互联网新闻中心. 2000. 全球第一个互联网有限元软件诞生 www.china news.com[2000-11-8].
宇正华. 1995. 从十个基本方程看电磁场理论[J]. 楚雄师专学报, (3): 53-60.
俎栋林. 2006. 电动力学[M]. 北京: 清华大学出版社.
Achenbach J. 2012. Wave Propagation in Elastic Solids[M]. Amsterdam: Elsevier.
Anandhanarayanan K, Nagarathinam M, Deshpande S. 2005. Development and applications of a gridfree kinetic upwind solver to multi-body configurations[C]. The 23rd AIAA Applied Aerodynamics Conference, Toronto.
Baker T J. 2003. Adaptive modification for time evolving meshes[J]. Journal of Materials Science, 38(20): 4175-4182.
Baron M L, Bleich H H, Matthews A T. 1965. Forced vibrations of an elastic circular cylindrical body of finite length submerged in an acoustic fluid[J]. International Journal of Solids and Structures, 1(1): 3-22.
Berlincourt D, Jaffe H. 2014. Elastic and piezoelectric coefficients of single-crystal Barium titanate[J]. Physical Review, 111(1): 143-148.
Bouthier O M, Bernhard R J. 1995a. Simple models of energy flow in vibrating membranes[J]. Journal of Sound and Vibration, 182(1): 129-147.
Bouthier O M, Bernhard R J. 1995b. Simple models of the energetics of transversely vibrating plates[J]. Journal of Sound and Vibration, 182(1): 149-164.
Brown W M, Wang P, Plimpton S J, et al. 2011. Implementing molecular dynamics on hybrid high performance computers—Short range forces[J]. Computer Physics Communications, 182(4): 898-911.
Chan H L W, Unsworth J. 1989. Simple model for piezoelectric ceramic/polymer 1-3 composites used in ultrasonic transducer applications[C]. IEEE Transactions on Ultrasonics, Ferroelectrics and Frequency

Control, Tahoe.

Chen L H, Schweikert D G. 1963. Sound radiation from an arbitrary body[J]. The Journal of the Acoustical Society of America, 35(10): 1626-1632.

Chen P T, Ju S H, Cha K C. 2000. A symmetric formulation of coupled BEM/FEM in solving responses of submerged elastic structures for large degrees of freedom[J]. Journal of Sound and Vibration, 233(3): 407-422.

Cicirello A, Langley R S. 2012. Reliability analysis of complex build-up structures via the hybrid FE-SEA method[C]. Inter-Noise and Noise-Con Congress and Conference Proceedings, Sorrento.

Compère G, Remacle J F, Jansson J, et al. 2010. A mesh adaptation framework for dealing with large deforming meshes[J]. International Journal for Numerical Methods in Engineering, 82(7): 843-867.

Cremer L, Heckl M. 2013. Structure-Borne Sound: Structural Vibrations and Sound Radiation at Audio Frequencies[M]. Berlin: Springer Science & Business Media.

Crocker M J, Price A J. 1969. Sound transmission using statistical energy analysis[J]. Journal of Sound and Vibration, 9(3): 469-486.

Dai X, Li X F, Li Y L, et al. 2017. A maximum power transfer tracking method for WPT systems with coupling coefficient identification considering two-value problem[J]. Energies, 10(10): 1665.

Dubus B. 1994. Coupling finite element and boundary element methods on a mixed solid-fluid/fluid-fluid boundary for radiation or scattering problems[J]. The Journal of the Acoustical Society of America, 96(6): 3792-3799.

Engdahl G. 2000. Handbook of Giant Magnetostrictive Materials[M]. San Dieg: Academic Press.

Everstine G C. 1997. Finite element formulations of structural acoustics problems[J]. Computers & Structures, 65(3): 307-321.

Everstine G C, Henderson F M. 1990. Coupled finite element/boundary element approach for fluid-structure interaction[J]. The Journal of the Acoustical Society of America, 87(5): 1938-1947.

Gao C F, Mai Y W, Zhang N. 2010. Solution of a crack in an electrostrictive solid[J]. International Journal of Solids and Structures, 47(3-4): 444-453.

Graff K F. 2012. Wave Motion in Elastic Solids[M]. Chicago: Courier Corporation.

Hassan O, Probert E J, Morgan K. 1998. Unstructured mesh procedures for the simulation of three-dimensional transient compressible inviscid flows with moving boundary components[J]. International Journal for Numerical Methods in Fluids, 27(1-4): 41-55.

Hoover G H. 1985. Canonical dynamics: Equilibrium phase-space distributions[J]. Physical Review A: General Physics, 31(3): 1695-1697.

Huang R H, Zhang B, Qiu D Y, et al. 2014. Frequency splitting phenomena of magnetic resonant coupling wireless power transfer[J]. IEEE Transactions on Magnetics, 50(11): 1-4.

Jenner A G, Smith R J E, Wilkinson A J, et al. 2000. Actuation and transduction by giant magnetostrictive alloys[J]. Mechatronics, 10(4-5): 457-466.

Kallivokas L F, Bielak J. 1993. Time-domain analysis of transient structural acoustics problems based on the finite element method and a novel absorbing boundary element[J]. The Journal of the Acoustical Society of America, 94(6): 3480-3492.

Karman S L, Anderson W K, Sahasrabudhe M. 2006. Mesh generation using unstructured computational meshes and elliptic partial differential equation smoothing[J]. AIAA Journal, 44(6): 1277-1286.

Kirkup S. 2007. The Boundary Element Method in Acoustics[M]. Preston: Integrated Sound Software.

Kong L T. 2013. Phonon dispersion measured directly from molecular dynamics simulations[J]. Computer Physics Communications, 128(10): 2201-2207.

Kozukue W, Hagiwara I. 1995. Topology optimization analysis for reduction of interior noise using homogenization method for mean eigenvalue[J]. The Journal of the Acoustical Society of America, 100(4): 2753-2759.

Kozukue W, Hagiwara I. 1996. Topology optimization analysis for reduction of interior noise using a homogenization method for a mean eigenvalue[J]. Transactions of the Japan Society of Mechanical Engineers, 61(587): 2746-2752.

Lamancusa J S. 1993. Numerical optimization techniques for structural-acoustic design of rectangular panels[J]. Computers & Structures, 48(4): 661-675.

Li J, Xie G, Lin C C, et al. 2002. 2.5 dimensional GILD electromagnetic modeling and applications[J]. Seg Technical Program Expanded Abstracts: 2478.

Li J, Xie F, Xie L, et al. 2016. Novel GLHUA electromagnetic invisible double layer cloak with relative parameters not less than 1 and GL no scattering inversion, radial R in the sphere coordinate can be negative in a negative space world[J]. Arxiv Preprint arxiv, 2016.

Löhner R. 1989. Adaptive remeshing for transient problems[J]. Computer Methods in Applied Mechanics and Engineering, 75(1-3): 195-214.

Lyon R H. 1970. What good is statistical energy analysis anyway[J]. The Journal of the Acoustical Society of America, 47(1A): 103.

McDaniel D, Morton S. 2009. Efficient mesh deformation for computational stability and control analyses on unstructured viscous meshes[C]. The 47th AIAA Aerospace Sciences Meeting Including the New Horizons Forum and Aerospace Exposition, Orlando.

Michal K. 2005. Superconvergence phenomena on three-dimensional meshes[J]. International Journal of Numerical Analysis & Modeling, 2(1): 43-56.

Mukherjee R M, Crozier P S, Plimpton S J, et al. 2008. Substructured molecular dynamics using multibody dynamics algorithms[J]. International Journal of Non-Linear Mechanics, 43(10): 1040-1055.

Nakahashi K, Togashi F, Sharov D. 2000. Intergrid-boundary definition method for overset unstructured grid approach[J]. AIAA Journal, 38: 2077-2084.

Nefske D J, Sung S H. 1989. Power flow finite element analysis of dynamic systems: Basic theory and application to beams[J]. Journal of Vibration and Acoustics, 111(1): 94-100.

Pastor J. 1997. Homogenization of linear piezoelectric media[J]. Mechanics Research Communication, 24(2): 145-150.

Peraire J, Peiró J, Morgan K. 1992. Adaptive remeshing for three-dimensional compressible flow computations[J]. Journal of Computational Physics, 103(2): 269-285.

Peters H, Chen L, Kessissoglou N. 2014. The effect of flow on the natural frequencies of a flexible plate[C]. Inter-Noise and Noise-Con Congress and Conference Proceedings, Melbourne.

Poizat C, Sester M. 1999. Effective properties of composites with embedded piezoelectric fibers[J]. Computational Materials Science, 16(1-4): 89-97.

Qin Y G. 1982. Using statistical energy analysis in study of sound insulation of partitions[J]. Chinese Journal of Acoustics, 1(2): 198-209.

Qin Q H. 2004. Material properties of piezoelectric composites by BEM and homogenization method[J]. Composites Structure, 66(1-4): 295-299.

Qin Q H, Mai Y W, Yu S W. 1999. Some problems in plane thermopiezoelectric materials with holes[J]. International Journal of Solids and Structures, 36(3): 427-439.

Ruzzene M, Baz A. 2000. Finite element modeling of vibration and sound radiation from fluid-loaded damped shells[J]. Thin-Walled Structures, 36(1): 21-46.

Sareni B, Krähenbühl L, Beroual A, et al. 1996. Effective dielectric constants of periodic composite materials[J]. Journal of Applied Physics, 80(3): 1688-1696.

Seybert A F, Wu T W. 1989. Modified Helmholtz integral equation for bodies sitting on an infinite plane[J]. The Journal of the Acoustical Society of America, 85(1): 19-23.

Sirk T W, Slizoberg Y R, Brennan J K, et al. 2012. An enhanced entangled polymer model for dissipative particle dynamics[J]. The Journal of Chemical Physics, 136(13): 134903.

Sirk T W, Moore S, Brown E F. 2013. Characteristics of thermal conductivity in classical water models[J]. The Journal of Chemical Physics, 138(6): 064505.

Smith P W. 1962. Response and radiation of structural modes excited by sound[J]. The Journal of the Acoustical Society of America, 34(5): 640-647.

Smith W A. 1989. The role of piezocomposites in ultrasonic transducers[C]. IEEE Ultrasonics Symposium, Montreal.

Tang L, Yang J, Lee J. 2010. Hybrid Cartesian grid/gridless algorithm for store separation prediction[C]. The 48th AIAA Aerospace Sciences Meeting Including the New Horizons Forum and Aerospace Exposition, Orlando.

Wang A, Vlahopoulos N, Wu K. 2004. Development of an energy boundary element formulation for computing high-frequency sound radiation from incoherent intensity boundary conditions[J]. Journal of Sound and Vibration, 278(1-2): 413-436.

Woodcock L V, Angell C A, Cheeseman P. 1976. Molecular dynamics studies of the vitreous state: Simple ionic systems and silica[J]. The Journal of Chemical Physics, 65(4): 1563-1577.

Yang Z, Mavriplis D. 2005. Unstructured dynamic meshes with higher-order time integration schemes for the unsteady navier-stokes equations[C]. The 43rd AIAA Aerospace Sciences Meeting and Exhibit, Reno.

Zhang Y W, Wang T C. 1996. Molecular dynamics simulation of interaction of a dislocation array from a crack tip with grain boundaries[J]. Modelling and Simulation in Materials Science and Engineering, 4(2): 231-244.

Zhang Q, Toshiaki H. 1999. Analysis of fluid-structure interaction problems with structural bulking and large domain changes by AIE finite element method[J]. Computer Methods in Applied Mechanics and Engineering, 190(2001): 6341-6357.

Zhang W G, Vlahopoulos N, Wu K C. 2005. An energy finite element formulation for high-frequency vibration analysis of externally fluid-loaded cylindrical shells with periodic circumferential stiffeners subjected to axisymmetric excitation[J]. Journal of Sound and Vibration, 282(3-5): 679-700.

Zhang L P, Chang X H, Duan X P, et al. 2012. Applications of dynamic hybrid grid method for three-dimensional moving/deforming boundary problems[J]. Computers & Fluids, 62: 45-63.

Zhang W, Wong S C, Tes C K, et al. 2014. Analysis and comparison of secondary series-and parallel-compensated inductive power transfer systems operating for optimal efficiency and load-independent voltage-transfer ratio[J]. IEEE Transactions on Power Electronics, 29(6): 2979-2990.

Zhu C, Liu K, Yu C, et al. 2008. Simulation and experimental analysis on wireless energy transfer based on magnetic resonances[C]. Vehicle Power and Propulsion Conference, Harbin.